计 算 机 科 学 丛 书

原书第4版

C++程序设计语言

（第4部分：标准库）

[美] 本贾尼·斯特劳斯特鲁普（Bjarne Stroustrup） 著

王刚 杨巨峰 译

The C++ Programming Language

Fourth Edition

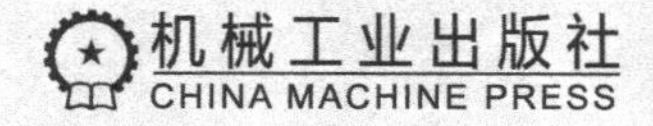

图书在版编目（CIP）数据

C++ 程序设计语言（第 4 部分：标准库）（原书第 4 版）/（美）本贾尼·斯特劳斯特鲁普（Bjarne Stroustrup）著；王刚，杨巨峰译．—北京：机械工业出版社，2016.8（2023.2 重印）

（计算机科学丛书）

书名原文：The C++ Programming Language，Fourth Edition

ISBN 978-7-111-54439-5

I. C… II. ①本… ②王… ③杨… III. C 语言－程序设计 IV. TP312.8

中国版本图书馆 CIP 数据核字（2016）第 188613 号

北京市版权局著作权合同登记 图字：01-2013-4811 号。

《C++ 程序设计语言》（原书第 4 版）是 C++ 领域最经典的参考书，介绍了 C++11 的各项新特性和新功能。全书共分四部分。第一部分（第 1 ~ 5 章）是引言，包括 C++ 的背景知识，C++ 语言及其标准库的简要介绍；第二部分（第 6 ~ 15 章）介绍 C++ 的内置类型和基本特性，以及如何用它们构造程序；第三部分（第 16 ~ 29 章）介绍 C++ 的抽象机制及如何用这些机制编写面向对象程序和泛型程序；第四部分（第 30 ~ 44 章）概述标准库并讨论一些兼容性问题。

由于篇幅问题，原书中文版分两册出版，分别对应原书的第一至三部分和第四部分，这一册为第四部分。

本书适合计算机及相关专业本科生用作 C++ 课程的教材，也适合 C++ 程序设计新手和开发人员阅读。

出版发行：机械工业出版社（北京市西城区百万庄大街 22 号 邮政编码：100037）

责任编辑：关 敏	责任校对：董纪丽
印 刷：北京建宏印刷有限公司	版 次：2023 年 2 月第 1 版第 8 次印刷
开 本：185mm×260mm 1/16	印 张：23.25
书 号：ISBN 978-7-111-54439-5	定 价：89.00 元

客服电话：（010）88361066 68326294

译者序

历时近两年，终于翻译完了《 C++ 程序设计语言》（原书第 4 版）。全书包含 44 章，英文原版共有 1300 多页，是 C++ 语言之父 Bjarne Stroustrup 的一部呕心沥血之作。

这部巨著有几个特点：

一是知识结构完整，对 C++ 语言的介绍非常全面。作者按照“基本功能”→“抽象机制”→“标准库”的递进层次组织全书，由浅入深地把 C++ 语言的方方面面呈现在读者的面前。各种水平、各种背景的读者都能在书中找到适合自己的切入点和学习路径。

二是对细节的讲解非常深入，有利于读者了解和掌握语言的精华。作为 C++ 语言的发明者和主要维护者，Bjarne Stroustrup 在撰写本书时绝不仅仅满足于阐明语法和知识点本身。他试图向读者揭示各个语言功能的设计初衷，以及他对各种制约因素是如何考虑并妥协的。对于大多数读者来说，这种视角新奇而有趣。他们不再只是被动的学习者，在知道了“是什么”和“为什么”之后，还可以大胆地揣测“C++ 语言接下来该如何继续发展”。不得不说，这是本书与其他 C++ 书籍的最大区别。

三是作者在写作中融入了很多自己的工程实践经验。学习程序设计语言与学习文化课有很大的不同。设计程序的过程是一门艺术，程序语言只是完成艺术作品所需的工具。举个例子来说，由于各种各样的原因，在 C++ 中存在一些语言特性，它们的功能和作用非常类似。那么这些特性之间是何关系？在遇到某类实际问题时应该如何聪明地选择？本书很好地回答了此类问题。

以译者的浅见，程序员应该是艺术家（Artist），而非匠人（Worker）——后者只会堆砌代码，而前者能创造出美好的作品。这也应该是 Bjarne Stroustrup 写作本书时所追求的吧！

这本译著的出版凝结了很多人的智慧和心血，绝非译者二人独力可为。感谢机械工业出版社的朱劼、关敏等编辑在本书译校和出版过程中的辛勤付出，她们给予了我们很多无私的帮助。由于译者水平有限，书中难免有一些不当之处，恳请读者不吝批评指正。

译者

2016 年春于南开园

所有计算机科学问题，
都可以通过引入一个新的间接层次来解决，
那些已有过多间接层次的问题除外。
——David J. Wheeler

与 C++98 标准相比，C++11 标准让我可以更清晰、更简洁而且更直接地表达自己的想法。而且，新版本的编译器可以对程序进行更好的检查并生成更快的目标程序。因此，C++11 给人的感觉就像是一种新语言一样。

在本书中，我追求完整性（completeness）。我会介绍专业程序员可能需要的每个语言特性和标准库组件。对每个特性或组件，我将给出：

- *基本原理*：设计这个特性（组件）是为了帮助解决哪类问题？其设计原理是什么？它有什么根本的局限？
- *规范*：它该如何定义？我将以专业程序员为目标读者来选择内容的详略程度，对于要求更高的 C++ 语言研究者，有很多 ISO 标准的文献可供查阅。
- *例子*：当单独使用这个特性或与其他特性组合使用时，如何用好它？其中的关键技术和习惯用法是怎样的？在程序的可维护性和性能方面是否有一些隐含的问题？

多年来，无论是 C++ 语言本身还是它的使用，都已经发生了巨大改变。从程序员的角度，大多数改变都属于语言的改进。与之前的版本相比，当前的 ISO C++ 标准（ISO/IEC 14882-2011，通常称为 C++11）在编写高质量代码方面无疑是一个好得多的工具。但是它好在哪里？现代 C++ 语言支持什么样的程序设计风格和技术？这些技术靠哪些语言特性和标准库特性来支撑？精练、正确、可维护性好、性能高的 C++ 代码的基本构建单元是怎样的？本书将回答这些关键问题。很多答案已经不同于 1985、1995 或 2005 等旧版本的 C++ 语言了：C++ 在进步。

C++ 是一种通用程序设计语言，它强调富类型、轻量级抽象的设计和使用。C++ 特别适合开发资源受限的应用，例如可在软件基础设施中发现的那些应用。那些花费时间学习高质量代码编写技术的程序员将会从 C++ 语言受益良多。C++ 是为那些严肃对待编程的人而设计的。人类文明已经严重依赖软件，编写高质量的软件非常重要。

目前已经部署的 C++ 代码达到数十亿行，因此程序稳定性备受重视——很多 1985 年和 1995 年编写的 C++ 代码仍然运行良好，而且还会继续运行几十年。但是，对所有这些应用程序，都可以用现代 C++ 语言写出更好的版本；如果你墨守成规，将来写出的代码将会是低质量、低性能的。对稳定性的强调还意味着，你现在遵循标准写出的代码，在未来几十年中会运行良好。本书中所有代码都遵循 2011 ISO C++ 标准。

本书面向三类读者：

- 想知道最新的 ISO C++ 标准都提供了哪些新特性的 C++ 程序员。

- 好奇 C++ 到底提供了哪些超越 C 语言的特性的 C 程序员。
- 具备 Java、C#、Python 和 Ruby 等编程语言背景，正在探寻“更接近机器”的语言，即更灵活、提供更好的编译时检查或是更好性能的语言的程序员。

自然，这三类读者可能是有交集的——一个专业软件开发者通常掌握多门编程语言。

本书假定目标读者是程序员。如果你想问“什么是 for 循环?”或是“什么是编译器?”，那么本书现在还不适合你，我向你推荐我的另一本书《 C++ 程序设计原理与实践》[⊖]，这本书适合作为程序设计和 C++ 语言的入门书籍。而且，我假定读者是较为成熟的软件开发者。如果你的问题是“为什么要费力进行测试?”或者认为“所有语言基本都是一样的，给我看语法就可以了”，甚至确信存在一种适合所有任务的完美语言，那么本书也不适合你。

相对于 C++98，C++11 提出了哪些改进和新特性呢? 适合现代计算机的机器模型会涉及大量并发处理。为此，C++11 提供了用于系统级并行编程（如使用多核）的语言和标准库特性。C++11 还提供了正则表达式处理、资源管理指针、随机数、改进的容器（包括哈希表）以及其他很多特性。此外，C++11 还提供了通用和一致的初始化机制、更简单的 for 语句、移动语义、基础的 Unicode 支持、lambda 表达式、通用常量表达式、控制类缺省定义的能力、可变参数模板、用户定义的字面值常量和其他很多新特性。请记住，这些标准库和语言特性的目标就是支撑那些用来开发高质量软件的程序设计技术。这些特性应该组合使用——将它们看作盖大楼的砖，而不应该相互隔离地单独使用来解决特定问题。计算机是一种通用机器，而 C++ 在其中起着重要作用。特别是，C++ 的设计目标就是足够灵活和通用，以便处理那些连它的设计者都未曾想象过的未来难题。

致谢

除了本书上一版致谢提及的人之外，我还要感谢 Pete Becker、Hans-J. Boehm、Marshall Clow、Jonathan Coe、Lawrence Crowl、Walter Daugherty、J. Daniel Garcia、Robert Harle、Greg Hickman、Howard Hinnant、Brian Kernighan、Daniel Krügler、Nevin Liber、Michel Michaud、Gary Powell、Jan Christiaan van Winkel 和 Leor Zolman。没有他们的帮助，本书的质量要差得多。

感谢 Howard Hinnant 为我解答很多有关标准库的问题。

Andrew Sutton 是 Origin 库的作者，模板相关章节中很多模拟概念的讨论都是基于这个测试平台的。他还是 Matrix 库的作者，这是第 29 章的主题。Origin 库是开源的，在互联网上搜索“Origin”和“Andrew Sutton”就能找到。

感谢我指导的毕业设计班，他们从第一部分中找出的问题比其他任何人都多。

假如我能遵照审阅人的所有建议，毫无疑问会大幅度提高本书的质量，但篇幅上也会增加数百页。每个专家审阅人都建议增加技术细节、进阶示例和很多有用的开发规范；每个新手审阅人（或教育工作者）都建议增加示例；而大多数审阅人都（正确地）注意到本书的篇幅可能过长了。

⊖ 该书原文影印版及中文翻译版已由机械工业出版社出版，书号分别为 ISBN 978-7-111-28248-8 和 ISBN 978-7-111-30322-0。——编辑注感谢普林斯顿大学计算机科学系，特别感谢 Brian Kernighan 教授，在我利用部分休假时间撰写此书时给予我热情接待。

感谢剑桥大学计算机实验室，特别感谢 Andy Hopper 教授，在我利用部分休假时间撰写此书时给予我热情接待。

感谢编辑 Peter Gordon 以及他在 Addison-Wesley 的出版团队，感谢你们的帮助和耐心。

Bjarne Stroustrup
于得克萨斯大学城

第3版前言

去编程就是去理解。

——Kristen Nygaard

我觉得用 C++ 编程比以往更令人愉快。在过去这些年里，C++ 在支持设计和编程方面取得了令人振奋的进步，针对其使用的大量新技术已经被开发出来了。然而，C++ 并不只是好玩。普通的程序员在几乎所有种类和规模的开发项目上，在生产率、可维护性、灵活性和质量方面都取得了显著的进步。到今天为止，C++ 已经实现了我当初期望中的绝大部分，还在许多我原来根本没有梦想过的工作中取得了成功。

本书介绍的是标准 C++[⊖]以及由 C++ 所支持的关键编程技术和设计技术。与本书第 1 版所介绍的那个 C++ 版本相比，标准 C++ 是一个经过了更仔细推敲的更强大的语言。各种新的语言特征，如名字空间、异常、模板，以及运行时类型识别，使人能以比过去更直接的方式使用许多技术，标准库使程序员能够从比基本语言高得多的层面上起步。

本书第 2 版中大约有三分之一的内容来自第 1 版。第 3 版则重写了更大的篇幅。它提供的许多东西是大部分有经验的程序员也需要的，与此同时，本书也比它的以前版本更容易让新手入门。C++ 使用的爆炸性增长和由此带来的海量经验积累使这些成为可能。

一个功能广泛的标准库定义使我能以一种与以前不同的方式介绍 C++ 的各种概念。与过去一样，本书对 C++ 的介绍与任何特定的实现都没有关系；与过去一样，教材式的各章还是采用“自下而上”的方式，使每种结构都是在定义之后才使用。无论如何，使用一个设计良好的库远比理解其实现细节容易得多。因此，假定读者在理解标准库的内部工作原理之前，就可以利用它提供许多更实际、更有趣的例子。标准库本身也是程序设计示例和设计技术的丰富源泉。

本书将介绍每种主要的 C++ 语言特征和标准库，它是围绕着语言和库功能组织起来的。当然，各种特征都将在使用它们的环境中介绍。也就是说，这里所关注的是将语言作为一种设计和编程的工具，而不是语言本身。本书将展示那些使 C++ 卓有成效的关键技术，讲述为掌握它们所需要的基本概念。除了专门阐释技术细节的那些地方之外，其他示例都取自系统软件领域。另一本与本书配套出版的书《带标注的 C++ 语言标准》（*The Annotated C++ Language Standard*），将给出完整的语言定义，所附标注能使它更容易理解。

本书的基本目标就是帮助读者理解 C++ 所提供的功能将如何支持关键的程序设计技术。这里的目标是使读者能远远超越简单地复制示例并使之能够运行，或者模仿来自其他语言的程序设计风格。只有对隐藏在语言背后的思想有了很好的理解之后，才能真正掌握这个语言。如果有一些具体实现的文档的辅助，这里所提供的信息就足以对付具有挑战性的真实世界中的重要项目。我的希望是，本书能帮助读者获得新的洞察力，使他们成为更好的程序员和设计师。

⊖ ISO/IEC 14882，C++ 程序设计语言标准。

致谢

除了第 1 版和第 2 版的致谢中所提到的那些人之外，我还要感谢 Matt Austern、Hans Boehm、Don Caldwell、Lawrence Crowl、Alan Feuer、Andrew Forrest、David Gay、Tim Griffin、Peter Juhl、Brian Kernighan、Andrew Koenig、Mike Mowbray、Rob Murray、Lee Nackman、Joseph Newcomer、Alex Stepanov、David Vandevoorde、Peter Weinberger 和 Chris Van Wyk，他们对第 3 版各章的初稿提出了许多意见。没有他们的帮助和建议，这本书一定会更难理解，包含更多的错误，没有这么完整，当然也可能稍微短一点。

我还要感谢 C++ 标准化委员会的志愿者们，是他们完成了规模宏大的建设性工作，才使 C++ 具有它今天这个样子。要罗列出每个人会有一点不公平，但一个也不提就更不公平，所以我想特别提及 Mike Ball、Dag Brück、Sean Corfield、Ted Goldstein、Kim Knuttila、Andrew Koenig、Dmitry Lenkov、Nathan Myers、Martin O'Riordan、Tom Plum、Jonathan Shopiro、John Spicer、Jerry Schwarz、Alex Stepanov 和 Mike Vilot，他们中的每个人都在 C++ 及其标准库的某些方面直接与我合作过。

在这本书第一次印刷之后，许多人给我发来电子邮件，提出更正和建议。我已经在本书的结构中响应了他们的建议，使后来出版的版本大为改善。将本书翻译到各种语言的译者也提供了许多澄清性的意见。作为对这些读者的回应，我增加了附录 D 和附录 E。让我借这个机会感谢他们之中特别有帮助的几位：Dave Abrahams、Matt Austern、Jan Bielawski、Janina Mincer Daszkiewicz、Andrew Koenig、Dietmar Kühl、Nicolai Josuttis、Nathan Myers、Paul E. Sevinç、Andy Tenne-Sens、Shoichi Uchida、Ping-Fai（Mike）Yang 和 Dennis Yelle。

Bjarne Stroustrup
于新泽西默里山

第 2 版前言

前路漫漫。

——Bilbo Baggins

正如在本书的第 1 版中所承诺的，C++ 为满足其用户的需要正在不断地演化。这一演化过程得益于许多有着极大的背景差异，在范围广泛的应用领域中工作的用户们的实际经验的指导。在第 1 版出版后的六年中，C++ 的用户群体扩大了不止百倍，人们学到了许多东西，发现了许多新技术并通过了实践的检验。这些技术中的一些也在这一版中有所反映。

在过去六年里所完成的许多语言扩展，其基本宗旨就是将 C++ 提升为一种服务于一般性的数据抽象和面向对象程序设计的语言，特别是提升为一个可编写高质量的用户定义类型库的工具。一个“高质量的库”是指这样的库，它以一个或几个方便、安全且高效的类的形式，给用户提供了一个概念。在这个环境中，安全意味着这个类在库的使用者与它的供方之间构成了一个特殊的类型安全的界面；高效意味着与手工写出的 C 代码相比，这种库的使用不会给用户强加明显的运行时间上或空间上的额外开销。

本书介绍的是完整的 C++ 语言。从第 1 章到第 10 章是一个教材式的导引，第 11 章到第 13 章展现的是一个有关设计和软件开发问题的讨论，最后包含了完整的 C++ 参考手册。自然，在原来版本之后新加入的特征和变化已成为这个展示的有机组成部分。这些特征包括：经过精化后的重载解析规则和存储管理功能，以及访问控制机制、类型安全的连接、const 和 static 成员函数、抽象类、多重继承、模板和异常处理。

C++ 是一个通用的程序设计语言，其核心应用领域是最广泛意义上的系统程序设计。此外，C++ 还被成功地用到许多无法称为系统程序设计的应用领域中。从最摩登的小型计算机到最大的超级计算机上，以及几乎所有操作系统上都有 C++ 的实现。因此，本书描述的是 C++ 语言本身，并不想试着去解释任何特殊的实现、程序设计环境或者库。

本书中给出的许多类的示例虽然都很有用，但也还是应该归到“玩具”一类。与在完整的精益求精的程序中做解释相比，这里所采用的解说风格能更清晰地呈现那些具有普遍意义的原理和极其有用的技术，在实际例子中它们很容易被细节所淹没。这里给出的大部分有用的类，如链接表、数组、字符串、矩阵、图形类、关联数组等，在广泛可用的各种商品和非商品资源中，都有可用的“防弹”或“金盘”版本。那些“具有工业强度”的类和库中的许多东西，实际上不过是在这里可以找到的玩具版本的直接或间接后裔。

与第 1 版相比，这一版更加强调本书在教学方面的作用。然而，这里的叙述仍然是针对有经验的程序员，并努力不去轻视他们的智慧和经验。有关设计问题的讨论有了很大的扩充，作为对读者在语言特征及其直接应用之外的要求的一种回应。技术细节和精确性也有所增强。特别是，这里的参考手册体现了在这个方向上多年的工作。我的目标是提供一本具有足够深度的书籍，使大部分程序员能在多次阅读中都有所收获。换句话说，这本书给出的是 C++ 语言，它的基本原理，以及使用时所需要的关键性技术。欢迎欣赏！

致谢

除了在第 1 版前言的致谢里所提到的人们之外，我还要感谢 Al Aho、Steve Buroff、Jim Coplien、Ted Goldstein、Tony Hansen、Lorraine Juhl、Peter Juhl、Brian Kernighan、Andrew Koenig、Bill Leggett、Warren Montgomery、Mike Mowbray、Rob Murray、Jonathan Shopiro、Mike Vilot 和 Peter Weinberger，他们对第 2 版的初稿提出了许多意见。许多人对 C++ 从 1985 年到 1991 年的开发有很大影响，我只能提及其中几个：Andrew Koenig，Brian Kernighan，Doug McIlroy 和 Jonathan Shopiro。还要感谢参考手册“外部评阅”的许多参与者，以及在 X3J16 的整个第一年里一直在其中受苦的人们。

Bjarne Stroustrup
于新泽西默里山

第1版前言

> 语言磨砺了我们思维的方式，
> 也决定着我们思考的范围。
> ——B. L. Whorf

C++ 是一种通用的程序设计语言，其设计就是为了使认真的程序员工作得更愉快。除了一些小细节之外，C++ 是 C 程序设计语言的一个超集。C++ 提供了 C 所提供的各种功能，还为定义新类型提供了灵活而有效的功能。程序员可以通过定义新类型，使这些类型与应用中的概念紧密对应，从而把一个应用划分成许多容易管理的片段。这种程序构造技术通常被称为*数据抽象*。某些用户定义类型的对象包含着类型信息，这种对象就可以方便而安全地用在那种对象类型无法在编译时确定的环境中。使用这种类型的对象的程序通常被称为是*基于对象的*。如果用得好，这些技术可以产生出更短、更容易理解，而且也更容易管理的程序。

C++ 里的最关键概念是*类*。一个类就是一个用户定义类型。类提供了对数据的隐藏，数据的初始化保证，用户定义类型的隐式类型转换，动态类型识别，用户控制的存储管理，以及重载运算符的机制等。在类型检查和表述模块性方面，C++ 提供了比 C 好得多的功能。它还包含了许多并不直接与类相关的改进，包括符号常量、函数的在线替换、默认函数参数、重载函数名、自由存储管理运算符，以及引用类型等。C++ 保持了 C 高效处理硬件基本对象（位、字节、字、地址等）的能力。这就使用户定义类型能够在相当高的效率水平上实现。

C++ 及其标准库也是为了可移植性而设计的。当前的实现能够在大多数支持 C 的系统上运行。C 的库也能用于 C++ 程序，而且大部分支持 C 程序设计的工具也同样能用于 C++。

本书的基本目标就是帮助认真的程序员学习这个语言，并将它用于那些非平凡的项目。书中提供了有关 C++ 的完整描述，许多完整的例子，以及更多的程序片段。

致谢

如果没有许多朋友和同事持之以恒的使用、建议和建设性的批评，C++ 绝不会像它现在这样成熟。特别地，Tom Cargill、Jim Coplien、Stu Feldman、Sandy Fraser、Steve Johnson、Brian Kernighan、Bart Locanthi、Doug McIlroy、Dennis Ritchie、Larry Rosler、Jerry Schwarz 和 Jon Shopiro 对语言发展提供了重要的思想。Dave Presotto 写出了流 I/O 库的当前实现。

此外，还有几百人对 C++ 及其编译器的开发做出了贡献：给我提出改进的建议，描述所遇到的问题，告诉我编译中的错误等。我只能提及其中的很少几位：Gary Bishop，Andrew Hume，Tom Karzes，Victor Milenkovic，Rob Murray，Leonie Rose，Brian Schmult 和 Gary Walker。

许多人在本书的撰写过程中为我提供了帮助，特别值得提出的是 Jon Bentley、Laura

Eaves、Brian Kernighan、Ted Kowalski、Steve Mahaney、Jon Shopiro，以及参加 1985 年 7 月 26 ~ 27 日俄亥俄州哥伦布贝尔实验室 C++ 课程的人们。

Bjarne Stroustrup
于新泽西默里山

目 录

The C++ Programming Language, Fourth Edition

第四部分

The C++ Programming Language, Fourth Edition

标　准　库

本部分介绍 C++ 标准库。目标是让读者理解如何使用标准库，展示通用的设计和编程技术，并展示如何按标准库的本来设计意图扩展它。

……我才发现把一个人的思想表达为文字有多么困难。如果仅仅是一些叙述倒还容易；但当涉及推理论证时，要建立起恰当的联系、形成清晰流畅的文字，就像我说过的，对我来说很困难，没有头绪……

——查尔斯·达尔文[⊖]

⊖ 摘自查尔斯·达尔文 1836 年 4 月 29 日写给他姐姐卡罗琳的信，当时他正在整理前人的一些地质学笔记（几乎是重写）。——译者注

标准库概览

艺术和自然的许多奥秘常被胸无点墨之人认为是魔法。

——罗吉尔·培根

- 引言
  标准库设施；设计约束；描述风格
- 头文件
- 语言支持
  initializer_list 支持；范围 for 支持
- 错误处理
  异常；断言；system_error
- 建议

30.1 引言

标准库是一个组件集合，在 ISO C++ 标准中定义，在所有 C++ 实现中都以一致的形式（和性能）提供。出于可移植性和长期维护的考虑，我强烈推荐在适合的地方尽量使用标准库。也许你有能力设计并实现一个更好的库替代标准库用于你的程序之中，但：

- 未来代码的维护者学习你的版本的设计是否容易？
- 你的版本有多大可能性适用于 10 年之后的一个新平台？
- 你的版本有多大可能性适用于未来的应用？
- 你的版本有多大可能性能与用标准库编写的代码互操作？
- 你投入到优化和测试中的精力有多大可能性能与设计和实现标准库的投入相提并论？

而且，如果你使用了自己设计的版本，那么你（或你所属单位）自然就要“永远”负责它的维护和演化。一般而言：不要尝试重新发明轮子。

标准库相当庞大：在 ISO C++ 标准中，标准库相关部分厚达 785 页。而且这还不包括描述 ISO C 标准库的部分（另有 139 页），这其实也是 C++ 标准库的一部分。与之相比，C++ 语言规范仅有 398 页。在本章中，我将概述标准库的主要内容，主要是以表格的方式提供，辅以少量示例。读者可从其他地方查阅更详细的内容，包括 ISO C++ 标准的网上副本、C++ 实现的完整在线文档以及（如果你愿意读代码的话）开源实现，请查阅这些 C++ 标准的文献来获得全部细节。

标准库相关章节的编排并不是为了让读者按顺序阅读，每一章以及每个重要的小节通常都是可以独立阅读的。如果你遇到一些不了解的内容，请通过交叉引用查阅相关章节。

30.1.1 标准库设施

哪些组件应该放在标准 C++ 库中？对于一个程序员而言，最理想的情况当然是能在库中找到所有感兴趣的、重要的且有很好通用性的类、函数、模板，等等。但是，这里的问题不是“什么应该放在某个库中?”而是“什么应该放在标准库中?”“所有东西!”对前一个问题而言是接近答案的恰当的第一步，但对后一个问题而言并不是这样。标准库是所有 C++ 实现都必须提供的，以便每个程序员都能依靠它来编写程序。

C++ 标准库提供:

- 语言特性的支持，例如内存管理（见 11.2 节）、范围 for 语句（见 9.5.1 节）和运行时类型信息（见 22.2 节）;
- 具体 C++ 实现所定义的一些语言相关的信息，如最大 float 值（见 40.2 节）;
- 单纯用语言难以高效实现的基本操作，例如 is_polymorphic、is_scalar 和 is_nothrow_constructible（见 35.4.1 节）;
- 底层（“无锁”）并发编程设施（见 41.3 节）;
- 基于线程的并发编程的支持（见 5.3 节和 42.2 节）;
- 基于任务的并发的基本支持，例如 future 和 async()（见 42.4 节）;
- 大多数程序员难以实现最优且可移植版本的函数，如 uninitialized_fill()（见 32.5 节）和 memmove()（见 43.5 节）;
- （可选的）无用内存回收（垃圾收集）的基本支持，如 declare_reachable()（见 34.5 节）;
- 程序员编写可移植代码所需的复杂基础组件，如 list（见 31.4 节）、map（见 31.4.3 节）、sort()（见 32.6 节）和 I/O 流（见第 38 章）;
- 用于标准库自身扩展的框架，如允许用户为自定义类型提供与内置类型相似的 I/O 操作的规范和基础组件（见第 38 章）以及标准模板库 STL（见第 31 章）。

有一些特性被纳入标准库是因为符合惯例且很有用，例如 sqrt() 等标准数学函数（见 40.3 节）、随机数发生器（见 40.7 节）、complex 算术运算（见 40.4 节）和正则表达式（见第 37 章）。

标准库的设计目标之一是成为其他库的公共基础。特别是，组合使用标准库特性可以起到三方面的支撑作用:

- 可移植性的基础;
- 一组紧凑且高效的组件，可以作为构造性能敏感的库和应用的基础;
- 一组实现库内交互的组件。

标准库的设计主要由这三方面作用确定，而这三方面也是紧密相关的。例如，对一个专用的程序库而言，可移植性通常是一个重要的设计准则，而链表和映射这种通用容器类型对独立开发的库之间进行便利交互是非常重要的。

从设计角度来说，最后一个作用特别重要，因为它有助于限制标准库的范围以及对标准库组件设置约束。例如，标准库提供了字符串和链表。如果不提供这两种设施的话，独立开发的库之间可能只能用内置类型来交互。但是，标准库并未提供高级线性代数和图形化组件。这些组件显然应用广泛，但独立开发的库之间很少直接利用它们进行交互。

对某个组件而言，除非它是支持这些目标所必需的，否则我们就应将其置于其他库而不是标准库中。将某个组件排除在标准库之外为多个库竞相实现同一个思想打开了大门，这有好的一面也有不好的一面。一旦一个库证明它能广泛适用于不同计算环境和应用领域，它就会成为标准库的候选，正则表达式库（见第 37 章）就是这样一个例子。

精简的标准库非常适合于独立实现，即对操作系统运行支持有最小依赖甚至不依赖的实现（见 6.1.1 节）。

30.1.2　设计约束

标准库的作用对其设计施加了一些约束。C++ 标准库设施的设计应满足：

- 对所有学生和专业程序员（包括其他库的设计者）都是有价值且代价可承受的。
- 能被所有程序员直接或间接用于所有事情（限于库的范围内）。
- 足够高效，能在实现其他库时真正替代手工编写的函数、类和模板。
- 不需要策略，或者可以选择将策略以参数形式提供。
- 从数学角度看是本原的。即，对两个弱相关的角色，一个组件承担两个角色比两个组件分别独立承担单一角色几乎必然有更多开销。
- 对常见用途而言是便利、高效且相当安全的。
- 就它们所做之事而言是完备的。标准库可能将一些重要功能留给其他库实现，但只要它承担了某个任务，就必须提供足够的功能，使得个人用户或库实现者不必替换它就能完成基本工作。
- 内置类型和运算简单易用。
- 默认是类型安全的，因而原则上可进行运行时检查。
- 支持已被普遍接受的编程风格。
- 可被扩展以处理用户自定义类型，且处理方式与内置类型和标准库类型类似。

例如，将比较标准置于排序函数内是不可接受的，因为相同的数据可能按不同的标准来排序。这也是 C 标准库中的 qsort() 接受一个比较函数作为参数，而不是依赖某个特定的比较运算符（如 <，见 12.5 节）的原因。另一方面，每次比较操作都带来一次函数调用的额外开销，这是对性能和通用性的折衷，这令 qsort() 能成为构建其他库的基石。对几乎所有数据类型，都可以很容易地实现没有额外函数调用开销的比较操作。

这个额外开销是否严重？在大多数情况下，可能并不严重。但是，对某些算法，函数调用开销可能占据大部分运行时间，从而促使用户寻求替代方案。25.2.3 节中介绍的技术通过模板实参提供比较标准，从而为 sort() 和很多其他标准库算法解决了这个问题。排序的例子展示了性能和通用性间的角力，也展示了解决方法。标准库不仅要完成其任务，还要高效地完成，不致让用户忍不住设计自己的版本来替换标准库组件。否则，高级特性的实现者为了保持竞争力就不得不绕过标准库。这无疑会增加库设计者的负担，对于希望坚持平台无关性或使用多个独立库的用户，也会增加其工作的复杂性。

"本原性"和"常见应用便利性"这两个要求可能会有冲突。前一个要求排除了针对常见用途优化标准库的可能性。但是，我们应该允许针对常见应用的非本原组件作为本原组件的补充纳入到标准库中，而不是替代后者。对正交性的迷信不应妨碍我们让初学者和普通用户的工作变得更加方便，也不应导致我们设计出一些具有晦涩危险的默认行为的组件。

30.1.3　描述风格

即便是一个简单的标准库操作，例如一个构造函数或一个算法，其完整描述可能也会花费好几页。因此，我使用一种极其精简的描述风格，通常在一个表格中描述若干相关的操作。

一组操作	
p=op(b,e,x)	操作 op 对范围 [b:e) 中的元素和 x 执行某种操作，返回 p
foo(x)	foo 对 x 执行某种操作但不返回结果
bar(b,e,x)	x 要对范围 [b:e) 中的元素执行某种操作?

我尽量选择有助记忆的标识符：b 和 e 是指出一个范围的迭代器，p 是一个指针或一个迭代器，x 是某个值，这都依赖于程序上下文。对于这种符号表示，你只能借助第二栏的说明来区分无返回结果和返回布尔结果，因此如果仔细思考的话你可能会对此感到困惑。对一个返回布尔值的操作来说，其说明通常以问号结束。算法会遵循常用模式：返回输入序列尾来表示“失败”“未找到”等结果（见 4.5.1 节和 33.1.1. 节），对于这些我不再具体说明。

通常，在这种简要描述之后都会附上对 ISO C++ 标准相关内容的一些进一步的解释以及实例的引用。

30.2　头文件

标准库组件都定义在命名空间 std 中，以一组头文件的形式提供。头文件构成了标准库最主要的部分，因此，列出头文件可以给出标准库的一个概貌。

本节剩余部分按功能分组列出标准库头文件，每个头文件都给出简要说明并列出详细讨论它的章节编号。分组是依据标准库自身的组织结构来划分的。

以字母 c 开头的标准库头文件对应 C 标准库中的头文件。每个 C 标准库头文件 <X.h> 都定义了一些同时位于全局命名空间和命名空间 std 中的内容，且有一个定义相同内容的对应头文件 <cX>。理想情况下，头文件 <cX> 中的名字不会污染全局命名空间（见 15.2.4 节），但不幸的是（归咎于管理多语言、多操作系统环境的复杂性）大多数实际情况下会发生污染。

容器		
<vector>	可变大小一维数组	31.4.2 节
<deque>	双端队列	31.4.2 节
<forward_list>	单向链表	31.4.2 节
<list>	双向链表	31.4.2 节
<map>	关联数组	31.4.3 节
<set>	集合	31.4.3 节
<unordered_map>	哈希关联数组	31.4.3.2 节
<unordered_set>	哈希集合	31.4.3.2 节
<queue>	队列	31.5.2 节
<stack>	栈	31.5.1 节
<array>	固定大小一维数组	34.2.1 节
<bitset>	bool 数组	34.2.1 节

关联容器 multimap 和 multiset 分别声明在 <map> 和 <set> 中，priority_queue（见 31.5.3 节）声明在 <queue> 中。

通用工具		
<utility>	运算符和值对	35.5 节、34.2.4.1 节
<tuple>	元组	34.2.4.2 节
<type_traits>	类型萃取	35.4.1 节
<typeindex>	将 type_info 用作一个关键字或哈希码	35.5.4 节
<functional>	函数对象	33.4 节
<memory>	资源管理指针	34.3 节
<scoped_allocator>	限定作用域的分配器	34.4.4 节
<ratio>	编译时有理数算术运算	35.3 节
<chrono>	时间工具	35.2 节
<ctime>	C 风格日期和时间工具	43.6 节
<iterator>	迭代器及其支持	33.1 节

迭代器机制令标准库算法具有通用性（见 3.4.2 节和 33.1.4 节）。

算法		
<algorithm>	泛型算法	32.2 节
<cstdlib>	bsearch()、qsort()	43.7 节

一个典型的泛型算法能应用于任何类型的元素构成的序列（见 3.4.2 节和 32.2 节）。C 标准库函数 bsearch() 和 qsort() 只能用于内置数组，且元素类型不能有用户自定义的拷贝构造函数和析构函数（见 12.5 节）。

诊断		
<exception>	异常类	30.4.1.1 节
<stdexcept>	标准异常	30.4.1.1 节
<cassert>	断言宏	30.4.2 节
<cerrno>	C 风格错误处理	13.1.2 节
<system_error>	系统错误支持	30.4.3 节

使用异常的断言在 13.4 节中描述过。

字符串和字符		
<string>	T 的字符串	第 36 章
<cctype>	字符分类	36.2.1 节
<cwctype>	宽字符分类	36.2.1 节
<cstring>	C 风格字符串函数	43.4 节
<cwchar>	C 风格宽字符字符串函数	36.2.1 节
<cstdlib>	C 风格分配函数	43.5 节
<cuchar>	C 风格多字节字符串	
<regex>	正则表达式匹配	第 37 章

头文件 <cstring> 声明了 strlen()、strcpy() 等一族函数。头文件 <cstdlib> 声明了 atof() 和 atoi()，可将 C 风格字符串转换为数值。

输入 / 输出		
<iosfwd>	I/O 组件的前置声明	38.1 节
<iostream>	标准 iostream 对象和操作	38.1 节
<ios>	iostream 基类	38.4.4 节
<streambuf>	流缓冲	38.6 节
<istream>	输入流模板	38.4.1 节
<ostream>	输出流模板	38.4.2 节
<iomanip>	操纵符	38.4.5.2 节
<sstream>	字符串流	38.2.2 节
<cctype>	字符分类函数	36.2.1 节
<fstream>	文件流	38.2.1 节
<cstdio>	printf()I/O 函数族	43.3 节
<cwchar>	宽字符 printf() 风格 I/O 函数	43.3 节

操纵符是操作流状态的对象（见 38.4.5.2 节）。

本地化		
<locale>	表示文化差异	第 39 章
<clocale>	文化差异 C 风格表示	
<codecvt>	代码转换	39.4.6 节

locale 对日期输出格式、货币表示符号和字符串校勘等在不同语言和文化中有差异的内容进行本地化。

语言支持		
<limits>	数值限制	40.2 节
<climits>	数值标量限制 C 风格宏	40.2 节
<cfloat>	浮点数限制 C 风格宏	40.2 节
<cstdint>	标准整数类型名	43.7 节
<new>	动态内存管理	11.2.3 节
<typeinfo>	运行时类型识别支持	22.5 节
<exception>	异常处理支持	30.4.1.1. 节
<initializer_list>	initializer_list	30.3.1 节
<cstddef>	C 标准库语言支持	10.3.1 节
<cstdarg>	可变长度函数参数列表	12.2.4 节
<csetjmp>	C 风格栈展开	
<cstdlib>	程序终止	15.4.3 节
<ctime>	系统时钟	43.6 节
<csignal>	C 风格信号处理	

头文件 <cstddef> 定义了 sizeof() 返回的类型 size_t、指针减法和数组下标返回的类型 ptrdiff_t（见 10.3.1 节）以及声名狼藉的 NULL 宏（见 7.2.2 节）。

C 风格栈展开（使用 <csetjmp> 中的 setjmp 和 longjmp）与析构函数和异常处理不兼容（见第 13 章和 30.4 节），因此最好避免使用。本书不会讨论 C 风格栈展开和信号机制。

数值		
<complex>	复数及其运算	40.4 节
<valarray>	数值向量及其运算	40.5 节
<numeric>	推广的数值运算	40.6 节
<cmath>	标准数学函数	40.3 节
<cstdlib>	C 风格随机数	40.7 节
<random>	随机数发生器	40.7 节

由于历史原因，abs() 和 div() 不像其他数学函数那样在 <cmath> 中（见 40.3 节），而是在 <cstdlib> 中。

并发		
<atomic>	原子类型及其操作	41.3 节
<condition_variable>	等待动作	42.3.4 节
<future>	异步任务	42.4.4 节
<mutex>	互斥类	42.3.1 节
<thread>	线程	42.2 节

C 标准库的一些组件与 C++ 程序员有着不同程度的关联，C++ 标准库提供了对这些组件的访问机制。

C 兼容性		
<cinttypes>	公共整数类型的别名	43.7 节
<cstdbool>	C 的 bool 类型	
<ccomplex>	<complex>	
<cfenv>	浮点数环境	
<cstdalign>	C 的对齐机制	
<ctgmath>	C 的“泛型数学函数”：<complex> 和 <cmath>	

头文件 <cstdbool> 没有定义 bool、true 或 false 等宏。头文件 <cstdalign> 没有定义宏 alignas。<cstdbool>、<ccomplex>、<cstdalign> 和 <ctgmath> 对应的 .h 版本大致相当于 C++ 组件的 C 版本，应尽量避免使用它们。

头文件 <cfenv> 提供了一些类型（例如 fenv_t 和 fexcept_t）、浮点状态标志以及控制模式，用来描述 C++ 实现的浮点环境。

用户或库的实现者并不允许向标准库头文件中增加声明或是减少声明。试图通过定义宏来改变头文件中声明的含义，从而改变头文件内容也是不允许的（见 15.2.3 节）。任何玩这种把戏的程序或实现都不符合标准，依赖于这种花招的程序也都是不可移植的。即使这些程序今天能正常运行，未来 C++ 库实现的任何部分的更新都可能令它们崩溃。因此，应避免使用这些花招。

为了使用标准库组件，程序中必须包含其头文件。自己手工写出相关声明并不是一种符合标准的替代方式。原因在于一些 C++ 实现会基于包含的标准头文件优化编译，还有一些 C++ 实现提供了由头文件触发的标准库组件优化版本。一般而言，C++ 实现者使用标准库的方式是普通程序员无法预测的，也无需了解。

但是，程序员可以针对非标准库和用户自定义类型特例化组件模板，例如 swap()（见 35.5.2 节）。

30.3 语言支持

语言支持是标准库中一个很小但至关重要的部分，是程序正常运行所必需的，因为语言特性依赖于这些组件。

标准库支持的语言特性		
<new>	new 和 delete	11.2 节
<typeinfo>	typeid() 和 type_info	22.5 节
<iterator>	范围 for	30.3.2 节
<initializer_list>	initializer_list	30.3.1 节

30.3.1 initializer_list 支持

一个 {} 列表会依据 11.3 节中介绍的规则转换为一个 std::initializer_list<X> 类型的对象。在 <initializer_list> 中，我们可以找到 initializer_list 的定义：

```
template<typename T>
class initializer_list {       // 见 iso.18.9
public:
      using value_type = T;
      using reference = const T&;          // 注意 const：initializer_list 的元素是不可改变的
      using const_reference = const T&;
      using size_type = size_t;
      using iterator = const T*;
      using const_iterator = const T*;

      initializer_list() noexcept;

      size_t size() const noexcept;        // 元素数
      const T*  begin() const noexcept;    // 首元素
      const T* end() const noexcept;       // 尾后元素
};

template<typename T>
      const T* begin(initializer_list<T> lst) noexcept { return lst.begin(); }
template<typename T>
      const T* end(initializer_list<T> lst) noexcept { return lst.end(); }
```

不幸的是，initializer_list 并未提供下标运算符。如果你希望用 [] 而不是 *，可对指针使用下标：

```
void f(initializer_list<int> lst)
{
      for(int i=0; i<lst.size(); ++i)
            cout << lst[i] << '\n';       // 错误

      const int* p = lst.begin();
      for(int i=0; i<lst.size(); ++i)
            cout << p[i] << '\n';         // 正确
}
```

initializer_list 自然也可用于范围 for 语句，例如：

```
void f2(initializer_list<int> lst)
{
    for (auto x : lst)
        cout << x << '\n';
}
```

30.3.2　范围 for 支持

如 9.5.1 节所介绍，一条范围 for 语句会借助迭代器映射为一条 for 语句。

在 <iterator> 中，标准库提供了 std::begin() 和 std::end() 两个函数，可用于内置数组及任何提供了 begin() 和 end() 成员的类型，见 33.3 节。

所有标准库容器（如 vector 和 unordered_map）和字符串都支持使用范围 for 的迭代；容器适配器（如 stack 和 priority_queue）则不支持。容器的头文件（如 <vector>）会包含 <initializer_list>，因此用户很少需要自己直接包含它。

30.4　错误处理

标准库包含的组件已有将近 40 年的开发历程。因此，它们处理错误的风格和方法并不统一：

- C 风格库函数大多数通过设置 errno 来指示发生了错误；见 13.1.2 节和 40.3 节。
- 很多对元素序列进行操作的算法返回一个尾后迭代器来指示“未找到”或“失败”；见 33.1.1 节。
- I/O 流库要依赖于每个流中的一个状态来反映错误，并可能（根据用户需要）通过抛出异常来指示错误；见 38.3 节。
- 一些标准库组件，如 vector、string 和 bitset 通过抛出异常来指示错误。

标准库的设计目标之一是所有组件都遵守“基本保证”(见 13.2 节)；即，即使抛出了异常，也不会有资源（如内存）泄漏，且不会有标准库类的不变式被破坏的情况出现。

30.4.1　异常

一些标准库组件通过抛出异常来报告错误：

标准库异常	
bitset	抛出 invalid_argument、out_of_range、overflow_error
iostream	如果允许异常的话，抛出 ios_base::failure
regex	抛出 regex_error
string	抛出 length_error、out_of_range
vector	抛出 out_of_range
new T	如果不能为一个 T 分配内存，抛出 bad_alloc
dynamic_cast<T>(r)	如果不能将引用 r 转换为一个 T，抛出 bad_cast
typeid()	如果不能获得一个 type_info，抛出 bad_typeid
thread	抛出 system_error
call_once()	抛出 system_error
mutex	抛出 system_error

（续）

标准库异常	
condition_variable	抛出 system_error
async()	抛出 system_error
packaged_task	抛出 system_error
future 和 promise	抛出 future_error

任何直接或间接使用这些组件的代码都可能遇到这些异常。而且，对任何操作，如果它处理可能抛出异常的对象，那么我们必须假定这个操作也抛出此异常，除非已经小心地避免了这种情况的发生。例如，如果 packaged_task 要求执行的函数会抛出一个异常，那么 packaged_task 也会抛出一个异常。

除非你确认使用组件的方式不会令它们抛出异常，否则坚持在某处（如 main()）捕获标准库异常类层次的某个根类（如 exception）和任意异常（...）是一个很好的编程习惯。

30.4.1.1 标准库 exception 类层次

不要抛出 int、C 风格字符串等内置类型，而应抛出专门表示异常的类型的对象。

标准库异常类层次提供了一种对异常分类的方式：

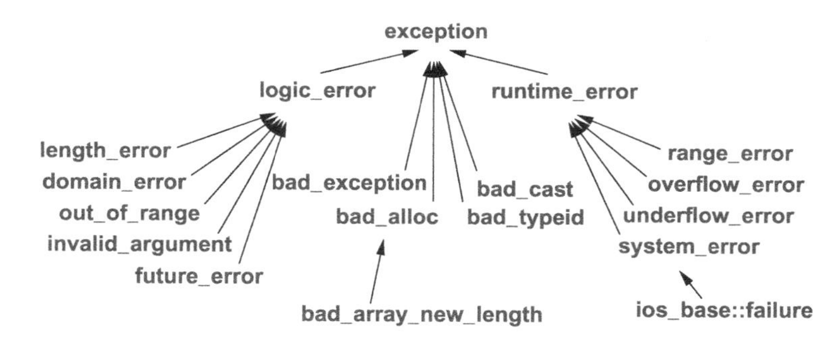

这个类层次尝试提供一个异常框架，比标准库中所定义的异常框架更大。逻辑错误是指原则上在程序投入运行之前就应被捕获或是通过函数实参测试发现的错误。所有其他错误都属于运行时错误。system_error 将在 30.4.3.3 节中介绍。

标准库异常类层次以类 exception 为根：

```
class exception {
public:
      exception();
      exception(const exception&);
      exception& operator=(const exception&);
      virtual ~exception();
      virtual const char* what() const;
};
```

函数 what() 可以用来获取一个字符串，该字符串应该指出导致此异常的错误的一些信息。

程序员可以通过派生标准库异常类来定义自己的异常：

```
struct My_error : runtime_error {
      My_error(int x) :runtime_error{"My_error"}, interesting_value{x} { }
      int interesting_value;
};
```

并非所有异常都是标准库 exception 类层次的一部分，但标准库自身抛出的所有异常都来自 exception 类层次。

除非你确认程序中没有组件会抛出异常，否则在程序某个位置捕获所有异常是一个好习惯。例如：

```
int main()
try {
    // ...
}
catch (My_error& me) {          // 发生了一个 My_error
    // 我们可以使用 me.interesting_value 和 me.what()
}
catch (runtime_error& re) {     // 发生了一个 runtine_error
    // 我们可以使用 re.what()
}
catch (exception& e) {          // 发生了一个标准库异常
    // 我们可以使用 e.what()
}
catch (...) {                   // 发生了某个上面未提及的异常
    // 我们可以做一些局部清理
}
```

类似函数实参，我们这里用引用来避免切片现象（见 17.5.1.4 节）。

30.4.1.2　异常传播

<exception> 中提供了一些组件，令异常传播对程序员可见：

异常传播（iso.18.8.5）	
exception_ptr	非特定的异常指针类型
ep=current_exception()	ep 是一个 exception_ptr，指向当前异常，若当前无活动异常则不指向任何异常；不抛出异常
rethrow_exception(ep)	重抛出 ep 指向的异常；ep 包含的不能是空指针 nullptr；无返回值（见 12.1.7 节）
ep=make_exception_ptr(e)	ep 是指向 exception e 的 exception_ptr；不抛出异常

一个 exception_ptr 可以指向任何异常，不局限于 exception 类层次中的异常。可将 exception_ptr 看作一种智能指针（类似 shared_ptr）——只要一个 exception_ptr 还指向其异常，那么这个异常就会保持活跃。这样，我们就可以通过 exception_ptr 将一个异常从捕获它的函数中传递出来，并在其他某个地方重新抛出。即，exception_ptr 可用来实现在捕获线程之外的其他某个线程中重抛出异常，这是 promise 和 future（见 42.4 节）所需要的。对一个 exception_ptr 使用 rethrow_exception（在不同线程中）不会引起数据竞争。

我们可以像下面这样实现 make_exception_ptr：

```
template<typename E>
exception_ptr make_exception_ptr(E e) noexcept;
try {
    throw e;
}
catch(...) {
    return current_exception();
}
```

nested_exception 是一个类，保存从一次 current_exception() 调用中得到的 exception_ptr。

nested_exception (iso.18.8.6)	
nested_exception ne{};	默认构造函数：ne 保存一个指向 current_exception() 的 exception_ptr；不抛出异常
nested_exception ne{ne2};	拷贝构造函数：ne 和 ne2 都保存指向同一个异常的 exception_ptr
ne2=ne	拷贝赋值运算符：ne 和 ne2 都保存指向同一个异常的 exception_ptr
ne.~nested_exception()	析构函数；虚函数
ne .rethrow_nested()	重抛出 ne 保存的异常；若 ne 中未保存任何异常，则会 terminate()；不抛出异常
ep=ne.nested_ptr()	ep 是一个 exception_ptr，指向 ne 保存的异常；不抛出异常
throw_with_nested(e)	抛出一个异常，其类型是从 nested_exception 和 e 的类型派生出的；e 不能派生自 nested_exception；无返回值
rethrow_if_nested(e)	dynamic_cast<const nested_exception&>(e).rethrow_nested()；e 的类型不能派生自 nested_exception

nested_exception 的预期用途是作为一个类的基类，该类被异常处理程序用来传递错误的局部上下文相关信息，同时传递的还有一个 exception_ptr，指向触发处理程序的那个异常。例如：

```
struct My_error : runtime_error {
    My_error(const string&);
    // ...
};

void my_code()
{
    try {
        // ...
    }
    catch (...) {
        My_error err {"something went wrong in my_code()"};
        // ...
        throw_with_nested(err);
    }
}
```

My_error 信息与一个 nested_exception 一起被传递（重抛出），这个 nested_exception 保存一个指向被捕获异常的 exception_ptr。

在调用链中继续深入，我们可能希望查看嵌套的异常：

```
void user()
{
    try {
        my_code();
    }
    catch(My_error& err) {

     // ... 清理 My_error 问题 ...

        try {
            rethrow_if_nested(err);   // 重抛出嵌套的异常（如果有的话）
        }
        catch (Some_error& err2) {
            // ... 清理 Some_error 问题 ...
        }
    }
}
```

这段代码假定我们知道 some_error 可能嵌套在 My_error 中。

异常不能从 noexcept 函数中传播出去（见 13.5.1.1 节）。

30.4.1.3　terminate()

在 <exception> 中，标准库提供了处理意外异常的组件：

terminate（iso.18.8.3，iso.18.8.4）	
h=get_terminate()	h 为当前终止处理程序；不抛出异常
h2=set_terminate()	当前终止处理程序被设定为 h；h2 为旧终止处理程序；不抛出异常
terminate()	终止程序；无返回值；不抛出异常
uncaught_exception()	当前线程有已抛出且尚未捕获的异常吗？不抛出异常

除了极特殊的情况下使用 set_terminate() 和 terminate() 之外，其他情况应避免使用这些函数。调用 terminate() 会通过继续调用终止处理程序来终止当前程序，终止处理程序由 set_terminate() 设置。默认操作是立即终止当前程序，这几乎总是正确的。出于底层操作系统方面的原因，当调用 terminate() 时局部变量的析构函数是否会被调用是由具体 C++ 实现所决定的。如果 terminate() 调用是因为违反 noexcept 规则而被触发的，系统允许进行一些（重要的）优化，甚至可能对栈进行部分展开（见 iso.15.5.1）。

有些析构函数的行为依赖于某个函数是正常退出还是因异常退出而有所不同，人们认为 uncaught_exception() 对编写这类析构函数非常有用。但是，在最初的异常被捕获后，栈展开期间 uncaught_exception() 也会为真（见 13.5.1 节）。我认为 uncaught_exception() 对于实际应用来说太微妙了。

30.4.2　断言

标准库提供了断言机制。

断言（iso.7）	
static_assert(e,s)	在编译时对 e 求值；若 !e 为假则将 s 作为编译器错误消息输出
assert(e)	若宏 NDBUG 未定义，则在运行时对 e 进行求值，若 !e 为假，向 cerr 输出一个消息并调用 abort()；若定义了 NDBUG，则什么也不做

例如：

```
template<typename T>
void draw_all(vector<T*>& v)
{
	static_assert(Is_base_of<Shape,T>(),"non-Shape type for draw_all()");

	for (auto p : v) {
		assert(p!=nullptr);
		// ...
	}
}
```

assert() 是一个宏，定义在 <cassert> 中。assert() 生成什么错误信息由 C++ 具体实现自己决定，但应包含源文件名（__FILE__）和 assert() 所在的源码行号（__LINE__）。

断言常常用于产品级代码而非教材的小例子中（它也本应如此）。

函数名（__func__）也可能包含在消息中。如果假定 assert() 被求值但实际却没有时，就会导致严重错误。例如，在常见的编译器设置下，assert(p!=nullptr) 在调试时会捕获一个错误，但在最终发布的产品程序中就不会。

管理断言的方法请参阅 13.4 节。

30.4.3 system_error

在 <system_error> 中，标准库提供了一个能从操作系统和底层系统组件报告错误的框架。例如，我们可以编写一个函数检查文件名然后打开此文件：

```
ostream& open_file(const string& path)
{
    auto dn = split_into_directory_and_name(path);        // 分解为 { 路径名 , 文件名 }

    error_code err {does_directory_exist(dn.first)};      // 向 "系统" 询问路径名
    if (err) {    // err!=o 意味着发生了错误

        // ... 看看可以做什么事 ...

        if (cannot_handle_err)
            throw system_error(err);
    }

    // ...
    return ofstream{path};
}
```

假定“系统”不知道 C++ 异常，在是否处理错误代码上我们就没得选择了；剩下的问题就是“在哪”处理以及“如何”处理了。<system_error> 中提供了一些组件，能实现错误码分类、将系统相关的错误码映射为可移植性更好的代码以及将错误码映射为异常：

系统错误类型	
error_code	保存一个值，指出错误码和错误类别；是系统相关的（见 30.4.3.1 节）
error_category	一些类型的基类，这些类型用来指明一类特定的错误码的来源和编码方式（见 30.4.3.2 节）
system_error	一个 runtime_error 异常，包含了一个 error_code（见 30.4.3.3 节）
error_condition	保存一个值，指明了一个错误和该错误的类别；可能具有可移植性（见 30.4.3.4 节）
erroc	enum class，其枚举值是为 <cerrno> 中的错误码定义的（见 40.3 节）；基本 POSIX 错误码
future_errc	enum class，其枚举值是为 <future> 中的错误码定义的（见 42.4.4 节）
io_errc	enum class，其枚举值是为 <ios> 中的错误码定义的（见 38.4.4 节）

30.4.3.1 错误码

当一个错误以错误码的形式从程序底层“浮上来”时，我们必须处理这个错误或将错误码转换为一个异常。但首先我们要对错误码进行分类：不同系统对同一个问题可能使用不同的错误码，而不同系统也会有不同类型的错误。

error_code（iso.19.5.2）	
error_code ec {};	默认构造函数：ec={0,&generic_category}；不抛出异常
error_code ec {n,cat};	ec={n,cat}；cat 是一个 error_category，n 是表示 cat 中某个错误的整数；不抛出异常

（续）

error_code（iso.19.5.2）	
error_code ec {n};	ec={n,&generic_category}；n 表示某个错误；n 是一个 EE 类型值，且满足 is_error_code_enum<EE>::value==true；不抛出异常
ec.assign(n,cat)	ec={n,cat}；cat 是一个 error_category；n 表示某个错误，是一个 EE 类型值且满足 is_error_code_enum<EE>::value==true；不抛出异常
ec=n	ec={n,&generic_category}:ec=make_error_code(n)；n 表示某个错误，是一个 EE 类型值且满足 is_error_code_enum<EE>::value==true；不抛出异常
ec.clear()	ec={0,&generic_category()}；不抛出异常
n=ec.value()	n 获得 ec 中保存的值；不抛出异常
cat=ec.category()	cat 是一个引用，指向 ec 中保存的类别；不抛出异常
s=ec.message()	s 是一个表示 ec 的 string，可能用作错误消息：ec.category().message(ec.value())
bool b{ec};	将 ec 转换为 bool 值；若 ec 表示一个错误，则 b 为 true；即 b==false 意味着“无错误”；显式初始化
ec==ec2	ec 和 ec2 两者或其中之一是 error_code；比较 ec 和 ec2，它们必须有相同的 category() 和相同的 value() 才认为是相等；如果 ec 和 ec2 是相同类型，则等价性由 == 定义；否则，等价性由 category().equivalent() 定义。
ec!=ec2	!(ec==ec2)
ec<ec2	序 ec.category()<ec2.category() || (ec.category()==ec2.category() && ec.value()<ec2.value())
e=ec.default_error_condition()	e 是一个引用，指向一个 error_condition:e=ec.category().default_error_condition(ec.value())
os<<ec	将 ec.name() 输出到 ostream os
ec=make_error_code(e)	e 是一个 errc:ec=error_code(static_cast<int>(e),&g eneric_category())

作为一个表示简单错误码概念的类型，error_code 提供了太多的成员，其实它本质上是一个从整数到 error_category 指针的简单映射：

```
class error_code {
public:
    // 表示形式：{ 值 , 类别 }，类型为 {int,const error_category*}
};
```

error_category 为派生自它的类的对象提供了接口。因此，一个 error_category 以引用传递，保存为指针。每个单独的 error_category 由一个唯一的对象来表示。

再次考虑 open_file() 的例子：

```
ostream& open_file(const string& path)
{
    auto dn = split_into_directory_and_name(path);          // 分解为 { 路径名 , 文件名 }

    if (error_code err {does_directory_exist(dn.first)}) {  // 向“系统”询问路径名
        if (err==errc::permission_denied) {
            // ...
        }
        else if (err==errc::not_a_directory) {
            // ...
        }
        throw system_error(err); // 在局部什么也做不了
    }
```

```
    // ...
    return ofstream{path};
}
```

错误码 errc 将在 30.4.3.6 节中介绍。注意我使用了 if-then-else 条件判断链而不是更显而易见的 switch 语句。原因是 == 相等性判定既考虑错误 category() 也考虑错误 value()。

对 error_code 的操作因系统而异。在某些情况下，可以使用 30.4.3.5 节中介绍的机制将 error_code 映射为 error_condition（见 30.4.3.4 节）。我们也可以用 default_error_condition() 从 error_code 中抽取出 error_condition。error_condition 包含的信息通常比 error_code 少，因此保存 error_code 而仅在需要时抽取出 error_condition，这通常是一个好做法。

对 error_code 进行操作不会改变 errno 的值（见 13.1.2 节和 40.3 节）。标准库也不会改变其他库提供的错误状态。

30.4.3.2　错误类别

一个 error_category 表示一个错误分类。特定错误由类 error_category 的派生类表示：

```
class error_category {
public:
    // ... 派生自 error_category 的特定类别的接口 ...
};
```

error_category（iso.19.5.1.1）	
cat.~error_category()	析构函数；虚函数；不抛出异常
s=cat.name()	s 是 cat 的名字，是一个 C 风格的字符串；虚函数；不抛出异常
ec=cat.default_error_condition(n)	ec 是 cat 中 n 的 error_condition；不抛出异常
cat.equivalent(n,ec)	ec.category()==cat 且 ec.value()==n 吗？ ec 是一个 error_condition；虚函数；不抛出异常
cat.equivalent(ec,n)	ec.category()==cat 且 ec.value()==n 吗？ ec 是一个 error_code；虚函数；不抛出异常
s=cat.message(n)	s 是描述 cat 中错误 n 的 string；虚函数
cat==cat2	cat 与 cat2 类别相同吗？不抛出异常
cat!=cat2	!(cat==cat2)；不抛出异常
cat<cat2	cat<cat2 在基于 error_category 地址的序中，满足 std::less<const error_category*>()(cat, cat2) 吗？不抛出异常

由于 error_category 的设计目的是用作基类，因此不提供拷贝或移动操作。访问 error_category 对象需要使用指针或引用。

标准库定义了 4 种命名的错误类别。

标准库错误类别（iso.19.5.1.1）	
ec=generic_category()	ec.name()=="generic"；ec 是一个指向 error_category 的引用
ec=system_category()	ec.name()=="system"；ec 是一个指向 error_category 的引用；表示系统错误；如果 ec 对应一个 POSIX 错误，则 ec.value() 等于该错误的 errno
ec=future_category()	ec.name()=="future"；ec 是一个指向 error_category 的引用；表示 <future> 中的错误
iostream_category()	ec.name()=="iostream"；ec 是一个指向 error_category 的引用；表示 iostream 库中的错误

这些类别是必要的，因为一个简单的整数错误码在不同的上下文（category）中可能有不同的含义。例如，1 在 POSIX 中表示“不允许的操作”（EPERM），如果是 iostream 错误则表示所有错误的通用代码（state），如果是一个 future 错误则表示“已收到 future”（future_already_retrieved）。

30.4.3.3 system_error 异常

system_error 报告的错误都源自标准库中处理操作系统的部分。它传递一个 error_code，并可传递一个错误消息字符串：

```
class system_error : public runtime_error {
public:
    // ...
};
```

异常类 system_error (iso.19.5.6)	
system_error se {ec,s};	se 保存 {ec,s}；ec 是一个 error_code；s 是一个 string 或一个 C 风格字符串，作为错误消息的一部分
system_error se {ec};	se 保存 {ec}；ec 是一个 error_code
system_error se {n,cat,s};	se 保存 {error_code{n,cat},s}；cat 是一个 error_category，n 是一个 int，表示 cat 中的一个错误；s 是一个 string 或一个 C 风格字符串，作为错误消息的一部分
system_error se {n,cat};	se 保存 error_code{n,cat}；cat 是一个 error_category，n 是一个 int，表示 cat 中的一个错误
ec=se .code()	ec 为指向 se 的 error_code 的引用；不抛出异常
p=se .what()	p 为 se 的错误字符串的 C 风格版本；不抛出异常

捕获 system_error 的程序可获得其 error_code。例如：

```
try {
    // 做某些操作
}
catch (system_error& err) {
    cout << "caught system_error " << err.what() <<'\n';     // 错误信息

    auto ec = err.code();
    cout << "category: " << ec.category().what() <<'\n';
    cout << "value: " << ec.value() <<'\n';
    cout << "message: " << ec.message() <<'\n';
}
```

自然地，system_error 可用于标准库之外的程序。它传递一个系统相关的 error_code，而不是一个可移植的 error_condition（见 30.4.3.4 节）。为了从 error_code 获得一个 error_condition，可使用 default_error_condition()（见 30.4.3.1 节）。

30.4.3.4 可移植的错误状态

可移植错误码（error_condition）的表现形式与系统相关的 error_code 几乎相同：

```
class error_condition {  // 潜在可移植（见 iso.19.5.3）
public:
    // 类似 error_code
    // 但没有输出运算符（<<）
    // 和默认 error_condition()
};
```

总体思路是每个系统有一组特有的（“原生的”）错误码，可映射到潜在可移植的错误码，这样对于需要跨平台编程的程序员（通常是编写库的程序员）来说就会更加方便。

30.4.3.5　映射错误码

我们用一组 error_code 和至少一个 error_condition 创建一个 error_category，首先要定义一个枚举类型表示所需的 error_code 值。例如：

```
enum class future_errc {
      broken_promise = 1,
      future_already_retrieved,
      promise_already_satisfied,
      no_state
};
```

这些值的含义完全依赖于具体错误类别。这些枚举值的具体整数值由具体实现定义。

future 错误类别是标准的一部分，因此可以在你所使用的标准库中找到它，但细节可能与我描述的有所不同。

接下来，我们需要为错误码定义一个合适的类别：

```
class future_cat : error_category {          // future_category() 返回此类型
public:
      const char* name() const noexcept override { return "future"; }

      string message(int ec) const override;
};

const error_category& future_category() noexcept
{
      static future_cat obj;
      return &obj;
}
```

将整型值映射为错误 message() 字符串的过程有些冗长乏味。我们必须创造一组对程序员来说可能有意义的消息。在本例中，我不想自作聪明：

```
string future_error::message(int ec) const
{
      switch (ec) {
      default:                                      return "bad future_error code";
      future_errc::broken_promise:                  return "future_error: broken promise";
      future_errc::future_already_retrieved:        return "future_error: future already retrieved";
      future_errc::promise_already_satisfied:  return "future_error: promise already satisfied";
      future_errc::no_state:                        return "future_error: no state";
      }
}
```

我们现在可以从一个 future_errc 创建一个 error_code 了：

```
error_code make_error_code(future_errc e) noexcept
{
      return error_code{int(e),future_category()};
}
```

对于接受单一错误码的 error_code 构造函数和赋值运算符而言，要求实参的类型对 error_category 来说是恰当的。例如，如果实参将要成为 future_category() 的一个 error_code 的 value()，则它的类型必须是 future_errc。特别是，我们不能简单地使用 int 类型。例如：

```
error_code ec1 {7};                                    // 错误
error_code ec2 {future_errc::no_state};                // 正确

ec1 = 9;                                               // 错误
ec2 = future_errc::promise_already_satisfied;          // 正确
ec2 = errc::broken_pipe;                               // 错误：错误类别不正确
```

为了帮助程序员实现 error_code，我们从定义的枚举类型特例化出萃取 is_error_code_enum：

```
template<>
struct is_error_code_enum<future_errc> : public true_type { };
```

标准库已经提供了通用模板：

```
template<typename>
struct is_error_code_enum : public false_type { };
```

这条语句声明：凡是我们不视为错误码的值就不是错误码。为了让 error_condition 能用于我们的错误类别，必须重复对 error_code 所做的事情。例如：

```
error_condition make_error_condition(future_errc e) noexcept;

template<>
struct is_error_condition_enum<future_errc> : public true_type { };
```

我们可以对 error_condition 使用一个独立的 enum，并为 make_error_condition 实现一个从 future_errc 到它的映射，这会是一个更有趣的设计。

30.4.3.6 errc 错误码

标准库中 system_category() 的 error_code 是由 enum class errc 定义的，其值等于来自于 <cerrno> 中的 POSIX 衍生内容：

enum class errc 枚举值（iso.19.5）	
address_family_not_supported	EAFNOSUPPORT
address_in_use	EADDRINUSE
address_not_available	EADDRNOTAVAIL
already_connected	EISCONN
argument_list_too_long	E2BIG
argument_out_of_domain	EDOM
bad_address	EFAULT
bad_file_descriptor	EBADF
bad_message	EBADMSG
broken_pipe	EPIPE
connection_aborted	ECONNABORTED
connection_already_in_progress	EALREADY
connection_refused	ECONNREFUSED
connection_reset	ECONNRESET
cross_device_link	EXDEV
destination_address_required	EDESTADDRREQ
device_or_resource_busy	EBUSY
directory_not_empty	ENOTEMPTY
executable_format_error	ENOEXEC

（续）

enum class errc 枚举值（iso.19.5）	
file_exists	EEXIST
file_too_large	EFBIG
filename_too_long	ENAMETOOLONG
function_not_supported	ENOSYS
host_unreachable	EHOSTUNREACH
identifier_removed	EIDRM
illegal_byte_sequence	EILSEQ
inappropriate_io_control_operation	ENOTTY
interrupted	EINTR
invalid_argument	EINVAL
invalid_seek	ESPIPE
io_error	EIO
is_a_directory	EISDIR
message_size	EMSGSIZE
network_down	ENETDOWN
network_reset	ENETRESET
network_unreachable	ENETUNREACH
no_buffer_space	ENOBUFS
no_child_process	ECHILD
no_link	ENOLINK
no_lock_available	ENOLCK
no_message	ENOMSG
no_message_available	ENODATA
no_protocol_option	ENOPROTOOPT
no_space_on_device	ENOSPC
no_stream_resources	ENOSR
no_such_device	ENODEV
no_such_device_or_address	ENXIO
no_such_file_or_directory	ENOENT
no_such_process	ESRCH
not_a_directory	ENOTDIR
not_a_socket	ENOTSOCK
not_a_stream	ENOSTR
not_connected	ENOTCONN
not_enough_memory	ENOMEM
not_supported	ENOTSUP
operation_canceled	ECANCELED
operation_in_progress	EINPROGRESS
operation_not_permitted	EPERM
operation_not_supported	EOPNOTSUPP
operation_would_block	EWOULDBLOCK
owner_dead	EOWNERDEAD
permission_denied	EACCES
protocol_error	EPROTO

（续）

enum class errc 枚举值（iso.19.5）	
protocol_not_supported	EPROTONOSUPPORT
read_only_file_system	EROFS
resource_deadlock_would_occur	EDEADLK
resource_unavailable_try_again	EAGAIN
result_out_of_range	ERANGE
state_not_recoverable	ENOTRECOVERABLE
stream_timeout	ETIME
text_file_busy	ETXTBSY
timed_out	ETIMEDOUT
too_many_files_open	EMFILE
too_many_files_open_in_system	ENFILE
too_many_links	EMLINK
too_many_symbolic_link_levels	ELOOP
value_too_large	EOVERFLOW
wrong_protocol_type	EPROTOTYPE

这些错误码对“system”类别 system_category() 是有效的。在支持类 POSIX 组件的系统上，它们对“generic”类别 generic_category() 也是有效的。

POSIX 宏都是整数，而 errc 枚举值的类型是 errc。例如：

```
void problem(errc e)
{
	if (e==EPIPE) {                  // 错误：不能将 errc 转换为 int
		// ...
	}

	if (e==broken_pipe) {            // 错误：broken_pipe 不在作用域中
		// ...
	}

	if (e==errc::broken_pipe) {      // 正确
		// ...
	}
}
```

30.4.3.7　future_errc 错误码

标准库中 future_category() 的 error_code 是由 enum class future_errc 定义的：

enum class future_errc 枚举值（iso.30.6.1）	
broken_promise	1
future_already_retrieved	2
promise_already_satisfied	3
no_state	4

这些错误码对“future”类别 future_category() 是有效的。

30.4.3.8　io_errc 错误码

标准库中 iostream_category() 的 error_code 是由 enum class io_errc 定义的：

enum class io_errc 枚举值（iso.27.5.1）	
stream	1

这些错误码对“iostream”类别 iostream_category() 是有效的。

30.5　建议

[1] 使用标准库组件保持可移植性；30.1 节和 30.1.1 节。

[2] 使用标准库组件尽量减少维护成本；30.1 节。

[3] 将标准库组件作为更广泛和更专门化的库的基础；30.1.1 节。

[4] 使用标准库组件作为灵活、广泛使用的软件的模型；30.1.1 节。

[5] 标准库组件定义在命名空间 std 中，都是在标准库头文件中定义的；30.2 节。

[6] 每个 C 标准库头文件 X.h 都有其 C++ 标准库对应的版本 <cX>；30.2 节。

[7] 必须 #include 相应的头文件才能使用标准库组件；30.2 节。

[8] 为了对内置数组使用范围 for，需要 #include<iterator>；30.3.2 节。

[9] 优选基于异常的错误处理而非返回错误码方式的错误处理；30.4 节。

[10] 始终要捕获 exception&（对标准库和语言支持的异常）和 ...（对意料之外的异常）；30.4.1 节。

[11] 标准库 exception 层次可以（但不是必须支持）用于用户自定义异常；30.4.1.1 节。

[12] 如果发生严重错误，调用 terminate()；30.4.1.3 节。

[13] 大量使用 static_assert() 和 assert()；30.4.2 节。

[14] 不要假定 assert() 总是会被求值；30.4.2 节。

[15] 如果不能使用异常，考虑使用 <system_error>；30.4.3 节。

STL 容器

它新颖、独特、简单，它必然成功！

——霍雷肖·纳尔逊

- 引言
- 容器概览
  容器表示；对元素的要求
- 操作概览
  成员类型；构造函数、析构函数和赋值操作；大小和容量；迭代器；元素访问；栈操作；列表操作；其他操作
- 容器
  vector；链表；关联容器
- 容器适配器
  stack；queue；priority_queue；
- 建议

31.1 引言

STL 包含标准库中的迭代器、容器、算法和函数对象几个部分。STL 的其他内容将在第 32 章和第 33 章中进行介绍。

31.2 容器概览

一个容器保存着一个对象序列。本节概述容器类型并简要介绍它们的特性。容器上的操作将在 31.3 节中介绍。

容器可分类为：

- 顺序容器提供对元素（半开）序列的访问。
- 关联容器提供基于关键字的关联查询。

此外，标准库还提供了一些保存元素的对象类型，它们并未提供顺序容器或关联容器的全部功能：

- 容器适配器提供对底层容器的特殊访问。
- 拟容器保存元素序列，提供容器的大部分但非全部功能。

STL 容器（顺序和关联容器）都是资源句柄，都定义了拷贝和移动操作（见 3.3.1 节）。所有容器操作都提供了基本保证（见 13.2 节），确保与基于异常的错误处理机制能正确协同工作。

顺序容器	
vector<T,A>	空间连续分配的 T 类型元素序列；默认选择容器
list<T,A>	T 类型元素双向链表；当需要插入 / 删除元素但不移动已有元素时选择它

（续）

顺序容器	
forward_list<T,A>	T 类型元素单向链表；很短的或空序列的理想选择
deque<T,A>	T 类型元素双端队列；向量和链表的混合；对大多数应用而言，都比向量和链表其中之一要慢

模板参数 A 是一个分配器，容器用它来分配和释放内存（见 13.6.1 节和 34.4 节）。例如：

```
template<typename T, typename A = allocator<T>>
class vector {
	// ...
};
```

A 的默认值是 std::allocator<T>（见 34.4.1 节），此分配器用 operator new() 和 operator delete() 为元素分配和释放内存。

这些容器都定义在 <vector>、<list> 和 <deque> 中。顺序容器为元素连续分配内存（如 vector）或将元素组织为链表（如 forward_list），元素的类型是容器的成员 value_type（就是上表中的 T）。deque（发音 "deck"）采用链表和连续存储的混合方式。

除非你有充足的理由，否则应该优选 vector 而不是其他顺序容器。注意，vector 提供了添加、删除（移除）元素的操作，这些操作都允许 vector 按需增长或收缩。对于包含少量元素的序列而言，vector 是一种完美的支持列表操作的数据结构。

当在一个 vector 中插入、删除元素时，其他元素可能会移动。与之相反，链表或关联容器中的元素则不会因为插入新元素或删除其他元素而移动。

forward_list（单向链表）是一种专为空链表和极短链表优化过的数据结构。一个空 forward_list 只占用一个内存字。在实际应用中，有相当多的情况链表是空的（还有很多情况链表非常短）。

有序关联容器（iso.23.4.2） C 是比较类型；A 是分配器类型	
map<K,V,C,A>	从 K 到 V 的有序映射；一个 (K,V) 对序列
multimap<K,V,C,A>	从 K 到 V 的有序映射；允许重复关键字
set<K,C,A>	K 的有序集合
multiset<K,C,A>	K 的有序集合；允许重复关键字

这些容器通常用平衡二叉树（通常是红黑树）实现。

关键字 (K) 的默认序标准是 std::less<K>（见 33.4 节）。

类似顺序容器，模板参数 A 是分配器，容器用它来分配和释放内存（见 13.6.1 节和 34.4 节）。对映射，A 的默认值是 std::allocator<std::pair<const K,T>>（见 31.4.3 节），对集合，A 的默认值是 std::allocator<K>。

无序关联容器（iso.23.5.2） H 是哈希函数类型，E 是相等性测试；A 是分配器类型	
unordered_map<K,V,H,E,A>	从 K 到 V 的无序映射
unordered_multimap<K,V,H,E,A>	从 K 到 V 的无序映射；允许重复关键字
unordered_set<K,H,E,A>	K 的无序集合
unordered_multiset<K,H,E,A>	K 的无序集合；允许重复关键字

这些容器都是采用溢出链表法的哈希表实现。关键字类型 K 的默认哈希函数类型 H 为 std::hash<K>（见 31.4.3.2 节）。关键字类型 K 的默认相等性判定函数类型 E 为 std::equal_to<K>（见 33.4 节）；相等性判定函数用来判断哈希值相同的两个对象是否相等。

关联容器都是链接结构（树），节点类型为其成员 value_type（按前文符号表示，对映射是 pair<const K,V>，对集合是 K）。set、map 或 multimap 的元素序列都按关键字值（K）排序。无序容器则不需要一个序关系（如 <）来排序其元素，而是采用哈希函数来访问元素（见 31.2.2.1 节）。因此，无序容器的元素序列都不保证顺序。multimap 与 map 的不同之处是一个关键字值可以出现多次。

容器适配器是一类特殊容器，它们为其他容器提供了特殊的接口。

容器适配器 C 是一个容器类型	
priority_queue<T,C,Cmp>	T 的优先队列；Cmp 是优先级函数类型
queue<T,C>	T 的队列，支持 push() 和 pop() 操作
stack<T,C>	T 的栈，支持 push() 和 pop() 操作

一个 priority_queue 的默认优先级函数 Cmp 为 std::less<T>。queue 的默认容器类型 C 为 std::deque<T>，stack 和 priority_queue 的默认容器类型 C 为 std::vector<T>，见 31.5 节。

某些数据类型具有标准容器所应有的大部分特性，但又非全部。我们有时称这些数据类型为"拟容器"。一些最有趣的拟容器如下表所示。

<table>
<tr><th colspan="2">拟容器</th></tr>
<tr><td>T[N]</td><td>固定大小的内置数组：N 个连续存储的类型为 T 的元素；没有 size() 或其他成员函数</td></tr>
<tr><td>array<T,N></td><td>固定大小的数组，N 个连续存储的类型为 T 的元素；类似内置数组，但解决了大部分问题</td></tr>
<tr><td>basic_string<C,Tr,A></td><td>一个连续分配空间的类型为 C 的字符序列，支持文本处理操作，如连接（+ 和 +=）；basic_string 通常都经过了优化，短字符串无须使用自由存储空间（见 19.3.3 节）</td></tr>
<tr><td>string</td><td>basic_string<char></td></tr>
<tr><td>u16string</td><td>basic_string<char16_t></td></tr>
<tr><td>u32string</td><td>basic_string<char32_t></td></tr>
<tr><td>wstring</td><td>basic_string<wchar_t></td></tr>
<tr><td>valarray<T></td><td>数值向量，支持向量运算，但有一些限制，这些限制是为了鼓励高性能实现；只在做大量向量运算时使用</td></tr>
<tr><td>bitset<N></td><td>N 个二进制位的集合，支持集合操作，如 & 和 |</td></tr>
<tr><td>vector<bool></td><td>vector<T> 的特例化版本，紧凑保存二进制位</td></tr>
</table>

对 basic_string，A 是其分配器（见 34.4），Tr 是字符萃取（见 36.2.2 节）。

如果可以选择的话，应该优先选择 vector、string 或 array 这样的容器，而不是内置数组。内置数组有两个问题——数组到指针的隐式类型转换和必须要记住大小，它们都是错误的主要来源（如 27.2.1 节中所述）。

还应该优先选择标准字符串，而不是其他字符串或 C 风格字符串。C 风格字符串的指针语义意味着笨拙的符号表示和程序员的额外工作，它也是主要错误来源之一（如内存泄漏）（见 36.3.1 节）。

31.2.1 容器表示

C++标准并未给标准容器规定特定的表示形式，而是指明了容器接口和一些复杂性要求。实现者会选择适当的（通常也是巧妙优化过的）实现方法来满足一般要求和常见用途。除了处理元素所需的一些内容之外，这类“句柄”还会持有一个分配器（见34.4节）。

对于一个vector，其元素的数据结构很可能是一个数组：

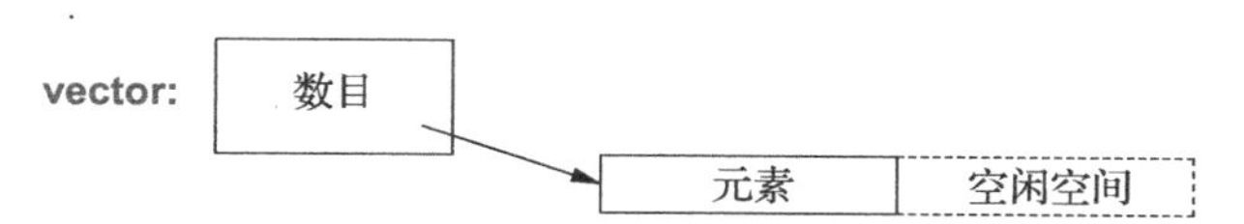

vector会保存指向一个元素数组的指针，还会保存元素数目和向量容量（已分配的和尚未使用的位置数）或等价的一些信息（见13.6节）。

list很可能表示为一个指向元素的链接序列以及元素数目：

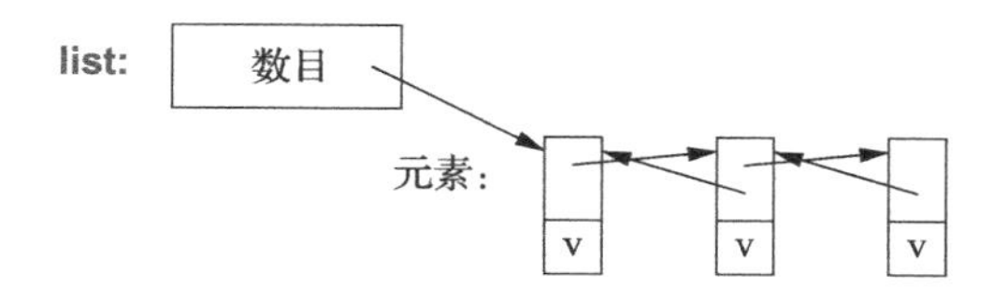

forward_list很可能表示为一个指向元素的链接序列：

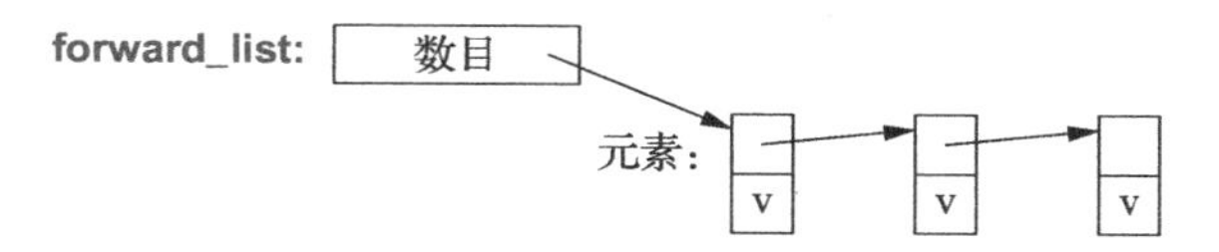

map很可能实现为一棵（平衡）树，树结点指向（键，值）对：

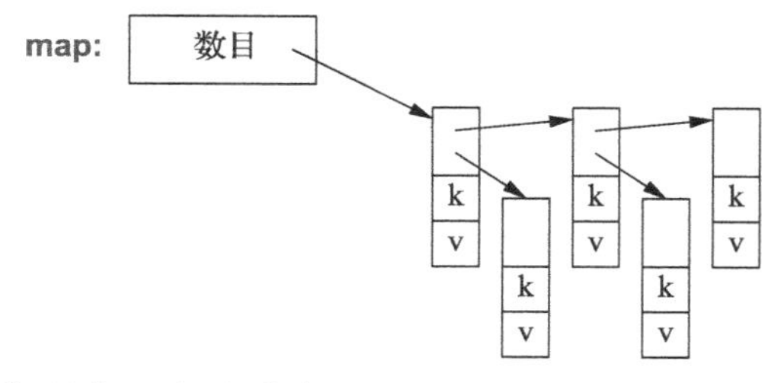

unordered_map很可能实现为一个哈希表：

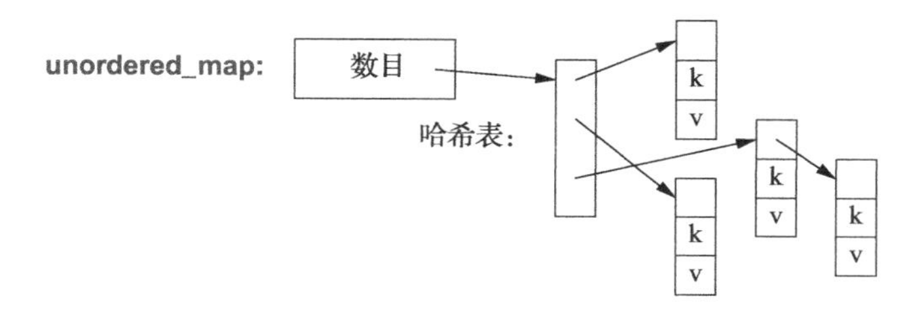

string的实现可能如19.3节和23.2节所勾勒的基本思路；即，短string的字符保存在string句柄内，而长string的元素则保存在自由存储空间中的连续区域（类似vector的元素）。类似vector，一个string也会预留“空闲空间”，以便扩张时不必频繁地重新分配空间。

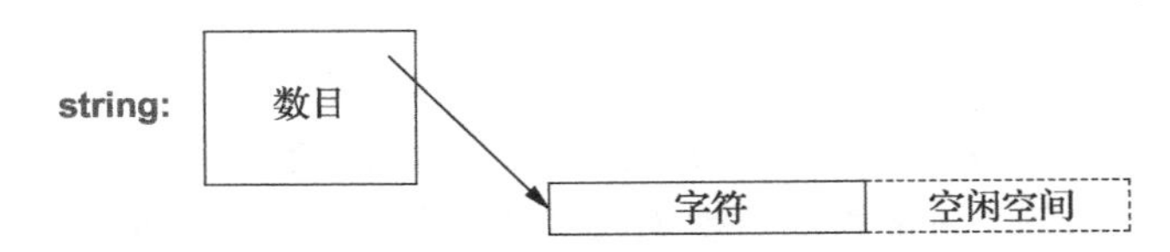

类似内置数组（见 7.3 节），array 就是一个简单的元素序列，无句柄：

array: 元素

这意味着一个局部 array 不会使用任何自由存储空间（除非它本身是在自由存储空间中分配的），而且一个类的 array 成员也不会悄悄带来任何自由存储空间操作。

31.2.2　对元素的要求

若想作为一个容器的元素，对象类型必须允许容器拷贝、移动以及交换元素。如果容器使用拷贝构造函数或拷贝赋值操作拷贝一个元素，拷贝的结果必须是一个等价的对象。这大致意味着任何对象值相等性检测都必须得到副本和原值相等的结论。换句话说，元素拷贝必须能像 int 的普通拷贝一样正常工作。类似地，移动构造函数和移动赋值操作也必须具有常规定义和常规移动语义（见 17.5.1 节）。此外，元素类型还必须允许按常规语义交换元素。如果一个类型定义了拷贝或移动操作，则标准库 swap() 就能正常工作。

对元素类型的要求的细节散布在 C++ 标准中，很难阅读（见 iso.23.2.3、iso.23.2.1 和 iso.17.6.3.2），但基本上，如果一个类型具有常规的拷贝或移动操作，容器就能保存该类型元素。只要满足容器元素的基本要求和算法的特定要求（如元素有序，见 31.2.2.1 节），很多基本算法，如 copy()、find() 和 sort()，都能正常运行。

一些违反标准容器规则要求的情况能被编译器检查出来，但对其他一些问题编译器则无能为力，从而导致意料之外的行为。例如，一个赋值操作出错，抛出一个异常，留下一个只拷贝了部分内容的元素。这是一个糟糕的设计（见 13.6.1 节），会违反 C++ 标准中“提供基本保证”（见 13.2 节）的原则。一个处于非法状态的元素稍后可能会导致一场灾难。

当无法拷贝对象时，一个替换方案是将对象指针而不是对象本身保存在容器中。最典型的例子就是多态类型（见 3.2.2 节和 20.3.2 节）。例如，我们使用 vector<unique_ptr<Shape>> 或 vector<Shape*> 而不是 vector<Shape> 来保证多态行为。

31.2.2.1　比较操作

关联容器要求其元素能够排序，很多可以应用于容器的操作也有此要求（如 sort() 和 merge()）。默认情况下，< 运算符被用来定义序。如果 < 不合适，程序员必须提供一个替代操作（见 31.4.3 节和 33.4 节）。排序标准必须定义一个严格弱序（strict weak ordering）。形式化地描述，即小于和相等关系（如果定义了的话）都必须是传递的。也就是说，一个排序标准 cmp（将它想象为“小于”）必须满足：

[1] 反自反性：cmp(x,x) 为 false。

[2] 反对称性：cmp(x,y) 意味着 !cmp(x,y)。

[3] 传递性：若 cmp(x,y) 且 cmp(y,z)，则 cmp(x,z)。

[4] 相等的传递性：定义 equiv(x,y) 为 !(cmp(x,y)||cmp(y,x))。若 equiv(x,y) 且 equiv(y,z)，则 equiv(x,z)。

在需要 == 时，最后一条规则允许我们将相等判定（x==y）定义为 !(cmp(x,y)||cmp(y,x))。

要求一个比较标准的标准库操作都提供两个版本。例如：

```
template<typename Ran>
      void sort(Ran first, Ran last);                //用 < 进行比较
template<typename Ran, typename Cmp>
      void sort(Ran first, Ran last, Cmp cmp); //用 cmp 进行比较
```

第一个版本用 < 进行比较，第二个版本则使用用户提供的比较操作 cmp。例如，我们可能决定用一个大小写不敏感的比较操作来排序 fruit。为此，我们可以定义一个函数对象（见 3.4.3 节和 19.2.2 节），调用该谓词完成一对 string 的比较：

```
class Nocase {      // 大小写不敏感的字符串比较
public:
      bool operator()(const string&, const string&) const;
};

bool Nocase::operator()(const string& x, const string& y) const
      // 若 x 字典序上小于 y，则返回 true，不考虑大小写
{
      auto p = x.begin();
      auto q = y.begin();

      while (p!=x.end() && q!=y.end() && toupper(*p)==toupper(*q)) {
            ++p;
            ++q;
      }
      if (p == x.end()) return q != y.end();
      if (q == y.end()) return false;
      return toupper(*p) < toupper(*q);
}
```

我们可以用这个比较操作来调用 sort()。考虑下面的例子：

```
fruit:
      apple   pear   Apple   Pear   lemon
```

用 sort(fruit.begin(),fruit.end(),Nocase()) 进行排序会得到下面的结果：

```
fruit:
      Apple   apple   lemon   Pear   pear
```

假定某个字符集中大写字母排在小写字母之前，普通的 sort(fruit.begin(),fruit.end()) 则会得到：

```
fruit:
      Apple   Pear   apple   lemon   pear
```

注意，C 风格字符串（即 const char*）上的 < 比较的是指针值（见 7.4 节）。因此，如果用 C 风格字符串作为关键字，关联容器将不能正常工作，这出乎大多数人的预料。为了让这样的关联容器正常工作，就必须使用基于字典序的比较操作。例如：

```
struct Cstring_less {
      bool operator()(const char* p, const char* q) const { return strcmp(p,q)<0; }
};

map<char*,int,Cstring_less> m;          // map 使用 strcmp() 比较 const char*
```

31.2.2.2 其他关系运算符

默认情况下，容器和算法在需要进行小于比较时会使用 <。若此默认比较操作不正确，程序员可以提供一个自定义的比较操作。但是，标准库并未提供传递等价性检验操作的机制，而是在程序员提供了比较操作 cmp 时，用两次比较进行等价性检验。例如：

```
if (x == y)                     // 若用户提供了比较操作，不采用这种方式

if (!cmp(x,y) && !cmp(y,x))     // 若用户提供了一个比较操作 cmp，采用这种方式
```

采用这种机制，用户就不必为每种关联容器值类型或是使用比较操作的算法都提供等价性检验操作。这种方式可能看起来代价较高，但标准库不会频繁进行等价性检验，而且 50% 的情况下只需进行一次 cmp() 调用，通常编译器会优化掉双重 cmp()。

使用由小于比较（默认是 <）定义的等价关系而不是使用直接的相等比较（默认是 ==）还有其他实际用途。例如，关联容器（见 31.4.3 节）用等价性检验 !cmp(x,y) && !cmp(y,x) 来比较关键字。这意味着等价的关键字不必是相同的值。例如，一个 multimap(见 31.4.3 节）用大小写不敏感的比较操作作为其比较标准，则字符串 Last、last、lAst、laSt 和 lasT 都是等价的，虽然相等比较运算符 == 认为它们是不同的字符串。这种机制允许我们在排序时忽略我们认为不重要的差异。

如果相等比较（默认是 ==）总是给出与等价性检验 !cmp(x,y) && !cmp(y,x)（cmp() 默认为 <）相同的结果，我们称值集合具有全序（total order）。

给定 < 和 ==，我们可以简单地构造其他常用的比较操作。标准库将它们定义在命名空间 std::rel_ops 中，头文件 <utility> 呈现了这些定义（见 35.5.3 节）。

31.3 操作概览

标准容器提供的操作和类型可以概括如下：

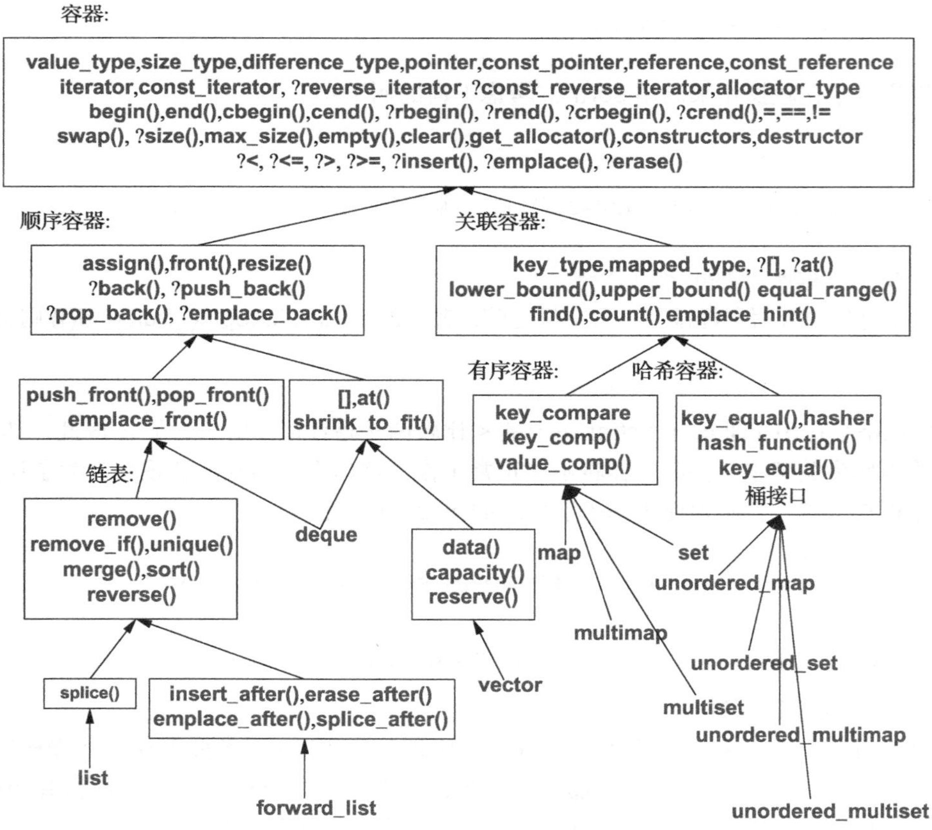

容器:

value_type,size_type,difference_type,pointer,const_pointer,reference,const_reference
iterator,const_iterator, ?reverse_iterator, ?const_reverse_iterator,allocator_type
begin(),end(),cbegin(),cend(), ?rbegin(), ?rend(), ?crbegin(), ?crend(),=,==,!=
swap(), ?size(),max_size(),empty(),clear(),get_allocator(),constructors,destructor
?<, ?<=, ?>, ?>=, ?insert(), ?emplace(), ?erase()

顺序容器:

assign(),front(),resize()
?back(), ?push_back()
?pop_back(), ?emplace_back()

关联容器:

key_type,mapped_type, ?[], ?at()
lower_bound(),upper_bound() equal_range()
find(),count(),emplace_hint()

push_front(),pop_front()
emplace_front()

[],at()
shrink_to_fit()

有序容器:

key_compare
key_comp()
value_comp()

哈希容器:

key_equal(),hasher
hash_function()
key_equal()
桶接口

链表:

remove()
remove_if(),unique()
merge(),sort()
reverse()

deque

data()
capacity()
reserve()

map

set

unordered_map

multimap

unordered_set

multiset

unordered_multimap

unordered_multiset

splice()

insert_after(),erase_after()
emplace_after(),splice_after()

vector

list

forward_list

在这里箭头表示为一个容器提供了一组操作，不是继承的含义。问号（?）是一种简化表示：一些操作只为某些容器提供。特别是：

- multi* 系列关联容器或集合不提供 [] 或 at()。
- forward_list 不提供 insert()、erase() 或 emplace()，而是提供 *_after 系列操作。
- forward_list 不提供 back()、push_back()、pop_back() 或 emplace_back()。
- forward_list 不提供 reverse_iterator、const_reverse_iterator、rbegin()、rend()、crbegin()、crend() 或 size()。
- unordered_* 系列关联容器不提供 <、<=、> 或 >=。

在上图中 [] 和 at() 操作出现了多次，这只是为了减少箭头的数目。

桶接口将在 31.4.3.2 节中介绍。

如果有意义，访问操作都会提供两个版本：一个用于 const 对象，另一个用于非 const 对象。

标准库操作都有复杂性保证。

标准容器操作复杂性

	[] 31.2.2 节	列表 31.3.7 节	头部 31.4.2 节	尾部 31.3.6 节	迭代器 33.1.2 节
vector	常量	O(n)+		常量 +	随机
list		常量	常量	常量	双向
forward_list		常量	常量		前向
deque	常量	O(n)	常量	常量	随机
stack				常量	
queue			常量	常量	
priority_queue			O(log(n))	O(log(n))	
map	O(log(n))	O(log(n))+			双向
multimap		O(log(n))+			双向
set		O(log(n))+			双向
multiset		O(log(n))+			双向
unordered_map	常量 +	常量 +			前向
unordered_multimap		常量 +			前向
unordered_set		常量 +			前向
unordered_multiset		常量 +			前向
string	常量	O(n)+	O(n)+	常量 +	随机
array	常量				随机
内置数组	常量				随机
valarray	常量				随机
bitset	常量				

“头部”操作表示在第一个元素之前的插入和删除操作。类似地，“尾部”操作是在最后一个元素之后的插入和删除操作，“列表”操作是在任意位置的插入和删除操作。

在迭代器这列，“随机”表示“随机访问迭代器”，“前向”表示“前向迭代器”，“双向”

表示“双向迭代器”(见 33.1.4 节)。

其他表项都是对操作效率的评价。“常量”表示操作花费的时间不依赖于容器中的元素数目；常量时间（constant time）的另一种常见表示方式是 O(1)。O(n) 表示操作花费的时间与元素数目成正比。后缀 + 表示在极少数情况下代价会有大幅上升。例如，向一个 list 插入一个元素需要常量时间（因此对应表项是“常量”），而 vector 上的相同操作则需移动插入点之后的元素（因此对应表项是 O(n)）。但极少数情况下，需要为 vector 中的所有元素重新分配空间（因此我加了后缀 +）。“大 O”符号是表示复杂性的常规方式。我添加 + 是为了方便那些除了平均性能外还关心程序执行可预测性的程序员。O(n)+ 的习惯术语是摊还线性时间(amortized linear time)。

如果常量值很大，常量时间当然可能比线性时间代价更高。但对于大数据结构而言，常量时间通常意味着“代价低”，O(n) 意味着“代价高”，而 O(log(n)) 意味着“代价较低”。即使是对中等大小的 n，2 的对数 O(log(n)) 也明显更接近常量时间而非 O(n)。例如：

对数的例子					
n	16	128	1 024	16 384	1 048 576
log(n)	4	7	10	14	20
n*n	256	802 816	1 048 576	268 435 456	1.1e+12

关心运行代价的人一定要仔细看看这个表。特别是，必须理解哪些元素被统计进 n。但是，此表所传递的信息还是很清晰的：不要在 n 值很大时使用平方时间的算法。

复杂性和代价的评价给出的都是上界。评价的目的是给用户一些指导：他们可以期待程序具有怎样的性能。自然，实现者会尽力优化重要的程序。

注意，“大 O”复杂性评价描述的是渐进特性；即，只有当元素数目非常大时，复杂性的差异才会体现出来。其他一些因素，如单一操作的代价，也可能主导实际运行代价。例如，遍历一个 vector 和遍历一个 list 的复杂性都是 O(n)。但在现代计算机体系结构上，通过一个链接获取下一个元素（list 中的情形）的代价会远高于在一个 vector 中获取下一个元素的代价（元素是连续存储的）。类似地，元素数目增加 10 倍，线性时间算法的实际运行时间增加可能远大于 10 倍，也可能远小于 10 倍，这取决于内存和处理器架构的细节。因此，不要简单地相信你对代价的直觉以及你对复杂性的评价，而要进行实际测试。幸运的是，容器的接口非常相似，因此很容易编写比较性能的程序。

所有容器的 size() 操作都是常量时间的。注意，forward_list 没有 size() 操作，你如果需要知道元素数目，就必须自己计数（代价为 O(n)）。forward_list 为了优化空间占用没有保存大小或是指向元素的指针（因此没有常量时间的 size() 操作）。

上表中 string 的复杂性都是针对长字符串估计的。“短字符串优化”（见 19.3.3 节）令所有短字符串（如小于 14 个字符的字符串）的操作都是常量时间。

stack 和 queue 的复杂性反映了用 deque 作为底层容器默认实现 stack（见 31.5.1 节和 31.5.2 节）的代价。

31.3.1　成员类型

每个容器都定义了如下一组成员类型。

成员类型（iso.23.2 和 iso.23.3.6.1）	
value_type	元素类型
allocator_type	内存管理器类型
size_type	容器下标、元素数目等的无符号类型
difference_type	迭代器差异的带符号类型
iterator	行为类似 value_type*
const_iterator	行为类似 const_value_type*
reverse_iterator	行为类似 value_type*
const_reverse_iterator	行为类似 const_value_type*
reference	value_type&
const_reference	const_value_type&
pointer	行为类似 value_type*
const_pointer	行为类似 const_value_type*
key_type	关键字类型；仅关联容器具有
mapped_type	映射值类型；仅关联容器具有
key_compare	比较标准类型；仅有序容器具有
hasher	哈希函数类型；仅无序容器具有
key_euqal	等价性检验函数类型；仅无序容器具有
local_iterator	桶迭代器类型；仅无序容器具有
const_local_iterator	桶迭代器类型；仅无序容器具有

每个容器和“拟容器”都提供了上表中的大多数成员类型，但不会提供无意义的类型。例如，array 没有 allocator_type，vector 没有 key_type。

31.3.2　构造函数、析构函数和赋值操作

容器提供了多种构造函数和赋值操作。对一个名为 C 的容器（如 vector<double> 或 map<string,int>），我们有：

构造函数、析构函数和赋值操作 C 是一个容器；默认情况下，C 使用分配器 C::allocator_type{ }	
C c {};	默认构造函数：c 是一个空容器
C c {a};	默认构造 c；使用分配器 a
C c(n);	c 初始化为 n 个元素，元素值为 value_type{ }；关联容器不适用
C c(n,x);	c 初始化为 x 的 n 个拷贝；关联容器不适用
C c(n,x,a);	c 初始化为 x 的 n 个拷贝；使用分配器 a；关联容器不适用
C c {elem};	用 elem 初始化 c；若 C 有一个初始化器列表构造函数，优先使用它；否则，使用其他构造函数
C c {c2};	拷贝构造函数；将 c2 的元素和分配器拷贝入 c
C c {move(c2)};	移动构造函数；将 c2 的元素和分配器移入 c
C c {{elem},a};	用 initializer_list {elem} 初始化 c；使用分配器 a
C c {b,e};	用 [b:e) 中的元素初始化 c
C c {b,e ,a};	用 [b:e) 中的元素初始化 c；使用分配器 a
c.~C()	析构函数：销毁 c 的元素并释放资源
c2=c	拷贝赋值：将 c 的元素拷贝入 c2
c2=move(c)	移动赋值：将 c 的元素移入 c2

（续）

构造函数、析构函数和赋值操作 C 是一个容器；默认情况下，C 使用分配器 C::allocator_type{ }	
c={elem}	将 initializer_list {elem} 中的元素赋予 c
c.assign(n,x)	将 x 的 n 个拷贝赋予 c；关联容器不适用
c.assign(b,e)	将 [b:e) 中的元素赋予 c
c.assign({elem})	将 initializer_list {elem} 中的元素赋予 c

关联容器的其他构造函数将在 31.4.3 节中介绍。

注意，赋值操作并不拷贝或移动分配器，目标容器获得了一组新的元素，但会保留其旧分配器，新元素（如果有的话）的空间也是用此分配器分配的。分配器将在 34.4 节中介绍。

记住，一个构造函数或是一次元素拷贝可能会抛出异常，来指出它无法完成这个任务。

我们在 11.3.3 节和 17.3.4.1 节中已经讨论了初始化器的潜在二义性。例如：

```
void use()
{
	vector<int> vi {1,3,5,7,9};          // vector 初始化为 5 个整数
	vector<string> vs(7);                // vector 初始化为 7 个空字符串

	vector<int> vi2;
	vi2 = {2,4,6,8};                     // 将 4 个整数赋予 vi2
	vi2.assign(&vi[1],&vi[4]);           // 将序列 3,5,7 赋予 vi2

	vector<string> vs2;
	vs2 = {"The Eagle", "The Bird and Baby"};          // 赋予 vs2 两个字符串
	vs2.assign("The Bear", "The Bull and Vet");        // 运行时错误
}
```

向 vs2 赋值时发生的错误是传递了一对指针（而不是一个 initializer_list），而两个指针并非指向相同的数组。记住，对大小初始化器使用 ()，而对其他所有初始化器都使用 {}。

容器通常都很大，因此我们几乎总是以引用方式传递容器实参。但是，由于容器是资源句柄（见 31.2.1 节），我们可以高效地以返回值的方式返回容器（隐含使用移动操作）。类似地，当我们不想用别名的时候，可以用移动方式传递容器实参。例如：

```
void task(vector<int>&& v);

vector<int> user(vector<int>& large)
{
	vector<int> res;
	// ...
	task(move(large));  // 将数据的所有权传递给 task()
	// ...
	return res;
}
```

31.3.3 大小和容量

大小是指容器中的元素数目；容量是指在重新分配更多内存之前容器能够保存的元素数目。

大小和容量	
x=c.size()	x 是 c 的元素数目
c.empty()	c 为空吗？
x=c.max_size()	x 是 c 的最大可能元素数目
x=c.capacity()	x 是为 c 分配的空间大小；只适用于 vector 和 string
c.reserve(n)	为 c 预留 n 个元素的空间；只适用于 vector 和 string
c.resize(n)	将 c 的大小改变为 n；将增加的元素初始化为默认元素值；只适用于顺序容器（和 string）
c.resize(n,v)	将 c 的大小改变为 n；将增加的元素初始化为 v；只适用于顺序容器（和 string）
c.shrink_to_fit()	令 c.capacity() 等于 c.size()；只适用于 vector、deque 和 string
c.clear()	删除 c 的所有元素

在改变大小或容量时，元素可能会被移动到新的存储位置。这意味着指向元素的迭代器（以及指针和引用）可能会失效（即，指向旧元素的位置）。具体示例请见 31.4.1.1 节。

指向关联容器（如 map）元素的迭代器只有当所指元素从容器中删除（erase()，见 31.3.7 节）时才会失效。与之相反，指向顺序容器（如 vector）元素的迭代器当元素重新分配空间（如 resize()、reverse() 或 push_back()）或所指元素在容器中移动（如在前一个位置进行 erase() 或 insert()）时也会失效。

我们很容易认为 reserve() 会提高性能，但 vector 的标准增长策略（见 31.4.1.1 节）非常高效，因此性能问题很难成为使用 reserve() 的好理由。相反，我们应该将它看作一种提高性能可预测性和避免迭代器失效的方式。

31.3.4 迭代器

容器可以看作按容器迭代器定义的顺序或相反的顺序排列的元素序列。对一个关联容器，元素的序由容器比较标准（默认为 <）决定：

迭代器	
p=c.begin()	p 指向 c 的首元素
p=c.end()	p 指向 c 的尾后元素
cp=c.cbegin()	p 指向 c 的首元素，常量迭代器
p=c.cend()	p 指向 c 的尾后元素，常量迭代器
p=c.rbegin()	p 指向 c 的反序的首元素
p=c.rend()	p 指向 c 的反序的尾后元素
p=c.crbegin()	p 指向 c 的反序的首元素，常量迭代器
p=c.crend()	p 指向 c 的反序的尾后元素，常量迭代器

元素遍历的最常见形式是从头至尾遍历一个容器。最简单的遍历方法是使用范围 for 语句（见 9.5.1 节），它隐含地使用了 begin() 和 end()。例如：

```
for (auto& x : v)          // 隐式使用 v.begin() 和 v.end()
      cout << x << '\n';
```

当我们需要了解一个元素在容器中的位置或需要同时引用多个元素时，就要直接使用迭代器。在这些情况下，auto 很有用，它能帮助尽量简化代码并减少输入错误。例如，假定我们有一个随机访问迭代器：

```
for (auto p = v.begin(); p!=end(); ++p) {
    if (p!=v.begin() && *(p-1)==*p)
        cout << "duplicate " << *p << '\n';
}
```

若不需要修改元素，cbegin() 和 cend() 更适合。即，应该这样编写代码：

```
for (auto p = v.cbegin(); p!=cend(); ++p) {        // 使用常量迭代器
    if (p!=v.cbegin() && *(p-1)==*p)
        cout << "duplicate " << *p << '\n';
}
```

对大多数容器和大多数 C++ 实现而言，频繁使用 begin() 和 end() 不会产生性能问题，因此我没有费力将代码改为如下复杂形式：

```
auto beg = v.cbegin();
auto end = v.cend();

for (auto p = beg; p!=end; ++p) {
    if (p!=beg && *(p-1)==*p)
        cout << "duplicate " << *p << '\n';
}
```

31.3.5　元素访问

一些元素可以直接访问：

元素访问	
c.front()	指向 c 的首元素；关联容器不适用
c.back()	指向 c 的尾元素；forward_list 和关联容器不适用
c[i]	指向 c 的第 i 个元素；不做范围检查；链表和关联容器不适用
c.at(i)	指向 c 的第 i 个元素；若 i 超出范围则抛出一个 out_of_range；链表和关联容器不适用
c[k]	指向 c 中关键字为 k 的元素；若未找到则插入 (k, mapped_type{})；只适用于 map 和 unordered_map
c.at(k)	指向 c 中关键字为 k 的元素；若未找到则抛出一个 out_of_range；只适用于 map 和 unordered_map

某些 C++ 实现——特别是调试版本——总是进行范围检查，但如果考虑到可移植性，你就不能凭这点来保证正确性，或是依赖于不做范围检查来保证性能。若这些问题很重要，应检查你所用的 C++ 实现。

关联容器 map 和 unordered_map 提供了接受关键字参数而非位置参数的 [] 和 at()（见 31.4.3 节）。

31.3.6　栈操作

标准 vector、deque 和 list（不包括 forward_list 和关联容器）提供了高效的元素序列尾部操作：

栈操作	
c.push_back(x)	将 x 添加到 c 的尾元素之后（使用拷贝或移动）
c.pop_back()	删除 c 的尾元素
c.emplace_back(args)	用 args 构造一个对象，将它添加到 c 的尾元素之后

c.push_back(x) 将 x 移动或拷贝入 c，这会将 c 的大小增加 1。如果内存耗尽或 x 的拷贝构造函数抛出一个异常，c.push_back(x) 会失败。push_back() 失败不会对容器造成任何影响，因为标准库操作都提供了强保证（见 13.2 节）。

注意，pop_back() 并不返回值。假如它返回值的话，拷贝构造函数抛出异常的情况就会极大地增加容器实现的复杂性。

此外，list 和 deque 都提供了类似的在序列头部的操作（31.4.2 节），forward_list 也是如此。

如果希望实现容器动态增长，同时无需预先分配内存也没有溢出风险，那么 push_back() 是一种常态选择，不过 emplace_back() 也能实现类似功能。例如：

```
vector<complex<double>> vc;
for (double re,im; cin>>re>>im; )       // 读入两个 double
      vc.emplace_back(re,im);            // 将 complex<double>{re,im} 添加到容器尾部
```

31.3.7 列表操作

标准容器提供了列表操作：

列表操作	
q=c.insert(p,x)	将 x 插入到 p 之前；使用拷贝或移动
q=c.insert(p,n,x)	在 p 之前插入 x 的 n 个拷贝；若 c 是一个关联容器，p 并非插入位置，而是提示搜索开始位置
q=c.insert(p,first,last)	将 [first:last) 中的元素插入到 p 之前；不适用于关联容器
q=c.insert(p,{elem})	将 initializer_list {elem} 中的元素插入到 p 之前；p 提示从哪里开始搜索放置新元素的位置
q=c.emplace(p,args)	用 args 创建新元素，插入到 p 之前；不适用于关联容器
q=c.erase(p)	将位于 p 处的元素从 c 中删除
q=c.erase(first,last)	从 c 中删除 [first:last) 间的元素
c.clear()	删除 c 中的所有元素

insert() 系列函数的返回结果 q 指向插入的最后一个元素。erase() 系列函数的返回结果 q 指向删除的最后一个元素之后的位置。

对连续存储元素的容器，如 vector 和 deque，插入或删除一个元素会导致其他元素移动。指向一个移动的元素的迭代器会失效。一般情况下，插入 / 删除点之后的元素会被移动；若新的大小超出旧容量，则所有元素都会被移动。例如：

```
vector<int> v {4,3,5,1};
auto p = v.begin()+2;          // 指向 v[2]，即指向 5
v.push_back(6);                // p 实现；v == {4,3,5,1,6}
p = v.begin()+2;               // 指向 v[2]，即指向 5
auto p2 = v.begin()+4;         // p2 指向 v[4]，即指向 6
v.erase(v.begin()+3);          // v == {4,3,5,6}；p 仍有效；p2 失效
```

任何向一个向量添加元素的操作都可能导致为全部元素重新分配存储空间（见 13.6.4 节）。

如果先创建一个对象然后将它拷贝（或移动）到一个容器中在符号表示上很笨拙或效率很低，就轮到 emplace() 操作发挥作用了。例如：

```
void user(list<pair<string,double>>& lst)
{
    auto p = lst.begin();
    while (p!=lst.end()&& p->first!="Denmark")          // 查找插入点
        /*什么也不做*/ ;
    p=lst.emplace(p,"England",7.5);                      // 优雅且精炼
    p=lst.insert(p,make_pair("France",9.8));             // 辅助函数
    p=lst.insert(p,pair<string,double>>{"Greece",3.14}); // 冗长
}
```

forward_list 不提供迭代器指定位置之前的操作，如 insert()。这种操作无法实现，是因为在一个 forward_list 中，仅给出一个迭代器，没有很好的方法找到前一个元素。取而代之，forward_list 提供了迭代器指定位置之后的操作，如 insert_after()。类似地，无序容器不提供“普通”emplace()，而是用 emplace_hint() 提供一个提示。

31.3.8　其他操作

容器可以比较和交换：

比较和交换	
c1==c2	c1 的所有元素都与 c2 的对应元素相等吗？
c1!=c2	!(c1==c2)
c1<c2	按字典序，c1 在 c2 之前吗？
c1<=c2	!(c2<c1)
c1>c2	c2<c1
c1>=c2	!(c1<c2)
c1.swap(c2)	交换 c1 和 c2 的值；不抛出异常
swap(c1,c2)	c1.swap(c2)

当用比较运算符（如 <=）比较容器时，会使用由 == 或 < 生成的元素等价比较运算符比较元素（如用 !(b<a) 实现 a>b 的比较）。

swap() 操作既交换元素也交换分配器。

31.4　容器

本节继续深入讨论一些细节：

- vector 及其构造函数（见 31.4.1 节）。
- 链表：list 和 forward_list（见 31.4.2 节）。
- 关联容器，如 map 和 unordered_map（见 31.4.3 节）。

31.4.1　vector

STL 的 vector 是默认容器——除非你有充分理由，否则应该使用它。如果你希望使用链表或内置数组替代 vector，应慎重考虑后再做决定。

31.3 节介绍了 vector 上的操作，并隐含地与其他容器上的操作进行了对比。但是，在了解了 vector 的重要性之后，本节继续深入讨论它，重点介绍其操作是如何实现的。

vector 的模板参数和成员类型定义如下：

```
template<typename T, typename Allocator = allocator<T>>
class vector {
public:
	using reference = value_type&;
	using const_reference = const value_type&;
	using iterator = /* 由具体实现定义 */;
	using const_iterator = /* 由具体实现定义 */;
	using size_type = /* 由具体实现定义 */;
	using difference_type = /* 由具体实现定义 */;
	using value_type = T;
	using allocator_type = Allocator;
	using pointer = typename allocator_traits<Allocator>::pointer;
	using const_pointer = typename allocator_traits<Allocator>::const_pointer;
	using reverse_iterator = std::reverse_iterator<iterator>;
	using const_reverse_iterator = std::reverse_iterator<const_iterator>;

	// ...
};
```

31.4.1.1　vector 和增长

考虑一个 vector 对象的内存布局（如 13.6 节所述）：

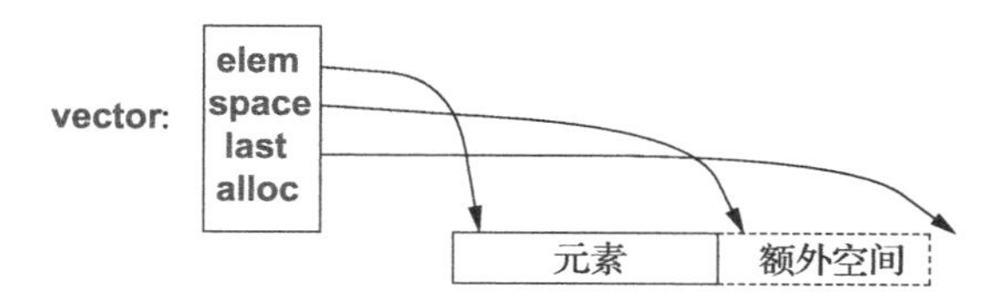

使用大小（元素数目）和容量（不重新分配空间的前提下可容纳的元素数目）令 push_back() 操作时的向量增长相当高效：不会在添加每个元素时都分配内存，而是在超出容量时才进行一次重新分配（见 13.6 节）。C++ 标准并未指定超出容量时向量的增长幅度，但很多 C++ 实现都是增加大小的一半。曾经有一段时间，当读取输入存入一个 vector 时，我总是注意使用 reserve()。但我惊讶地发现，基本上所有情况下，调用 reserve() 都不会带来可测量的性能变化。默认的增长策略与我自己预测分配做得一样好，因此我就停止使用 reserve() 来提高性能了。取而代之，我用它来提高重分配延迟的可预测性以及避免指针和迭代器失效。

容量的概念令指向 vector 元素的迭代器只有在真正发生重分配时才会失效。考虑如下将字符读入缓冲并跟踪单词边界的程序：

```
vector<char> chars;           // 字符的输入“缓冲”
constexpr int max = 20000;
chars.reserve(max);
vector<char*> words;          // 指向单词开始位置的指针

bool in_word = false;
for (char c; cin.get(c)) {
	if (isalpha(c)) {
		if (!in_word) {           // 发现单词开始
			in_word = true;
			chars.push_back(0);   // 前一个单词结束
			chars.push_back(c);
			words.push_back(&chars.back());
		}
```

```
            else
                chars.push_back(c);
        }
        else
            in_word = false;
    }
    if (in_word)
        chars.push_back(0);      // 结束上一个单词

    if (max<chars.size()) {    // 糟糕：字符数超出了容量；单词变为非法
        // ...
    }
    chars.shrink_to_fit();     // 释放任何剩余容量
```

假如这里未使用 reserve()，则在 chars.push_back() 导致一次重分配时 words 中的指针就会失效。这里“失效”的含义是继续使用这些指针会产生未定义的行为。它们可能指向一个元素，也可能不，但几乎肯定不再指向重分配前所指的元素。

使用 push_back() 和相关操作增长 vector 的能力意味着没有必要再使用底层 C 风格的 malloc() 和 realloc() 了，因为这两个操作冗长乏味且易错。

31.4.1.2 vector 和嵌套

与其他数据结构相比，vector（以及类似的连续存储元素的数据结构）有三个主要优势：

- vector 的元素是紧凑存储的：所有元素都不存在额外的内存开销。类型为 vector<X> 的 vec 的内存消耗大致为 sizeof(vector<X>)+vec.size()*sizeof(X)。其中 sizeof(vector<X>) 大约为 12 个字节，对大向量而言是微不足道的。
- vector 的遍历非常快。为访问下一个元素，我们不必利用指针间接寻址，而且对类 vector 结构上的连续访问，现代计算机都进行了优化。这使得 vector 元素的线性扫描（就像 find() 和 copy() 中所做的）接近最优。
- vector 支持简单且高效的随机访问。这使得 vector 上的很多算法（如 sort() 和 binary_search()）非常高效。

我们很容易低估这些优点带来的益处。例如，list 这样的双向链表通常会有每元素四个字的额外内存开销（两个链接加上一个自由存储空间信息头），而且遍历它的代价很容易比遍历包含相同数据的 vector 高出一个数量级。性能差异可能相当惊人，建议你亲手测试一下 [Stroustrup,2012a]。

紧凑存储和高效访问的优点可能无意中被妥协。考虑如何表示二维矩阵，有两种很明显的解决方案：

- vector 的 vector：vector<vector<double>>。用 C 风格的双重下标访问：m[i][j]。
- 特殊矩阵类型 Matrix<2,double>（见第 29 章），连续存储元素（例如，存储在一个 vector<double> 中），通过一对下标计算元素在 vector 中的位置：m(i,j)。

一个 3 × 4 的 vector<vector<double>> 的内存布局如下所示：

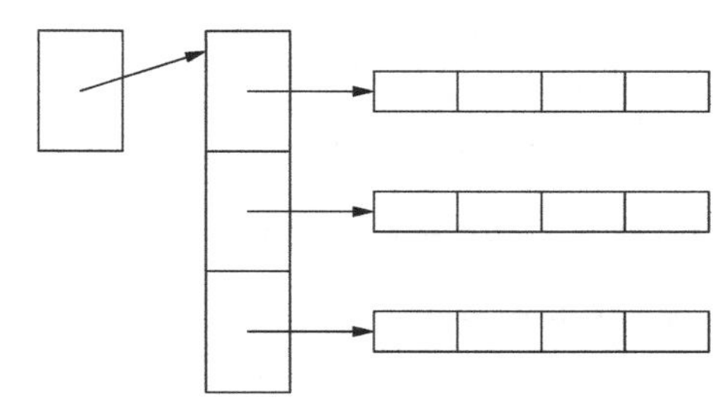

Matrix<2,double> 的内存布局则如下所示：

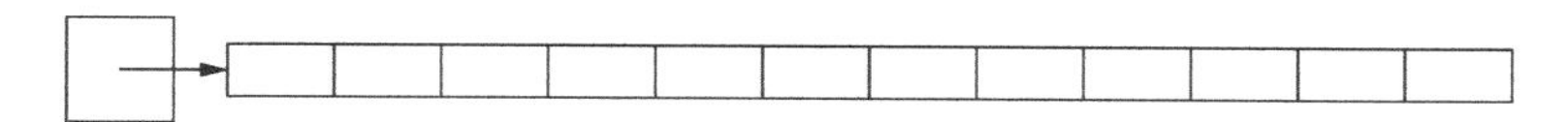

为构造 vector<vector<double>>，我们需要调用四次构造函数并进行四次自由存储空间分配操作。为访问元素，我们需要做两次间接寻址。

为构造 Matrix<2,double>，我们只需调用一次构造函数、进行一次自由存储空间分配。为访问元素，也只需做一次间接寻址。

当到达某行中的一个元素后，为访问其前驱元素我们不必再进行一次间接访问，因此 vector<vector<double>> 的元素访问代价并不总是 Matrix<2,double> 的两倍。但是对要求高性能的算法而言，vector<vector<double>> 的链接结构所产生的分配、释放和访问代价仍然是一个问题。

vector<vector<double>> 解决方案隐含了一个可能性：每行的大小可以不同。有些时候这的确是一个优点，但大多数情况下这只是为错误提供了机会、为测试增加了负担。

当我们需要更高维矩阵时，上述问题和额外开销会变得更严重：你可以比较 vector<vector<vector<double>>> 相对于 Matrix<3,double> 增加的间接寻址和分配操作次数。

总之，我注意到数据结构紧凑存储的重要性经常被低估或妥协。紧凑存储的优点既是逻辑上的也是关乎性能的。综合考虑它被低估及指针和 new 被过度使用的趋势，我们现在面临一个广泛存在的问题。例如，考虑在实现一个二维结构时将每行实现为自由存储空间上的独立对象 vector<vector<double>*>，这会带来开发复杂性、运行时代价、内存开销以及错误可能等诸多问题。

31.4.1.3 vector 和数组

vector 是一种资源句柄，这是允许改变大小和实现高效移动语义的原因。但是，这一特点偶尔也会变为缺点——尤其是与不依赖于元素和句柄分离存储的数据结构（如内置数组和 array）相比。将元素序列保存在栈中或另一个对象中可能会带来性能上的优势，就像它也可能是劣势一样。

vector 能很好地处理初始化后的对象。这令我们使用 vector 变得很简单并能依赖元素的恰当析构操作。但是，这一特点偶尔也会变成缺点——尤其是与允许未初始化元素的数据结构（如内置数组和 array）相比。

例如，在向数组元素存入数据之前，我们不必初始化它们：

```
void read()
{
    array<int,MAX]> a;
    for (auto& x : a)
        cin.get(&x);
}
```

对 vector，我们可以用 emplace_back() 达到类似效果（但不必指定一个 MAX）。

31.4.1.4 vector 和 string

vector<char> 是可改变大小、连续存储的 char 序列，string 也是如此。那么我们应该如何在两者间进行选择呢？

vector 是一种保存值的通用机制，并不对保存的值之间的关系做任何假设。对一个 vector<char> 而言，字符串 Hello, World! 只不过是一个 13 个 char 类型的元素的序列而已。

将它们排序为 !,HWdellloor（有一个前缀空格）是完全正常的。与之相反，string 的设计目的就是保存字符序列，它认为字符间的关系是非常重要的。因此，我们很少会对 string 中的字符进行排序，因为这会破坏字符串的含义。某些 string 操作反映了这一点（如 c_str()、>> 和 find()“知道”C 风格字符串以 0 结束）。string 的实现也反映了对其使用方式的假设。例如，如果没有我们会大量使用短字符串这一前提，短字符串优化（见 19.3.3 节）就是纯粹的“最差化”而非优化，而有了这一前提，最小化自由存储空间使用就是值得的了。

是否应该有“短 vector 优化”呢？我持怀疑态度，但这需要大量实际研究来确认。

31.4.2　链表

STL 提供了两种链表类型：

- list：双向链表
- forward_list：单向链表

list 为元素插入和删除操作进行了优化。当你向一个 list 插入元素或是从一个 list 删除元素时，list 中其他元素的位置不会受到影响。特别是，指向其他元素的迭代器也不会受到影响。

与 vector 相比，链表的下标操作慢得令人难以忍受，因此链表并不提供下标操作。如果需要的话，你可以用 advance() 和类似操作在链表中定位（见 33.1.4 节）。我们可以用迭代器遍历链表：list 提供了双向迭代器（见 33.1.2 节），forward_list 提供了单向迭代器（这类链表也是因此得名）。

默认情况下，list 的元素都独立分配内存空间，而且要保存指向前驱和后继的指针（见 11.2.2 节）。与 vector 相比，每个 list 元素占用更多内存空间（通常每个元素至少多 4 个字），遍历（迭代）操作也要慢得多，因为需要通过指针进行间接寻址而不是简单的连续访问。

forward_list 是单向链表。你可以将其看作一种为空链表或很短的链表专门优化的数据结构，对这类链表的操作通常是从头开始遍历。为了追求紧凑存储，forward_list 甚至没有提供 size() 操作；一个空 forward_list 仅占用一个内存字。如果你需要获取一个 forward_list 的元素数目，就只能自己计数了。如果元素过多，使得计数代价过高，可能就应该选择其他容器了。

除了下标操作、容量管理以及 forward_list 不提供 size() 外，STL 链表提供与 vector 相同的成员类型和操作（见 31.4 节）。此外，list 和 forward_list 还提供特殊的链表成员函数：

list<T> 和 forward_list<T> 的共同操作（iso.23.3.4.5 和 iso.23.3.5.4）	
lst.push_front(x)	将 x 添加到 lst 的首元素之前（使用拷贝或移动）
lst.pop_front()	删除 lst 的首元素
lst.emplace_front(args)	将 T{args} 添加到 lst 的首元素之前
lst.remove(v)	删除 lst 中所有等于 v 的元素
lst.remove_if(f)	删除 lst 中所有满足 f(x)==true 的元素
lst.unique()	删除 lst 中所有的相邻重复元素
lst.unique(f)	删除 lst 中所有的相邻重复元素，用 f 进行相等判定
lst.merge(lst2)	合并有序链表 lst 和 lst2，用 < 确定序；将 lst2 合并入 lst，然后将其清空
lst.merge(lst2,f)	合并有序链表 lst 和 lst2，用 f 确定序；将 lst2 合并入 lst，然后将其清空
lst.sort()	排序 lst，用 < 确定序
lst.sort(f)	排序 lst，用 f 确定序
lst.reverse()	反转 lst 中的元素顺序；不抛出异常

与通用算法 remove() 和 unique() 相反（见 32.5 节），成员函数版本会影响链表的大小。例如：

```
void use()
{
	list<int> lst {2,3,2,3,5};
	lst.remove(3);                  // lst 现在变为 {2,2,5}
	lst.unique();                   // lst 现在变为 {2,5}
	cout << lst.size() << '\n';     // 输出 2
}
```

merge() 算法是稳定的（stable），即相等的元素会保持相对顺序。

list<T> 的操作（iso.23.3.5.5） p 指向 lst 的一个元素或 lst.end()	
lst.splice(p,lst2)	将 lst2 的元素插入到 p 之前；lst2 变为空
lst.splice(p,lst2,p2)	将 p2 指向的 lst2 中的元素插入 p 之前；该元素从 lst2 中删除
lst.splice(p,lst2,b,e)	将 [b: e) 指向的 lst2 中的元素插入 p 之前；这些元素从 lst2 中删除

splice() 操作不会拷贝元素值，也不会令指向元素的迭代器失效。例如：

```
list<int> lst1 {1,2,3};
list<int> lst2 {5,6,7};

auto p = lst1.begin();
++p;                    //p 指向 2

auto q = lst2.begin();
++q;                    //q 指向 6

lst1.splice(p,lst2);    //lst1 现在变为 {1,5,6,7,2,3}；lst2 现在变为 {}
                        //p 仍指向 2，q 仍指向 6
```

forward_list 无法访问迭代器之前的元素（因为没有指向前驱元素的链接），因此 emplace()、insert()、erase() 和 splice() 操作作用于迭代器之后的位置：

forward_list<T> 的操作（iso.23.3.4.6）	
p2=lst.emplace_after(p,args)	用 args 构造一个元素，放置到 p 之后；p2 指向新元素
p2=lst.insert_after(p,x)	在 p 之后插入 x；p2 指向新元素
p2=lst.insert_after(p,n,x)	在 p 之后插入 x 的 n 个拷贝；p2 指向新元素
p2=lst.insert_after(p,b,e)	在 p 之后插入 [b: e) 间的元素；p2 指向最后一个新元素
p2=lst.insert_after(p,{elem})	在 p 之后插入 {elem} 中的元素；p2 指向最后一个新元素；elem 是一个 initializer_list
p2=lst.erase_after(p)	删除 p 之后的元素；p2 指向 p 之后的元素或 lst.end()
p2=lst.erase_after(b,e)	删除 [b: e) 间的元素；p2=e
lst.splice_after(p,lst2)	在 lst2 中 p 之后的位置进行切片
lst.splice_after(p,b,e)	在 [b: e) 间 p 之后的位置进行切片
lst.splice_after(p,lst2,p2)	在 p2 中 p 之后的位置进行切片；从 lst2 中删除 p2
lst.splice_after(p,lst2,b,e)	在 [b: e) 间 p 之后的位置进行切片；从 lst2 中删除 [b: e)

这些链表操作都是稳定的（stable），即它们能保持具有相同值的元素的相对顺序。

31.4.3 关联容器

关联容器支持基于关键字的查找。它有两个变体：

- 有序关联容器（ordered associative container）基于一个序标准（默认是小于比较操作 <）进行查找。这类容器用平衡二叉树实现，通常是红黑树。
- 无序关联容器（unordered associative container）基于一个哈希函数进行查找。这类容器用哈希表实现，采用溢出链表策略。

两类容器都支持：

- map：{ 键 , 值 } 对序列。
- set：不带值的 map（或者你可以说关键字就是值）。

最后，映射和集合，无论是有序的还是无序的，都有两个变体：

- “普通”映射或集合：每个关键字只有唯一一项。
- “多重”映射或集合：每个关键字可对应多项。

一个关联容器的名字指出了它在三维空间 { 集合 | 映射 , 普通 | 无序 , 普通 | 多重 } 中的位置。其中，“普通”(plain）不会出现的名字中，因此共有 8 种关联容器：

关联容器（iso.23.4.1 和 iso.23.5.1）			
set	multiset	unordered_set	unordered_multiset
map	multimap	unordered_map	unordered_multimap

它们的模板参数将在本节介绍。

map 和 unordered_map 的内在差别非常大，请参考 31.2.1 节中对它们内存布局的图示。特别是，map 用其比较指标（通常是 <）比较关键字，从而在一棵平衡树中搜索关键字(时间复杂性为 O(log(n)))，而 unordered_map 对关键字应用哈希函数，从而在一个哈希表中搜索关键字位置（一个好的哈希函数可达到 O(1) 时间）。

31.4.3.1 有序关联容器

下面是 map 的模板参数和成员类型：

```
template<typename Key,
    typename T,
    typename Compare = less<Key>,
    typename Allocator = allocator<pair<const Key, T>>>
class map {
public:
    using key_type = Key;
    using mapped_type = T;
    using value_type = pair<const Key, T>;
    using key_compare = Compare;
    using allocator_type = Allocator;
    using reference = value_type&;
    using const_reference = const value_type&;
    using iterator = /* 由具体实现定义 */;
    using const_iterator = /* 由具体实现定义 */;
    using size_type = /* 由具体实现定义 */;
    using difference_type = /* 由具体实现定义 */;
    using pointer = typename allocator_traits<Allocator>::pointer;
    using const_pointer = typename allocator_traits<Allocator>::const_pointer;
    using reverse_iterator = std::reverse_iterator<iterator>;
```

```
    using const_reverse_iterator = std::reverse_iterator<const_iterator>;

    class value_compare { /* operator()(k1,k2) 进行一次 key_compare()(k1,k2) */;
    // ...
};
```

除了 31.3.2 节中提到的构造函数外，关联容器还提供了允许程序员指定比较器的构造函数：

map<K,T,C,A> 构造函数（iso.23.4.4.2）	
map m {cmp,a};	用比较器 cmp 和分配器 a 构造 m；显式构造函数
map m {cmp};	map m {cmp, A{}}；显式构造函数
map m {};	map m {C{}}；显式构造函数
map m {b,e,cmp,a};	用比较器 cmp 和分配器 a 构造 m；用 [b:e) 间的元素初始化容器元素
map m {b,e,cmp};	map m {b,e,cmp, A{}};
map m {b,e};	map m {b,e,C{}};
map m {m2};	拷贝和移动构造函数
map m {a};	构造默认 map；使用分配器 a；显式构造函数
map m {m2,a};	从 m2 拷贝或移动构造 m；使用分配器 a
map m {{elem},cmp,a};	用比较器 cmp 和分配器 a 构造 m；用 initializer_list {elem} 初始化容器元素
map m {{elem},cmp};	map m {{elem},cmp,A{}};
map m {{elem}};	map m {{elem},C{}};

例如：

```
map<string,pair<Coordinate,Coordinate>> locations
    {
        {"Copenhagen",{"55:40N","12:34E"}},
        {"Rome",{"41:54N","12:30E"}},
        {"New York",{"40:40N","73:56W"}
    };
```

关联容器提供多种插入和查找操作：

关联容器操作（iso.23.4.4.1）	
v=c[k]	v 是指向关键字为 k 的元素的引用；若未找到 k，将 {k,mapped_type{}} 插入 c；仅适用于 map 和 unordered_map
v=c.at(k)	v 是指向关键字为 k 的元素的引用；若未找到 k，抛出 out_of_range；仅适用于 map 和 unordered_map
p=c.find(k)	p 指向关键字为 k 的第一个元素或 c.end()（未找到）
p=c.lower_bound(k)	p 指向关键字 >=k 的第一个元素或 c.end()（未找到）；只适用于有序容器
p=c.upper_bound(k)	p 指向关键字 >k 的第一个元素或 c.end()（未找到）；只适用于有序容器
pair(p1,p2)=c.equal_range(k)	p1=c.lower_bound(k); p2=c.upper_bound(k)
pair(p,b)=c.insert(x)	x 是一个 value_type 或能拷贝入一个 value_type 的某种东西（如一个双元素的 tuple）；若 x 成功插入容器，b 为 true，若容器中已有元素与 x 关键字相同，b 为 false；p 指向关键字与 x 相同的（可能是新的）元素
p2=c.insert(p,x)	x 是一个 value_type 或能拷贝入一个 value_type 的某种东西（如一个双元素的 tuple）；p 提示从哪里开始查找关键字与 x 相同的元素；p2 指向关键字与 x 相同的（可能是新的）元素
c.insert(b,e)	对 [b:e) 间的每个 p 执行 c.insert(*p)

（续）

关联容器操作（iso.23.4.4.1）	
c.insert({args})	将 initializer_list args 中的每个元素插入容器中；元素类型为 pair<key_type, mapped_type>
p=c.emplace(args)	从 args 构造一个类型为 c 的 value_type 的对象，将它插入 c 中，p 指向该对象
p=c.emplace_hint(h,args)	从 args 构造一个类型为 c 的 value_type 的对象，将它插入 c 中，p 指向该对象；h 为指向 c 中的迭代器，可能用来提示从哪里开始搜索存放新元素的位置
r=c.key_comp()	r 是关键字比较对象的一个拷贝；只适用于有序容器
r=c.value_comp()	r 是值比较对象的一个拷贝；只适用于有序容器
n=c.count(k)	n 为关键字等于 k 的元素数目

无序容器专有操作将在 31.4.3.5 节中介绍。

如果下标操作 m[k] 未找到关键字 k，会将一个默认值插入容器。例如：

```
map<string,string> dictionary;

dictionary["sea"]="large body of water";     // 插入元素或向元素赋值

cout << dictionary["seal"];                  // 读取值
```

若 seal 不在字典中，上面的代码不会输出任何内容：空字符串被作为 seal 的值插入容器中，并作为查找操作的结果被返回。

如果这不是所希望的行为，我们可以直接使用 find() 和 insert()：

```
auto q = dictionary.find("seal");         // 查找关键字；不会插入新元素

if (q==dictionary.end()) {
      cout << "entry not found";
      dictionary.insert(make_pair("seal","eats fish"));
}
else
      cout q->second;
```

实际上，[] 并不仅仅是 insert() 的简写形式，它所做的要更多一些。m[k] 的结果等价于 (*(m.insert(make_pair(k,V{})).first)).second 的结果，其中 V 是映射类型。

insert(make_pair()) 这种描述方式相当冗长，我们可以用 emplace() 取而代之：

```
dictionary.emplace("sea cow","extinct");
```

取决于优化器的质量，这段代码可能会更高效。

如果你试图将一个值插入 map，而它的关键字已存在于容器中，那么 map 不会有任何改变。如果你希望容器中有多个值具有相同的关键字，应使用 multimap。

equal_range() 返回的 pair（见 34.2.4.1 节）的第一个迭代器是 lower_bound()，第二个迭代器是 upper_bound()。可以打印 multimap<string,int> 中所有关键字为“apple”的元素：

```
multimap<string,int> mm {{"apple",2}, { "pear",2}, {"apple",7}, {"orange",2}, {"apple",9}};

const string k {"apple"};
auto pp = mm.equal_range(k);
if (pp.first==pp.second)
```

```
        cout << "no element with value '" << k << "'\n";
    else {
        cout << "elements with value '" << k << "':\n";
        for (auto p=pp.first; p!=pp.second; ++p)
            cout << p->second << ' ';
    }
```

这段代码会打印 2 7 9。

另一种等价写法是：

```
auto pp = make_pair(m.lower_bound(),m.upper_bound());
// ...
```

但是，这可能带来对 map 的一次额外遍历。equal_range()、lower_bound() 和 upper_bound() 也提供了针对已排序序列的版本（见 32.6 节）。

我倾向于将 set 视为没有独立 value_type 的 map。对一个 set 而言，value_type 就是 key_type 的。考虑：

```
struct Record {
    string label;
    int value;
};
```

为使用 set<Record>，我们需要提供一个比较函数。例如：

```
bool operator<(const Record& a, const Record& b)
{
    return a.label<b.label;
}
```

有了这个函数，我们可以这样编写代码：

```
set<Record> mr {{"duck",10}, {"pork",12}};

void read_test()
{
    for (auto& r : mr) {
        cout << '{' << r.label << ':' << r.value << '}';
    }
    cout << endl;
}
```

关联容器中元素的关键字是不可变的（iso.23.2.4）。因此，我们不能改变 set 中的值。我们甚至不能改变不参与比较的元素的成员。例如：

```
void modify_test()
{
    for (auto& r : mr)
        ++r.value;      // 错误：集合元素是不可变的
}
```

如果需要修改元素，应使用 map。不要尝试修改关键字：假如你成功了，就意味着查找元素的底层机制会崩溃。

31.4.3.2 无序关联容器

无序关联容器（unordered_map、unordered_set、unordered_multimap 和 unordered_multiset）都是用哈希表实现的。对简单应用而言，无序容器与有序容器的差别不大，因为关联容器共享大部分操作（见 31.4.3.1 节）。例如：

```
unordered_map<string,int> score1 {
	{"andy", 7}, {"al",9}, {"bill",−3}, {"barbara",12}
};

map<string,int> score2 {
	{"andy", 7}, {"al",9}, {"bill",−3}, {"barbara",12}
};

template<typename X, typename Y>
ostream& operator<<(ostream& os, pair<X,Y>& p)
{
	return os << '{' << p.first << ',' << p.second << '}';
}
void user()
{
	cout <<"unordered: ";
	for (const auto& x : score1)
		cout << x << ", ";

	cout << "\nordered: ";
	for (const auto& x : score2)
		cout << x << ", ";
}
```

可见的差别是，map 的遍历是有序的，而 unordered_map 则不是：

```
unordered: {andy,7}, {al,9}, {bill,−3}, {barbara,12},
ordered: {al,9}, {andy, 7}, {barbara,12}, {bill,−3},
```

unordered_map 的遍历顺序取决于插入顺序、哈希函数和装载因子。特别是，元素的遍历顺序并不保证与其插入顺序一致。

31.4.3.3　构造 unordered_map

unordered_map 有很多模板参数和成员类型别名：

```
template<typename Key,
		typename  T,
		typename  Hash = hash<Key>,
		typename  Pred = std::equal_to<Key>,
		typename  Allocator = std::allocator<std::pair<const Key, T>>>
class unordered_map {
public:
	using key_type = Key;
	using value_type = std::pair<const Key, T>;
	using mapped_type = T;
	using hasher = Hash;
	using key_equal = Pred;
	using allocator_type = Allocator;
	using pointer = typename allocator_traits<Allocator>::pointer;
	using const_pointer= typename allocator_traits<Allocator>::const_pointer;
	using reference = value_type&;
	using const_reference = const value_type&
	using size_type = /* 由具体实现定义 */;
	using difference_type = /* 由具体实现定义 */;
	using iterator = /* 由具体实现定义 */;
	using const_iterator = /*由具体实现定义 */;
	using local_iterator = /*由具体实现定义 */;
	using const_local_iterator = /* 由具体实现定义 */;
```

```
    // ...
};
```

默认情况下，unordered_map<X> 用 hash<X> 计算哈希值，用 equal_to<X> 比较关键字。

默认的 equal_to<X>（见 33.4 节）简单地用 == 比较 X。

通用（主）模板 hash 并没有定义。在需要时为类型 X 定义 hash<X> 的任务留给了用户。标准库为 string 这样的常用类型提供了 hash 的特例化版本，用户就不必自己设计了：

标准库提供了 hash<T> 的类型（iso.20.8.12）			
string	u16string	u32string	wstring
C 风格字符串	bool	字符	整数
浮点数	指针	type_index	thread::id
error_code	bitset<N>	unique_ptr<T,D>	shared_ptr<T>

哈希函数（例如，hash 对类型 T 的特例化版本，或是一个函数指针）必须能用类型为 T 的实参调用，并返回一个 size_t（见 iso.17.6.3.4）。对同一个值两次调用哈希函数必须得到相同的结果，而且理想情况是哈希值应均匀分布在 size_t 值域空间中，从而最小化冲突（“冲突”意为 x!=y 但 h(x)==h(y)）。

对无序容器来说，其模板参数、构造函数以及默认值组合起来的话会让人混乱。但幸运的是，我们有一些固定模式：

unordered_map<K,T,H,E,A> 构造函数（iso.23.5.4）	
unordered_map m {n,hf,eql,a};	构造 n 个桶的 m；哈希函数为 hf，相等比较函数为 eql，分配器为 a；显式构造函数
unordered_map m {n,hf,eql};	unordered_map m{n,hf,eql,allocator_type{}}；显式构造函数
unordered_map m {n,hf};	unordered_map m {n,hf,key_eql{}}；显式构造函数
unordered_map m {n};	unordered_map m {n,hasher{}}；显式构造函数
unordered_map m {};	unordered_map m {N}；桶数 N 由具体实现定义；显式构造函数

此处，除了空 unordered_map 的情况，n 都表示元素计数。

unordered_map<K,T,H,E,A> 构造函数（iso.23.5.4）	
unordered_map m {b,e,n,hf,eql,a};	构造 n 个桶的 m，初始元素来自于 [b:e) 间的元素；使用哈希函数 hf，相等比较函数 eql 和分配器 a
unordered_map m {b,e,n,hf,eql};	unordered_map m {b,e,n,hf,eql,allocator_type{}};
unordered_map m {b,e,n,hf};	unordered_map m {b,e,n,hf,key_equal{}};
unordered_map m {b,e,n};	unordered_map m {b,e,n,hasher{}};
unordered_map m {b,e};	unordered_map m {b,e,N};；桶数 N 由具体实现定义

此处，我们从序列 [b:e) 中获得初始元素。元素数目为 [b:e) 中元素的数目，即 distance(b,e)。

unordered_map<K,T,H,E,A> 构造函数（iso.23.5.4）	
unordered_map m {{elem},n,hf,eql,a};	构造 n 个桶的 m，初始元素来自于一个 initializer_list；哈希函数为 hf，相等比较函数为 eql，分配器为 a
unordered_map m {{elem},n,hf,eql};	unordered_map m {{elem},n,hf,eql,allocator_type{}};

（续）

unordered_map<K,T,H,E,A> 构造函数（iso.23.5.4）	
unordered_map m {{elem},n,hf};	unordered_map m {{elem},n,hf,key_equal{}};
unordered_map m {{elem},n};	unordered_map m {{elem},n,hasher{}};
unordered_map m {{elem}};	unordered_map m {{elem},N};；桶数 N 由具体实现定义

此处，初始元素来自于一个由 {} 限定的初始化器列表，unordered_map 中元素数目即为初始化列表中的元素数目。

最后，unordered_map 也提供了拷贝和移动构造函数以及提供分配器的等价版本：

unordered_map<K,T,H,E,A> 构造函数（iso.23.5.4）	
unordered_map m {m2};	拷贝和移动构造函数；从 m2 构造 m
unordered_map m {a};	默认构造 m，将其分配器置为 a；显式构造函数
unordered_map m {m2,a};	从 m2 构造 m，将其分配器置为 a

在使用一个或两个实参构造 unordered_map 时一定要小心。类型组合有很多种可能，错误组合可能导致奇怪的错误信息。例如：

```
map<string,int> m {My_comparator};                // 正确
unordered_map<string,int> um {My_hasher};        // 错误
```

如果构造函数只有单一参数，则该参数必须是另一个 unordered_map（拷贝或移动构造函数）、桶数目或一个分配器。我们可以尝试这样修改上述错误语句：

```
unordered_map<string,int> um {100,My_hasher};  // 正确
```

31.4.3.4 哈希和相等判定函数

用户可以自定义哈希函数，定义方式有多种，不同的技术可满足不同的需求。在本节中，我会介绍几种不同的构造方式，以最直接的开始，以最简单的结束。考虑如下简单 Record 类型：

```
struct Record {
    string name;
    int val;
};
```

我可以为 Record 定义哈希和相等判定函数，如下所示：

```
struct Nocase_hash {
    int d = 1;        // 每步迭代将哈希码左移 d 位
    size_t operator()(const Record& r) const
    {
        size_t h = 0;
        for (auto x : r.name) {
            h <<= d;
            h ^= toupper(x);
        }

        return h;
    }
};
```

```
struct Nocase_equal {
    bool operator()(const Record& r,const Record& r2) const
    {
        if (r.name.size()!=r2.name.size()) return false;
        for (int i = 0; i<r.name.size(); ++i)
            if (toupper(r.name[i])!=toupper(r2.name[i]))
                return false;
        return true;
    }
};
```

有了这两个函数，我们可以定义并使用 Record 的 unordered_set：

```
unordered_set<Record,Nocase_hash,Nocase_equal> m {
    { {"andy", 7}, {"al",9}, {"bill",−3}, {"barbara",12} },
    Nocase_hash{2},
    Nocase_equal{}
};

for (auto r : m)
    cout << "{" << r.name << ',' << r.val << "}\n";
```

如果希望使用上面定义的哈希和相等判定函数的默认版本（这也是最常见的情形），可以在构造函数中不提及它们（不提供对应的实参），unordered_set 就会使用它们的默认版本：

```
unordered_set<Record,Nocase_hash,Nocase_equal> m {
    {"andy", 7}, {"al",9}, {"bill",−3}, {"barbara",12}
    // 使用哈希桶数 4、Nocase_hash{} 和 Nocase_equal{}
};
```

通常，编写哈希函数最简单的方式是使用标准库 hash 的特例化版本（见 31.4.3.2 节）。例如：

```
size_t hf(const Record& r) { return hash<string>()(r.name)^hash<int>()(r.val); };

bool eq (const Record& r, const Record& r2) { return r.name==r2.name && r.val==r2.val; };
```

用异或运算（^）将哈希值组合起来会保持它们在值域（类型 size_t 的值的集合）上的分布（见 3.4.5 节和 10.3.1 节）。

给定如上哈希函数和相等判定函数，我们可以定义一个 unordered_set：

```
unordered_set<Record,decltype(&hf),decltype(&eq)> m {
    { {"andy", 7}, {"al",9}, {"bill",−3}, {"barbara",12} },
    hf,
    eq
};

for (auto r : m)
    cout << "{" << r.name << ',' << r.val << "}\n";
}
```

我们使用了 decltype 来避免显式重复 hf 和 eq 的类型。

如果我们手头没有初始化器列表，也可指定初始大小：

```
unordered_set<Record,decltype(&hf),decltype(&eq)> m {10,hf,eq};
```

这也令我们能更容易地聚焦于哈希和相等判定操作。

如果不希望将 hf 和 eq 的定义和使用分离，可以使用 lambda：

```
unordered_set<Record,                                    // 值类型
        function<size_t(const Record&)>,                 // 哈希类型
        function<bool(const Record&,const Record&)>      // 相等判定类型
    > m { 10,
     [](const Record& r) { return hash<string>{}(r.name)^hash<int>{}(r.val); },
     [](const Record& r, const Record& r2) { return r.name==r2.name && r.val==r2.val; }
    };
```

使用（命名的或未命名的）lambda 代替函数的原因是它可以在函数内部定义，紧邻其使用即可。

但是，在本例中，function 可能产生额外开销，如果程序中频繁使用 unordered_set，我还是希望避免这种开销。而且，我觉得这个版本有些混乱，而更倾向于使用命名 lambda：

```
auto hf = [](const Record& r) { return hash<string>()(r.name)^hash<int>()(r.val); };
auto eq = [](const Record& r, const Record& r2) { return r.name==r2.name && r.val==r2.val; };

unordered_set<Record,decltype(hf),decltype(eq)> m {10,hf,eq};
```

最后，我们可能更愿意通过特例化标准库 hash 和 equal_to 模板来一次性定义 Record 的所有 unordered 容器的哈希和相等判定函数，其中，hash 和 equal_to 由 unordered_map 使用：

```
namespace std {
    template<>
    struct hash<Record>{
        size_t operator()(const Record &r) const
        {
            return hash<string>{}(r.name)^hash<int>{}(r.val);
        }
    };
    template<>
    struct equal_to<Record> {
        bool operator()(const Record& r, const Record& r2) const
        {
            return r.name==r2.name && r.val==r2.val;
        }
    };
}

unordered_set<Record> m1;
unordered_set<Record> m2;
```

默认 hash 及其生成的哈希值（包括用异或操作组合的值）通常已足够好，不要不经任何实验就匆忙用自己编写的哈希函数替代它。

31.4.3.5 装载因子和桶

无序容器实现的重要部分对程序员是可见的。我们说具有相同哈希值的关键字“落在同一个桶中”（见 31.2.1 节）。程序员也可以获取并设置哈希表的大小（我们所说的“哈希桶数”）：

哈希策略（iso.23.2.5）	
h=c.hash_function()	h 是 c 的哈希函数
eq=c.key_eq()	eq 是 c 的相等检测函数
d=c.load_factor()	d 是元素数除以桶数：double(c.size())/c.bucket_count()；不抛出异常
d=c.max_load_factor()	d 是 c 的最大装载因子；不抛出异常

（续）

哈希策略（iso.23.2.5）	
c.max_load_factor(d)	将 c 的最大装载因子设置为 d；若 c 的装载因子已经接近其最大装载因子，c 将改变哈希表大小（增加桶数）
c.rehash(n)	令 c 的桶数 >= n
c.reserve(n)	留出能容纳 n 个表项的空间（考虑装载因子）：c.rehash(ceil(n/c.max_load_factor()))

无序关联容器的装载因子（load factor）定义为已用空间的比例。例如，若 capacity() 为 100 个元素，size() 为 30，则 load_factor() 为 0.3。

注意，设置 max_load_factor、调用 rehash() 或 reserve() 的代价可能非常高（最坏情况时间为 O(n*n)），因为它们可能（实际场景中通常也确实会）重新哈希所有元素。这些函数用来保证在程序执行过程中重哈希不会频繁发生。例如：

```
unordered_set<Record,[](const Record& r) { return hash(r.name); }> people;
// ...
constexpr int expected = 1000000;          // 期望的元素数
people.max_load_factor(0.7);               // 哈希表空间至多使用 70%
people.reserve(expected);                  // 大约 1430000 个桶
```

需要通过实验来为给定的一组元素和一个特定哈希函数寻找一个合适的装载因子，但 70%（0.7）通常是一个好选择。

桶相关接口（iso.23.2.5）	
n=c.bucket_count()	n 是 c 中的桶数（哈希表大小）；不抛出异常
n=c.max_bucket_count()	n 是一个桶中的最大元素数；不抛出异常
m=c.bucket_size(n)	m 为第 n 个桶中的元素数
i=c.bucket(k)	关键字为 k 的元素在第 i 个桶中
p=c.begin(n)	p 指向桶 n 中的首元素
p=c.end(n)	p 指向桶 n 中的尾元素之后的位置
p=c.cbegin(n)	p 指向桶 n 中的首元素；p 为 const 迭代器
p =c.cend(n)	p 指向桶 n 中尾元素之后的位置；p 为 const 迭代器

将满足 c.max_bucket_count()<=n 的 n 作为桶下标会导致未定义的（而且很可能是灾难性的）行为。

桶接口的一个用途是允许对哈希函数进行实验：一个糟糕的哈希函数会导致某些关键字值的 bucket_count() 异常大，即，很多关键字被映射为相同的哈希值。

31.5　容器适配器

容器适配器（container adaptor）为容器提供不同的（通常是受限的）的接口。容器适配器的设计用法就是仅通过其特殊接口使用。特别是，STL 容器适配器不提供直接访问其底层容器的方式，也不提供迭代器或下标操作。

从一个容器创建容器适配器的技术是一种通用的按用户需求非侵入式适配类接口的技术。

31.5.1 stack

容器适配器 stack 定义在 <stack> 中。它可以描述为下面的部分实现：

```
template<typename T, typename C = deque<T>>
class stack {           // 见 iso.23.6.5.2
public:
    using value_type = typename C::value_type;
    using reference = typename C::reference;
    using const_reference = typename C::const_reference;
    using size_type = typename C::size_type;
    using container_type = C;
public:
    explicit stack(const C&); // 从容器拷贝
    explicit stack(C&& = C{});       // 从容器移动

    // 默认拷贝 / 移动构造函数 / 赋值操作

    template<typename A>
        explicit stack(const A& a);            // 默认容器，分配器为 a
    template<typename A>
        stack(const C& c, const A& a);         // 从 c 获得容器，分配器为 a
    template<typename A>
        stack(C&&, const A&);
    template<typename A>
        stack(const stack&, const A&);
    template<typename A>
        stack(stack&&, const A&);

    bool empty() const { return c.empty(); }
    size_type size() const { return c.size(); }
    reference top() { return c.back(); }
    const_reference top() const { return c.back(); }
    void push(const value_type& x) { c.push_back(x); }
    void push(value_type&& x) { c.push_back(std::move(x)); }
    void pop() { c.pop_back(); }           // 弹出最后一个元素

    template<typename... Args>
    void emplace(Args&&... args)
    {
        c.emplace_back(std::forward<Args>(args)...);
    }

    void swap(stack& s) noexcept(noexcept(swap(c, s.c)))
    {
        using std::swap;     // 确保使用标准 swap()
        swap(c,s.c);
    }
protected:
    C c;
};
```

即，stack 是一个容器接口，容器类型是作为模板实参传递给它的。stack 通过接口屏蔽了其底层容器上的非栈操作，接口采用常规命名：top()、push() 和 pop()。

此外，stack 还提供了常用的比较运算符（==、< 等）和非成员函数 swap()。

默认情况下，stack 用 deque 保存其元素，但任何提供 back()、push_back() 和 pop_

back() 操作的序列都可使用。例如：

```
stack<char> s1;                    // 使用 deque<char> 保存元素
stack<int,vector<int>> s2;         // 使用 vector<int> 保存元素
```

vector 通常比 deque 更快，使用内存也更少。

stack 对底层容器使用 push_back() 来添加元素。因此，只要机器还有可用内存供容器申请，stack 就不会"溢出"。另一方面，stack 可能向下溢出：

```
void f()
{
	stack<int> s;
	s.push(2);
	if (s.empty()) {            // 向下溢出可被阻止
		// 不弹出元素
	}
	else {                      // 但并非不可能
		s.pop();        // 正常：s.size() 变为 0
		s.pop();        // 结果未定义，可能很糟糕
	}
}
```

pop() 一个元素的目的不是为了使用它。我们通常访问 top() 元素，然后当不再需要元素时将其 pop()。这并没有太多不便，对不必 pop() 的情况还更高效些，而且极大地简化了异常保证的实现。例如：

```
void f(stack<char>& s)
{
	if (s.top()=='c') s.pop();   // 删除初始的 'c'
	// ...
}
```

默认情况下，stack 使用其底层容器的分配器。如果这不够，有几个构造函数可以指定分配器。

31.5.2　queue

queue 定义在 <queue> 中，它是一个容器接口，允许在 back() 中插入元素，在 front() 中提取元素：

```
template<typename T, typename C = deque<T> >
class queue {           // 见 iso.23.6.3.1
	// ... 类似 stack ...
	void pop() { c.pop_front(); }          // pop 首元素
};
```

似乎所有系统中都会有队列的身影。我们可以为一个简单的基于消息的系统定义一个服务器，如下所示：

```
void server(queue<Message>& q, mutex& m)
{
	while (!q.empty()) {
		Message mess;
		{	lock_guard<mutex> lck(m);     // 提取消息时加锁
			if (q.empty()) return;              // 其他某人获得了消息
			mess = q.front();
			q.pop();
		}
```

```
        //处理请求
    }
}
```

31.5.3 priority_queue

priority_queue 是一种队列，其中每个元素都被赋予一个优先级，用来控制元素被 top() 获取的顺序。priority_queue 的声明非常像 queue，只是多了处理一个比较对象的代码和一组从序列进行初始化的构造函数：

```
template<typename T, typename C = vector<T>, typename Cmp = less<typename C::value_type>>
class priority_queue {          // 见 iso.23.6.4
protected:
    C c;
    Cmp comp;
public:
    priority_queue(const Cmp& x, const C&);
    explicit priority_queue(const Cmp& x = Cmp{}, C&& = C{});
    template<typename In>
        priority_queue(In b, In e, const Cmp& x, const C& c);    // 将 [b:e) 间元素插入 c
    // ...
};
```

priority_queue 的声明在 <queue> 中。

默认情况下，priority_queue 简单地用 < 运算符比较元素，用 top() 返回优先级最高的元素：

```
struct Message {
    int priority;
    bool operator<(const Message& x) const { return priority < x.priority; }
    // ...
};

void server(priority_queue<Message>& q, mutex& m)
{
    while (!q.empty()) {
        Message mess;
        {   lock_guard<mutex> lck(m);   // 提取消息时持有锁
            if (q.empty()) return;      // 其他某人获得了消息
            mess = q.top();
            q.pop();
        }
        // 处理优先级最高的请求
    }
}
```

这段代码与使用 queue 的版本（见 31.5.2 节）的不同之处在于优先级更高的 Message 先获得服务。优先级相同的元素的处理顺序未定义。如果两个元素的优先级都不高于对方，则认为它们优先级相同（见 31.2.2.1 节）。

保持元素顺序并不是免费的，但也不一定有很高的代价。priority_queue 的一种很有用的实现方法是使用一个树结构来追踪元素的相对位置。这种方法保证 push() 和 pop() 都是 O(log(n)) 时间的。priority_queue 几乎肯定是用 heap 实现的（见 32.6.4 节）。

31.6 建议

[1] 一个 STL 容器定义一个序列；31.2 节。
[2] 将 vector 作为默认容器使用；31.1 节。
[3] insert() 和 push_back() 这样的插入操作在 vector 上通常比在 list 上更高效；31.2 节和 31.4.1.1 节。
[4] 将 forward_list 用于通常为空的序列；31.2 节和 31.4.2 节。
[5] 当涉及性能时，不要盲目信任你的直觉，而要进行测试；31.3 节。
[6] 不要盲目信任渐进复杂性度量；某些序列很短而单一操作的代价差异可能很大；31.3 节。
[7] STL 容器都是资源句柄；31.2.1 节。
[8] map 通常实现为红黑树；31.2.1 节和 31.4.3 节。
[9] unordered_map 是哈希表；31.2.1 节和 31.4.3.2 节。
[10] STL 容器的元素类型必须提供拷贝和移动操作；31.2.2 节。
[11] 如果你希望保持多态行为，使用指针或智能指针的容器；31.2.2 节。
[12] 比较操作应该实现一个严格弱序；31.2.2.1 节。
[13] 以传引用方式传递容器参数，以传值方式返回容器；31.3.2 节。
[14] 对一个容器，用 () 初始化器语法初始化大小，用 {} 初始化器语法初始化元素列表；31.3.2 节。
[15] 用范围 for 循环或首尾迭代器对容器进行简单遍历；31.3.4 节。
[16] 如果不需要修改容器元素，使用 const 迭代器；31.3.4 节。
[17] 当使用迭代器时，用 auto 避免冗长易错的输入；31.3.4 节。
[18] 用 reserve() 避免指向容器元素的指针和迭代器失效；31.3.3 节和 31.4.1 节。
[19] 未经过测试不要假定 reserve() 会有性能收益；31.3.3 节。
[20] 使用容器上的 push_back() 或 resize()，而不是数组上的 realloc()；31.3.3 节和 31.4.1.1 节。
[21] vector 和 deque 改变大小后，不要继续使用其上的迭代器；31.3.3 节。
[22] 在需要时使用 reserve() 令性能可预测；31.3.3 节。
[23] 不要假定 [] 会进行范围检查；31.2.2 节。
[24] 当需要保证进行范围检查时使用 at()；31.2.2 节。
[25] 用 emplace() 方便符号表示；31.3.7 节。
[26] 优选紧凑连续存储的数据结构；31.4.1.2 节。
[27] 用 emplace() 避免提前初始化元素；31.4.1.3 节。
[28] 遍历 list 的代价相对较高；31.4.2 节。
[29] list 一般会有每元素四个字的额外内存开销；31.4.2 节。
[30] 有序容器序列由其比较对象（默认为 <）定义；31.4.3.1 节。
[31] 无序容器（哈希容器）序列并无可预测的序；31.4.3.2 节。
[32] 如果你需要在大量数据中快速查找元素，使用无序容器；31.3 节。
[33] 对无自然序的元素类型（例如，无合理的 < 运算符），使用无序容器；31.4.3 节。
[34] 如果需要按顺序遍历元素，使用有序关联容器（如 map 和 set）；31.4.3.2 节。

[35] 用实验检查你的哈希函数是否可接受；31.4.3.4 节。
[36] 用异或操作组合标准哈希函数得到的哈希函数通常有很好的性能；31.4.3.4 节。
[37] 0.7 通常是一个合理的装载因子；31.4.3.5 节。
[38] 你可以为容器提供其他接口；31.5 节。
[39] STL 适配器不提供对其底层容器的直接访问；31.5 节。

第 32 章

The C++ Programming Language, Fourth Edition

STL 算法

形式即解放。

——工程师格言

- 引言
- 算法

  序列；策略实参；复杂性
- 不修改序列的算法

  for_each()；序列谓词；count()；find()；equal() 和 mismatch()；search()
- 修改序列的算法

  copy()；unique()；remove() 和 replace()；rotate()、random_shuffle() 和 partition()；排列；fill()；swap()
- 排序和搜索

  二分搜索；merge()；集合算法；堆；lexcographical_compare()；
- 最小值和最大值
- 建议

32.1 引言

本章介绍 STL 算法。STL 包含标准库中的迭代器、容器、算法和函数对象几个部分。STL 的其他内容将在第 31 章和第 33 章介绍。

32.2 算法

<algorithm> 中定义了大约 80 个标准算法。它们操作由一对迭代器定义的（输入）序列（sequence）或单一迭代器定义的（输出）序列。当对两个序列进行拷贝、比较等操作时，第一个序列由一对迭代器 [b:e) 表示，但第二个序列只由一个迭代器 b2 表示，b2 指出了序列的起始位置。我们要保证第二个序列包含足够多的元素供算法使用，例如，与第一个序列的元素一样多：[b2:b2+(e-b))。某些算法，例如 sort()，要求随机访问迭代器；而很多算法，如 find()，只顺序读取元素，因此只需前向迭代器即可正常工作。很多算法都遵循一种常规表示方式：返回序列的末尾来表示"未找到"（见 4.5 节）。我不再对每个算法都提及这一点。

无论是标准库算法还是用户自己设计的算法，都很重要：

- 每个算法命名一个特定操作，描述其接口，并指定其语义。
- 每个算法都可能广泛使用并被很多程序员熟知。

与函数和函数依赖关系定义不好的"随意代码"相比，算法的这两个特点可能带来正确性、可维护性以及性能上的巨大优势。如果你发现你写的一段代码有若干看起来没什么关联的循环、局部变量，或是有很复杂的控制结构，那么就应该考虑是否可以简化代码，将某些部分改写为具有描述性的名字以及良好定义的目的、接口和依赖关系的函数 / 算法。

STL 风格的数值算法将在 40.6 节中介绍。

32.2.1 序列

标准库算法的理想目标是为可优化实现的某些东西提供最通用最灵活的接口。基于迭代器的接口是此理想目标的一个很好但不完美的近似（见 33.1.1 节）。例如，基于迭代器的接口无法直接表示序列的概念，从而导致在检测某些范围错误时可能会发生混淆情况：

```
void user(vector<int>& v1, vector<int>& v2)
{
	copy(v1.begin(),v1.end(),v2.begin());	// v2 可能溢出
	sort(v1.begin(),v2.end());			// 糟糕！
}
```

通过为标准库算法提供容器版本，很多这类问题都可以得到缓解。例如：

```
template<typename Cont>
void sort(Cont& c)
{
	static_assert(Range<Cont>(), "sort(): Cont argument not a Range");
	static_assert(Sortable<Iterator<Cont>>(), "sort(): Cont argument not Sortable");

	std::sort(begin(c),end(c));
}

template<typename Cont1, typename Cont2>
void copy(const Cont1& source, Cont2& target)
{
	static_assert(Range<Cont1>(), "copy(): Cont1 argument not a Range");
	static_assert(Range<Cont2>(), "copy(): Cont2 argument not a Range");
	if (target.size()<source.size()) throw out_of_range{"copy target too small"};

	std::copy(source.begin(),source.end(),target.begin());
}
```

这会简化 user() 的定义，使第二个错误不可能出现，而第一个错误会在运行时被捕获：

```
void user(vector<int>& v1, vector<int>& v2)
{
	copy(v1,v2);	// 溢出会被捕获
	sort(v1);
}
```

但是，容器版本的通用性比直接使用迭代器差。特别是，不能使用容器版本的 sort() 排序半个容器，也不能使用容器版本的 copy() 写一个输出流。

一个补充方法是定义一个“范围”或“序列”抽象，能允许我们在需要时定义序列。我用概念 Range 表示具有 begin() 和 end() 迭代器（见 24.4.4 节）的任何东西。即，不存在保存数据的 Range 类——就像 STL 中不存在 Iterator 类和 Container 类一样。因此，在“容器版本 sort()”和“容器版本 copy()”的例子中，我将模板实参命名为 Cont（“容器”的含义），但它们其实会接受具有 begin() 和 end() 且满足算法其他要求的任意序列。

大多数标准库算法返回迭代器。特别是，它们不返回结果的容器（只有极少数例外，返回一个 pair）。一个原因是在 STL 设计之初，还没有对移动语义的直接支持。因此没有从算法高效返回大量数据的明显的方法。一些程序员使用显式的间接寻址（如指针、引用或迭代

器）或某些聪明的花招。而如今，我们可以做得更好：

```
template<typename Cont, typename Pred>
vector<Value_type<Cont>*>
find_all(Cont& c, Pred p)
{
    static_assert(Range<Cont>(), "find_all(): Cont argument not a Range");
    static_assert(Predicate<Pred>(), "find_all(): Pred argument not a Predicate");

    vector<Value_type<Cont>*> res;
    for (auto& x : c)
        if (p(x)) res.push_back(&x);
    return res;
}
```

在 C++98 中，在匹配结果很多的情况下，此 find_all() 的性能很可能很差。如果选择标准库算法会受局限或是性能很差，采用 STL 算法的新版本或全新算法是一种可行的改进方式，比编写“随意代码”解决问题要好得多。

注意，无论一个 STL 算法返回什么，它都不会是实参的容器。传递给 STL 算法的实参是迭代器（见第 33 章），算法完全不了解迭代器所指向的数据结构。迭代器的存在主要是为了将算法从它所处理的数据结构上分离开来，反之亦然。

32.3 策略实参

大多数标准库算法都有两个版本：

- 一个“普通”版本使用常规操作（如 < 和 ==）完成其任务
- 另一个版本接受关键操作参数

例如：

```
template<class Iter>
void sort(Iter first, Iter last)
{
    // ... 用 e1<e2 进行排序 ...
}

template<class Iter, class Pred>
void sort(Iter first, Iter last, Pred pred)
{
    // ... 用 pred(e1,e2) 进行排序 ...
}
```

这极大地提高了标准库的灵活性和应用范围。

一个算法的两个常用版本可以实现为两个（重载的）函数模板或是带默认实参的单一函数模板。例如：

```
template<typename Ran, typename Pred = less<Value_type<Ran>>>    // 使用一个默认模板实参
sort(Ran first, Ran last, Pred pred ={})
{
    // .. 使用 pred(x,y) ...
}
```

如果使用函数指针，就能察觉两个函数和带默认实参的单一函数间的差异。不过，还是将标准库算法的很多版本简单看作“带默认谓词的版本”比较好，这能将你需要记忆的函数模板的数量减少差不多一半。

在某些情况下，实参既可以解释为谓词，也可以解释为值。例如：

```
bool pred(int);

auto p = find(b,e,pred);   // 查找元素 pred 还是应用谓词 pred()？（后者）
```

一般而言，编译器无法消除这类代码的二义性，而且即使是编译器能消除二义性的情况，程序员也会感到困惑。

为了简化程序员的任务，标准库一般使用后缀 _if 指出算法接受一个谓词。使用两个名字来区分不同版本是为了减少二义性和困扰。考虑下面的例子：

```
using Predicate = bool(*)(int);
void f(vector<Predicate>& v1, vector<int>& v2)
{
        auto p1 = find(v1.begin(),v1.end(),pred);        // 查找值为 pred 的元素
        auto p2 = find_if(v2.begin(),v2.end(),pred);     // 统计令 pred() 为 true 的元素数
}
```

某些作为实参传递给算法的操作会修改所施用的元素（例如，传递给 for_each() 的一些操作；见 32.4.1 节），但大多数操作还是谓词（例如传递给 sort() 的比较对象）。除非特别说明，我们假定传递给算法的策略实参不会修改元素。特别是，不要试图用谓词修改元素：

```
int n_even(vector<int>& v)                     // 不要这么做
     // 统计 v 中偶数值的数目
{
        return find_if(v.begin(),v.end(),[](int& x) {++x; return x&1; });
}
```

通过谓词修改元素会模糊代码的实际目的。如果你真的意图不轨，甚至可以修改序列（例如，对一个正在被遍历的容器，用其名字向其插入或从其删除元素），从而令遍历失败（可能是以某种隐晦的方式失败）。为了避免这种事故，你可以传递给谓词 const 引用参数。

类似地，谓词不能携带能改变其操作含义的状态。一个算法实现可能会拷贝谓词，而我们几乎不可能希望谓词多次作用于相同的值却得到不同的结果。传递给算法的一些函数对象，例如随机数发生器，确实携带可变的状态。除非你真的确定算法不会拷贝谓词，否则就应将函数对象实参的可变状态保存在另一个对象中，并且通过指针或引用访问它。

指针元素上的 == 和 < 操作极少适合 STL 算法的需求：它们比较的是机器地址而非所指向的值。特别是，不要用默认的 == 和 < 排序或搜索 C 风格字符串容器（见 32.6 节）。

32.3.1　复杂性

与容器类似（见 31.3 节），算法的复杂性也是由标准定义的。大多数算法是线性时间 O(n) 的，n 通常是输入序列的长度。

算法复杂性（iso.25）	
O(1)	swap()，iter_swap()
O(log(n))	lower_bound()，upper_bound()，equal_range()，binary_search()，push_heap()，push_heap()
O(n*log(n))	inplace_merge()（最坏情况），stable_partition()（最坏情况），sort()，stable_sort()，partial_sort()，partial_sort_copy()，sort_heap()
O(n*n)	find_end()，find_first_of()，search()，search_n()
O(n)	其他所有算法

照例，上表列出的都是渐进复杂性，而且你必须了解 n 衡量的是什么，才能明白这些复杂性意味着什么。例如，若 n<3，平方算法可能是最好的选择。每步迭代的代价也可能千差万别。例如，虽然复杂性都是线性（O(n)），但遍历链表比遍历向量慢得多。复杂性评价并非是为了取代常识和性能测试；它不过是保证代码质量的众多工具之一。

32.4 不修改序列的算法

不修改序列的算法只读取输入序列中元素的值，而不会重排序列或是改变元素值。用户提供给算法的操作一般也不会改变元素值，这些操作通常是谓词（不会修改实参）。

32.4.1 for_each()

最简单的算法是 for_each()，它简单地对序列中的每个元素执行指定操作：

for_each()（iso.25.2.4）	
f=for_each(b,e,f)	对 [b:e) 中的每个 x 执行 f(x)；返回 f

只要可能，应该优选更专用的算法。

传递给 for_each() 的操作可能会修改元素。例如：

```
void increment_all(vector<int>& v) // 递增 v 中每个元素
{
	for_each(v.begin(),v.end(), [](int& x) {++x;});
}
```

32.4.2 序列谓词

序列谓词（iso.25.2.1）	
all_of(b,e ,f)	[b:e) 中所有 x 都满足 f(x) 吗？
any_of(b,e ,f)	[b:e) 中某个 x 满足 f(x) 吗？
none_of(b,e ,f)	[b:e) 中所有 x 都不满足 f(x) 吗？

例如：

```
vector<double> scale(const vector<double>& val, const vector<double>& div)
{
	assert(val.size()<div.size());
	assert(all_of(div.begin(),div.end(),[](double x){ return 0<x; });

	vector res(val.size());
	for (int i = 0; i<val.size(); ++i)
		res[i] = val[i]/div[i];
	return res;
}
```

当一个序列谓词失败时，它不会告知我们是哪个元素导致了失败。

32.4.3 count()

count()（iso.25.2.9）	
x=count(b,e ,v)	x 为 [b:e) 中满足 v==*p 的元素 *p 的数目
x=count_if(b,e ,f)	x 为 [b:e) 中满足 f(*p) 的元素 *p 的数目

例如：

```
void f(const string& s)
{
      auto n_space = count(s.begin(),s.end(),' ');
      auto n_whitespace = count_if(s.begin(),s.end(),isspace);
      // ...
}
```

谓词 isspace()（见 36.2 节）统计所有空白字符，而不仅仅是空格。

32.4.4 find()

find() 系列算法顺序搜索具有特定值或令谓词为真的元素：

find 序列算法（iso.25.2.5）	
p=find(b,e,v)	p 指向 [b:e) 中第一个满足 *p==v 的元素
p=find_if(b,e,f)	p 指向 [b:e) 中第一个满足 f(*p) 的元素
p=find_if_not(b,e,f)	p 指向 [b:e) 中第一个满足 !f(*p) 的元素
p=find_first_of(b,e,b2,e2)	p 指向 [b:e) 中第一个满足 *p==*q 的元素，其中 q 指向 [b2:e2) 中的某个元素
p=find_first_of(b,e,b2,e2,f)	p 指向 [b:e) 中第一个满足 f(*p,*q) 的元素，其中 q 指向 [b2:e2) 中的某个元素
p=adjacent_find(b,e)	p 指向 [b:e) 中第一个满足 *p==*(p+1) 的元素
p=adjacent_find(b,e,f)	p 指向 [b:e) 中第一个满足 f(*p,*(p+1)) 的元素
p=find_end(b,e,b2,e2)	p 指向 [b:e) 中最后一个满足 *p==*q 的元素，其中 q 指向 [b2:e2) 中的某个元素
p=find_end(b,e,b2,e2,f)	p 指向 [b:e) 中最后一个满足 f(*p,*q) 的元素，其中 q 指向 [b2:e2) 中的某个元素

算法 find() 和 find_if() 都返回一个迭代器，分别指向匹配给定值和给定谓词的第一个元素。

```
void f(const string& s)
{
      auto p_space = find(s.begin(),s.end(),' ');
      auto p_whitespace = find_if(s.begin(),s.end(), isspace);
      // ...
}
```

算法 find_first_of() 查找序列中与另一个序列中元素相等的第一个元素。例如：

```
array<int> x = {1,3,4 };
array<int> y = {0,2,3,4,5};

void f()
{
      auto p = find_first_of(x.begin(),x.end(),y.begin(),y.end);          // p = &x[1]
      auto q = find_first_of(p+1,x.end(),y.begin(),y.end());              // q = &x[2]
}
```

迭代器 p 将指向 x[1]，因为 3 是 x 中第一个与 y 中元素相等的元素。类似地，q 将指向 x[2]。

32.4.5 equal() 和 mismatch()

算法 equal() 和 mismatch() 比较一对序列：

equal() 和 mismatch()（iso.25.2.11，iso.25.2.10）	
equal(b,e,b2)	[b:e) 和 [b2:b2+(e-b)) 中所有对应元素都满足 v==v2？

（续）

equal() 和 mismatch()（iso.25.2.11，iso.25.2.10）	
equal(b,e,b2,f)	[b:e) 和 [b2:b2+(e-b)) 中所有对应元素都满足 f(v,v2)？
pair(p1,p2)=mismatch(b,e,b2)	p1 指向 [b:e) 中第一个满足 !(*p1==*p2) 的元素，p2 指向 [b2:b2+(e-b)) 中的对应元素；若不存在这样的元素，则 p1==e
pair(p1,p2)=mismatch(b,e,b2,f)	p1 指向 [b:e) 中第一个满足 !f(*p1,*p2) 的元素，p2 指向 [b2:b2+(e-b)) 中的对应元素；若不存在这样的元素，则 p1==e

mismatch() 查找两个序列中第一对不匹配的元素，返回指向这两个元素的迭代器。并没有参数指出第二个序列的末尾；即，不存在 last2。取而代之的是，算法假定第二个序列中至少包含与第一个序列一样多的元素，并将 first2+(last-first) 作为 last2。这种技术在标准库中被大量使用，凡是用两个序列提供成对处理的元素的场景都会用到这种技术。我们可以这样实现 mismatch()：

```
template<class In, class In2, class Pred = equal_to<Value_type<In>>>
pair<In, In2> mismatch(In first, In last, In2 first2, Pred p ={})
{
	while (first != last && p(*first,*first2)) {
		++first;
		++first2;
	}
	return {first,first2};
}
```

这里使用了标准函数对象 equal_to（见 33.4 节）和类型函数 Value_type（见 28.2.1 节）。

32.4.6 search()

算法 search() 和 search_n() 查找给定序列是否是另一个序列的子序列：

搜索序列（iso.25.2.13）	
p=search(b,e,b2,e2)	p 指向 [b:e) 中第一个满足 [p:p+(e2-b2)) 等于 [b2:e2) 的 *p
p=search(b.e,b2,e2,f)	p 指向 [b:e) 中第一个满足 [p:p+(e2-b2)) 等于 [b2:e2) 的 *p，用 f 比较元素
p=search_n(b,e,n,v)	p 指向 [b:e) 中第一个满足 [p:p+n) 间所有元素的值均为 v 的位置
p=search_n(b,e,n,v,f)	p 指向 [b:e) 中第一个满足 [p:p+n) 间每个元素 *q 均满足 f(*p,v) 的位置

算法 search() 将第二个序列看作子序列，在第一个序列中查找它。如果找到，则返回一个迭代器，指向第一个序列中匹配子序列的第一个元素。照例，序列尾用来表示“未找到”。例如：

```
string quote {"Why waste time learning, when ignorance is instantaneous?"};

bool in_quote(const string& s)
{
	auto p = search(quote.begin(),quote.end(),s.begin(),s.end()); // 在 quote 中查找 s
	return p!=quote.end();
}

void g()
{
	bool b1 = in_quote("learning");		// b1 = true
	bool b2 = in_quote("lemming");		// b2 = false
}
```

因此，对查找子字符串而言，search() 是一个很有用的算法，而且已经推广到所有序列中。

如果只是查找单一元素，应使用 find() 或 binary_search()（见 32.6 节）。

32.5　修改序列的算法

修改序列的算法（也称为可变序列算法，mutating sequence algorithm）可以（通常也确实会）修改其实参序列的元素。

transform（iso.25.3.4）	
p=transform(b,e,out,f)	对 [b:e) 中的每个元素 *p1 应用 *q=f(*p1)，结果写入 [out:out+(e-b)) 中的对应元素 *q；p=out+(e-b)
p=transform(b,e,b2,out,f)	对 [b:e) 中的每个元素 *p1 及其在 [b2:b2+(e-b)) 中的对应元素 *p2 应用 *q=f(*p1,*p2)，结果写入 [out:out+(e-b)) 中的对应元素 *q；p=out+(e-b)

令人有些困惑的是，transform() 不一定改变其输入序列，而是基于一个用户提供的操作对输入进行变换生成一个输出序列。单输入序列版本的 transform() 可定义如下：

```
template<class In, class Out, class Op>
Out transform(In first, In last, Out res, Op op)
{
	while (first!=last)
		*res++ = op(*first++);
	return res;
}
```

输出和输入可能是同一个序列：

```
void toupper(string& s)  // 转换为大写
{
	transform(s.begin(),s.end(),s.begin(),toupper);
}
```

这个函数真正转换输入序列 s。

32.5.1　copy()

copy() 系列算法从一个序列拷贝元素至另一个序列。接下来的几节将介绍 copy() 与其他算法组合的不同版本，例如 replace_copy()（见 32.5.3 节）。

copy 系列算法（iso.25.3.1）	
p=copy(b,e,out)	将 [b:e) 中的所有元素拷贝至 [out:p)；p=out+(e-b)
p=copy_if(b,e,out,f)	将 [b:e) 中满足 f(x) 的元素 x 拷贝至 [out:p)
p=copy_n(b,n,out)	将 [b:b+n) 间的前 n 个元素拷贝至 [out:p)；p=out+n
p=copy_backward(b,e,out)	将 [b:e) 中的所有元素拷贝至 [out:p)，从尾元素开始拷贝；p=out+(e-b)
p=move(b,e,out)	将 [b:e) 中的所有元素移动至 [out:p)；p=out+(e-b)
p=move_backward(b,e,out)	将 [b:e) 中的所有元素移动至 [out:p)，从尾元素开始移动；p=out+(e-b)

拷贝算法的目标序列不一定是一个容器，任何可用一个输出迭代器（见 38.5 节）描述的东西都可以作为它的目标。例如：

```
void f(list<Club>& lc, ostream& os)
{
    copy(lc.begin(),lc.end(),ostream_iterator<Club>(os));
}
```

为了读取一个序列，我们需要一对迭代器描述起始位置和结尾位置。为了向序列中写入数据，我们只需一个迭代器（描述向哪里写入）。但是，我们必须小心，数据写入操作不能超出目标序列末尾。有一种方法可以确保不出现这种情况：使用一个插入器（见 33.2.2 节）按需增长目标序列。例如：

```
void f(const vector<char>& vs, vector<char>& v)
{
    copy(vs.begin(),vs.end(),v.begin());              // 可能超出 v 的末尾
    copy(vs.begin(),vs.end(),back_inserter(v));       // 将 vs 中的元素追加到 v 的末尾
}
```

输入序列和输出序列可能重叠。只有当两个序列不重叠或输出序列的末尾位于输入序列内部时，我们才可以使用 copy()。

我们用 copy_if() 拷贝满足某种标准的元素。例如：

```
void f(list<int>&ld, int n, ostream& os)
{
    copy_if(ld.begin(),ld.end(),
        ostream_iterator<int>(os),
        [](int x) { return x>n); });
}
```

另请参阅 remove_copy_if()。

32.5.2 unique()

算法 unique() 从序列中删除连续的重复元素：

unique 系列（iso.25.3.9）	
p=unique(b,e)	移动 [b:e) 中的一些元素，使得 [b:p) 中无连续重复元素
p=unique(b,e,f)	移动 [b:e) 中的一些元素，使得 [b:p) 中无连续重复元素；“重复”由 f(*p,*(p+1)) 判定
p=unique_copy(b,e,out)	将 [b:e) 中的元素拷贝至 [out:p)；不拷贝连续重复元素
p=unique_copy(b,e,out,f)	将 [b:e) 中的元素拷贝至 [out:p)；不拷贝连续重复元素；“重复”由 f(*p,*(p+1)) 判定

算法 unique() 和 unique_copy() 删除连续的重复值。例如：

```
void f(list<string>& ls, vector<string>& vs)
{
    ls.sort();          // 链表排序（见 31.4.2 节）
    unique_copy(ls.begin(),ls.end(),back_inserter(vs));
}
```

这段代码将 ls 的元素拷贝到 vs 中，过程中会删除连续重复元素。我用 sort() 将相等的字符串排列到相邻位置。

类似其他标准库算法，unique() 对迭代器进行操作。它并不了解迭代器指向哪个容器，

因此它不能修改容器，只能修改元素的值。这意味着 unique() 不能如我们所期望的那样从输入序列中删除重复元素。例如，下面的代码无法删除一个 vector 中的重复元素：

```
void bad(vector<string>& vs)          // 警告：它并不能像看起来那样完成期望目标
{
      sort(vs.begin(),vs.end());      // 排序 vector
      unique(vs.begin(),vs.end());    // 删除重复元素（它做不到！）
}
```

相反，unique() 将不重复的元素移动到序列前部（头部），并返回指向不重复元素末尾位置的迭代器。例如：

```
int main()
{
      string s ="abbcccde";

      auto p = unique(s.begin(),s.end());
      cout << s << ' ' << p-s.begin() << '\n';
}
```

此程序将输出

```
abcdecde 5
```

即，p 指向第二个 c（即第一个重复字符）。

本可以删除元素（但实际不能）的算法通常有两种形式：“普通”版本重排元素顺序，类似 unique()；_copy 版本生成一个新的序列，类似 unique_copy()。

为了从一个容器中删除重复元素，我们必须显式地收缩容器：

```
template<class C>
void eliminate_duplicates(C& c)
{
      sort(c.begin(),c.end());                // 排序
      auto p = unique(c.begin(),c.end());     // 紧凑存储
      c.erase(p,c.end());                     // 收缩
}
```

可以将这段代码写成等价的形式 c.erase(unique(c.begin(),c.end()),c.end())，但我不认为这种精炼会提高可读性或可维护性。

32.5.3　remove() 和 replace()

算法 remove()“删除”序列末尾的元素：

remove（iso.25.3.8）	
p=remove(b,e,v)	从 [b:e) 中删除值为 v 的元素，使得 [b:p) 中的元素都满足 !(*q==v)
p=remove_if(b,e,f)	从 [b:e) 中删除元素 *q，使得 [b:p) 中的元素都满足 !f(*q)
p=remove_copy(b,e,out,v)	将 [b:e) 中满足 !(*q==v) 的元素拷贝至 [out:p)
p=remove_copy_if(b,e,out,f)	将 [b:e) 中满足 !f(*q) 的元素拷贝至 [out:p)
reverse(b,e)	将 [b:e) 中的元素逆序排列
p=reverse_copy(b,e ,out)	将 [b:e) 中的元素逆序拷贝至 [out:p)

replace() 算法将新值赋予选定的元素：

replace（iso.25.3.5）	
replace(b,e,v,v2)	将 [b:e) 中满足 *p==v 的元素替换为 v2
replace_if(b,e,f,v2)	将 [b:e) 中满足 f(*p) 的元素替换为 v2
p=replace_copy(b,e,out,v,v2)	将 [b:e) 中的元素拷贝至 [out:p)，其中满足 *p==v 的元素被替换为 v2
p=replace_copy_if(b,e,out,f,v2)	将 [b:e) 中的元素拷贝至 [out:p)，其中满足 f(*p,v) 的元素被替换为 v2

这些算法不能改变输入序列的大小，因此即使是 remove() 也会保持输入序列大小不变。类似 unique()，它是通过将元素移动到左侧来实现“删除”的。例如：

```
string s {"*CamelCase*IsUgly*"};
cout << s << '\n';                                   // 输出 *CamelCase*IsUgly*
auto p = remove(s.begin(),s.end(),'*');
copy(s.begin(),p,ostream_iterator<char>{cout});       // 输出 CamelCaseIsUgly
cout << s << '\n';                                   // 输出 CamelCaseIsUglyly*
```

32.5.4 rotate()、random_shuffle() 和 partition()

算法 rotate()、random_shuffle() 和 partition() 提供了移动序列中元素的系统方法：

rotate()（iso.25.3.11）	
p=rotate(b,m,e)	循环左移元素：将 [b:e) 看作一个环——首元素在尾元素之后；将 *(b+i) 移动到 *(b+(i+(e-m))%(e-b))；注意，*b 移动到 *m；p=b+(e-m)
p=rotate_copy(b,m,e,out)	将 [b:e) 中的元素循环左移拷贝至 [out:p)

rotate()（以及洗牌和划分算法）是用 swap() 来移动元素的：

random_shuffle()（iso.25.3.12）	
random_shuffle(b,e)	洗牌 [b:e) 中的元素，使用默认随机数发生器
random_shuffle(b,e,f)	洗牌 [b:e) 中的元素，使用随机数发生器 f
shuffle(b,e,f)	洗牌 [b:e) 中的元素，使用均匀分布随机数发生器 f

洗牌算法重排序列的方式非常像我们洗扑克牌。即，在一次洗牌之后，元素的顺序是随机的，这里的“随机”是由随机数发生器生成的分布所决定的。

默认情况下，random_shuffle() 用均匀分布随机数发生器洗牌序列。即，它选择序列元素的一个排列，使得每种排列被选中的概率相等。如果你想要一个不同的分布或一个更好的随机数发生器，可以自己定义。若调用 random_shuffle(b,e,r)，随机数发生器接受序列（或子序列）的元素数作为其实参。例如，若调用 r(e-b)，则发生器必须返回 [0,e-b) 间的值。如果 My_rand 是一种随机数发生器，我们可以这样洗牌：

```
void f(deque<Card>& dc, My_rand& r)
{
    random_shuffle(dc.begin(),dc.end(),r);
    // ...
}
```

划分算法基于某种划分标准将序列分为两部分：

partition()（iso.25.3.15）	
p=partition(b,e,f)	将满足 f(*p1) 的元素置于区间 [b:p) 内，将其他元素置于区间 [p:e) 内
p=stable_partition(b,e,f)	将满足 f(*p1) 的元素置于区间 [b:p) 内，将其他元素置于区间 [p:e) 内；保持相对顺序
pair(p1,p2)=partition_copy(b,e,out1,out2,f)	将 [b:e) 中满足 f(*p) 的元素拷贝到 [out1:p1) 内，将 [b:e) 中满足 !f(*p) 的元素拷贝到 [out2:p2) 内
p=partition_point(b,e,f)	对 [b:e)，p 指向满足 all_of(b,p,f) 且 none_of(p,e ,f) 的位置
is_partitioned(b,e,f)	[b:e) 中满足 f(*p) 的元素都在满足 !f(*p) 的元素之前吗？

32.5.5　排列

排列算法提供了生成一个序列所有排列的系统方法：

排列（iso.25.4.9，iso.25.2.12） 若 next_* 操作成功，x 为 true，否则为 false	
x=next_permutation(b,e)	将 [b:e) 变换为字典序上的下一个排列
x=next_permutation(b,e,f)	将 [b:e) 变换为字典序上的下一个排列；用 f 比较元素
x=prev_permutation(b,e)	将 [b:e) 变换为字典序上的前一个排列
x=prev_permutation(b,e,f)	将 [b:e) 变换为字典序上的前一个排列；用 f 比较元素
is_permutation(b,e,b2)	[b2:b2+(e-b)) 是 [b:e) 的一个排列？
is_permutation(b,e,b2,f)	[b2:b2+(e-b)) 是 [b:e) 的一个排列？用 f(*p,*q) 比较元素

我们通常用排列来生成序列中元素的组合。例如，abc 的排列为 acb、bac、bca、cab 和 cba。

算法 next_permutation() 接受一个序列 [b:e)，将其变换为下一个排列。“下一个”的定义基于这样一个假设：所有排列已按字典序排序。如果存在“下一个”排列，next_permutation() 返回 true；否则，它将序列变换为最小的排列，即，升序中排在第一位的排列（在上例中是 abc），并返回 false。因此，我们可以这样生成 abc 的所有排列：

```
vector<char> v {'a','b','c'};
while(next_permutation(v.begin(),v.end()))
      cout << v[0] << v[1] << v[2] << ' ';
```

类似地，如果 [b:e) 中已经包含第一个排列（上例中的 abc），prev_permutation() 返回 false；在此情况下，它将 [b:e) 变换为最后一个排列（上例中的 cba）。

32.5.6　fill()

fill() 系列算法提供了向序列元素赋值和初始化元素的方法：

fill 系列算法（iso.25.3.6，iso.25.3.7，iso.20.6.12）	
fill(b,e,v)	将 v 赋予 [b:e) 中的每个元素
p=fill_n(b,n,v)	将 v 赋予 [b:b+n) 中的每个元素；p=b+n
generate(b,e,f)	将 f() 赋予 [b:e) 中的每个元素
p=generate_n(b,n,f)	将 f() 赋予 [b:b+n) 中的每个元素；p=b+n
uninitialized_fill(b,e,v)	将 [b:e) 中的每个元素初始化为 v
p=uninitialized_fill_n(b,n,v)	将 [b:b+n) 中的每个元素初始化为 v；p=b+n
p=uninitialized_copy(b,e,out)	将 [out:out+(e-b)) 中每个元素初始化为 [b:e) 中对应元素；p=out+(e-b)
p=uninitialized_copy_n(b,n,out)	将 [out:out+n) 中每个元素初始化为 [b:b+n) 中对应元素；p=out+n

fill() 算法反复用指定值进行赋值，而 generate() 则通过反复用调用其函数实参得到的值进行赋值。例如，使用将在 40.7 节中介绍的随机数发生器 Randint 和 Urand：

```
int v1[900];
array<int,900> v2;
vector v3;

void f()
{
    fill(begin(v1),end(v1),99);                // 将 v1 的所有元素设置为 99
    generate(begin(v2),end(v2),Randint{});     // 设置为随机值（见 40.7 节）

    // 输出 200 个值在 [0:100) 间的随机整数
    generate_n(ostream_iterator<int>{cout},200,Urand{100});    // 见 40.7 节

    fill_n(back_inserter{v3},20,99);           // 将 20 个值为 99 的元素添加到 v3 中
}
```

generate() 和 fill() 函数进行赋值而非初始化。如果你希望操纵原始存储，比如，将一块内存区域转化为有着定义良好的类型和状态的对象，则可使用 uninitialized_ 版本（定义在 <memory> 中）。

未初始化的序列只应出现在最底层的编程中，通常是在容器实现的内部。uninitialized_fill() 或 uninitialized_copy() 的目标元素必须是内置类型或是未初始化的。例如：

```
vector<string> vs {"Breugel","El Greco","Delacroix","Constable"};
vector<string> vs2 {"Hals","Goya","Renoir","Turner"};
copy(vs.begin(),vs.end(),vs2.begin());                  // 正确
uninitialized_copy(vs.begin(),vs.end(),vs2.begin());    // 内存泄漏！
```

处理未初始化内存的更多方法见 34.6 节。

32.5.7 swap()

swap() 算法交换两个对象的值：

swap 系列算法（iso.25.3.3）	
swap(x,y)	交换 x 和 y 的值
p=swap_ranges(b,e ,b2)	对 [b:e) 和 [b2:b2+(e-b)) 中的所有相应元素 v 和 v2 调用 swap(v,v2)
iter_swap(p,q)	swap(*p,*q)

例如：

```
void use(vector<int>& v, int* p)
{
    swap_ranges(v.begin(),v.end(),p);   // 交换值
}
```

指针 p 应指向一个数组，其中至少包含 v.size() 个元素。

算法 swap() 可能是标准库中最简单但也最重要的算法。它被用于很多广泛使用的算法的实现中。它的实现在 7.7.2 节中被作为一个示例，其标准库版本将在 35.5.2 节中介绍。

32.6 排序和搜索

排序和已排序序列中的搜索是非常基础的操作，而程序员对这两个操作的需求可能有

很大的差异。默认的比较操作是 < 运算符，值 a 和 b 的相等性通过 !(a<b)&&!(b<a) 来判定，而不是使用运算符 ==。

sort 系列算法（iso.25.4.1）	
sort(b,e)	排序 [b:e)
sort(b,e,f)	排序 [b:e)，用 f(*p,*q) 作为比较标准

除了“普通排序”外，还有其他很多版本：

sort 系列算法（iso.25.4.1）	
stable_sort(b,e)	排序 [b:e)，保持相等元素的相对顺序
stable_sort(b,e,f)	排序 [b:e)，保持相等元素的相对顺序，用 f(*p,*q) 作为比较标准
partial_sort(b,m,e)	部分排序 [b:e)，令 [b:m) 有序即可，[m:e) 不必有序
partial_sort(b,m,e,f)	部分排序 [b:e)，令 [b:m) 有序即可，[m:e) 不必有序，用 f(*p,*q) 作为比较标准
p=partial_sort_copy(b,e,b2,e2)	部分排序 [b:e)，排好前 e2-b2（或前 e-b）个元素拷贝到 [b2:e2)；p 为 e2 和 b2+(e-b) 中的较小者
p=partial_sort_copy(b,e,b2,e2,f)	部分排序 [b:e)，排好前 e2-b2（或前 e-b）个元素拷贝到 [b2:e2)，用 f 比较元素；p 为 e2 和 b2+(e-b) 中的较小者
is_sorted(b,e)	[b:e) 已排序？
is_sorted(b,e,f)	[b:e) 已排序？用 f 比较元素
p=is_sorted_until(b,e)	p 指向 [b:e) 中第一个不符合升序的元素
p=is_sorted_until(b,e,f)	p 指向 [b:e) 中第一个不符合升序的元素，用 f 比较元素
nth_element(b,n,e)	*n 的位置恰好是 [b:e) 排序后它应处的位置；即 [b:n) 中的元素都 <=*n 且 [n:e) 中的元素都 >=*n
nth_element(b,n,e,f)	*n 的位置恰好是 [b:e) 排序后它应处的位置；即 [b:n) 中的元素都 <=*n 且 [n:e) 中的元素都 >=*n，用 f 比较元素

sort() 算法要求随机访问迭代器（见 33.1.2 节）。

对 is_sorted_until()，不要理会它的名字，它其实返回一个迭代器，而不是一个 bool。

标准库 list（见 31.3 节）并不提供随机访问迭代器，因此只能用特殊的 list 操作（见 31.4.2 节）来排序 list，或者先将 list 的元素拷贝到一个 vector 中，排序这个 vector，然后再将元素拷回 list：

```
template<typename List>
void sort_list(List& lst)
{
      vector v {lst.begin(),lst.end()};      // 用 lst 进行初始化
      sort(v);                               // 使用容器排序（见 32.2 节）
      copy(v,lst);
}
```

基础的 sort() 很高效（平均时间复杂性 N*log(N)）。如果需要一个稳定排序算法，可使用 stable_sort()，这是一个 N*log(N)*log(N) 时间的算法，当系统有足够的额外内存时，可缩短为 N*log(N)。函数 get_temporary_buffer() 可以用来获取额外内存（见 34.6 节）。stable_sort() 可以保证相等元素的相对顺序，sort() 则不能保证。

有时，我们只需要有序序列开始部分的元素。在此情况下，按用户需求进行部分排序，

即只将序列前一部分整理为有序，就是有意义的了。普通版本的 partial_sort(b,m,e) 算法只整理出有序序列 [b:m) 间的部分。partial_sort_copy() 算法生成 N 个元素，N 是输出和输入序列元素数中较小的那个。对这个算法，我们需要指出输出序列的开始和结尾，因为这决定了我们需要排序多少个元素。例如：

```
void f(const vector<Book>& sales) // 找到排名前十的书
{
      vector<Book> bestsellers(10);
      partial_sort_copy(sales.begin(),sales.end(),
                  bestsellers.begin(),bestsellers.end(),
                  [](const Book& b1, const Book& b2) { return b1.copies_sold()>b2.copies_sold(); });
      copy(bestsellers.begin(),bestsellers.end(),ostream_iterator<Book>{cout,"\n"});
}
```

由于 partial_sort_copy() 的目标必须是一个随机访问迭代器，因此我们不能直接将排序结果写到 cout。

如果需要由 partial_sort() 排序的元素数少于元素总数，这些算法可能比完全 sort() 快得多。因此，它们的时间复杂性接近 O(N)，而 sort() 的复杂性为 O(N*log(N))。

算法 nth_element() 只需将升序结果中排在第 n 位的元素放置到正确位置即可，即，之前的元素都不大于它，之后的元素都不小于它。例如：

```
vector<int> v;
for (int i=0; i<1000; ++i)
      v.push_back(randint(1000));           // 见 40.7 节
constexpr int n = 30;
nth_element(v.begin(), v.begin()+n, v.end());
cout << "nth: " << v[n] < '\n';
for (int i=0; i<n; ++i)
      cout << v[i] << ' ';
```

这段代码得到这样的输出：

```
nth: 24
10 8 15 19 21 15 8 7 6 17 21 2 18 8 1 9 3 21 20 18 10 7 3 3 8 11 11 22 22 23
```

nth_element() 与 partial_sort() 的不同之处在于 n 之前的元素不必是有序的，都小于等于第 n 个元素即可。将本例中的 nth_element 替换为 partial_sort（并使用相同的种子以便随机数发生器生成相同的序列），我们会得到：

```
nth: 995
1 2 3 3 3 6 7 7 8 8 8 8 9 10 10 11 11 15 15 17 18 18 19 20 21 21 21 22 22 23
```

nth_element() 对经济学家、社会学家和教师这些人群特别有用，他们经常求中位数、百分位数，等等。

排序 C 风格的字符串需要一个显式的比较标准。原因在于 C 风格的字符串只是简单的字符指针，且有其自己的使用规范，指针上的 < 其实是比较机器地址而不是字符序列。例如：

```
vector<string> vs = {"Helsinki","Copenhagen","Oslo","Stockholm"};
vector<char*> vcs = {"Helsinki","Copenhagen","Oslo","Stockholm"};

void use()
{
      sort(vs);  // 我已经定义了范围版本的 sort()
      sort(vcs);
```

```
    for (auto& x : vs)
        cout << x << ' '
    cout << '\n';
    for (auto& x : vcs)
        cout << x << ' ';
```

这段代码会输出：

```
Copenhagen Helsinki Stockholm Oslo
Helsinki Copenhagen Oslo Stockholm
```

我们自然期望两个 vector 的排序结果相同。但是，为了让 C 风格的字符串排序比较的是字符串内容而不是地址，我们需要一个适合的排序谓词。例如：

```
sort(vcs, [](const char* p, const char* q){ return strcmp(p,q)<0; });
```

标准库函数 strcmp() 将在 43.4 节中描述。

注意，我不必提供一个 == 来排序 C 风格的字符串。为了简化用户接口，标准库使用 !(x<y>||y<x) 而不是 x==y 来比较元素（见 31.2.2.2 节）。

32.6.1　二分搜索

binary_search() 系列算法提供了有序序列上的二分搜索：

二分搜索（iso.25.4.3）	
p=lower_bound(b,e,v)	p 指向 [b:e) 中 v 首次出现的位置
p=lower_bound(b,e,v,f)	p 指向 [b:e) 中 v 首次出现的位置，用 f 比较元素
p=upper_bound(b,e,v)	p 指向 [b:e) 中第一个大于 v 的元素
p=upper_bound(b,e,v,f)	p 指向 [b:e) 中第一个大于 v 的元素，用 f 比较元素
binary_search(b,e,v)	v 在有序序列 [b:e) 中吗？
binary_search(b,e,v,f)	v 在有序序列 [b:e) 中吗？用 f 比较元素
pair(p1,p2)=equal_range(b,e ,v)	[p1:p2) 是 [b:e) 中值为 v 的子序列；通常用二分搜索查找 v
pair(p1,p2)=equal_range(b,e,v,f)	[p1:p2) 是 [b:e) 中值为 v 的子序列，用 f 比较元素；通常用二分搜索查找 v

对大序列而言，顺序搜索如 find()（见 32.4 节）可能性能很差，但在没有做排序或哈希（见 31.4.3.2 节）的情况下，这可能已是最好的方法了。但一旦序列已排序，我们就可以用二分搜索查找元素了。例如：

```
void f(vector<int>& c)
{
    if (binary_search(c.begin(),c.end(),7)) {    // 7 在 c 中？
        // ...
    }
    // ...
}
```

binary_search() 返回一个 bool 指出给定值是否在序列中。类似 find()，我们通常还想知道序列中哪个元素具有此值。但是，序列中可能有很多元素具有相同的值，我们通常希望找到这些元素中的第一个或是所有。因此，标准库提供了 equal_range() 算法来查找相等元素范围，以及查找此范围 lower_bound() 和 upper_bound() 的算法。这些算法对应 multimap 上的操作（见 31.4.3 节）。我们可以将 lower_bound() 看作有序序列上的快速 find() 和 find_if()。例如：

```
void g(vector<int>& c)
{
    auto p = find(c.begin(),c.end(),7);          // 可能很慢：O(N)；c 无需排序
    auto q = lower_bound(c.begin(),c.end(),7);   // 可能很快：O(log(N))；c 必须排好序
    // ...
}
```

若 lower_bound(first,last,k) 没有找到 k，它返回一个迭代器，指向第一个大于 k 的元素，或者返回 last 意味着所有元素都不大于 k。这种报告失败的方式也被 upper_bound() 和 equal_range() 所采用。这意味着我们可以用这些算法确定一个新元素在一个有序序列中的正确插入位置：恰好在返回的 pair 的 second 所指向的位置之前。

很奇怪的是：二分搜索算法不需要随机访问迭代器：一个前向迭代器就够了。

32.6.2　merge()

merge 算法将两个有序序列合并为一个：

merge 系列算法（iso.25.4.4）	
p=merge(b,e,b2,e2,out)	合并两个有序序列 [b2:e2) 与 [b:e)，结果写入 [out:p)
p=merge(b,e,b2,e2,out,f)	合并两个有序序列 [b2:e2) 与 [b:e)，结果写入 [out:out+p)，用 f 比较元素
inplace_merge(b,m,e)	原址合并——将两个有序子序列 [b:m) 与 [m:e) 合并为有序序列 [b:e)
inplace_merge(b,m,e,f)	原址合并——将两个有序子序列 [b:m) 与 [m:e) 合并为有序序列 [b:e)，用 f 比较元素

merge() 算法可以接受不同类别的序列和不同类型的元素。例如：

```
vector<int> v {3,1,4,2};
list<double> lst {0.5,1.5,2,2.5};        // lst 有序

sort(v.begin(),v.end());                 // 排序 v

vector<double> v2;
merge(v.begin(),v.end(),lst.begin(),lst.end(),back_inserter(v2));    // 合并 v 和 lst 写入 v2
for (double x : v2)
    cout << x << ", ";
```

插入器请见 33.2.2 节。这段代码输出为：

```
0.5, 1, 1.5, 2, 2, 2.5, 3, 4,
```

32.6.3　集合算法

这些算法将序列当作一个元素集合来处理，并提供基本的集合操作。输入数列应是排好序的，输出序列也会被排序：

集合算法（iso.25.4.5）	
includes(b,e,b2,e2)	[b:e) 中的所有元素也都在 [b2:e2) 中？
includes(b,e,b2,e2,f)	[b:e) 中的所有元素也都在 [b2:e2) 中？用 f 比较元素
p=set_union(b,e,b2,e2,out)	创建一个有序序列 [out:p)，包含 [b:e) 和 [b2:e2) 中的所有元素
p=set_union(b,e,b2,e2,out,f)	创建一个有序序列 [out:p)，包含 [b:e) 和 [b2:e2) 中的所有元素，用 f 比较元素

（续）

集合算法（iso.25.4.5）	
p=set_intersection(b,e,b2,e2,out)	创建一个有序序列 [out:p)，包含 [b:e) 和 [b2:e2) 中的共同元素
p=set_intersection(b,e,b2,e2,out,f)	创建一个有序序列 [out:p)，包含 [b:e) 和 [b2:e2) 中的共同元素，用 f 比较元素
p=set_difference(b,e,b2,e2,out)	创建一个有序序列 [out:p)，其元素在 [b:e) 中但不在 [b2:e2) 中
p=set_difference(b,e,b2,e2,out,f)	创建一个有序序列 [out:p)，其元素在 [b:e) 中但不在 [b2:e2) 中，用 f 比较元素
p=set_symmetric_difference(b,e,b2,e2,out)	创建一个有序序列 [out:p)，其元素在 [b:e) 中或 [b2:e2) 中，但不同时在两者中
p=set_symmetric_difference(b,e ,b2,e2,out,f)	创建一个有序序列 [out:p)，其元素在 [b:e) 中或 [b2:e2) 中，但不同时在两者中，用 f 比较元素

例如：

```
string s1 = "qwertyasdfgzxcvb";
string s2 = "poiuyasdfg/.,mnb";
sort(s1.begin(),s1.end());                    // 集合算法要求序列有序
sort(s2.begin(),s2.end());

string s3(s1.size()+s2.size(),'*');           // 为最大的可能结果留出足够的空间
cout << s3 << '\n';
auto up = set_union(s1.begin(),s1.end(),s2.begin(),s2.end(),s3.begin());
cout << s3 << '\n';
for (auto p = s3.begin(); p!=up; ++p)
        cout << *p;
cout << '\n';

s3.assign(s1.size()+s2.size(),'+');
up = set_difference(s1.begin(),s1.end(),s2.begin(),s2.end(),s3.begin());
cout << s3 << '\n';
for (auto p = s3.begin(); p!=up; ++p)
        cout << *p;
cout << '\n';
```

这个小测试会输出：

```
********************************
,./abcdefgimnopqrstuvxyz
ceqrtvwxz++++++++++++++++++++++
ceqrtvwxz
```

32.6.4　堆

堆是一种按最大值优先的方式组织元素的紧凑数据结构。你可以将堆想象为一种二叉树表示方式。堆算法允许程序员将一个随机访问序列作为堆处理：

堆操作（iso.25.4.6）	
make_heap(b,e)	将 [b:e) 整理为一个堆
make_heap(b,e,f)	将 [b:e) 整理为一个堆，用 f 比较元素
push_heap(b,e)	将 *(e-1) 添加到堆 [b:e-1) 中，使得 [b:e) 还是一个堆

（续）

堆操作（iso.25.4.6）	
push_heap(b,e,f)	添加元素到堆 [b:e-1) 中，用 f 比较元素
pop_heap(b,e)	从堆 [b:e) 中删除最大值（*b，与 *(e-1) 交换后删除 *(e-1)），[b:e-1) 保持堆结构
pop_heap(b,e,f)	从堆 [b:e) 中删除元素，用 f 比较元素
sort_heap(b,e)	排序堆 [b:e)
sort_heap(b,e,f)	排序堆 [b:e)，用 f 比较元素
is_heap(b,e)	[b:e) 是一个堆吗？
is_heap(b,e,f)	[b:e) 是一个堆吗？用 f 比较元素
p=is_heap_until(b,e)	p 是满足 [b:p) 是堆的最大位置
p=is_heap_until(b,e,f)	p 是满足 [b:p) 是堆的最大位置，用 f 比较元素

将堆 [b:e) 的末尾位置 e 想象为一个指针，pop_heap() 会使它递减，push_heap() 会使它递增。读取 b（即 x=*b）然后执行 pop_heap() 即可抽取出最大元素。写入 e（即 *e=x）然后执行 push_heap() 即可插入新元素。例如：

```
string s = "herewego";
make_heap(s.begin(),s.end());          // rogheeew
pop_heap(s.begin(),s.end());           // rogheeew
pop_heap(s.begin(),s.end()−1);         // ohgeeerw
pop_heap(s.begin(),s.end()−2);         // hegeeorw

*(s.end()−3)='f';
push_heap(s.begin(),s.end()−2);        // hegeefrw
*(s.end()−2)='x';
push_heap(s.begin(),s.end()−1);        // xeheefge
*(s.end()−1)='y';
push_heap(s.begin(),s.end());          // yxheefge
sort_heap(s.begin(),s.end());          // eeefghxy
reverse(s.begin(),s.end());            // yxhgfeee
```

理解 s 是如何改变的一种方法是：用户只能从 s[0] 读，只能向 s[x] 写，x 是当前堆末尾的下标。从堆中删除元素（总是删除 s[0]）是通过将它与 s[x] 交换来实现的。

堆的关键特点是提供了快速插入新元素和快速访问最大元素的能力。堆的最主要用途是实现优先队列。

32.6.5 lexicographical_compare()

字典序比较就是我们用来排序字典中单词的规则。

字典序比较（iso.25.4.8）	
lexicographical_compare(b,e,b2,e2)	[b:e)<[b2:e2)?
lexicographical_compare(b,e,b2,e2,f)	[b:e)<[b2:e2)? 用 f 比较元素

我们可以这样实现 lexicographical_compare(b,e,b2,e2)：

```
template<class In, class In2>
bool lexicographical_compare(In first, In last, In2 first2, In2 last2)
{
    for (; first!=last && first2!=last2; ++first,++last) {
```

```
        if (*first<*first2)
            return true;     // [first:last)<[first2:last2)
        if (*first2<*first)
            return false;    // [first2:last2)<[first:last)
    }
    return first==last && first2!=last2;  // 若 [first:last) 更短，[first:last)<[first2:last2)
}
```

即，字符串被当作字符序列进行比较。例如：

```
string n1 {"10000"};
string n2 {"999"};

bool b1 = lexicographical_compare(n1.begin(),n1.end(),n2.begin(),n2.end());      // b1==ture

n1 = "Zebra";
n2 = "Aardvark";
bool b2 = lexicographical_compare(n1.begin(),n1.end(),n2.begin(),n2.end());      // b2==false
```

32.7 最大值和最小值

这是一组在很多场景中都很有用的值比较算法：

min 和 max 系列算法（iso.25.4.7）	
x=min(a,b)	x 是 a 和 b 中的较小者
x=min(a,b,f)	x 是 a 和 b 中的较小者，用 f 比较元素
x=min({elem})	x 是 {elem} 中的最小元素
x=min({elem},f)	x 是 {elem} 中的最小元素，用 f 比较元素
x=max(a,b)	x 是 a 和 b 中的较大者
x=max(a,b,f)	x 是 a 和 b 中的较大者，用 f 比较元素
x=max({elem})	x 是 {elem} 中的最大元素
x=max({elem},f)	x 是 {elem} 中的最大元素，用 f 比较元素
pair(x,y)=minmax(a,b)	x 为 min(a,b)，y 为 max(a,b)
pair(x,y)=minmax(a,b,f)	x 为 min(a,b,f)，y 为 max(a,b,f)
pair(x,y)=minmax({elem})	x 为 min({elem})，y 为 max({elem})
pair(x,y)=minmax({elem},f)	x 为 min({elem},f)，y 为 max({elem},f)
p=min_element(b,e)	p 指向 [b:e) 中的最小元素或 e
p=min_element(b,e,f)	p 指向 [b:e) 中的最小元素或 e，用 f 比较元素
p=max_element(b,e)	p 指向 [b:e) 中的最大元素或 e
p=max_element(b,e,f)	p 指向 [b:e) 中的最大元素或 e，用 f 比较元素
pair(x,y)=minmax_element(b,e)	x 为 min_element(b,e)，y 为 max_element(b,e)
pair(x,y)=minmax_element(b,e,f)	x 为 min_element(b,e,f)，y 为 max_element(b,e,f)

如果比较两个左值，返回的是指向结果的引用；否则，返回一个右值。但是，接受左值的版本接受的是 const 左值，因此你永远不能修改这些函数的返回结果。例如：

```
int x = 7;
int y = 9;
++min(x,y);     // min(x,y) 的结果是一个 const int&
++min({x,y});   // 错误：min({x,y}) 的结果是一个右值（initializer_list 是不可变的）
```

_element 系列函数返回迭代器，minmax 函数返回 pair，因此我们可以这样编写代码：

```
string s = "Large_Hadron_Collider";
auto p = minmax_element(s.begin(),s.end(),
                        [](char c1,char c2) { return toupper(c1)<toupper(c2); });
cout << "min==" << *(p.first) << ' ' << "max==" << *(p.second) << '\n';
```

由于我的机器采用 ASCII 字符编码，因此这个小测试程序会输出：

```
min==a max==_
```

32.8　建议

[1] STL 算法操作一个或多个序列；32.2 节。
[2] 一个输入序列是一个半开区间，由一对迭代器定义；32.2 节。
[3] 进行搜索时，算法通常返回输入序列的末尾位置表示“未找到”；32.2 节。
[4] 优选精心说明的算法而非“随意代码”；32.2 节。
[5] 当你要编写一个循环时，思考它是否可以表达为一个通用算法；32.2 节。
[6] 确保一对迭代器实参确实指定了一个序列；32.2 节。
[7] 当迭代器对风格显得冗长时，引入容器 / 范围版本的算法；32.2 节。
[8] 用谓词和其他函数对象赋予标准算法更宽泛的含义；32.3 节。
[9] 谓词不能修改其实参；32.3 节。
[10] 指针上默认的 == 和 < 极少能满足标准算法的需求；32.3 节。
[11] 了解你使用的算法的时间复杂性，但要记住复杂性评价只是对性能的粗略导引；32.3.1 节。
[12] 只在对一个任务没有更专用的算法时使用 for_each() 和 transform()；32.4.1 节。
[13] 算法并不直接向其实参序列添加元素或从其中删除元素；32.5.2 节、32.5.3 节。
[14] 如果不得不处理未初始化的对象，考虑 uninitialized_* 系列算法；32.5.6 节。
[15] STL 算法基于其排序比较操作实现相等性比较，而不是使用 ==；32.6 节。
[16] 注意，排序和搜索 C 风格的字符串要求用户提供一个字符串比较操作；32.6 节。

第 33 章
The C++ Programming Language, Fourth Edition

STL 迭代器

STL 容器和算法之间如此协调的原因，是它们相互之间一无所知。

——阿莱克斯·斯特潘诺夫

- 引言
- 迭代器模型
  迭代器类别；迭代器萃取；迭代器操作
- 迭代器适配器
  反向迭代器；插入迭代器；移动迭代器
- 范围访问函数
- 函数对象
- 函数适配器
  bind()；mem_fn()；function
- 建议

33.1 引言

本章介绍 STL 迭代器及相关工具，特别是标准库函数对象。STL 包含标准库中的迭代器、容器、算法和函数对象几个部分。STL 的其他内容在第 31 章和第 32 章介绍。

迭代器是标准库算法和所操作的数据间的黏合剂。反过来，也可以说迭代器机制是为了最小化算法与所操作的数据结构间的依赖性：

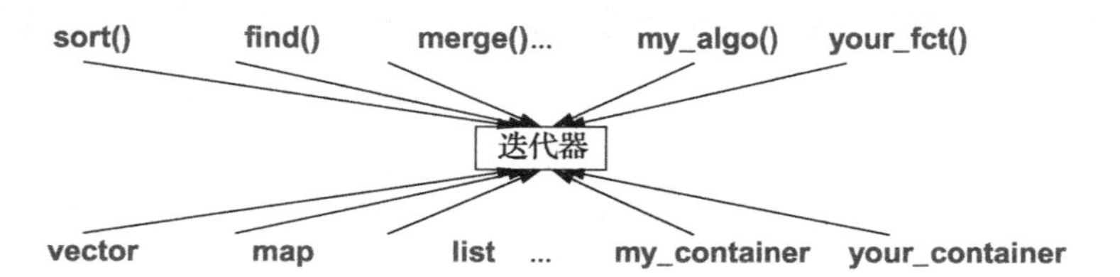

33.1.1 迭代器模型

与指针类似，迭代器提供了间接访问的操作（如解引用操作 *）和移动到新元素的操作（例如，++ 操作移动到下一个元素）。一对迭代器定义一个半开区间 [begin:end)，即所谓序列（sequence）：

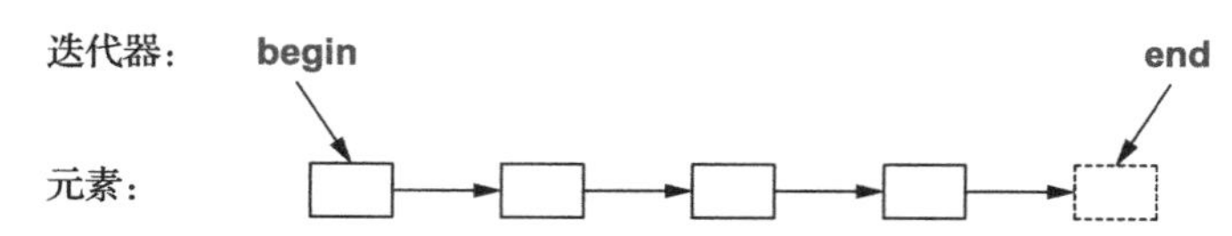

即，begin 指向序列的首元素，end 指向序列尾元素之后的位置。永远也不要从 *end 读取

数据，也不要向它写入数据。注意，空序列满足 begin==end；即，对任意迭代器 p 都有 [p:p) 是空序列。

为了读取一个序列，算法通常接受一对表示半开区间 [begin:end) 的迭代器 (b,e)，并使用 ++ 遍历序列直至到达末尾：

```
while (b!=e) {        // 用 != 而不是 <
    // 进行一些操作
    ++b;  // 移动到下一个元素
}
```

我用 != 而不是 < 判断是否到达序列尾，部分原因是这更为精确，还有部分原因是只有随机访问迭代器才支持 <。

在序列中搜索数据的算法通常返回序列尾表示“未找到”；例如：

```
auto p = find(v.begin(),v.end(),x);          // 在 v 中查找 x

if (p!=v.end()) {
    // 在位置 p 找到 x
}
else {
    // 在 [v.begin():v.end()) 中未找到 x
}
```

向序列写入数据的算法通常只接受指向序列首元素的单一迭代器。在此情况下，保证不超出序列尾是程序员的责任。例如：

```
template<typename Iter>
void forward(Iter p, int n)
{
    while (n>0)
        *p++ = --n;
}

void user()
{
    vector<int> v(10);
    forward(v.begin(),v.size());      // 正确
    forward(v.begin(),1000);          // 大麻烦
}
```

某些标准库实现了范围检查——即，最后一个 forward() 调用会抛出一个异常——但出于代码可移植性的考虑，你不应依赖这一特性：很多实现并不进行范围检查。一种简单而又安全的替代方案是使用插入迭代器（见 33.2.2 节）。

33.1.2 迭代器类别

标准库提供了 5 种迭代器（5 个迭代器类别，iterator category）：

- 输入迭代器（input iterator）：利用输入迭代器，我们可以用 ++ 向前遍历序列并用 *（反复）读取每个元素。我们可以用 == 和 != 比较输入迭代器。istream 提供了这种迭代器；请见 38.5 节。
- 输出迭代器（output iterator）：利用输出迭代器，我们可以用 ++ 向前遍历序列并用 * 每次写入一个元素。ostream 提供了这种迭代器；请见 38.5 节。
- 前向迭代器（forward iterator）：利用前向迭代器，我们可以反复使用 ++ 向前遍历序

列并用 * 读写元素（除非元素是 const 的）。如果一个前向迭代器指向一个类对象，我们可以用 -> 访问其成员。我们可以用 == 和 != 比较前向迭代器。forward_list 提供了这种迭代器；请见 31.4 节。

- 双向迭代器（bidirectional iterator）：利用双向迭代器，我们可以向前（用 ++）和向后（用 --）遍历序列并用 *（反复）读写元素（除非元素是 const 的）。如果一个双向迭代器指向一个类对象，我们可以用 -> 访问其成员。我们可以用 == 和 != 比较双向迭代器。list、map 和 set 提供了这种迭代器（见 31.4 节）。
- 随机访问迭代器（random-access iterator）：利用双向迭代器，我们可以向前（用 ++ 或 +=）和向后（用 -- 或 -=）遍历序列并用 * 或 [] 反复读写元素（除非元素是 const 的）。如果一个随机访问迭代器指向一个类对象，我们可以用 -> 访问其成员。对一个随机访问迭代器，我们可以用 [] 进行下标操作，用 + 加上一个整数，以及用 - 减去一个整数。我们可以将指向同一个序列的两个随机访问迭代器相减来获得它们的距离。我们可以用 ==、!=、<、<=、> 和 >= 比较双向迭代器。vector 提供了这种迭代器（见 31.4 节）。

逻辑上，这些迭代器组织为一个层次（见 iso.24.2）：

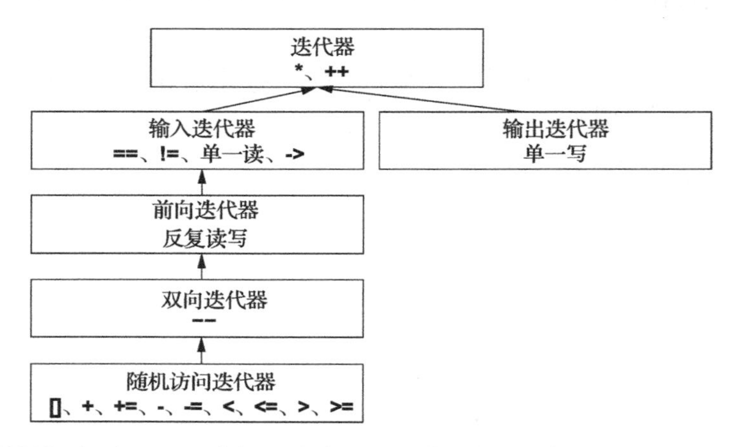

这些迭代器类别是概念（见 24.3 节）而非类，因此这个层次并非用继承实现的类层次。如果你希望用迭代器类别做一些更进阶的事情，可（直接或间接）使用 iterator_traits。

33.1.3 迭代器萃取

在 <iterator> 中，标准库提供了一组类型函数，允许我们编写用于迭代器特定属性的专用代码：

迭代器萃取（iso.24.4.1）	
iterator_traits<Iter>	非指针 Iter 的萃取类型
iterator_traits<T*>	指针 T* 的萃取类型
iterator<Cat,T,Dist,Ptr,Re>	定义了基本迭代器成员类型的简单类
input_iterator_tag	输入迭代器类别
output_iterator_tag	输出迭代器类别
forward_iterator_tag	前向迭代器类别；派生自 input_iterator_tag；为 forward_list、unordered_set、unordered_multiset、unordered_map 和 unordered_multimap 提供

（续）

迭代器萃取（iso.24.4.1）	
bidirectional_iterator_tag	双向迭代器类别；派生自 forward_iterator_tag；为 list、set、multiset、map 和 multimap 提供
random_access_iterator_tag	随机访问迭代器类别；派生自 bidirectional_iterator_tag；为 vector、deque、array、内置数组和 string 提供

迭代器标签的本质是类型，用来基于迭代器类型选择算法。例如，一个随机访问迭代器可以直接定位元素：

```
template<typename Iter>
void advance_helper(Iter p, int n, random_access_iterator_tag)
{
	p+=n;
}
```

另一方面，为了用一个前向迭代器定位第 n 个元素，只能一次移动一个元素（例如，通过链表中的链接移动）：

```
template<typename Iter>
void advance_helper(Iter p, int n, forward_iterator_tag)
{
	if (0<n)
		while (n--) ++p;
	else if (n<0)
		while (n++) --p;
}
```

有了这些辅助函数，advance() 就可以一致地使用最优算法：

```
template<typename Iter>
void advance(Iter p, int n)		// 使用最优算法
{
	advance_helper(p,n,typename iterator_traits<Iter>::iterator_category{});
}
```

典型情况下，advance() 或 advance_helper() 会被优化为内联函数，以确保这种标签分发（tag dispatch）技术不会引入运行时额外开销。这种技术及其变体在 STL 中被广泛使用。

iterator_traits 中的别名描述了迭代器的关键属性：

```
template<typename Iter>
struct iterator_traits {
	using value_type = typename Iter::value_type;
	using difference_type = typename Iter::difference_type;
	using pointer = typename Iter::pointer;			// 指针类型
	using reference = typename Iter::reference;			// 引用类型
	using iterator_category = typename Iter::iterator_category;	// (标签)
};
```

对于没有这些成员类型的迭代器（如 int*）来说，我们提供了 iterator_traits 的一个特例化版本：

```
template<typename T>
struct iterator_traits<T*> {		// 针对指针的特例化版本
	using difference_type = ptrdiff_t;
	using value_type = T;
	using pointer = T*;
```

```
    using reference = T& reference;
    using iterator_category = random_access_iterator_tag;
};
```

我们不能编写下面这样的通用函数：

```
template<typename Iter>
typename Iter::value_type read(Iter p, int n)          // 不是通用的
{
    // ... 进行一些检查…
    return p[n];
{
```

这段代码隐藏着一个错误。传递给 read() 一个指针实参会导致错误。编译器会捕获这个错误，但错误消息可能冗长隐晦。取而代之，我们可以这样编写 read()：

```
template<typename Iter>
typename iterator_traits<Iter>::value_type read(Iter p, int n)          // 更通用
{
    // ... 进行一些检查…
    return p[n];
{
```

关键思路是，为了获得迭代器的属性，你应该访问其 iterator_traits（见 28.2.4 节）而不是迭代器本身。为了避免直接访问 iterator_traits，毕竟它属于实现细节，我们可以定义别名。例如：

```
template<typename Iter>
using Category<Iter> = typename std::iterator_traits<Iter>::iterator_category;

template<typename Iter>
using Difference_type<Iter> = typename std::iterator_traits<Iter>::difference_type;
```

因此，如果我们想了解两个（指向同一个序列的）迭代器间的距离是什么类型，可以这样编写代码：

```
tempate<typename Iter>
void f(Iter p, Iter q)
{
    Iter::difference_type d1 = distance(p,q);                // 语法错误：漏掉了“typename”

    typename Iter::difference_type d2 = distance(p,q); // 不适用于指针等类型

    typename iterator_traits<Iter>::distance_type d3 = distance(p,q);          // 正确，但丑陋
    Distance_type<Iter> d4 = distance(p,q);                                     // 正确，更好一些

    auto d5 = distance(p,q);          // 正确，如果你不需要显式使用类型的话
    // ...
}
```

建议使用后两种方案。

模板 iterator 将迭代器的关键属性简单捆绑为一个 struct，这对迭代器的实现者而言很方便，也提供了一些默认类型：

```
template<typename Cat, typename T, typename Dist = ptrdiff_t, typename Ptr = T*, typename Ref = T&>
struct iterator {
    using value_type = T;
    using difference_type = Dist ;          // distomce() 所使用的类型
    using pointer = Ptr;                    // 指针类型
```

```
        using reference = Ref;               // 引用类型
        using iterator_category = Cat;       // 类别（标签）
};
```

33.1.4 迭代器操作

根据其类别（见 33.1.2 节），迭代器可能提供下列全部操作或其中一部分：

迭代器操作（iso.24.2.2）	
++p	前置递增（向前移动一个元素）：令 p 指向下一个元素或尾元素之后的位置；结果值是递增后的值
p++	后置递增（向前移动一个元素）：令 p 指向下一个元素或尾元素之后的位置；结果值是递增前的值
*p	访问（解引用）：*p 为 p 所指向的元素
--p	前置递减（向后移动一个元素）：令 p 指向前一个元素；结果值是递减后的值
p--	后置递减（向后移动一个元素）：令 p 指向前一个元素；结果值是递减前的值
p[n]	访问（下标）：p[n] 为 p+n 所指向的元素；等价于 *(p+n)
p->m	访问（成员访问）：等价于 (*p).m
p==q	相等判定：p 和 q 指向相同元素或都指向尾后位置？
p!=q	不等判定：!(p==q)
p<q	p 指向的元素在 q 指向的元素之前？
p<=q	p<q || p==q
p>q	p 指向的元素在 q 指向的元素之后？
p>=q	p>q || p==q
p+=n	向前移动 n 个位置：令 p 指向之后第 n 个元素
p-=n	向后移动 n 个位置：令 p 指向之前第 n 个元素
q=p+n	令 q 指向 p 之后第 n 个元素
q=p-n	令 q 指向 p 之前第 n 个元素

++p 返回 p 的引用，而 p++ 必须返回一个保存 p 的旧值的副本。因此，对更复杂的迭代器而言，++p 可能比 p++ 更高效。

下列操作适用于任何能实现它们的迭代器，但对随机访问迭代器（见 33.1.2 节）可能更高效：

迭代器操作（iso.24.4.4）	
advance(p,n)	类似 p+=n；p 至少是一个输入迭代器
x=distance(p,q)	类似 x=q-p；p 至少是一个输入迭代器
q=next(p,n)	类似 q=p+n；p 至少是一个前向迭代器
q=next(p)	q=next(p,1)
q=prev(p,n)	类似 q=p-n；p 至少是一个双向迭代器
q=prev(p)	q=prev(p,1)

若 p 不是一个随机访问迭代器，所有算法都会花费 n 步。

33.2 迭代器适配器

在 <iterator> 中，标准库提供了适配器，能从一个给定的迭代器类型生成有用的相关迭代器类型：

迭代器适配器		
reverse_iterator	反向遍历	33.2.1 节
back_insert_iterator	在尾部插入	33.2.2 节
front_insert_iterator	在头部插入	33.2.2 节
insert_iterator	在任意位置插入	33.2.2 节
move_iterator	移动而不是拷贝	33.2.3 节
raw_storage_iterator	写入未初始化的存储空间	34.6.2 节

iostream 的迭代器将在 38.5 节中介绍。

33.2.1　反向迭代器

使用一个迭代器我们可以从 b 到 e 遍历一个序列 [b:e)。如果序列允许双向访问，我们还可以逆序，即从 e 到 b 遍历序列。实现逆序遍历的迭代器称为 reverse_iterator。一个 reverse_iterator 从序列末尾（由其底层迭代器定义）向序列起始位置进行遍历。为了获得一个半开区间，我们必须将 b-1 视为序列的尾后位置，将 e-1 视为起始位置，从而得到半开区间 [e-1:b-1)。因此，一个反向迭代器与其底层迭代器之间的根本关系是：&*(reverse_iterator(p))==&*(p−1)。特别是，如果 v 是一个 vector，v.rbegin() 指向其尾元素 v[v.size()−1]。考虑下面的序列：

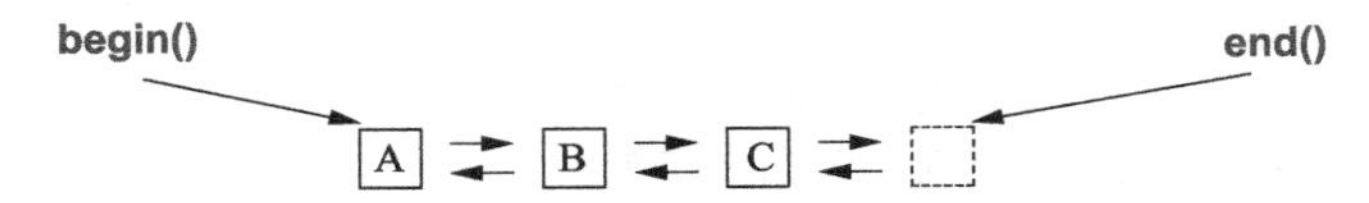

使用 reverse_iterator，序列会如下所示：

rbegin()　　rend()

C ⇄ B ⇄ A ⇄ □

reverse_iterator 的定义可能像下面这样：

```
template<typename Iter>
class reverse_iterator
      : public iterator<Iterator_category<Iter>,
                        Value_type<Iter>,
                        Difference_type<Iter>,
                        Pointer<Iter>,
                        Reference<Iter>> {
public:
      using iterator_type = Iter;

      reverse_iterator(): current{} { }
      explicit reverse_iterator(Iter p): current{p} { }
      template<typename Iter2>
            reverse_iterator(const reverse_iterator<Iter2>& p) :current(p.base()) { }

      Iter base() const { return current; } // 当前迭代器值

      reference operator*() const { tmp = current; return *−−tmp; }
      pointer operator−>() const;
```

```
        reference operator[](difference_type n) const;

        reverse_iterator& operator++() { --current; return *this; }     // 注意：不是 ++
        reverse_iterator operator++(int) { reverse_iterator t = current; --current;  return t; }
        reverse_iterator& operator--() { ++current; return *this; }     // 注意：不是 --
        reverse_iterator operator--(int) { reverse_iterator t = current; ++current;  return t; }

        reverse_iterator operator+(difference_type n) const;
        reverse_iterator& operator+=(difference_type n);
        reverse_iterator operator-(difference_type n) const;
        reverse_iterator& operator-=(difference_type n);
        // ...
    protected:
        Iterator current;       // current 指向 *this 之后的元素
    private:
        // ...
        iterator tmp;           // 用于生命周期需要超出函数作用域的临时变量
    };
```

reverse_iterator<Iter> 的成员类型和操作与 Iter 一致。特别是，如果 Iter 是一个随机访问迭代器，其 reverse_iterator<Iter> 支持 []、+ 和 <。例如：

```
void f(vector<int>& v, list<char>& lst)
{
    v.rbegin()[3] = 7;                  // 正确：随机访问迭代器
    lst.rbegin()[3] = '4';              // 错误：双向迭代器不支持 []
    *(next(lst.rbegin(),3)) = '4';      // 正确！
}
```

我使用 next() 移动迭代器的原因是 list<char>::iterator 这样的双向迭代器不支持 +(类似 [])。

反向迭代器允许我们使用算法逆序访问序列。例如，为了查找一个值在序列中最后出现的位置，我们可以在逆序序列上使用 find()：

```
auto ri = find(v.rbegin(),v.rend(),val);     // 最后出现的位置
```

注意，C::reverse_iterator 与 C::iterator 是不同的类型。因此，如果我希望编写一个使用逆序序列的 find_last() 算法，可能不得不确定返回什么类型的迭代器：

```
template<typename C, typename Val>
auto find_last(C& c, Val v) -> decltype(c.begin())          // 在接口中使用 C 的迭代器
{
    auto ri = find(c.rbegin(),c.rend(),v);
    if (ri == c.rend()) return c.end();                       // 用 c.end() 表示“未找到”
    return prev(ri.base());
}
```

对一个 reverse_iterator，ri.base() 返回一个 iterator，指向 ri 之后的位置。因此，为了获得一个迭代器，与反向迭代器 ri 指向相同的元素，我必须返回 ri.base()-1。但是，我的容器可能是一个 list，其迭代器并不支持 -，因此我用 prev() 取而代之。

反向迭代器就是普通迭代器，因此我可以显式编写循环：

```
template<typename C, Val v>
auto find_last(C& c, Val v) -> decltype(c.begin())
{
    for (auto p = c.rbegin(); p!=c.rend(); ++p)       // 逆序访问序列
        if (*p==v) return --p.base();
    return c.end();                                     // 用 c.end() 表示“未找到”
}
```

下面的代码是等价的，它使用一个（前向）迭代器反向搜索：

```
template<typename C>
auto find_last(C& c, Val v) -> decltype(c.begin())
{
    for (auto p = c.end(); p!=c.begin(); )       // 从序列尾反向搜索
        if (*--p==v) return p;
    return c.end();                              // 用 c.end() 表示“未找到”
}
```

类似较早的 find_last() 版本，这个版本要求迭代器至少是双向的。

33.2.2 插入迭代器

通过一个迭代器生成输出写入一个容器意味着迭代器所指向的元素以及之后的元素都是可被覆盖的。这暗示有可能溢出从而导致内存崩溃。例如：

```
void f(vector<int>& vi)
{
    fill_n(vi.begin(),200,7);        // 将 7 赋予 vi[0]..[199]
}
```

如果 vi 的元素数不足 200，我们就有麻烦了。

在 <iterator> 中，标准库提出了一种解决方案——插入器（inserter）：当写数据时，插入器将新元素插入序列而不是覆盖已有元素。例如：

```
void g(vector<int>& vi)
{
    fill_n(back_inserter(vi),200,7);      // 将 200 个 7 添加到 vi 末尾
}
```

当通过插入迭代器写元素时，迭代器插入新值而不是覆盖所指向的元素。因此，每通过插入迭代器写入一个值，容器的大小就增加一个元素。插入器很有用，也同样简单和高效：

标准库提供了 3 种插入迭代器：

- insert_iterator 用 insert() 在指向的元素之前插入新值。
- front_insert_iterator 用 push_front() 在序列首元素之前插入新值。
- back_insert_iterator 用 push_back() 在序列尾元素之后插入新值。

我们通常通过调用辅助函数来构造插入器：

插入器构造函数（iso.24.5.2）	
ii=inserter(c,p)	ii 是一个 insert_iterator，指向容器 c 中的 p
ii=back_inserter(c)	ii 是一个 back_insert_iterator，指向容器 c 中的 back()
ii=front_inserter(c)	ii 是一个 front_insert_iterator，指向容器 c 中的 front()

传递给 inserter() 的迭代器必须是容器中的迭代器。对一个顺序容器，这意味着此迭代器必须是一个双向迭代器（从而可以在迭代器之前插入新值）。例如，你不能用 inserter() 创建一个用于 forward_list 的插入器。对一个关联容器，迭代器只是用来提示在哪里进行插入，这时前向迭代器（如 unordered_set 提供的迭代器）就是可接受的了。

一个插入器是一个输出迭代器：

insert_iterator<C> 操作（iso.24.5.2）	
insert_iterator p {c,q};	为容器 c 构造一个插入器，指向 *q；q 必须指向 c
insert_iterator p {q};	拷贝构造函数：p 是 q 的一个拷贝
p=q	拷贝赋值运算符：p 是 q 的一个拷贝
p=move(q)	移动赋值操作：p 指向 q 所指向的内容
++p	令 p 指向下一个元素；表达式的值是 p 的新值
p++	令 p 指向下一个元素；表达式的值是 p 的旧值
*p=x	在 p 之前插入 x
*p++=x	在 p 之前插入 x，然后递增 p

front_insert_iterator 和 back_insert_iterator 与普通插入器的不同之处在于它们的构造函数不要求一个迭代器。例如：

```
vector<string> v;
back_insert_iterator<v> p;
```

不能通过插入器读取数据。

33.2.3 移动迭代器

通过移动迭代器读取元素时会移动元素而非拷贝元素。我们通常利用辅助函数从另一个迭代器来构造一个移动迭代器：

移动迭代器构造函数	
mp=make_move_iterator(p)	mp 是一个 move_iterator，指向 p 所指向的元素；p 必须是一个输入迭代器

一个移动迭代器与构造它的那个迭代器具有相同的操作。例如，若移动迭代器 p 是从一个双向迭代器构造的，我们就可以执行 --p。一个移动迭代器的 operator*() 简单返回所指向元素的右值（见 7.7.2 节）：std::move(q)。例如：

```
vector<string> read_strings(istream&);
auto vs = read_strings(cin);                    // 获得一些字符串

vector<string> vs2;
copy(vs,back_inserter(vs2));                    // 从 vs 向 vs2 拷贝字符串

vector<string> vs3;
copy(vs2,make_move_iterator(back_inserter(vs3)));     // 从 vs2 向 vs3 移动字符串
```

这里假设 std::copy() 的容器版本已经定义。

33.3 范围访问函数

在 <iterator> 中，标准库为容器提供了非成员版本的 begin() 和 end() 函数。

begin() 和 end()（iso.24.6.5）	
p=begin(c)	p 是指向 c 的首元素的迭代器；c 是一个内置数组或具有 c.begin()
p=end(c)	p 是指向 c 的尾后位置的迭代器；c 是一个内置数组或具有 c.end()

这些函数非常简单：

```
template<typename C>
    auto begin(C& c) -> decltype(c.begin());
template<typename C>
    auto begin(const C& c) -> decltype(c.begin());
template<typename C>
    auto end(C& c) -> decltype(c.end());
template<typename C>
    auto end(const C& c) -> decltype(c.end());

template<typename T, size_t N>                    // 用于内置数组
    auto begin(T (&array)[N]) -> T*;
template<typename T, size_t N>
    auto end(T (&array)[N]) -> T*;
```

这些函数用于范围 for 语句（见 9.5.1 节），当然，用户也能直接使用它们。例如：

```
template<typename Cont>
void print(Cont& c)
{
    for(auto p=begin(c); p!=end(c); ++p)
        cout << *p << '\n';
}

void f()
{
    vector<int> v {1,2,3,4,5};
    print(v);

    int a[] {1,2,3,4,5};
    print(a);
}
```

假如我在 print() 中用的是 c.begin() 和 c.end()，则 print(a) 调用会失败。

只要通过 #include 包含了 <iterator>，具有 begin() 和 end() 成员的用户自定义容器就会自动获得非成员版本。为了给没有 begin() 和 end() 成员的容器 My_container 提供非成员的 begin() 和 end()，我必须这样编写代码：

```
template<typename T>
Iterator<My_container<T>> begin(My_container<T>& c)
{
    return Iterator<My_container<T>>{&c[0]};              // 指向首元素的迭代器
}

template<typename T>
Iterator<My_container<T>> end(My_container<T>& c)
{
    return Iterator<My_container<T>>{&c[0]+c.size()};     // 指向尾后位置的迭代器
}
```

在本例中，我假定一种创建指向 tMy_container 首元素的迭代器的方法是传递首元素的地址，且 My_container 具有 size()。

33.4 函数对象

很多标准库算法接受函数对象（或函数）参数，来控制其工作方式。常见的函数对象包括比较标准、谓词（返回 bool 的函数）和算术运算。在 <functional> 中，标准库提供了若干常用函数对象：

<table>
<tr><th colspan="2">谓词（iso.20.8.5，iso.20.8.6，iso.20.8.7）</th></tr>
<tr><td>p=equal_to<T>(x,y)</td><td>当 x 和 y 类型为 T 时，p(x,y) 表示 x==y</td></tr>
<tr><td>p=not_equal_to<T>(x,y)</td><td>当 x 和 y 类型为 T 时，p(x,y) 表示 x!=y</td></tr>
<tr><td>p=greater<T>(x,y)</td><td>当 x 和 y 类型为 T 时，p(x,y) 表示 x>y</td></tr>
<tr><td>p=less<T>(x,y)</td><td>当 x 和 y 类型为 T 时，p(x,y) 表示 x<y</td></tr>
<tr><td>p=greater_equal<T>(x,y)</td><td>当 x 和 y 类型为 T 时，p(x,y) 表示 x>=y</td></tr>
<tr><td>p=less_equal<T>(x,y)</td><td>当 x 和 y 类型为 T 时，p(x,y) 表示 x<=y</td></tr>
<tr><td>p=logical_and<T>(x,y)</td><td>当 x 和 y 类型为 T 时，p(x,y) 表示 x&&y</td></tr>
<tr><td>p=logical_or<T>(x,y)</td><td>当 x 和 y 类型为 T 时，p(x,y) 表示 x||y</td></tr>
<tr><td>p=logical_not<T>(x)</td><td>当 x 类型为 T 时，p(x) 表示 !x</td></tr>
<tr><td>p=bit_and<T>(x,y)</td><td>当 x 和 y 类型为 T 时，p(x,y) 表示 x&y</td></tr>
<tr><td>p=bit_or<T>(x,y)</td><td>当 x 和 y 类型为 T 时，p(x,y) 表示 x|y</td></tr>
<tr><td>p=bit_xor<T>(x,y)</td><td>当 x 和 y 类型为 T 时，p(x,y) 表示 x^y</td></tr>
</table>

例如：

```
vector<int> v;
// ...
sort(v.begin(),v.end(),greater<int>{});                // 将 v 排序为降序
```

这些谓词大致等价于简单 lambda。例如：

```
vector<int> v;
// ...
sort(v.begin(),v.end(),[](int a, int b) { return a>b; });      // 将 v 排序为降序
```

注意，logical_and 和 logical_or 总是对两个实参都求值（&& 和 || 则不是）。

<table>
<tr><th colspan="2">算术运算（iso.20.8.4）</th></tr>
<tr><td>f=plus<T>(x,y)</td><td>当 x 和 y 类型为 T 时，f(x,y) 表示 x+y</td></tr>
<tr><td>f=minus<T>(x,y)</td><td>当 x 和 y 类型为 T 时，f(x,y) 表示 x-y</td></tr>
<tr><td>f=multiplies<T>(x,y)</td><td>当 x 和 y 类型为 T 时，f(x,y) 表示 x*y</td></tr>
<tr><td>f=divides<T>(x,y)</td><td>当 x 和 y 类型为 T 时，f(x,y) 表示 x/y</td></tr>
<tr><td>f=modulus<T>(x,y)</td><td>当 x 和 y 类型为 T 时，f(x,y) 表示 x%y</td></tr>
<tr><td>f=negate<T>(x)</td><td>当 x 类型为 T 时，f(x) 表示 -x</td></tr>
</table>

33.5 函数适配器

函数适配器接受一个函数参数，返回一个可用来调用该函数的函数对象。

适配器（iso.20.8.9，iso.20.8.10，iso.20.8.8）	
g=bind(f,args)	g(args2) 等价于 f(args3)，args3 是通过用 args2 中的实参替换 args 中对应的占位符（如 _1、_2 和 _3）得到的
g=mem_fn(f)	若 p 是一个指针，则 g(p,args) 表示 p->f(args)，否则 g(p,args) 表示 p.mf(args)；args 是一个（可能为空的）实参列表
g=not1(f)	g(x) 表示 !f(x)
g=not2(f)	g(x,y) 表示 !f(x,y)

适配器 bind() 和 mem_fn() 进行实参绑定，也称为柯里化（Currying）或部分求值（partial

evaluation）。这些绑定器和那些已被弃用的前身（如 bind1st()、mem_fun() 和 mem_fun_ref()）在过去曾被广泛使用，但大多数应用看起来可以用 lambda 很容易地表达（见 11.4 节）。

33.5.1　bind()

给定一个函数和一组实参，bind() 生成一个可用该函数“剩余”实参（如果存在的话）调用的函数对象。例如：

```
double cube(double);

auto cube2 = bind(cube,2);
```

调用 cube2() 会用实参 2 调用 cube，即 cube(2)。我们不必绑定所有函数实参。例如：

```
using namespace placeholders;

void f(int,const string&);
auto g = bind(f,2,_1);          // 将 f() 的第一个实参绑定到 2
f(2,"hello");
g("hello");                     // 等价于调用 f(2,"hello")
```

绑定器奇怪的实参 _1 是一个占位符，它告知 bind() 实参在结果函数对象中应放在什么位置。在本例中，g() 的（第一个）实参被用作 f() 的第二个实参。

占位符定义在命名空间 std::placeholders 中，该命名空间是头文件 <functional> 的一部分。占位符机制非常灵活，考虑下面的代码：

```
f(2,"hello");
bind(f)(2,"hello");             // 也是调用 f(2,"hello");
bind(f,_1,_2)(2,"hello");       // 也是调用 f(2,"hello");
bind(f,_2,_1)("hello",2);       // 实参逆序：也是调用 f(2,"hello");

auto g = [](const string& s, int i) { f(i,s); } //实参逆序
g("hello",2);                                   // 也是调用 f(2,"hello");
```

为了绑定重载函数的参数，我们必须显式说明绑定哪个版本的函数：

```
int pow(int,int);
double pow(double,double);      // pow() 被重载

auto pow2 = bind(pow,_1,2);                              // 错误：绑定哪个 pow()?
auto pow2 = bind((double(*)(double,double))pow,_1,2);   // 正确（但丑陋）
```

注意，bind() 接受普通表达式作为参数。这意味着对引用参数而言，在 bind() 看到它们之前已被解引用。例如：

```
void incr(int& i)
{
    ++i;
}

void user()
{
    int i = 1;
    incr(i);                    // i 变为 2
    auto inc = bind(incr,_1);
    inc(i);                     // i 仍为 2；inc(i) 递增的是 i 的局部拷贝
}
```

为了解决这个问题，标准库提供了一对适配器：

reference_wrapper<T>（iso.20.8.3）	
r=ref(t)	r 是 T& t 的一个 reference_wrapper；不抛出异常
r=cref(t)	r 是 const T& t 的一个 reference_wrapper；不抛出异常

这样即可解决 bind() 的"引用问题"：

```
void user()
{
    int i = 1;
    incr(i);                    // i 变为 2
    auto inc = bind(incr,_1);
    inc(ref(i));                // i 变为 3
}
```

ref() 也被用于向 thread 传递引用实参，因为 thread 的构造函数是可变参数模板（见 42.2.2 节）。

到目前为止，我要么立即使用 bind() 的结果，要么将其赋予用 auto 声明的变量。这免去了我们说明 bind() 调用返回类型的麻烦。这种方式很有用，因为 bind() 的返回类型会随着被调用的函数类型及保存的实参值而变化。特别是，如果返回的函数对象必须保存绑定的参数值，它就会非常大。但是，我们有时希望指明要求的实参类型和返回结果类型。为此，我们可以对一个 function（见 33.5.3 节）说明这些内容。

33.5.2　mem_fn()

函数适配器 mem_fn(mf) 生成一个函数对象，可以作为非成员函数调用。例如：

```
void user(Shape* p)
{
    p->draw();
    auto draw = mem_fn(&Shape::draw);
    draw(p);
}
```

mem_fn() 的主要用途是服务于需要非成员函数的算法。例如：

```
void draw_all(vector<Shape*>& v)
{
    for_each(v.begin(),v.end(),mem_fn(&Shape::draw));
}
```

因此，mem_fn() 可被看作从面向对象调用风格到函数式调用风格的一种映射。

通常，lambda 是比绑定器更简单也更通用的替代方案。例如：

```
void draw_all(vector<Shape*>& v)
{
    for_each(v.begin(),v.end(),[](Shape* p) { p->draw(); });
}
```

33.5.3　function

我们可以直接使用 bind()，以及用它来初始化 auto 变量。从这个角度看，bind() 很像是一个 lambda。

如果要将 bind() 的结果赋予一个特定类型的变量，可以使用标准库类型 function。我们通过指明返回类型和参数类型来说明一个 function。

function<R(Argtypes...)> (iso.20.8.11.2)	
function f {};	f 是一个空 function；不抛出异常
function f {nullptr};	f 是一个空 function；不抛出异常
function f {g};	f 是一个 function，保存着 g；g 可以是能用 f 的参数类型调用的任何东西
function f {allocator_arg_t,a};	f 是一个空 function；使用分配器 a；不抛出异常
function f {allocator_arg_t,a,nullptr_t};	f 是一个空 function；使用分配器 a；不抛出异常
function f {allocator_arg_t,a,g};	f 是一个 function，保存着 g；使用分配器 a；不抛出异常
f2=f	f2 是 f 的一个拷贝
f=nullptr	f 变为空
f.swap(f2)	交换 f 和 f2 的内容；f 和 f2 必须是相同的 function 类型；不抛出异常
f.assign(f2,a)	f 获得 f2 的一个拷贝和分配器 a
bool b {f};	将 f 转换为 bool；若 f 非空，b 为 true；显式构造函数；不抛出异常
r=f(args)	用 args 调用保存在 f 中的函数；实参类型必须匹配 f 的参数类型
ti=f.target_type()	ti 为 f 的 type_info；若 f 不包含可调用对象，则 ti==typeid(void)；不抛出异常
p=f.target<F>()	若 f.target_type()==typeid(F)，则 p 指向保存的可调用对象，否则 p==nullptr；不抛出异常
f==nullptr	f 为空？不抛出异常
nullptr==f	f==nullptr
f!=nullptr	!(f==nullptr)
nullptr!=f	!(f==nullptr)
swap(f,f2)	f.swap(f2)

例如：

```
int f(double);
function<int(double)> fct {f};  // 初始化为 f1
int g(int);

void user()
{
    fct = [](double d) { return round(d); };    // 将 lambda 赋予 fct
    fct = f;                                     // 将 function 赋予 fct
    fct = g;                                     // 错误：不正确的参数类型
}
```

在极少数情况下，程序员需要检查一个 function 而不是像通常那样简单调用它，此时就可以使用获取目标函数的操作。

标准库 function 是一种类型，它可以保存你能用调用运算符 ()（见 2.2.1 节、3.4.3 节、11.4 节和 19.2.2 节）调用的任何对象。即，一个 function 类型对象就是一个函数对象。例如：

```
int round(double x) { return static_cast<double>(floor(x+0.5)); }   // 常规的四舍五入

function<int(double)> f;  // f 可以保存可用一个 double 调用并返回一个 int 的任何东西

enum class Round_style { truncate, round };

struct Round {        // 函数对象携带着状态
```

```
    Round_style s;
    Round(Round_style ss) :s(ss) { }
    int operator()(double x) const { return (s==Round_style::round) ? (x+0.5) : x; };
};
void t1()
{
    f = round;
    cout << f(7.6) << '\n';                          // 通过 f 调用函数 round

    f = Round(Round_style::truncate);
    cout << f(7.6) << '\n';                          // 调用函数对象

    Round_style style = Round_style::round;
    f = [style] (double x){ return (style==Round_style::round) ? x+0.5 : x; };

    cout << f(7.6) << '\n';                          // 调用 lambda

    vector<double> v {7.6};
    f = Round(Round_style::round);
    std::transform(v.begin(),v.end(),v.begin(),f);   // 传递给 algorithm

    cout << v[0] << '\n';                            // 由 lambda 转换
}
```

我们会得到 8、8、7 和 8。

显然，function 对回调、将操作作为参数传递等机制非常有用。

33.6 建议

[1] 一个输入序列由一对迭代器定义；33.1.1 节。
[2] 一个输出序列由单一迭代器定义；程序员应负责避免溢出；33.1.1 节。
[3] 对任意迭代器 p，[p:p) 是一个空序列；33.1.1 节。
[4] 使用序列尾表示“未找到”；33.1.1 节。
[5] 将迭代器理解为更通用、通常行为也更良好的指针；33.1.1 节。
[6] 使用迭代器类型，如 list<char>::iterator，而不是指向容器中元素的指针；33.1.1 节。
[7] 用 iterator_traits 获取迭代器的相关信息；33.1.3 节。
[8] 可以用 iterator_traits 实现编译时分发；33.1.3 节。
[9] 用 iterator_traits 实现基于迭代器类别选择最优算法；33.1.3 节。
[10] iterator_traits 属实现细节；对它们的使用优选隐式方式；33.1.3 节。
[11] 用 base() 从 reverse_iterator 提取 iterator；33.2.1 节。
[12] 可以使用插入迭代器向容器添加新元素；33.2.2 节。
[13] move_iterator 可用来将拷贝操作变为移动操作；33.2.3 节。
[14] 确认你的容器可用范围 for 语句遍历；33.3 节。
[15] 用 bind() 创建函数和函数对象的变体；33.5.1 节。
[16] 注意 bind() 会提前解引用；如果你希望推迟解引用，使用 ref()；33.5.1 节。
[17] 可使用 mem_fn() 或 lambda 将 p->f(a) 调用规范转换为 f(p,a)；33.5.2 节。
[18] 如果你需要一个可以保存各种可调用对象的变量，使用 function；33.5.3 节。

第 34 章

The C++ Programming Language, Fourth Edition

内存和资源

任何人都可以有想法；如何按想法做才是最重要的。

——特里·普拉切特

- 引言
- “拟容器”
  array；bitset；vector<bool>；元组
- 资源管理指针
  unique_ptr；shared_ptr；weak_ptr
- 分配器
  默认分配器；分配器萃取；指针萃取；限域的分配器
- 垃圾收集接口
- 未初始化内存
  临时缓冲区；raw_storage_iterator
- 建议

34.1 引言

STL（第 31 ~ 33 章）是标准库中高度结构化的、通用的数据管理和操作组件。本章介绍更为专用的以及处理裸内存的（与处理强类型对象相对）组件。

34.2 “拟容器”

标准库中有一些容器不能很好地纳入 STL 框架（见 31.4 节、33.2 节和 33.1 节），例如内置数组、array 和 string。我有时将它们称为“拟容器”（见 31.4 节），但这并不是很公平：它们保存元素，因此就是容器，只不过都有一些限制或包含额外组件，因而放在 STL 语境中显得有些尴尬。分开介绍这些容器也简化了 STL 的介绍：

“拟容器”	
T[N]	固定大小的内置数组：连续存储的 N 个类型为 T 的元素；隐式转换为 T*
array<T,N>	固定大小的数组，连续存储的 N 个类型为 T 的元素；类似内置数组，但解决了大部分问题
bitset<N>	固定大小的 N 个二进制位的序列
vector<bool>	vector 的特例化版本，紧凑保存二进制位序列
pair<T,U>	两个元素，类型为 T 和 U
tuple<T...>	任意数目任意类型的元素的序列
basic_string<C>	类型为 C 的字符的序列；提供了字符串操作
valarray<T>	类型为 T 的数值的数组；提供数值运算

为什么标准库会提供这么多容器呢？这是为了满足很多常见但又有差异（通常也有重叠）的

需求。如果标准库不提供这些容器，很多人将不得不自己实现。例如：

- pair 和 tuple 是异构的；所有其他容器都是同构的（元素都是相同类型）。
- array、vector 和 tuple 连续保存元素；forward_list 和 map 是链接结构。
- bitset 和 vector<bool> 保存二进制位，通过代理对象访问这些二进制位；所有其他标准库容器都可以保存不同类型并直接访问元素。
- basic_string 要求其元素为某种字符类型，它提供了字符串操作，如连接操作和区域敏感操作（见第 39 章），valarray 要求其元素为数值类型，并提供数值运算。

所有这些容器都可视为提供了大规模程序员社区所需的特殊功能。没有任何单一容器能满足所有需求，因为有些需求是冲突的，例如，“增长的能力”与“保证在固定位置分配”，以及“添加元素不会导致其他元素移动”与“空间连续分配”。此外，非常通用的容器可能意味着不可接受的额外开销。

34.2.1　array

array 定义在 <array> 中，是固定大小的给定类型的元素的序列，元素数目在编译时指定。因此，array 连同其元素可以在栈中、对象内或静态存储中分配空间。array 在哪个作用域中定义，元素就会在其中分配。理解 array 的最好方式是将其视为固定大小的内置数组，但不会隐式地、出乎意料地转换为指针类型，且提供了一些便利的函数。与内置数组相比，使用 array 不会带来（时间或空间上的）额外开销。array 不遵循 STL 的“元素句柄”容器模型，而是直接包含其元素：

```
template<typename T, size_t N>          // N 个 T 的数组（见 iso.23.3.2）
struct array {
/*
      类似 vector 的类型和操作（见 31.4 节），
      改变容器大小的操作、构造函数和 assign() 函数除外
*/
      void fill(const T& v);// 复制 v 的 N 个拷贝
      void swap(array&) noexcept(noexcept(swap(declval<T&>(), declval<T&>())));

      T __elem[N];   // 实现细节
};
```

array 中不保存任何“管理信息”（如大小）。这意味着移动（见 17.5 节）一个 array 比拷贝它更为高效（除非 array 的元素是资源句柄，且定义了高效的移动操作）。array 没有构造函数或分配器（因为它不直接分配任何东西）。

array 的元素数目和下标值是 unsigned 类型（size_t），这与 vector 类似，但与内置数组不同。因此，一个疏忽的编译器可能会接受 array<int,-1>，而我们希望编译器能对此给出一个警告。

我们可以用初始化器列表来初始化一个 array：

```
array<int,3> a1 = { 1, 2, 3 };
```

初始化器列表中的元素数目必须小于等于 array 指定的元素数。照例，如果初始化器列表只为部分而不是全部元素提供了值，剩余的元素用相应的默认值进行初始化。例如：

```
void f()
{
      array<string, 4> aa = {"Churchill", "Clare"};
      //
}
```

最后两个元素会被初始化为空字符串。

我们必须指定元素数目：

```
array<int> ax = { 1, 2, 3 }; // 错误：未指定大小
```

为了避免自己定义特殊情况的麻烦，元素数目可以为零：

```
int<int,0> a0;
```

元素数目必须是一个常量表达式：

```
void f(int n)
{
    array<string,n> aa = {"John's", "Queens' "};        // 错误：大小不是常量表达式
    //
}
```

如果你需要可变元素数目，应使用 vector。另一方面，由于 array 的元素数目在编译时即知，array 的 size() 是一个 constexpr 函数。

array 没有拷贝实参值的构造函数（vector 有这样的构造函数；见 31.3.2 节），而是提供了一个 fill() 操作：

```
void f()
{
    array<int,8> aa;      // 到这里为止还未初始化
    aa.fill(99);          // 赋值 8 个 99
    // ...
}
```

由于 array 不遵循“元素句柄”模型，因此 swap() 必须真的交换元素，这样，交换两个 array<T,N> 就会对 N 对 T 进行 swap() 操作。array<T,N>::swap() 的声明表达了：如果 T 的 swap() 可能抛出异常，那么 array<T,N> 的 swap() 也可能抛出异常。显然，我们应该像躲避瘟疫一样避免抛出 swap()。

如果需要，可以将一个 array 作为指针显式地传递给一个 C 风格的函数。例如：

```
void f(int* p, int sz); // C 风格的接口

void g()
{
    array<int,10> a;

    f(a,a.size());              // 错误：不进行转换
    f(&a[0],a.size());          // C 风格的用法
    f(a.data(),a.size());       // C 风格的用法

    auto p = find(a.begin(),a.end(),777);      // C++/STL 风格的用法
    // ...
}
```

vector 是如此灵活，我们为什么要使用 array 呢？原因是 array 虽不如 vector 灵活，但更简单。少数情况下，直接访问分配在栈中的元素较之在自由存储空间中分配元素，然后通过 vector（句柄）间接访问它们，最后将它们释放，会有巨大的性能优势。当然另一方面，栈是一个有限的资源（特别是在一些嵌入式系统中），而栈溢出是非常糟糕的。

如果我们可以使用内置数组，又为什么要使用 array 呢？ array 了解自己的大小，因此很容易使用标准库算法，而且可以拷贝（用 = 或初始化）。但是，我选择 array 的主要原因

是，它使我不必为糟糕的指针转换头疼。考虑下面的代码：

```
void h()
{
	Circle a1[10];
	array<Circle,10> a2;
	// ...
	Shape* p1 = a1;		// 正确：但灾难即将发生
	Shape* p2 = a2;		// 错误：没有 array<Circle,10> 到 Shape* 的转换
	p1[3].draw();		// 灾难
}
```

注释中的“灾难”假定 sizeof(Shape)<sizeof(Circle)，这样通过一个 Shape* 对一个 Circle[] 进行下标操作会给出一个错误的偏移量（见 27.2.1 节和 17.5.1.4 节）。在这一点上，所有标准库容器都优于内置数组。

我们可以将 array 看作一个所有元素都是相同类型的 tuple（见 34.2.4 节）。标准库提供了对这一视角的支持。tuple 的辅助类型函数 tuple_size 和 tuple_element 可用于 array：

```
tuple_size<array<T,N>>::value			// N
tuple_element<S,array<T,N>>::type		// T
```

我们也可以用函数 get<i> 访问第 i 个元素：

```
template<size_t index, typename T, size_t N>
	T& get(array<T,N>& a) noexcept;
template<size_t index, typename T, size_t N>
	T&& get(array<T,N>&& a) noexcept;
template<size_t index, typename T, size_t N>
	const T& get(const array<T,N>& a) noexcept;
```

例如：

```
array<int,7> a = {1,2,3,5,8,13,25};
auto x1 = get<5>(a);						// 13
auto x2 = a[5];							// 13
auto sz = tuple_size<decltype(a)>::value;			// 7
typename tuple_element<5,decltype(a)>::type x3 = 13;	// x3 是一个 int
```

编写需要 tuple 的代码时会用到这些类型函数。

使用 constexpr 函数（见 28.2.2 节）和类型别名（见 28.2.1 节）可以提高这段代码的可读性：

```
auto sz = Tuple_size<decltype(a)>();		// 7

Tuple_element<5,decltype(a)> x3 = 13;	// x3 是一个 int
```

这种 tuple 语法就是用于通用代码中的。

34.2.2　bitset

系统的一些方面，如输入流的状态（见 38.4.5.1 节），通常表示为一组标志，指示二元状态，如好 / 坏、真 / 假以及开 / 关。通过整数上的位运算（见 11.1.1 节），C++ 提供了对小标志集合概念的高效支持。类 bitset<N> 推广了这一概念，并通过提供 N 个二进制位的序列 [0:N) 上的操作实现了更好的便利性，其中 N 在编译时已知。对不能放入一个 long long int 中的位集合，使用 bitset 比直接使用整数方便得多。对更小的集合，bitset 通常也是最优的。如果你希望命名这些二进制位，而不是简单编号，可选的替代方案包括 set（见 31.4.3 节）、

枚举（见 8.4 节）或位域（见 8.2.7 节）。

一个 bitset<N> 就是一个包含 N 个二进制位的数组，它定义在 <bitset> 中。它与 vector<bool>（见 34.2.3 节）的不同之处是大小固定，与 set（见 31.4.3 节）的不同之处是二进制位用整数索引而不是关联值，与 vector<bool> 和 set 的共同差异是提供了操纵二进制位的操作。

用内置指针（见 7.2 节）是不可能寻址一个二进制位的。因此，bitset 提供了一种位引用（代理）类型。对那些由于某种原因不适合用内置指针寻址的对象，通常这种技术是很有用的解决方案：

```
template<size_t N>
class bitset {
public:
    class reference {          // 引用单一二进制位
        friend class bitset;
        reference() noexcept;
    public:                    // 支持 [0:b.size()) 间从 0 开始的下标操作
        ~reference() noexcept;
        reference& operator=(bool x) noexcept;                  // 用于 b[i] = x 赋值；
        reference& operator=(const reference&) noexcept;        // 用于 b[i] = b[j] 赋值；
        bool operator~() const noexcept;                        // 返回 ~b[i]
        operator bool() const noexcept;                         // 用于 x = b[i] 转换；
        reference& flip() noexcept;                             // b[i].flip();
    };
    // ...
};
```

由于历史原因，bitset 的风格与其他标准库类不同。例如，如果一个索引（也称为位位置，bit position）超出范围，会抛出一个 out_of_range 异常。bitset 不提供迭代器。位位置从右至左编号，与二进制位在机器字中的顺序相同，因此 b[i] 的值为 pow(2,i)。这样，一个位集合可以看作一个 N 位二进制数：

位置：	9	8	7	6	5	4	3	2	1	0
N	1	1	1	1	0	1	1	1	0	1

34.2.2.1 构造函数

一个 bitset 可以用指定个 0 构造，也可以用一个 unsigned long long int 中的二进制位或一个 string 构造：

bitset<N> 构造函数（iso.20.5.1）	
bitset bs {};	N 个二进制 0
bitset bs {n};	用 n 中的二进制位初始化；n 是一个 unsigned long long int
bitset bs {s,i,n,z,o};	用 s 中区间 [i:i+n) 内的 n 个二进制位初始化；s 是一个 basic_string<C,Tr,A>；z 是表示 0 的字符，类型为 C；o 是表示 1 的字符，类型为 C；显式构造函数
bitset bs {s,i,n,z};	bitset bs {s,i,n,z,C{'1'}};
bitset bs {s,i,n};	bitset bs {s,i,n,C{'0'},C{'1'}};
bitset bs {s,i};	bitset bs {s,i,npos,C{'0'},C{'1'}};
bitset bs {s};	bitset bs {s,0,npos,C{'0'},C{'1'}};
bitset bs {p,n,z,o};	用序列 [p:p+n) 间的 n 个二进制位初始化；p 是一个类型为 C* 的 C 风格字符串；z 是表示 0 的字符，类型为 C；o 是表示 1 的字符，类型为 C；显式构造函数

（续）

bitset<N> 构造函数（iso.20.5.1）	
bitset bs {p,n,z};	bitset bs {p,n,z,C{'0'}};
bitset bs {p,n};	bitset bs {p,n,C{'0'},C{'1'}};
bitset bs {p};	bitset bs {p,npos,C{'0'},C{'1'}};

npos 位置为 string<C> 的“尾后位置”，表示“所有字符直至末尾”的含义（见 36.3 节）。

若用户提供了一个 unsigned long long int 实参，此整数中的每一位将用来初始化 bitset 中对应的位（如果有的话）。对 basic_string（见 36.3 节）的处理类似，差别仅在于二进制位值 0 用字符 '0' 表示，值 1 用字符 '1' 表示，其他字符都会导致抛出 invalid_argument 异常。例如：

```
void f()
{
	bitset<10> b1; // all 0

	bitset<16> b2 = 0xaaaa;                          // 1010101010101010
	bitset<32> b3 = 0xaaaa;                          // 00000000000000001010101010101010

	bitset<10> b4 {"1010101010"};                    // 1010101010
	bitset<10> b5 {"10110111011110",4};              // 0111011110

	bitset<10> b6 {string{"1010101010"}};            // 1010101010
	bitset<10> b7 {string{"10110111011110"},4};              // 0111011110
	bitset<10> b8 {string{"10110111011110"},2,8};    // 11011101

	bitset<10> b9 {string{"n0g00d"}};                // 抛出 invalid_argument
	bitset<10> b10 = string{"101001"};               // 错误：没有 string 到 bitset 隐式转换
}
```

bitset 设计中的一个关键思想是：能放入单个机器字中的 bitset 可优化实现。其接口反映了这一思想。

34.2.2.2　bitset 操作

bitset 提供了访问单独的二进制位和操纵整体位集合的运算符：

bitset<N> 操作（iso.20.5）	
bs[i]	bs 的第 i 位
bs.test(i)	bs 的第 i 位；若 i 不在 [0:bs.size()) 内，抛出 out_of_range
bs&=bs2	位与
bs|=bs2	位或
bs^=bs2	位异或
bs<<=n	逻辑左移（填充 0）
bs>>=n	逻辑右移（填充 0）
bs.set()	将 bs 的所有位置 1
bs.set(i,v)	bs[i]=v
bs.reset()	将 bs 的所有位置 0
bs.reset(i)	bs[i]=0;
bs.flip()	对 bs 中的每一位做 bs[i]=~bs[i]
bs.flip(i)	bs[i]=~bs[i]

（续）

bitset<N> 操作（iso.20.5）	
bs2=~bs	创建补集：bs2=bs，bs2.flip()
bs2=bs<<n	创建左移集：bs2=bs，bs2<<=n
bs2=bs>>n	创建右移集：bs2=bs，bs2>>=n
bs3=bs&bs2	位与：对集合 bs 中的每一位 bs3[i]=bs[i]&bs2[i]
bs3=bs|bs2	位或：对集合 bs 中的每一位 bs3[i]=bs[i]|bs2[i]
bs3=bs^bs2	位异或：对集合 bs 中的每一位 bs3[i]=bs[i]^bs2[i]
is>>bs	从 is 中读取数据存入 bs；is 是一个 istream
os<<bs	将 bs 写入 os；os 是一个 ostream

当 >> 和 << 的第一个运算对象是一个 iostream 时，它们表示 I/O 运算符，否则表示移位运算符且第二个运算对象必须是一个整数。例如：

```
bitset<9> bs ("110001111"};
cout << bs << '\n';          // 将 "110001111" 写到 cout
auto bs2 = bs<<3;            // bs2 == "001111000";
cout << bs2 << '\n';         // 将 "001111000" 写到 cout
cin >> bs;                   // 从 cin 读取数据
bs2 = bs>>3;                 // 若输入为 "110001111"，则 bs2 == "000110001"
cout << bs2 << '\n';         // 将 "000110001" 写到 cout
```

bitset 的移位操作采用逻辑移位（而非循环移位）。这意味着一些位会"移出末尾"，相应的一些位被置为默认值 0。注意，由于 size_t 是一种无符号类型，因此移位距离不可能是负数。但这意味着 b<<=-1 其实表示移位距离是一个非常大的正数，因此使得 bitset b 的所有位都被置为 0。你的编译器应该对此给出警告。

bitset 还支持 size()、==、I/O 等常用操作：

更多 bitset<N> 操作（iso.20.5） 对 basic_string<C,Tr,A>，C、Tr 和 A 都有默认值	
n=bs.to_ulong()	n 是 bs 对应的 unsigned long 值
n=bs.to_ullong()	n 是 bs 对应的 unsigned long long 值
s=bs.to_string<C,Tr,A>(c0,c1)	s[i]=(b[i])?c1:c0；s 是一个 basic_string<C,Tr,A>
s=bs.to_string<C,Tr,A>(c0)	s=bs.template to_string<C,Tr,A>(c0,C{'1'})
s=bs.to_string<C,Tr,A>()	s=bs.template to_string<C,Tr,A>(C{'0'},C{'1'})
n=bs.count()	n 是 bs 中 1 的个数
n=bs.size()	n 是 bs 中二进制的位数
bs==bs2	bs 和 bs2 值相等？
bs!=bs2	!(bs==bs2)
bs.all()	bs 为全 1？
bs.any()	bs 中有 1？
bs.none()	bs 中没有 1？
hash<bitset<N>>	hash 针对 bitset<N> 的特例化版本

操作 to_ullong() 和 to_string() 提供构造函数的逆操作。为了避免隐含转换，应优先选择命名的转换操作而不是转换运算符。如果 bitset 的值高位太大，无法表示为一个 unsigned long，to_ulong() 会抛出一个 overflow_error；to_ullong() 也是如此。

幸运的是，to_string() 返回的 basic_string 的模板实参都有默认值。例如，可以输出一个 int 的二进制表示：

```
void binary(int i)
{
	bitset<8*sizeof(int)> b = i;		// 假定一个字节是 8 位（另请见 40.2 节）

	cout << b.to_string<char,char_traits<char>,allocator<char>>() << '\n';	// 通用但冗长
	cout << b.to_string<char>() << '\n';	// 使用默认的萃取和分配器
	cout << b.to_string<>() << '\n';		// 使用所有默认值
	cout << b.to_string() << '\n';		// 使用所有默认值
}
```

这段代码由左至右输出整数的二进制表示中的 1 和 0，高位在左，因此给定实参 123 将会得到：

```
00000000000000000000000001111011
00000000000000000000000001111011
00000000000000000000000001111011
00000000000000000000000001111011
```

对于本例，直接使用 biset 的输出运算符更为简单：

```
void binary2(int i)
{
	bitset<8*sizeof(int)> b = i;	// 假定一个字节是 8 位（另请见 40.2 节）
	cout << b << '\n';
}
```

34.2.3 vector<bool>

vector<bool> 定义在 <vector> 中，它是 vector（见 31.4 节）的一个特例化版本，提供了二进制位（bool 值）的紧凑存储：

```
template<typename A>
class vector<bool,A> {	// vector<T,A> 的特例化版本（见 31.4 节）
public:
	using const_reference = bool;
	using value_type = bool;
	// 类似 vector<T,A>

	class reference {	// 支持 [0:v.size()) 间从 0 开始的下标操作
		friend class vector;
		reference() noexcept;
	public:
		~reference();
		operator bool() const noexcept;
		reference& operator=(const bool x) noexcept;		// v[i] = x
		reference& operator=(const reference& x) noexcept;	// v[i] = v[j]
		void flip() noexcept;					// 位翻转：v[i]=~v[i]
	};

	void flip() noexcept; // 翻转 v 的所有位

	// ...
};
```

显然，vector<bool> 与 bitset 很相似，与 bitset 不同而与 vector<T> 相似的是，vector<bool> 具有分配器，也能改变大小。

类似 vector<T>，vector<bool> 中索引更大的元素保存在高地址：

位置：	0	1	2	3	4	5	6	7	8	9
vector<bool>	1	1	1	1	0	1	1	1	0	1

这与 bitset 的内存布局完全相反。而且，标准库也提供将整数和字符串直接转换为 vector<bool> 的操作。

可以像使用任何其他 vector<T> 一样使用 vector<bool>，但二进制位上的操作比 vector<char> 上的操作要低效得多。而且，在 C++ 中不可能完美模拟一个具有代理的（内置）引用的行为，因此在使用 vector<bool> 时不要试图区分右值 / 左值的微妙差别。

34.2.4　元组

标准库提供了两种将任意类型的值组成单一对象的方法：

- pair 保存两个值（见 34.2.4.1 节）。
- tuple 保存零个或多个值（见 34.2.4 节）。

如果我们预先知道恰好有两个值，pair 就很有用处了。而 tuple 用于我们必须处理任意多个值的情况。

34.2.4.1　pair 操作

在 <utility> 中，标准库提供了类 pair，用来处理值对：

```
template<typename T, typename U>
struct pair {
	using first_type = T;		// 第一个元素的类型
	using second_type = U;	// 第二个元素的类型

	T first;		// 第一个元素
	U second;		// 第二个元素

	// ...
};
```

pair<T,U> (iso.20.3.2)	
pair p {}	默认构造函数：pair p {T{},U{}}；constexpr
pair p {x,y}	p.first 初始化为 x，p.second 初始化为 y
pair p {p2}	从 pair p2 构造对象；pair p {p2.first,p2.second};
pair p {piecewise_construct,t,t2}	用 tuple t 的元素构造 p.first；用 tuple t2 的元素构造 p.second
p.~pair()	析构函数：销毁 t.first 和 t.second
p2=p	拷贝赋值操作：p2.first=p.first，p2.second=p.second
p2=move{p}	移动赋值：p2.first=move(p.first)，p2.second=move(p.second)
p.swap(p2)	交换 p 和 p2 的值

若元素上的对应操作是 noexcept 的，则 pair 上的操作也是 noexcept 的。类似地，如果元素类型存在拷贝或移动操作，则 pair 也有相应操作。

成员 first 和 second 保存两个元素，我们可以直接读写它们。例如：

```
void f()
{
	pair<string,int> p {"Cambridge",1209};
	cout << p.first;	//输出 "Cambr idge"
	p.second += 800;	//更新年份
	// ... 800
}
```

piecewise_construct 是一个类型为 piecewise_construct_t 的对象，用来区分构造成员为 tuple 类型的 pair 以及用 tuple 作为初始化 first 和 second 的实参列表来构造 pair。例如：

```
struct Univ {
	Univ(const string& n, int r) : name{n}, rank{r} { }
	string name;
	int rank;
	string city = "unknown";
};
using Tup = tuple<string,int>;
Tup t1 {"Columbia",11};	// 美国新闻 2012
Tup t2 {"Cambridge",2};

pair<Tub,Tub> p1 {t1,t2};	// tuple 的 pair
pair<Univ,Univ> p2 {piecewise_construct,t1,t2};	// Univ 的 pair
```

即，p1.second 为 t2，即 {"Cambridge",2}。与之相对，p2.second 为 Univ{t2}，即 {"Cambridge",2,"unknown"}。

pair<T,U> 辅助函数（iso.20.3.3，iso.20.3.4）	
p==p2	p.first==p2.first && p.second==p2.second
p<p2	p.first<p2.first || (!(p2.first<p.first) && p.second<p2.second)
p!=p2	!(p==p2)
p>p2	p2<p
p<=p2	!(p2<p)
p>=p2	!(p<p2)
swap(p,p2)	p.swap(p2)
p=make_pair(x,y)	p 是一个 pair<decltype(x),decltype(y)>，保存值 x 和 y；若可能，会移动 x 和 y 而不是拷贝它们
tuple_size<T>::value	类型 T 的 pair 的大小
tuple_element<N,T>::type	若 N==0，得到 first 的类型；若 N==1，得到 second 的类型
get<N>(p)	指向 pair p 的第 N 个元素的引用；N 必须是 0 或 1

函数 make_pair 避免了显式说明 pair 的元素类型。例如：

```
auto p = make_pair("Harvard",1736);
```

34.2.4.2　tuple

在 <tuple> 中，标准库提供了类 tuple 和各种支持组件。一个 tuple 就是一个包含 N 个任意类型元素的序列：

```
template<typename... Types>
class tuple {
```

```
public:
    // ...
};
```

元素数目为零个或多个。

对 tuple 的设计、实现和使用上的细节，请见 28.5 节和 28.6.4 节。

tuple<Types...> 成员（iso.20.4.2）	
tuple t {};	默认构造函数：空 tuple；constexpr
tuple t {args};	用 args 的元素初始化 t 的元素；显式构造函数
tuple t {t2};	用 tuple t2 构造 t
tuple t {p};	用 pair p 构造 t
tuple t {allocator_arg_t,a,args};	用 args 和分配器 a 构造 t
tuple t {allocator_arg_t,a,t2};	用 tuple t2 和分配器 a 构造 t
tuple t {allocator_arg_t,a,p};	用 pair p 和分配器 a 构造 t
t.~tuple()	析构函数：销毁每个元素
t=t2	拷贝赋值 tuple
t=move(t2)	移动赋值 tuple
t=p	拷贝赋值 pair p
t=move(p)	移动赋值 pair p
t.swap(t2)	交换 tuple t 和 t2 的值；不抛出异常

tuple 的类型与 = 的运算对象及 swap() 的实参的类型不必一致。当且仅当对元素的隐式操作有效，一个 tuple 操作才有效。例如，若一个 tuple 的元素可以赋予另一个 tuple 的对应元素，我们就可以将这个 tuple 赋值给后者。例如：

```
tuple<string,vector<double>,int> t2 = make_tuple("Hello, tuples!",vector<int>{1,2,3},'x');
```

如果所有元素操作都是 noexcept 的，则 tuple 操作也是 noexcept 的。若某个成员操作抛出异常，则 tuple 也抛出异常。类似地，若元素操作是 constexpr 的，则 tuple 操作也是 constexpr 的。

一对运算对象（或实参）的元素数目必须相等。

注意，通用 tuple 的构造函数是 explicit 的。特别是，下面的代码不能正确工作：

```
tuple<int,int,int> rotate(tuple<int,int,int> t)
{
    return {t.get<2>(),t.get<0>(),t.get<1>()};   // 错误：显式 tuple 构造函数
}

auto t2 = rotate({3,7,9});   // 错误：显式 tuple 构造函数
```

如果你需要的只是两个元素，可以使用 pair：

```
pair<int,int> rotate(pair<int,int> p)
{
    return {p.second,p.first};
}

auto p2 = rotate({3,7});
```

更多例子请见 28.6.4 节。

tuple<Types...> 辅助函数（iso.20.4.2.9）	
t=make_tuple(args)	用 args 创建 tuple
t=forward_as_tuple(args)	t 是一个 tuple，包含指向 args 中元素的右值引用，因此可以利用 t 转发 args 中的元素
t=tie(args)	t 是一个 tuple，包含指向 args 中元素的左值引用，因此可以利用 t 向 args 中的元素赋值
t=tuple_cat(args)	连接 tuple：args 是一个或多个 tuple；args 中 tuple 的成员按序保存在 t 中
tuple_size<T>::value	tuple T 的元素数
tuple_elements<N,T>::type	tuple T 的第 N 个元素的类型
get<N>(t)	tuple T 的第 N 个元素的引用
t==t2	t 和 t2 的所有元素都相等？
t!=t2	!(t==t2)
t<t2	在字典序中 t 小于 t2 ？
t>t2	t2<t
t<=t2	!(t>t2)
t>=t2	!(t<t2)
uses_allocator<T,A>::value	一个 tuple<T> 可以用一个类型为 A 的分配器进行分配吗？
swap(t,t2)	t.swap(t2)

例如，tie() 可用来从 tuple 中抽取元素：

```
auto t = make_tuple(2.71828,299792458,"Hannibal");
double c;
string name;
tie(c,ignore,name) = t;          // c=299792458；name="Hannibal"
```

对象 ignore 的类型会忽略赋值，因此，tie() 中的 ignore 表示忽略试图对 tuple 中它所对应的位置的赋值。一种替代方案是：

```
double c = get<0>(t);            // c=299792458
string name = get<2>(t);         // name="Hannibal"
```

显然，如果 tuple 来自“其他某处”，我们无法简单获知元素值，这种方法就更有价值了。例如：

```
tuple<int,double,string> compute();
// ...
double c;
string name;
tie(c,ignore,name) = t;          // 结果保存在 c 和 name 中
```

34.3　资源管理指针

一个指针指向一个对象（或不指向任何东西）。但是，指针并不能指出谁（如果有的话）拥有对象。即，仅仅查看指针，我们得不到任何关于“谁应（或是如何，或是是否）删除对象”的信息。在 <memory> 中，我们可以找到表达所有权的“智能指针”：

- unique_ptr（见 34.3.1 节）表示互斥的所有权
- shared_ptr（见 34.3.2 节）表示共享的所有权
- weak_ptr（见 34.3.3 节）可打破循环共享数据结构中的回路

这些资源句柄已在 5.2.1 节中介绍过。

34.3.1 unique_ptr

unique_ptr（定义在 <memory> 中）提供了一种严格的所有权语义：

- 一个 unique_ptr 拥有一个对象，它保存一个指针（指向该对象）。即，unique_ptr 有责任用所保存的指针销毁所指向的对象（如果有的话）。
- unique_ptr 不能拷贝（没有拷贝构造函数和拷贝赋值操作），但可以移动。
- unique_ptr 保存一个指针，当它自身被销毁时（例如线程控制流离开 unique_ptr 的作用域，见 17.2.2 节），使用关联的释放器（如果有的话）释放所指向的对象（如果有的话）。

unique_ptr 的用途包括：

- 为动态分配的内存提供异常安全（见 5.2.1 节和 13.3 节）
- 将动态分配内存的所有权传递给函数
- 从函数返回动态分配的内存
- 在容器中保存指针

我们可以将 unique_ptr 理解为一个简单的指针（“包含指针”）或（如果有释放器的话）一对指针：

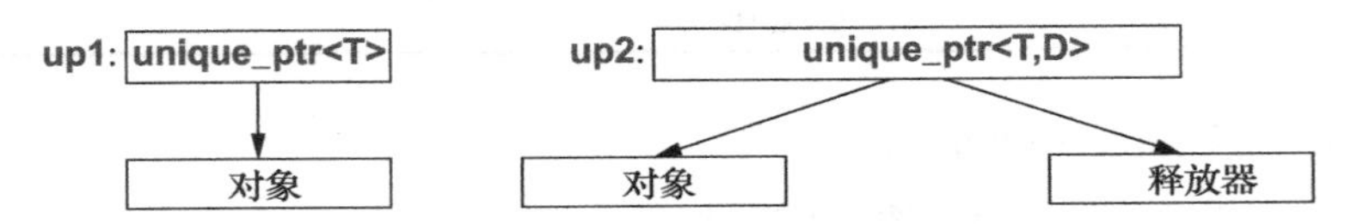

当一个 unique_ptr 被销毁时，会调用其释放器（deleter）销毁所拥有的对象。释放器表示销毁对象的方法。例如：

- 局部变量的释放器应该什么也不做。
- 内存池的释放器应该将对象归还内存池，是否销毁它依赖于内存池是如何定义的。
- unique_ptr 的默认版本（“无释放器”）使用 delete。它甚至不保存默认的释放器。它可以是一个特例化版本或依赖于空基类优化（见 28.5 节）。

这就是 unique_ptr 支持通用资源管理的方法（见 5.2 节）。

```
template<typename T, typename D = default_delete<T>>
class unique_ptr {
public:
      using pointer = ptr; //包含指针的类型
                           //若定义了 D::pointer，ptr 为 D::pointer，否则为 T*
      using element_type = T;
      using deleter_type = D;

      // ...
};
```

用户不能直接访问包含指针。

unique_ptr<T,D>（iso.20.7.1.2） cp 为包含指针	
unique_ptr up {}	默认构造函数：cp=nullptr；constexpr；不抛出异常
unique_ptr up {p}	cp=p；使用默认释放器；显式构造函数；不抛出异常

（续）

unique_ptr<T,D>（iso.20.7.1.2） cp 为包含指针	
unique_ptr up {p,del}	cp=p；使用释放器 del；不抛出异常
unique_ptr up {up2}	移动构造函数：cp.p=up2.p；up2.p=nullptr；不抛出异常
up.~unique_ptr()	析构函数：若 cp!=nullptr 调用 cp 的释放器
up=up2	移动构造操作：up.reset(up2.cp)；up2.cp=nullptr；up 获得 up2 的释放器；up 的旧对象（如果有的话）被释放；不抛出异常
up=nullptr	up.reset(nullptr)；即，释放 up 的旧对象（如果有的话）
bool b {up};	转换为 bool 值：up.cp!=nullptr；显式构造函数
x=*up	x=up.cp；只适用于包含的对象不是数组的情况
x=up->m	x=up.cp->m；只适用于包含的对象不是数组的情况
x=up[n]	x=up.cp[n]；只适用于包含的对象是数组的情况
x=up.get()	x=up.cp
del=up.get_deleter()	del 为 up 的释放器
p=up.release()	p=up.cp；up.cp=nullptr
up.reset(p)	如果 up.cp!=nullptr 对 up.cp 调用释放器；up.cp=p
up.reset()	up.cp=pointer{}（可能为 nullptr）；对 up.cp 的旧值调用释放器；
up.swap(up2)	交换 up 和 up2 的值；不抛出异常
up==up2	up.cp==up2.cp
up<up2	up.cp<up2.cp
up!=up2	!(up==up2)
up>up2	up2<up
up<=up2	!(up>up2)
up>=up2	!(up<up2)
swap(up,up2)	up.swap(up2)

注意，unique_ptr 不提供拷贝构造函数和拷贝赋值运算符。假如它提供的话，“所有权”的含义将会非常难以定义或使用。如果你觉得需要拷贝，考虑使用 shared_ptr（见 34.3.2 节）。

我们可以将 unique_ptr 用于内置数组。例如：

```
unique_ptr<int[]> make_sequence(int n)
{
	unique_ptr p {new int[n]};
	for (int i=0; i<n; ++i)
		p[i]=i;
	return p;
}
```

这是以特例化版本的形式提供的：

```
template<typename T, typename D>
class unique_ptr<T[],D> {	// 用于数组的特例化版本（见 iso.20.7.1.3）
				// 默认的 D=default_delete<T> 来自于通用版本的 unique_ptr
public:
//	... 类似单个对象的 unique_ptr，但提供 [] 而不是 * 和 -> ...
};
```

为了避免切片（见 17.5.1.4 节），Derived[] 不能作为 unique_ptr<Base[]> 的实参，即便 Base 是 Derived 的一个公有基类也不行。例如：

```
class Shape {
    // ...
};

class Circle : public Base {
    // ...
};

unique_ptr<Shape> ps {new Circle{p,20}};                                    // 正确
unique_ptr<Shape[]> pa {new Circle[] {Circle{p,20}, Circle{p2,40}};      // 错误
```

我们理解 unique_ptr 的最好方式是什么呢？使用 unique_ptr 的最好方式又是怎样的呢？它被命名为指针（_ptr），我也叫它“独享指针”，但它显然不只是一个普通指针（否则定义它就毫无意义了）。考虑下面这个简单的技术示例：

```
unique_ptr<int> f(unique_ptr<int> p)
{
    ++*p;
    return p;
}

void f2(const unique_ptr<int>& p)
{
    ++*p;
}

void use()
{
    unique_ptr<int> p {new int{7}};
    p=f(p);                  // 错误：无拷贝构造函数
    p=f(move(p));            // 转移所有权，又转移回来
    f2(p);                   // 传递引用
}
```

f2() 的函数体比 f() 稍短，调用也更简单些，但我觉得 f() 更容易理解。f() 所展示的风格是所有权的显式处理（unique_ptr 的使用通常也是为了解决所有权问题）。请参考 7.7.1 节中有关使用非 const 引用的讨论。总而言之，比起不修改 x 的 y=f(x) 方式，修改 x 的 f(x) 方式更容易出错。

合理估计：调用 f2() 会执行一条或两条机器指令，比调用 f() 更快（因为需要将一个 nullptr 置于原 unique_ptr 中），但这一性能差异很可能并不重要。另一方面，与 f() 相比，f2() 访问包含指针需要一次额外的间接寻址，在大多数程序中，这一差异同样不会很重要。因此，选择 f() 的风格还是 f2() 的风格，主要取决于它们对代码质量的影响。

下面是一个简单的示例，展示了如何用释放器保证释放从 C 程序片段中得到的用 malloc()（见 43.5 节）分配的数据：

```
extern "C" char* get_data(const char* data); // 从 C 程序片段获得数据

using PtoCF = void(*)(void*);

void test()
{
  unique_ptr<char,PtoCF> p {get_data("my_data"),free};
  // ... 使用 *p ...
} // 隐式释放 (p)
```

目前，标准库尚未提供类似 make_pair()（见 34.2.4.1 节）和 make_shared()（见 34.3.2 节）的 make_unique()。但是，很容易定义此函数：

```
template<typename T, typename... Args>
unique_ptr<T> make_unique(Args&&... args)        // 默认释放器版本
{
    return unique_ptr<T>{new T{args...}};
}
```

34.3.2 shared_ptr

shared_ptr 表示共享所有权。当两段代码需要访问同一个数据，但两者都没有独享所有权（负责销毁对象）时，可以使用 shared_ptr。shared_ptr 是一种计数指针，当计数变为零时释放所指向的对象。我们可以将共享指针理解为包含两个指针的结构：一个指针指向对象，另一个指针指向计数器：

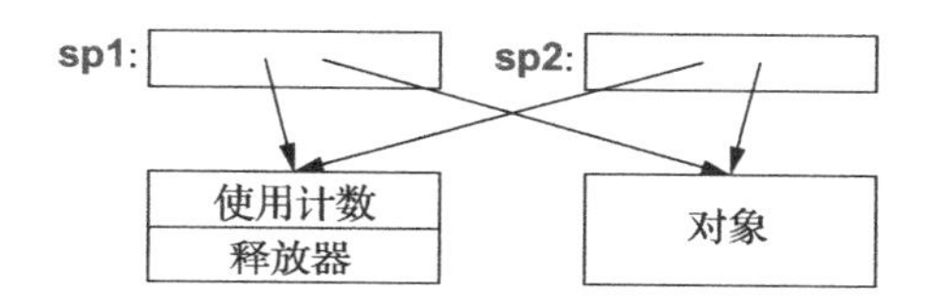

释放器（deleter）用来在计数器变为零时释放共享对象。默认释放器通常是 delete（它会调用对象的析构函数（如果存在的话），并释放自由存储空间）。

例如，考虑这样的场景，一个算法处理图结构，图由 Node 构成，算法会添加、删除结点以及结点间的连接（边）。显然，为了避免内存泄漏，当且仅当没有其他结点指向一个 Node 时应释放掉它。我们可以尝试：

```
struct Node {
    vector<Node*> edges;
    // ...
};
```

给定这样一个设计，回答诸如“有多少结点指向这个结点？”之类的问题会非常困难，我们需要大量额外的“杂务管理”代码。我们可以引入一个垃圾收集器（见 34.5 节），但如果图结构只是应用程序中的一小部分数据，这可能对性能带来负面影响。更糟的是，如果容器还包含非内存资源，如线程句柄、文件句柄、锁等，即使引入垃圾收集器也不会消除资源泄漏。

作为替代，我们可以使用 shared_ptr：

```
struct Node {
    vector<shared_ptr<Node>> edges;
    thread worker;
    // ...
};
```

此处，Node 的析构函数（隐式生成的析构函数就够用了）会删除其 edges。即，对每个 edges[i] 都会调用其析构函数，对其所指向的 Node（如果有的话），若 edges[i] 已是最后一条指向它的边，则释放此 Node。

不要仅仅将 shared_ptr 用来在所有者之间传递指针；这是 unique_ptr 的用途，unique_ptr 做得更好，代价也更低。如果你已经在使用从工厂函数（或同类函数）返回的计数指针

（见 21.2.4 节），考虑升级到 unique_ptr 而不是 shared_ptr。

不要为了避免内存泄漏就不假思考地用 shared_ptr 替代指针；shared_ptr 并非万能妙药，而且有额外代价：

- shared_ptr 的循环链表会导致资源泄漏。你需要一些复杂的逻辑来打破环，例如使用 weak_ptr（见 34.3.3 节）。
- 比起限定作用域的对象，共享所有权的对象会保持更长时间的“活跃”（因此会导致更高的平均资源占用）。
- 多线程环境中的共享指针代价很高（因为需要防止使用计数上的数据竞争）。
- 共享对象析构函数的执行时间不可预测，共享对象的更新算法 / 逻辑比普通对象的相应算法 / 逻辑更容易出错。例如，当析构函数执行时，哪些锁被设置？又有哪些文件是打开的？一般而言，在析构函数的执行时间点（不可预测），哪些对象是“活跃”的且处于恰当的状态？
- 如果单一（最后的）结点保持一个大数据结构活跃，释放它所导致的析构函数层叠调用会导致严重的“垃圾收集延迟”。这对实时响应是不利的。

shared_ptr 表示共享所有权，这非常有用，甚至可以说是必需的，但共享所有权不是我心目中的理想方式，它必然会有额外开销（与你如何表示共享无关）。如果一个对象有确定的所有权和确定、可预测的生命周期，应是更好（也更简单）的方式。当可以选择时：

- 优先选择 unique_ptr 而不是 shared_ptr。
- 优先选择普通限域对象而不是在堆中分配空间、由 unique_ptr 管理所有权的对象。

shared_ptr 提供一组常规的操作：

shared_ptr<T> 操作（iso.20.7.2.2） cp 为包含指针；uc 为使用计数	
shared_ptr sp {}	默认构造函数：cp=nullptr；uc=0；不抛出异常
shared_ptr sp {p}	构造函数：cp=p；uc=1
shared_ptr sp {p,del}	构造函数：cp=p；uc=1；使用释放器 del
shared_ptr sp {p,del,a}	构造函数：cp=p；uc=1；使用释放器 del 和分配器 a
shared_ptr sp {sp2}	移动和拷贝构造函数：移动构造函数将 sp2 中内容移至 sp 并设置 sp2.cp=nullptr；拷贝构造函数进行复制，并递增当前共享的 uc
sp.~shared_ptr()	析构函数：--uc；若 uc 变为 0，释放 cp 指向的对象，使用释放器（默认释放器为 delete）
sp=sp2	拷贝赋值：递增当前共享的 uc；不抛出异常
sp=move(sp2)	移动赋值：对当前共享的 uc 进行 sp2.cp=nullptr；不抛出异常
bool b {sp};	转换为 bool：sp.uc=nullptr；显式构造函数
sp.reset()	shared_ptr{}.swap(sp)；即，sp 包含 pointer{}，析构临时变量 shared_ptr{} 会递减旧对象的引用计数；不抛出异常
sp.reset(p)	shared_ptr{p}.swap(sp)；即，sp.cp=p；uc==1，析构临时变量 shared_ptr{} 会递减旧对象的引用计数
sp.reset(p,d)	类似 sp.reset(p)，但使用释放器 d
sp.reset(p,d,a)	类似 sp.reset(p)，但使用释放器 d 和分配器 a
p=sp.get()	p=sp.cp；不抛出异常
x=*sp	x=*sp.cp；不抛出异常
x=sp->m	x=sp.cp->m；不抛出异常
n=sp.use_count()	n 为使用计数的值（若 sc.cp==nullptr，n 为 0）

（续）

shared_ptr<T> 操作（iso.20.7.2.2） cp 为包含指针；uc 为使用计数	
sp.unique()	sc.uc==1？（若 sc.cp==nullptr 不做检查）
x=sp.owner_before(pp)	x 是一个序函数（严格弱序；见 31.2.2.1 节）；pp 是一个 shared_ptr 或一个 weak_ptr
sp.swap(sp2)	交换 sp 和 sp2 的值；不抛出异常

此外，标准库还提供了一些辅助函数：

shared_ptr<T> 辅助函数（iso.20.7.2.2.6，iso.20.7.2.2.7）	
sp=make_shared(args)	sp 是一个 shared_ptr<T>，管理一个用实参 args 构造的类型为 T 的对象；用 new 分配内存
sp=allocate_shared(a,args)	sp 是一个 shared_ptr<T>，管理一个用实参 args 构造的类型为 T 的对象；用分配器 a 分配内存
sp==sp2	sp.cp==sp2.cp；sp 和 sp2 可以是 nullptr
sp<sp2	less<T*>(sp.cp,sp2.cp)；sp 和 sp2 可以是 nullptr
sp!=sp2	!(sp==sp2)
sp>sp2	sp2<sp
sp<=sp2	!(sp>sp2)
sp>=sp2	!(sp<sp2)
swap(sp,sp2)	sp.swap(sp2)
sp2=static_pointer_cast(sp)	共享指针的 static_cast：sp2=shared_ptr<T>(static_cast<T*>(sp.cp)；不抛出异常
sp2=dynamic_pointer_cast(sp)	共享指针的 dynamic_cast：sp2=shared_ptr<T>(dynamic_cast<T*>(sp.cp))；不抛出异常
sp2=const_pointer_cast(sp)	共享指针的 const_cast：sp2=shared_ptr<T>(const_cast<T*>(sp.cp))；不抛出异常
dp=get_deleter<D>(sp)	若 sp 有类型为 D 的释放器，*dp 为 sp 的释放器；否则，dp==nullptr；不抛出异常
os<<sp	将 sp 写入 out

例如：

```
struct S {
      int i;
      string s;
      double d;
      // ...
};

auto p = make_shared<S>(1,"Ankh Morpork",4.65);
```

现在，p 是一个 shared_ptr<S>，指向一个分配在自由存储空间上的类型为 S 的对象，该对象的值为 {1,"Ankh Morpork",4.65}。

注意，与 unique_ptr::get_deleter() 不同，shared_ptr 的释放器不是一个成员函数。

34.3.3 weak_ptr

weak_ptr 指向一个 shared_ptr 所管理的对象。为了访问对象，可使用成员函数 lock()

将 weak_ptr 转换为 shared_ptr。weak_ptr 允许访问他人拥有的对象：

- （仅）当对象存在时你才需要访问它
- 对象可能在任何时间被（其他人）释放
- 在对象最后一次被使用后必须调用其析构函数（通常释放非内存资源）

特别是，我们可以用弱指针打破 shared_ptr 管理的数据结构中的环。

我们可以将一个 weak_ptr 理解为两个指针：一个指针指向（可能是共享的）对象，另一个指针指向此对象的 shared_ptr 的使用计数：

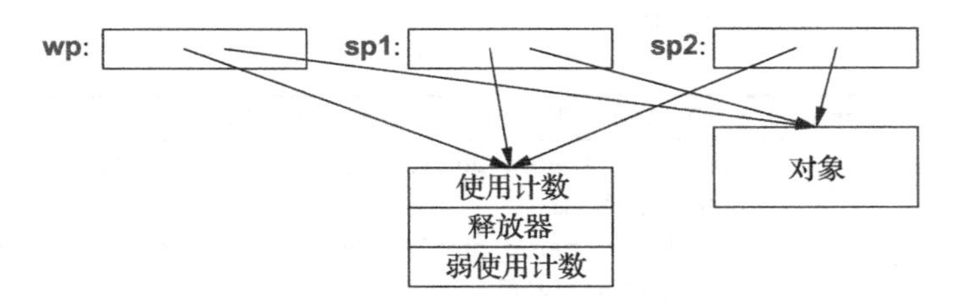

“弱使用计数”用来保持使用计数结构活跃，因为在对象的最后一个 shared_ptr 的生命期结束后，仍可能有 weak_ptr 活跃。

```
template<typename T>
class weak_ptr {
public:
        using element_type = T;
        // ...
};
```

对 weak_ptr 来说，为了访问“它的”对象，我们必须将它转换为 shared_ptr，为此，标准库提供了一些操作：

weak_ptr<T> 辅助函数（iso.20.7.2.3） cp 为包含指针；wuc 为弱使用计数	
weak_ptr wp {};	默认构造函数：cp=nullptr；constexpr；不抛出异常
weak_ptr wp {pp};	拷贝构造函数：cp=pp.cp；++wuc；pp 是一个 weak_ptr 或一个 shared_ptr；不抛出异常
wp.~weak_ptr()	析构函数：对 *cp 无影响；--wuc
wp=pp	拷贝赋值：递减 wuc，将 wp 设置为 pp：weak_ptr(pp).swap(wp)；pp 是一个 weak_ptr 或一个 shared_ptr；不抛出异常
wp.swap(wp2)	交换 wp 和 wp2 的值；不抛出异常
wp.reset()	递减 wuc，将 wp 设置为 nullptr：weak_ptr{}.swap(wp)；不抛出异常
n=wp.use_count()	n 是指向 *cp 的 shared_ptr 数目；不抛出异常
wp.expired()	还有指向 *cp 的 shared_ptr 吗？不抛出异常
sp=wp.lock()	创建一个指向 *cp 的新 shared_ptr；不抛出异常
x=wp.owner_before(pp)	x 是一个序函数（严格弱序；见 31.2.2.1 节）；pp 是一个 shared_ptr 或一个 weak_ptr
swap(wp,wp2)	wp.swap(wp2)；不抛出异常

考虑实现一个古老的“小行星游戏”。所有小行星归“游戏”所有，但每颗小行星必须跟踪周围小行星的运动以便处理碰撞。一次碰撞通常会毁灭一颗或多颗小行星。每颗小行星

必须维护一个邻居小行星的列表。注意，在此列表上并不代表“活跃”（因此并不适合使用 shared_ptr）。另一方面，当一颗小行星被另一颗小行星查看时（例如计算碰撞的结果），它不能被销毁。而且显然的是，必须调用小行星的析构函数来释放资源（例如与图形系统的连接）。我们所需要的是一个可能尚存的小行星的列表以及暂时“抓住”某颗小行星的方法。weak_ptr 恰好能做到：

```
void owner()
{
    // ...
    vector<shared_ptr<Asteroid>> va(100);
    for (int i=0; i<va.size(); ++i) {
        // ... 计算新的小行星的邻居 ...
        va[i].reset(new Asteroid(weak_ptr<Asteroid>(va[neighbor]));
        launch(i);
    }
    // ...
}
```

显然，我激进地简化了“所有者”，并且只给每个新的 Asteroid 一个邻居。关键点是：对一个 Asteroid，我将它的邻居的 weak_ptr 交给了它。所有者保存一个 shared_ptr，表示 Asteroid 的所有权，在它被查看时所有权将被共享（否则不共享）。Asteroid 的碰撞计算可能像下面这样：

```
void collision(weak_ptr<Asteroid> p)
{
    if (auto q = p.lock()) {      // p.lock 返回指向 p 的对象的 shared_ptr
        // ... 这颗 Asteroid 仍然存在：计算 ...
    }
    else {     // 糟糕：这颗 Asteroid 已经被销毁了
        p.reset();
    }
}
```

注意，即使用户决定结束游戏并释放所有 Asteroid（通过销毁表示所有权的 shared_ptr），每颗正在计算碰撞的 Asteroid 仍会正确结束：执行 p.lock() 所获得的 shared_ptr 此时不会变成无效。

34.4　分配器

STL 容器（见 31.4 节）和 string（见第 36 章）都是资源句柄，获取和释放内存来保存其元素。为此，它们使用分配器（allocator）。分配器的基本目的是为给定类型提供内存资源以及提供在内存不再需要时将其归还的地方。因此，基本的分配器函数有：

```
p=a.allocate(n);        // 为 n 个类型为 T 的对象获取空间
a.deallocate(p,n);      // 释放 p 所指向的保存 n 个类型为 T 的对象的空间
```

例如：

```
template<typename T>
struct Simple_alloc {                // 用 new[] 和 delete[] 分配和释放空间
    using value_type = T;

    Simple_alloc() {}

    T* allocate(size_t n)
        { return reinterpret_cast<T*>(new char[n*sizeof(T)]); }
```

```
        void deallocate(T* p, size_t n)
            { delete[] reinterpret_cast<char*>(p); }

        // ...
};
```

Simple_alloc 是最简单的标准分配器。注意，转换为 char*: allocate() 以及从 char*: allocate() 转换不会调用构造函数，而 deallocate() 不会调用析构函数；它们处理的是内存，而非强类型的对象。

我可以构造自己的分配器来从任意内存区域分配空间：

```
class Arena {
        void* p;
        int s;
public:
        Arena(void* pp, int ss); // 从 p[0..ss-1] 分配空间
};

template<typename T>
struct My_alloc {           // 使用一个 Arena 分配和释放空间
        Arena& a;
        My_alloc(Arena& aa) : a(aa) { }
        My_alloc() {}
        // 通常的分配器成员
};
```

一旦创建了 Arena，就可以在分配的内存上构造对象了：

```
constexpr int sz {100000};
Arena my_arena1{new char[sz],sz};
Arena my_arena2{new char[10*sz],10*sz};

vector<int> v0;// 使用默认分配器分配

vector<int,My_alloc<int>> v1 {My_alloc<int>{my_arena1}};    // 在 my_arena1 中构造对象

vector<int,My_alloc<int>> v2 {My_alloc<int>{my_arena2}};    // 在 my_arena2 中构造对象

vector<int,Simple_alloc<int>> v3;                           // 在自由存储空间上构造对象
```

通常，我们可以使用别名简化冗长的描述。例如：

```
template<typename T>
        using Arena_vec = std::vector<T,My_alloc<T>>;
template<typename T>
        using Simple_vec = std::vector<T,Simple_alloc<T>>;

My_alloc<int> Alloc2 {my_arena2};        // 命名的分配器对象

Arena_vec<complex<double>> vcd {{{1,2}, {3,4}}, Alloc2};                 // 显式分配器
Simple_vec<string> vs {"Sam Vimes", "Fred Colon", "Nobby Nobbs"};        // 默认分配器
```

一个分配器只有当其对象真正具有状态时（类似 My_alloc）才会增加容器中的内存开销，这通常是依赖空基类优化（见 28.5 节）实现的。

34.4.1　默认分配器

所有标准库容器都（默认）使用默认分配器，它用 new 分配空间，用 delete 释放空间。

```
template<typename T>
class allocator {
public:
      using size_type = size_t;
      using difference_type = ptrdiff_t;
      using pointer = T*;
      using const_pointer = const T*;
      using reference = T&;
      using const_reference = const T&;
      using value_type = T;

      template<typename U>
            struct rebind { using other = allocator<U>; };

      allocator() noexcept;
      allocator(const allocator&) noexcept;
      template<typename U>
            allocator(const allocator<U>&) noexcept;
      ~allocator();

      pointer address(reference x) const noexcept;
      const_pointer address(const_reference x) const noexcept;

      pointer allocate(size_type n, allocator<void>::const_pointer hint = 0);      // 分配 n 个字节
      void deallocate(pointer p, size_type n);                                      // 释放 n 个字节

      size_type max_size() const noexcept;

      template<typename U, typename... Args>
            void construct(U* p, Args&&... args);          // new(p) U{args}
      template<typename U>
            void destroy(U* p);                            // p->~U()
};
```

奇怪的 rebind 模板是一个过时的别名，更好的方式本应是这样：

```
template<typename U>
using other = allocator<U>;
```

但是，在 C++ 支持这种别名之前，就已有 allocator 的定义了。这个别名的作用是允许分配器分配任意类型的对象。考虑下面的代码：

```
using Link_alloc = typename A::template rebind<Link>::other;
```

若 A 是一个 allocator，则 rebind<Link>::other 是 allocator<Link> 的一个别名。例如：

```
template<typename T, typename A = allocator<T>>
class list {
private:
      class Link { /* ... */ };

      using Link_alloc = typename A:: template rebind<Link>::other;     // allocator<Link>

      Link_alloc a;   // 链表分配器
      A alloc;        // 列表分配器
      // ...
};
```

allocator<T> 还有一个更严格的特例化版本：

```
template<>
class allocator<void> {
public:
      typedef void* pointer;
      typedef const void* const_pointer;
      typedef void value_type;
      template<typename U> struct rebind { typedef allocator<U> other; };
};
```

这使我们能避免这种特殊情况：我们可以使用 allocator<void>，只要不解引用其指针即可。

34.4.2　分配器萃取

分配器是用 allocator_traits “联系在一起” 的。分配器的一个属性，比如说其 pointer 类型，可以在其萃取中找到：allocator_traits<X>::pointer。与往常一样，使用萃取技术使得我们可以为一个类型构建分配器，该类型的成员类型可以不满足分配器的要求，例如 int，或是该类型设计时就未考虑任何分配器相关问题。

基本上，allocator_traits 为常用类型别名和分配器函数集合提供了默认值。与默认 allocator（见 34.4.1 节）相比，缺少了 address()，但增加了 select_on_container_copy_construction()：

```
template<typename A>                                   // 见 iso.20.6.8
struct allocator_traits {
      using allocator_type = A;
      using value_type = A::value_type;
      using pointer = value_type;                                                // 花招
      using const_pointer = Pointer_traits<pointer>::rebind<const value_type>;   // 花招
      using void_pointer = Pointer_traits<pointer>::rebind<void>;                // 花招
      using const_void_pointer = Pointer_traits<pointer>::rebind<const void>;    // 花招
      using difference_type = Pointer_traits<pointer>::difference_type;          // 花招
      using size_type = Make_unsigned<difference_type>;                          // 花招
      using propagate_on_container_copy_assignment = false_type;                 // 花招
      using propagate_on_container_move_assignment = false_type;                 // 花招
      using propagate_on_container_swap = false_type;                            // 花招

      template<typename T> using rebind_alloc = A<T,Args>;                       // 花招
      template<typename T> using rebind_traits = Allocator_traits<rebind_alloc<T>>;

      static pointer allocate(A& a, size_type n) { return a.allocate(n); }       // 花招
      static pointer allocate(A& a, size_type n, const_void_pointer hint)        // 花招
            { return a.allocate(n,hint); }
      static void deallocate(A& a, pointer p, size_type n) { a.deallocate(p, n); }  // 花招

      template<typename T, typename... Args>
            static void construct(A& a, T* p, Args&&... args)                    // 花招
            { ::new (static_cast<void*>(p)) T(std::forward<Args>(args)...); }
      template<typename T>
            static void destroy(A& a, T* p) { p->T(); }                          // 花招

      static size_type max_size(const A& a)                                      // 花招
            { return numeric_limits<size_type>::max() }
      static A select_on_container_copy_construction(const A& rhs) { return a; } // 花招
};
```

如果分配器 A 的对应成员存在，则可使用 “花招” 来访问；否则，使用这里指定的默认值。

对 allocate(n,hint)，若 A 没有接受一个提示参数的 allocate()，则 A::allocate(n) 会被调用。args 是 A 所需的任何类型参数。

我不喜欢在标准库的定义中使用这样的小花招，但 enable_if() 的自由使用（见 28.4 节）使得这种花招可用 C++ 实现。

为了令声明的可读性更高，我假定已经定义了一些类型别名。

34.4.3　指针萃取

分配器用 pointer_traits 确定指针及指针代理类型的属性：

```
template<typename P>                          // 见 iso.20.6.3
struct pointer_traits {
      using pointer = P;
      using element_type = T;                 // 花招
      using difference_type = ptrdiff_t;      // 花招
      template<typename U>
            using rebind = T*;                // 花招

      static pointer pointer_to(a);           // 花招
};

template<typename T>
struct pointer_traits<T*> {
      using pointer = T*;
      using element_type = T;
      using difference_type = ptrdiff_t;
      template<typename U>
            using rebind = U*;

      static pointer pointer_to(x) noexcept { return addressof(x); }
};
```

“花招”的使用与 allocator_traits 相同（见 34.4.2 节）：如果指针 P 的对应成员存在，则使用“花招”；否则，使用指定的默认值。为了使用 T，模板参数 P 必须是模板 Ptr<T,args> 的第一个参数。

此说明违反了 C++ 语言规范。

34.4.4　限域的分配器

当使用容器和用户自定义分配器时，会产生一个相当棘手的问题：元素应该位于与容器相同的内存区域吗？例如，如果你使用 Your_allocator 为 Your_string 分配其元素，而我使用 My_allocator 分配 My_vector 的元素，那么对 My_vector<Your_string> 中的字符串元素应该使用哪个分配器呢？

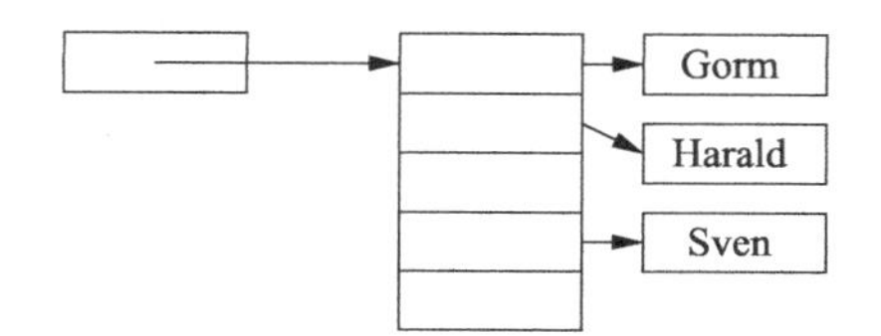

解决方案是要具备告知一个容器传递给元素何种分配器的能力。做到这一点的关键是 scoped_allocator 类，它提供了一种机制来跟踪外部分配器（用于元素）和内部分配器（传

递给元素供它们所用）：

```
template<typename OuterA, typename... InnerA>                    // 见 iso.20.12.1
class scoped_allocator_adaptor : public OuterA {
private:
    using Tr = allocator_traits<OuterA>;
public:
    using outer_allocator_type = OuterA;
    using inner_allocator_type = see below;

    using value_type = typename Tr::value_type;
    using size_type = typename Tr::size_type;
    using difference_type = typename Tr::difference_type;
    using pointer = typename Tr::pointer;
    using const_pointer = typename Tr::const_pointer;
    using void_pointer = typename Tr::void_pointer;
    using const_void_pointer = typename Tr::const_void_pointer;
    using propagate_on_container_copy_assignment = /* 见 iso.20.12.2 */;
    using propagate_on_container_move_assignment = /* 见 iso.20.12.2 */;
    using propagate_on_container_swap = /* 见 iso.20.12.2 */;

    // ...
};
```

我们有 4 种方案可解决 string 的 vector 的分配问题：

```
// vector 和 string 使用它们自己（默认）的分配器：
using svec0 = vector<string>;
svec0 v0;

// vector（仅）使用 My_alloc，string 使用它自己（默认）的分配器：
using Svec1 = vector<string,My_alloc<string>>;
Svec1 v1 {My_alloc<string>{my_arena1}};

// vector 和 string 使用 My_alloc（同上）：
using Xstring = basic_string<char,char_traits<char>, My_alloc<char>>;
using Svec2 = vector<Xstring,scoped_allocator_adaptor<My_alloc<Xstring>>>;
Svec2 v2 {scoped_allocator_adaptor<My_alloc<Xstring>>{my_arena1}};

// vector 使用它自己（默认）的分配器，string 使用 My_alloc：
using Xstring2 = basic_string<char, char_traits<char>, My_alloc<char>>;
using Svec3 = vector<xstring2,scoped_allocator_adaptor<My_alloc<xstring>,My_alloc<char>>>;
Svec3 v3 {scoped_allocator_adaptor<My_alloc<xstring2>,My_alloc<char>>{my_arena1}};
```

显然，第一个版本 Svec0 是到目前为止最常用的，但使系统有严重的内存相关的性能局限，因此其他版本（特别是 Svec2）可能有重要意义。使用一些别名可能可以提高这段代码的可读性，但好的一面是这不是你每天都要写的那类代码。

scoped_allocator_adaptor 的定义有些难理解，但基本上它是一个非常像默认 allocator（见 34.4.1 节）的分配器，只是有能力跟踪传递给包含的容器（如 string）使用的“内部”分配器：

scoped_allocator_adaptor<OuterA,InnerA>（简写，见 iso.20.12.1）	
rebind<T>::other	此分配器分配类型为 T 的对象的版本的别名
x=a.inner_allocator()	x 为内部分配器；不抛出异常
x=a.outer_allocator()	x 为外部分配器；不抛出异常

（续）

scoped_allocator_adaptor<OuterA,InnerA>（简写，见 iso.20.12.1）	
p=a.allocate(n)	为 n 个 value_type 类型的对象获取空间
p=a.allocate(n,hint)	为 n 个 value_type 类型的对象获取空间，hint 是分配器的辅助提示，具体内容依赖于实现，通常是一个对象指针，我们希望 *p 的位置与它接近
a.deallocate(p,n)	释放 p 指向的 n 个 value_type 类型的对象的空间
n=a.max_size()	n 是允许分配的最大元素数
t=a.construct(args)	从 args 构造一个 value_type 对象：t=new(p) value_type{args}
a.destroy(p)	销毁 *p：p->~value_type()

34.5 垃圾收集接口

垃圾收集（自动回收无引用的内存区域）有时被认为是万能灵药，但它并不是。特别是，垃圾收集器可能无法避免并非纯内存的资源的泄漏，例如文件句柄、线程句柄以及锁。我将垃圾收集看作下列常见的防泄漏技术都已用尽时的最后一种方便的手段：

[1] 只要可能，应使用具有正确语义的资源句柄来防止应用程序中的资源泄漏。标准库提供了 string、vector、unordered_map、thread、lock_guard 以及其他很多资源句柄。移动语义允许从函数高效返回这类对象。

[2] 使用 unique_ptr 保存这样的对象：不隐式管理其所拥有资源（如指针）、需要免受不成熟释放机制之害（因为它们没有适合的析构函数）或是需要特别关注分配方式（释放器）。

[3] 使用 shared_ptr 保存需要共享所有权的对象。

如果坚持使用这一系列技术，可确保不会发生泄漏（即，没有垃圾内存产生，从而也就不需要垃圾收集）。但是，现实世界中的大量程序并没有坚持一致地使用这些技术（都基于 RAII；见 13.3 节），而且也很难这样做，因为其中涉及海量用不同方式构建的代码。“不同方式”通常包括复杂的指针使用、裸 new 和 delete、模糊了资源所有权的显式类型转换以及其他类似的易错的低层技术。在这些情况下，垃圾收集器是适合的最后手段。它可以回收内存，但不能处理非内存资源，你甚至不要想在收集时调用通用的“终止化器”来处理非内存资源。垃圾收集器有时能显著延长发生泄漏的系统的运行时间（即使系统泄漏的是非内存资源）。例如，对于一个每晚关机维护的系统，垃圾收集器可能将资源耗尽的间隔从几小时延长到几天。而且，我们还可以部署垃圾收集器来查找泄漏源。

需要记住，具有垃圾收集功能的系统还是可能有其他形式的泄漏。例如，如果我们将一个对象指针存入一个哈希表，但忘了它的关键字，则对象实际上就是泄漏了。类似地，被一个无限执行的线程引用的资源会永远存活，即使线程并非是想无限执行（例如，它在等待输入，但一直没有到来）。有时，资源“活跃”过长时间对系统而言与永久泄漏一样糟糕。

基于这一基本思想，C++ 将垃圾收集作为可选项。只有显式安装并激活，才会调用垃圾收集器。垃圾收集器甚至不是一个标准 C++ 实现必须提供的部分，但目前已有一些优秀的免费和商用垃圾收集器。C++ 定义了垃圾收集器可以做什么，并定义了 ABI（应用二进制接口，Application Binary Interface）来帮助控制其行为。

针对指针和生命周期的规则是用安全派生指针（safely-derived pointer，见 iso.3.7.4.3）。安全派生指针（大致）就是“指向 new 分配的某物或其子对象的指针”。有一些指针不是安全派生的例子，我们称之为伪装指针（disguised pointer）。例如，将指针指向“别处”一段时间：

```
int* p = new int[100];
p+=10;
// ... 这期间收集器可能会执行 ...
p -= 10;
*p = 10;   // 我们能确保这个 int 还在吗？
```

将指针隐藏在一个 int 中：

```
int* p = new int;
int x = reinterpret_cast<int>(p);      // 甚至不可移植
p = nullptr;
// ... 这期间收集器可能会执行 ...
p = reinterpret_cast<int*>(x);
*p = 10;   // 我们能确保这个 int 还在吗？
```

将指针写入文件，随后又读出来：

```
int* p = new int;
cout << p;
p = nullptr;
// ... 这期间收集器可能会执行 ...
cin >> p;
*p = 10;   // 我们能确保这个 int 还在吗？
```

或使用“XOR 花招”压缩双向链表：

```
using Link = pair<Value,long>;

long xor(Link* pre, Link* suc)
{
	static_assert(sizeof(Link*)<=sizeof(long),"a long is smaller than a pointer");
	return long{pre}^long{suc};
}

void insert_between(Value val, Link* pre, Link* suc)
{
	Link* p = new Link{val,xor(pre,suc)};
	pre->second = xor(xor(pre->second,suc),p);
	suc->second = xor(p,xor(suc->second,pre));
}
```

使用这个花招，保存的所有指针都是伪装的。

如果你希望程序行为良好、对普通人易于理解，就不要使用这些花招，即使在你不准备使用垃圾收集器的情况下也是如此。还有很多甚至更糟糕的花招，例如将一个指针的二进制位散布到多个机器字中。

确实存在伪装指针的正当理由（例如，对内存极度受限的应用使用 XOR 花招），但数量远没有一些程序员认为的那样多。

如果一个伪装指针的位模式在内存中用错误类型保存（例如 long 或 char[4]）且仍然正确对齐的话，仍可能被一个仔细的垃圾收集器所发现。这种指针被称为可追踪的（traceable）。

标准库允许程序指定哪里不会有指针（例如，一幅图像中）以及哪些内存区域即使没有指针引用它们也不应被回收（见 iso.20.6.4）：

```
void declare_reachable(void* p);              // p 指向的对象不能被回收
template<typename T>
    T* undeclare_reachable(T* p);             // 撤销一次 declare_reachable()

void declare_no_pointers(char* p, size_t n);       // p[0:n) 中没有指针
void undeclare_no_pointers(char* p, size_t n);     // 撤销一次 declare_no_pointers()
```

C++ 垃圾收集器传统上是保守收集器（conservative collector）；即，它们不移动内存中的对象且假定内存中的每个字都可能包含指针。保守垃圾收集的高效性其实超过了人们对它的看法，特别是当一个程序不生成大量垃圾时，但使用 declare_no_pointers() 安全地将大部分内存剔除出检查范围会令其更为高效。例如，我们可以用 declare_no_pointers() 告知收集器应用中哪部分内存保存的是我们的照片，从而允许收集器忽略可能数 GB 并没有指针的内存。

程序员可以询问哪些指针安全性规则和回收规则是有效的：

```
enum class pointer_safety {relaxed, preferred, strict };

pointer_safety get_pointer_safety();
```

C++ 标准的回答是（见 iso.3.7.4.3）：“如果一个指针值不是安全派生指针值，则它是一个非法指针值，除非被引用的完整对象是动态存储期且之前曾被声明为可达的……使用一个非法指针值（包括将其传递给一个释放函数）的结果是未定义的”。

上面的枚举值的含义是：

- relaxed：同等对待安全派生和非安全派生的指针（像 C 和 C++98 中那样）。所有没有安全派生指针或可追踪指针引用的对象都会被回收。
- preferred：类似 relaxed，但垃圾收集器可能作为泄漏检测器或“坏指针”解引用检测器运行。
- strict：安全派生和非安全派生的指针可能会被区别对待；即，垃圾收集器会忽略非安全派生的指针。

没有标准方法表达你倾向于哪种方式，你可以将此理解为一个实现质量问题或是编程环境问题。

34.6　未初始化内存

大多数情况下，最好避免使用未初始化的内存。这样做可以简化编程，消除很多错误。但是，在极少数情况下，例如当编写内存分配器、实现容器以及直接处理硬件时，直接使用未初始化内存，也称为裸内存（raw memory），是必要的。

除了标准的 allocator，<memory> 头文件还提供了 fill* 系列函数用于处理未初始化内存（见 32.5.6 节）。它们都是使用一个类型名 T 引用一块足以容纳一个 T 类型对象的空间而非引用一个正确构造的 T 类型对象，这很危险，但偶尔又是必需的。这些函数主要是为容器和算法的实现者所用。例如，使用这些函数实现 reserve() 和 resize() 是最容易的方法（见 13.6 节）。

34.6.1　临时缓冲区

算法常常需要临时空间来获得满意的性能。通常，这种临时空间最好通过一个操作进行分配，但不进行初始化，直至真正需要特定位置时才进行初始化。为此，标准库提供了一对

函数分配和释放未初始化空间：

```
template<typename T>
    pair<T*,ptrdiff_t> get_temporary_buffer(ptrdiff_t); // 分配但不初始化
template<typename T>
    void return_temporary_buffer(T*);                   // 释放但不销毁
```

get_temporary_buffer<X>(n) 操作尝试为 n 个或更多类型为 X 的对象分配空间。如果成功，它返回指向未初始化空间起始地址的指针以及这片空间可以容纳多少个类型为 X 的对象；否则，pair 的 second 值为 0。实现思路是一个系统需要时刻保持足够的空间用于快速分配，使得为 n 个给定大小的对象分配空间的请求能够得到多于 n 个的空间。但是，也可能得到更少的空间，因此一种使用 get_temporary_buffer() 的方法是乐观地请求大量空间，然后使用获得的可用空间。

通过 get_temporary_buffer() 获得的缓冲区必须调用 return_temporary_buffer() 释放才能作他用。类似 get_temporary_buffer() 只分配不构造，return_temporary_buffer() 只释放不销毁。由于 get_temporary_buffer() 是低层特性且可能专门为管理临时缓冲优化，因此不能用其替代 new 或 allocator::allocate() 来分配长期使用的内存。

34.6.2 raw_storage_iterator

写序列的标准算法假定序列中的元素都已进行了初始化。即，算法用赋值操作而非拷贝构造实现写入。因此，我们不能用未初始化的内存作为算法的直接目标。这可能很糟，因为赋值的代价可能比初始化高得多，而且初始化后立即覆盖也是一种浪费。解决方法是使用 <memory> 中定义的 raw_storage_iterator 来进行初始化而不是赋值：

```
template<typename Out, typename T>
class raw_storage_iterator : public iterator<output_iterator_tag,void,void,void,void> {
    Out p;
public:
    explicit raw_storage_iterator(Out pp) : p{pp} { }
    raw_storage_iterator& operator*() { return *this; }

    raw_storage_iterator& operator=(const T& val)
    {
        new(&*p) T{val};      // 将 val 置于 *p 中（见 11.2.4 节）
        return *this;
    }

    raw_storage_iterator& operator++() {++p; return *this; }     // 前置递增
    raw_storage_iterator operator++(int)                         // 后置递增
    {
        auto t = *this;
        ++p;
        return t;
    }
};
```

raw_storage_iterator 绝不能用于写入已初始化的数据。这限制了它在容器和算法的深层实现中的应用。考虑生成一组 string 的排列（见 32.5.5 节）用于测试：

```
void test1()
{
    auto pp = get_temporary_buffer<string>(1000);     // 获取未初始化空间
```

```
    if (pp.second<1000) {
        // ... 处理分配错误 ...
    }
    auto p = raw_storage_iterator<string*,string>(pp.first); // 迭代器
    generate_n(p,a.size(),
        [&]{ next_permutation(seed,seed+sizeof(seed)-1); return seed; });
    // ...
    return_temporary_buffer(p);
}
```

这个例子有些不自然，因为如果为字符串分配默认初始化的空间然后赋值测试字符串的话也没有什么错误。而且，它不能使用 RAII（见 5.2 节和 13.3 节）。

注意，raw_storage_iterator 没有 == 或 != 运算符，因此不要尝试使用它向范围 [b:e) 写入数据。例如，若 b 和 e 是 raw_storage_iterator，iota(b,e,0)（见 40.6 节）将不能正常工作。不要随意使用未初始化内存，除非你确实必须这么做。

34.7 建议

[1] 当你需要一个具有 constexpr 大小的序列时，使用 array；34.2.1 节。
[2] 优先选择 array 而不是内置数组；34.2.1 节。
[3] 当你需要 N 个二进制位而 N 又不一定是整数类型的位宽时，使用 bitset；34.2.2 节。
[4] 避免使用 vector<bool>；34.2.3 节。
[5] 当使用 pair 时，考虑使用 make_pair() 进行类型推断；34.2.4.1 节。
[6] 当使用 tuple 时，考虑使用 make_tuple() 进行类型推断；34.2.4.2 节。
[7] 使用 unique_ptr 表示互斥所有权；34.3.1 节。
[8] 使用 shared_ptr 表示共享所有权；34.3.2 节。
[9] 尽量不使用 weak_ptr；34.3.3 节。
[10]（仅）当由于逻辑上或性能上的原因，常用的 new/delete 语义不能满足需求时才使用分配器；34.4 节。
[11] 优先选择有特定语义的资源句柄而不是智能指针；34.5 节。
[12] 优先选择 unique_ptr 而不是 shared_ptr；34.5 节。
[13] 优先选择智能指针而不是垃圾收集；34.5 节。
[14] 为通用资源的管理提供一致、完整的策略；34.5 节。
[15] 在大量使用指针的程序中处理泄漏问题，垃圾收集是非常有用的；34.5 节。
[16] 垃圾收集是可选的；34.5 节。
[17] 不要伪装指针（即使你不使用垃圾收集）；34.5 节
[18] 如果你使用垃圾收集，使用 declare_no_pointers() 令垃圾收集器忽略不可能包含指针的数据；见 34.5 节。
[19] 不要随意使用未初始化内存，除非你确实必须这么做；34.6 节。

第 35 章

The C++ Programming Language, Fourth Edition

工　　具

若能在浪费时间中获得乐趣，就不是浪费时间。

——伯特兰·罗素

- 引言
- 时间
  duration；time_point；时钟；时间萃取
- 编译时有理数运算
- 类型函数
  类型萃取；类型生成器
- 其他工具
  move() 和 forward()；swap()；关系运算符；比较和哈希 type_info
- 建议

35.1　引言

标准库提供了很多应用广泛的“工具组件”，但它们很难归到某类主要组件中。

35.2　时间

在 <chrono> 中，标准库提供了处理时间段和时间点的组件。所有 chrono 组件都在（子）命名空间 std::chrono 中，因此我们必须用 chrono:: 显式限定名字或使用 using 指示：

```
using namespace std::chrono;
```

我们通常希望对某事计时或做某些依赖于时间的事情。例如，标准库互斥量和锁提供了让 thread 等待一段时间（duration）或等待到给定时刻（time_point）的选项。

如果你希望获得当前的 time_point，可以对 3 种时钟之一调用 now()：system_clock、steady_clock 和 high_resolution_clock。例如：

```
steady_clock::time_point t = steady_clock::now();
// ... 进行一些操作 ...
steady_clock::duration d = steady_clock::now()-t;        // 操作花费了 d 个时间单位
```

时钟返回一个 time_point，一个 duration 就是相同时钟的两个 time_point 间的距离。照例，如果你对细节不感兴趣，auto 会是你的好帮手：

```
auto t = steady_clock::now();
// ... 进行一些操作 ...
auto d = steady_clock::now()-t;      // 操作花费了 d 个时间单位
cout << "something took " << duration_cast<milliseconds>(d).count() << "ms";  // 按毫秒打印
```

时间组件的设计目的之一是支持在系统深层中的高效使用；它们不提供社交日历便利维护这类组件。实际上，时间组件源自高能物理的迫切需求。

事实已证明“时间”并不像我们通常想象的那样容易处理。例如，闰秒问题、时钟不准及其调整问题（可能导致时钟报告的时间滞后）、时钟不同精度问题，等等。而且，处理短时间间隔（如纳秒）的组件本身不能花费很长时间。因此，chrono 组件本身并不简单，但这些组件的很多应用却可以非常简单。

C 风格时间工具将在 43.6 节中介绍。

35.2.1 duration

在 <chrono> 中，标准库提供了类型 duration 来表示两个时间点（time_point，见 35.2.2 节）间的距离：

```
template<typename Rep, typename Period = ratio<1>>
class duration {
public:
        using rep = Rep;
        using period = Period;
        // ...
};
```

duration<Rep,Period>(iso:20.11.5)	
duration d {};	默认构造函数：d 成为 {Rep{},Period{}}；constexpr
duration d {r};	用 r 构造；r 必须能无窄化地转换为 Rep；constexpr；显式构造函数
duration d {d2};	拷贝构造函数：d 获得与 d2 相同的值；d2 必须能无窄化地转换为 Rep；constexpr
d=d2	d 获得与 d2 相同的值；d2 必须能表示为一个 Rep
r=d.count()	r 是 d 中的时钟周期数；constexpr

我们可以定义一个具有指定 period 值的 duration。例如：

```
duration<long long,milli> d1 {7};     // 7 毫秒
duration<double,pico> d2 {3.33};      // 3.33 皮秒
duration<int,ratio<1,1>> d3 {};       // 0 秒
```

duration 的 period 保存时钟周期（clock tick）数：

```
cout << d1.count() << '\n';           //7
cout << d2.count() << '\n';           //3.33
cout << d3.count() << '\n';           //0
```

自然，count() 的值依赖于 period：

```
d2=d1;
cout << d1.count() << '\n';           // 7
cout << d2.count() << '\n';           // 7e+009
if (d1!=d2) cerr<<"insane!";
```

在本例中，d1 和 d1 是相等的，但报告的 count() 值却非常不同。

我们必须小心初始化时截断误差或精度损失（即使未使用 {} 初始化方式）。例如：

```
duration<int, milli> d {3};          // 正确
duration<int, milli> d {3.5};        // 错误：3.5 转换为 int 发生了窄化

duration<int, milli> ms {3};
duration<int, micro> us {ms};        // 正确
duration<int, milli> ms2 {us};       // 错误：我们可能丢失很多微秒
```

标准库提供了一些 duration 上的有用运算：

duration<Rep,Period>（续）iso.20.11.5） r 是一个 Rep；运算是按不同表示的 common_type 进行的	
++d	++d.r
d++	duration{d.r++}
--d	--d.r
d--	duration{d.r--}
+d	d
-d	duration{-d.r}
d+=d2	d.r+=d2.r
d-=d2	d.r-=d2.r
d%=d2	d.r%=d2.r.count()
d%=r	d.r%=r
d*=r	d.r*=r
d/=r	d.r/=r

period 是一个单位系统，因此不存在与普通值混合进行的 = 或 += 运算。如果允许这种运算，就像允许将 5 个未知国际单位与一个米制长度值相加一样。考虑下面的代码：

```
duration<long long,milli> d1 {7};    // 7 毫秒
d1 += 5; 错误

duration<int,ratio<1,1>> d2 {7};          // 7 秒
d2 = 5;          // 错误
d2 += 5;         // 错误
```

这里 5 表示什么？ 5 秒？ 5 毫秒？还是其他什么？如果你知道其含义，应显式说明。例如：

```
d1 += duration<long long,milli>{5}; // 正确：毫秒
d3 += decltype(d2){5};              // 正确：秒
```

不同表示方式的 duration 的混合运算是允许的，只要这种组合有意义即可（见 35.2.4 节）：

duration<Rep,Period>（续）(iso.20.11.5） r 是一个 Rep；运算是按不同表示的 common_type 进行的	
d3=d+d2	constexpr
d3=d-d2	constexpr
d3=d%d2	constexpr
d2=d%r	d2=d%r.count()；constexpr
d2=d*x	x 是一个 duration 或一个 Rep；constexpr
d2=r*d	constexpr
d2=d/x	x 是一个 duration 或一个 Rep；constexpr

标准库也支持表示方式相容的 duration 间的比较和显式类型转换：

duration<Rep,Period>（续）(iso.20.11.5）	
d=zero()	将 0 赋予 Rep：d=duration{duration_values<rep>::zero()}；constexpr
d=min()	最小的 Rep 值（小于等于 zero())：d=duration{duration_values<rep>::min()}；constexpr
d=max()	最大的 Rep 值（大于等于 zero())：d=duration{duration_values<rep>::max()}；constexpr

（续）

duration<Rep,Period>（续）(iso.20.11.5)	
d==d2	按 d 和 d2 的 common_type 进行比较；constexpr
d!=d2	!(d==d2)
d<d2	按 d 和 d2 的 common_type 进行比较；constexpr
d<=d2	!(d>d2)
d>d2	按 d 和 d2 的 common_type 进行比较；constexpr
d>=d2	!(d<d2)
d2=duration_cast<D>(d)	将 d 转换为 duration 类型 D：不对表示方式或时间周期进行隐式转换；constexpr

标准库提供了一些方便的别名，它们使用来自 <ratio> 的国际标准单位（见 35.3 节）：

```
using nanoseconds = duration<si64,nano>;
using microseconds = duration<si55,micro>;
using milliseconds = duration<si45,milli>;
using seconds = duration<si35>;
using minutes = duration<si29,ratio<60>>;
using hours = duration<si23,ratio<3600>>;
```

这里，siN 表示“一个由实现定义的至少 N 位的带符号整数类型”。

duration_cast 用来获得一个度量单位已知的 duration。例如：

```
auto t1 = system_clock::now();
f(x); // 进行一些操作
auto t2 = system_clock::now();

auto dms = duration_cast<milliseconds>(t2−t1);
cout << "f(x) took " << dms.count() << " milliseconds\n";

auto ds = duration_cast<seconds>(t2−t1);
cout << "f(x) took " << ds.count() << " seconds\n";
```

本例中需要类型转换的原因是我们正在丢掉信息：在我使用的系统上，system_clock 是按 nanoseconds 计时的。

一个替代方案是简单地（尝试）构造一个适合的 duration：

```
auto t1 = system_clock::now();
f(x); // 进行一些操作
auto t2 = system_clock::now();

cout << "f(x) took " << milliseconds(t2−t1).count() << " milliseconds\n";          // 错误：截断误差
cout << "f(x) took " << microseconds(t2−t1).count() << " microseconds\n";
```

时钟的精度依赖于具体实现。

35.2.2 time_point

在 <chrono> 中，标准库提供了类型 time_point，用来表示给定纪元的一个时间点，用给定的 clock 度量：

```
template<typename Clock, typename Duration = typename Clock::duration>
class time_point {
public:
      using clock = Clock;
      using duration = Duration;
```

```
        using rep = typename duration::rep;
        using period = typename duration::period;
        // ...
};
```

一个纪元（epoch）就是由给定clock确定的一个时间范围，用duration来衡量，从duration::zero()开始：

time_point<Clock,Duration>（iso.20.11.6）	
time_point tp {};	默认构造函数：纪元的开始：duration::zero()
time_point tp {d};	构造函数：纪元的时刻d：time_point{}+d；显式构造函数
time_point tp {tp2};	构造函数：tp获得与tp2相同的时间点；tp2的duration类型必须能隐式转换为tp的duration类型
d=tp.time_since_epoch()	d是tp保存的时间段
tp=tp2	tp获得与tp2相同的时间点；tp2的duration类型必须能隐式转换为tp的duration类型

例如：

```
void test()
{
        time_point<steady_clock,milliseconds> tp1(milliseconds(100));
        time_point<steady_clock,microseconds> tp2(microseconds(100*1000));

        tp1=tp2;          // 错误：可能截断
        tp2=tp1;          // 正确

        if (tp1!=tp2) cerr << "Insane!";
}
```

类似duration，标准库也为time_point提供了有用的算术和比较运算：

time_point<Clock,Duration>（续）(iso.20.11.5)	
tp+=d	前移tp：tp.d+=d
tp-=d	后移tp：tp.d-=d
tp2=tp+d	tp2=time_point<Clock>{tp.time_since_epoch()+d}
tp2=d+tp	tp2=time_point<Clock>{d+tp.time_since_epoch()}
tp2=tp-d	tp2=time_point<Clock>{tp.time_since_epoch()-d}
d=tp-tp2	d=duration{tp.time_since_epoch()-tp2.time_since_epoch()}
tp2=tp.min()	tp2=time_point(duration::min())；静态的；constexpr
tp2=tp.max()	tp2=time_point(duration::max())；静态的；constexpr
tp==tp2	tp.time_since_epoch()==tp2.time_since_epoch()
tp!=tp2	!(tp==tp2)
tp<tp2	tp.time_since_epoch()<tp2.time_since_epoch()
tp<=tp2	!(tp2<tp)
tp>tp2	tp2<tp
tp>=tp2	!(tp<tp2)
tp2=time_point_cast<D>(tp)	将time_point tp转换为time_point<C,D>：time_point<C,D>(duration_cast<D>(t.time_since_epoch()))

例如：

```
void test2()
{
      auto tp = steady_clock::now();
      auto d1 = time_point_cast<hours>(tp).time_since_epoch().count()/24;  // 从纪元开始到现在的天数

      using days = duration<long,ratio<24*60*60,1>>;                       // 一天的时间
      auto d2 = time_point_cast<days>(tp).time_since_epoch().count();      // 从纪元开始到现在的天数

      if (d1!=d2) cout << "Impossible!\n";
}
```

不访问时钟的 time_point 操作可以是 constexpr 的，但目前的 C++ 实现不保证这一点。

35.2.3 时钟

time_point 和 duration 值归根结底是从硬件时钟获得的。在 <chrono> 中，标准库提供了基本的时钟接口。类 system_clock 表示“墙上时间”，是从系统实时时钟获取的：

```
class system_clock {
public:
      using rep = /* 实现定义的带符号类型 */;
      using period = /* 实现定义的 ratio<> */;
      using duration = chrono::duration<rep,period>;
      using time_point = chrono::time_point<system_clock>;
      // ...
};
```

所有数据和函数成员都是 static 的。我们不显式处理时钟对象，而是使用时钟类型：

时钟成员（iso.20.11.7）	
is_steady	此时钟类型稳定吗？即，所有连续调用 now() 都满足 c.now()<=c.now() 吗？时钟周期间隔是常量吗？静态成员
tp=now()	tp 为调用时 system_clock 的 time_point；不抛出异常
t=to_time_t(tp)	t 为 time_point tp 的 time_t（见 43.6 节）；不抛出异常
tp=from_time_t(t)	tp 为 time_t t 的 time_point tp；不抛出异常

例如：

```
void test3()
{
      auto t1 = system_clock::now();
      f(x); // 进行一些操作
      auto t2 = system_clock::now();
      cout << "f(x) took " << duration_cast<milliseconds>(t2-t1).count() << " ms";
}
```

系统提供了 3 个命名的时钟：

时钟类型（iso.20.11.7）	
system_clock	系统实时时钟；可以重置系统时钟（向前或向后跳）来匹配内部时钟
steady_clock	时间稳定推移的时钟；即，时间不会回退且时钟周期的间隔是常量
high_resolution_clock	一个系统上具有最短时间增量的时钟

这3个时钟可能只是相同的时钟的别名。

我们可以像下面这样确定时钟的基本属性：

```
cout << "min " << system_clock::duration::min().count()
     << ", max " << system_clock::duration::max().count()
     << ", " << (treat_as_floating_point<system_clock::duration>::value ? "FP" : "integral") << '\n';

cout << (system_clock::is_steady?"steady\n": "not steady\n");
```

当我在我的系统上运行这个程序时，它输出：

```
min −9223372036854775808, max 9223372036854775807, integral
not steady
```

不同的系统和不同的时钟可能给出不同的结果。

35.2.4　时间萃取

chrono组件的实现依赖于一些标准库组件，这些组件统称为时间萃取（time trait）。

duration和time_point的转换规则依赖于它们的表示方式是浮点数（从而舍入是可接受的）还是整数：

```
template<typename Rep>
struct treat_as_floating_point : is_floating<Rep> { };
```

下表列出了一些标准值：

duration_values<Rep>（iso.20.11.4.2）	
r=zero()	r=Rep(0)；静态成员；constexpr
r=min()	r=numeric_limits<Rep>::lowest()；静态成员；constexpr
r=max()	r=numeric_limits<Rep>::max()；静态成员；constexpr

我们通过计算两个duration的最大公约数来确定它们的公共类型：

```
template<typename Rep1, typename P1, typename Rep2, typename P2>
struct common_type<duration<Rep1,P1>, duration<Rep2, P2>> {
    using type = duration<typename common_type<Rep1,Rep2>::type, GCD<P1,P2>> ;
};
```

这段代码为具有最大可能时钟周期的duration定义了别名type，使得两个duration实参都可以不借助除法运算直接转换为它。这意common_type<R1,P1,R2,P2>::type, 能保存来自于duration<R1,P1>和duration<R2,P2>的任何值，且没有截断误差。但是，浮点数duration可能有舍入误差：

```
template<typename Clock, typename Duration1, typename Duration2>
struct common_type<time_point<Clock, Duration1>, time_point<Clock, Duration2>> {
    using type = time_point<Clock, typename common_type<Duration1, Duration2>::type>;
};
```

总之，为了获得common_type，两个time_point必须有公共的时钟类型。它们的common_type就是一个time_point，具有它们的duration的common_type。

35.3　编译时有理数运算

<ratio>中定义了类ratio，提供了编译时有理数运算。标准库用ratio提供时间段和时

间点（见35.2节）的编译时表示：

```
template<intmax_t N, intmax_t D = 1>
struct ratio {
      static constexpr intmax_t num;
      static constexpr intmax_t den;

      using type = ratio<num,den>;
};
```

其基本思想是将一个有理数的分子和分母编码为（值）模板实参。分母必须非零。

ratio 算术运算（iso.20.10.4）	
z=ratio_add<x,y>	z.num=x::num*y::den+y::num*x::den; z.den=x::den*y::den
z=ratio_subtract<x,y>	z.num=x::num*y::den−y::num*x::den; z.den=x::den*y::den
z=ratio_multiply<x,y>	z.num=x::num*y::num; z.den=x::den*y::den
z=ratio_divide<x,y>	z.num=x::num*y::den; z.den=x::den*y::num
ratio_equal<x,y>	x::num==y::num && x::den==y::den
ratio_not_equal<x,y>	!ratio_equal<x,y>::value
ratio_less<x,y>	x::num*y::den < y::num*x::den
ratio_less_equal<x,y>	!ratio_less_equal<y,x>::value
ratio_not_less<x,y>	!ratio_less<y,x>::value
ratio_greater<x,y>	ratio_less<y,x>::value
ratio_greater_equal<x,y>	!ratio_less<x,y>::value

例如：

```
static_assert(ratio_add<ratio<1,3>, ratio<1,6>>::num == 1, "problem: 1/3+1/6 != 1/2");
static_assert(ratio_add<ratio<1,3>, ratio<1,6>>::den == 2, "problem: 1/3+1/6 != 1/2");
static_assert(ratio_multiply<ratio<1,3>, ratio<3,2>>::num == 1, "problem: 1/3*3/2 != 1/2");
static_assert(ratio_multiply<ratio<1,3>, ratio<3,2>>::den == 2, "problem: 1/3*3/2 != 1/2");
```

显然，这并不是一种表达有理数和算术运算的简便方法。在 <chrono> 中，为时间定义了更符合习惯的有理数算术运算（例如 + 和 *，见35.2节）。类似地，为了表达单位值，标准库提供了常用的国际单位制量级：

```
using yocto   = ratio<1,1000000000000000000000000>;    // 有条件地支持
using zepto   = ratio<1,1000000000000000000000>;    // 有条件地支持
using atto    = ratio<1,1000000000000000000>;
using femto   = ratio<1,1000000000000000>;
using pico    = ratio<1,1000000000000>;
using nano    = ratio<1,1000000000>;
using micro   = ratio<1,1000000>;
using milli   = ratio<1,1000>;
using centi   = ratio<1,100>;
using deci    = ratio<1,10>;
using deca    = ratio<10,1>;
using hecto   = ratio<100,1>;
using kilo    = ratio<1000,1>;
using mega    = ratio<1000000,1>;
using giga    = ratio<1000000000,1>;
using tera    = ratio<1000000000000,1>;
using peta    = ratio<1000000000000000,1>;
using exa     = ratio<1000000000000000000,1>;
using zetta   = ratio<1000000000000000000000,1>;    // 有条件地支持
using yotta   = ratio<1000000000000000000000000,1>;    // 有条件地支持
```

使用示例见 35.2.1 节。

35.4 类型函数

在 <type_traits> 中，标准库提供了类型函数（见 28.2 节），用来确定类型的属性（类型萃取，见 35.4.1 节）以及从已有类型生成新类型（类型生成器；见 35.4.2 节）。这些类型函数主要用于在编译时支持简单和不那么简单的元编程。

35.4.1 类型萃取

在 <type_traits> 中，标准库提供了多种类型函数，允许程序员确定一个类型或一对类型的属性。它们的名字大多是自解释的。*主类型谓词*（primary type predicate）检测类型的基本属性：

主类型谓词（iso.20.9.4.1）	
is_void<X>	X 是 void ?
is_integral<X>	X 是一个整数类型?
is_floating_point<X>	X 是一个浮点数类型?
is_array<X>	X 是一个内置数组?
is_pointer<X>	X 是一个指针（不包括指向成员的指针）?
is_lvalue_reference<X>	X 是一个左值引用?
is_rvalue_reference<X>	X 是一个右值引用?
is_member_object_pointer<X>	X 是一个指向非 static 数据成员的指针?
is_member_function_pointer<X>	X 是一个指向非 static 成员函数的指针?
is_enum<X>	X 是一个 enum（普通 enum 或 class enum）?
is_union<X>	X 是一个 union ?
is_class<X>	X 是一个 class（包括 struct，但不包括 enum）?
is_function<X>	X 是一个函数?

类型萃取返回一个布尔值。为了访问此值，可使用后缀 ::value。例如：

```
template<typename T>
void f(T& a)
{
    static_assert(std::is_floating_point<T>::value,"FP type expected");
    // ...
}
```

如果你厌烦了 ::value 符号，可以定义一个 constexpr 函数（见 28.2.2 节）：

```
template<typename T>
constexpr bool Is_floating_point<T>()
{
    return std::is_floating_point<T>::value;
}

template<typename T>
void f(T& a)
{
    static_assert(Is_floating_point<T>(),"FP type expected");
    // ...
}
```

理想情况下，应对所有标准库类型萃取提供这种函数。

某些类型函数查询基本属性的组合：

组合类型谓词（iso.20.9.4.2）	
is_reference<X>	X 是一个引用（左值或右值引用）？
is_arithmetic<X>	X 是一个算术类型（整型或浮点型；见 6.2.1 节）？
is_fundamental<X>	X 是一个基本类型（见 6.2.1 节）？
is_object<X>	X 是一个对象类型（而非函数）？
is_scalar<X>	X 是一个标量类型（而非类或函数）？
is_compound<X>	X 是一个复合类型（!is_fundamental<X>）？
is_member_pointer<X>	X 是一个指向非 static 数据或函数成员的指针？

这些复合类型谓词（composite type predicate）仅仅是为了提供方便的符号表示。例如，当 X 为左值引用或右值引用时 is_reference<X> 为真。

与主类型谓词类似，类型属性谓词（type property predicate）提供对类型基本属性的检测：

类型属性谓词（iso.20.9.4.1）	
is_const<X>	X 是一个 const？
is_volatile<X>	X 是一个 volatile（见 41.4 节）？
is_trivial<X>	X 是一个平凡类型（见 8.2.6 节）？
is_trivially_copyable<X>	X 可以作为一个简单的位集合被拷贝、移动以及销毁（见 8.2.6 节）？
is_standard_layout<X>	X 是一个标准布局类型（见 8.2.6 节）？
is_pod<X>	X 是一个 POD（见 8.2.6 节）？
is_literal_type<X>	X 有 constexpr 构造函数（见 10.4.3 节）？
is_empty<X>	X 有需要在对象中分配空间的成员？
is_polymorphic<X>	X 有虚函数？
is_abstract<X>	X 有纯虚函数？
is_signed<X>	X 是一个算术类型且是带符号的？
is_unsigned<X>	X 是一个算术类型且是无符号的？
is_constructible<X,args>	X 可以用 args 构造？
is_default_constructible<X>	X 可以用 {} 构造？
is_copy_constructible<X>	X 可以用一个 X& 构造？
is_move_constructible<X>	X 可以用一个 X&& 构造？
is_assignable<X,Y>	可以将一个 Y 赋予一个 X？
is_copy_assignable<X>	可以将一个 X& 赋予一个 X？
is_move_assignable<X>	可以将一个 X&& 赋予一个 X？
is_destructible<X>	一个 X 可以被销毁（即，~X() 未被删除）？

例如：

```
template<typename T>
class Cont {
    T* elem;  // 将元素保存在 elem 指向的数组中
    int sz;   // sz 个元素
    // ...
```

```
    Cont(const Cont& a)     // 拷贝构造函数
        :sz(a.sz), elem(new T[a.elem])
    {
        static_assert(Is_copy_constructable<T>(),"Cont::Cont(): no copy");
        if (Is_trivially_copyable<T>())
            memcpy(elem,a.elem,sz*sizeof(T));      // memcopy 优化
        else
            uninitialized_copy(a.begin(),a.end(),elem);    // 使用拷贝构造函数
    }
    // ...
}
```

此优化可能是不必要的，因为 uninitialized_copy() 的实现很可能已经采用了这种优化。

对一个空类，它没有虚函数、没有虚基类且没有满足 !is_empty<Base>::value 的基类。

类型属性谓词所做的访问检查都不依赖于它们的使用位置。相反，即使用在成员和友元之外，它们也会一致地给出你所期望的结果。例如：

```
class X {
public:
    void inside();
private:
    X& operator=(const X&);
    ~X();
};

void X::inside()
{
    cout << "inside =: " << is_copy_assignable<X>::value << '\n';
    cout << "inside ~: " << is_destructible<X>::value << '\n';
}

void outside()
{
    cout << "outside =: " << is_copy_assignable<X>::value << '\n';
    cout << "outside ~: " << is_destructible<X>::value << '\n';
}
```

inside() 和 outside() 都会输出 00 报告 X 既不能被销毁也不能拷贝赋值。而且，如果你希望消除一个操作，应该用 =delete（见 17.6.4 节）而不是依赖 private。

类型属性谓词（续）(iso.20.9.4.3)	
is_trivially_constructible<X,args>	可以仅使用平凡操作从 args 构造 X 吗？
is_trivially_default_constructible<X>	
is_trivially_copy_constructible<X>	
is_trivially_move_constructible<X>	
is_trivially_assignable<X,Y>	见 8.2.6 节
is_trivially_copy_assignable<X>	
is_trivially_move_assignable<X>	
is_trivially_destructible<X>	

例如，考虑我们如何优化一个容器类型的析构函数：

```
template<class T>
Cont::~Cont()        // 一个容器 Cont 的析构函数
{
```

```
    if (!Is_trivially_destructible<T>())
        for (T* p = elem; p!=p+sz; ++p)
            p->~T();
}
```

类型属性谓词（续）(iso.20.9.4.3)	
is_nothrow_constructible<X,args>	可以仅使用 noexcept 操作从 args 构造 X 吗？
is_nothrow_default_constructible<X>	
is_nothrow_copy_constructible<X>	
is_nothrow_move_constructible<X>	
is_nothrow_assignable<X,Y>	
is_nothrow_copy_assignable<X>	
is_nothrow_move_assignable<X>	
is_nothrow_destructible<X>	
has_virtual_destructor<X>	X 有纯虚函数吗？

与 sizeof(T) 类似，属性查询返回一个与类型实参相关的数值：

类型属性查询（iso.20.9.5）	
n=alignment_of<X>	n=alignof(X)
n=rank<X>	若 X 是一个数组，n 是维数；否则 n==0
n=extent<X,N>	若 X 是一个数组，n 是第 N 维的元素数；否则 n==0
n=extent<X>	n=extent<X,0>

例如：

```
template<typename T>
void f(T a)
{
    static_assert(Is_array<T>(), "f(): not an array");
    constexpr int dn {Extent<a,2>()};    // 第 2 维（从 0 开始）的元素数
    // ..
}
```

这里，我再次用类型函数的 constexpr 版本返回数值（见 28.2.2 节）。

类型关系（type relation）是两个类型上的谓词：

类型关系（iso.20.9.6）	
is_same<X,Y>	X 和 Y 是相同类型？
is_base_of<X,Y>	X 是 Y 的基类？
is_convertible<X,Y>	一个 X 可以隐式转换为一个 Y？

例如：

```
template<typename T>
void draw(T t)
{
    static_assert(Is_same<Shape*,T>() || Is_base_of<Shape,Remove_pointer<T>>(), "");
    t->draw();
}
```

35.4.2　类型生成器

在 <type_traits> 中，标准库提供了从一个给定类型实参生成另一个类型的类型函数。

const 和 volatile 修改（iso.20.9.7.1）	
remove_const<X>	类似 X，但顶层 const 被去掉的类型
remove_volatile<X>	类似 X，但顶层 volatile 被去掉的类型
remove_cv<X>	类似 X，但任何顶层 const 或 volatile 都被去掉的类型
add_const<X>	若 X 是一个引用、函数或 const，则得到 X；否则得到 const X
add_volatile<X>	若 X 是一个引用、函数或 volatile，则得到 X；否则得到 volatile X
struct add_cv<X>	添加 const 和 volatile：add_const<typename add_volatile<T>::type>::type

一个类型转换器返回一个类型。为了访问这个类型，可以使用后缀 ::type。例如：

```
template<typename K, typename V>
class My_map {
{
    pair<typename add_const<K>::type,V> default_node;
    // ...
};
```

如果你厌倦了 ::type，可以定义一个类型别名（见 28.2.1 节）：

```
template<typename T>
using Add_const = typename add_const<T>::type;

template<typename K, typename V>
class My_map {
{
    pair<Add_const<K>,V> default_node;
    // ...
};
```

理想情况是有一个支撑库，系统地为标准库类型转换器提供这种别名。

引用修改（iso.20.9.7.2 和 iso.20.9.7.6）	
remove_reference<X>	若 X 是一个引用类型，则得到被引用的类型；否则得到 X
add_lvalue_reference<X>	若 X 是一个右值引用 Y&&，则得到 Y&；否则得到 X&
add_rvalue_reference<X>	若 X 是一个引用，则得到 X；否则得到 X&（见 7.7.3 节）
decay<X>	将函数实参类型 X 转换为可按值传递的类型

函数 decay 处理数组退化和引用的解引用。

在编写既接受引用实参也接受非引用实参的模板时，添加和删除引用的类型函数非常重要。例如：

```
template<typename T>
void f(T v)
{
    Remove_reference<T> x = v;  // v 的拷贝
    T y = v;                    // 可能是 v 的拷贝；也可能是 v 的引用
    ++x;                        // 递增局部变量
    ++y;
    // ...
}
```

在本例中，x 的确是 v 的一个拷贝，但若 T 是一个引用类型，y 就是 v 的一个引用：

```
void user()
{
    int val = 7;
    f(val);     // 调用 f<int&>(): f() 中的 ++y 会递增 val
    f(7);       // 调用 f<int>(): f() 中的 ++y 会递增一个局部拷贝
}
```

但在两个调用中，++x 都是递增一个局部拷贝。

符号修改（iso.20.9.7.3）	
make_signed<X>	去除任何（显式或隐式的）unsigned 修饰符并添加 signed；X 必须是一个整数类型（bool 或枚举除外）
make_unsigned<X>	去除任何（显式或隐式的）signed 修饰符并添加 unsigned；X 必须是一个整数类型（bool 或枚举除外）

对内置数组，我们有时希望获得元素类型或去除一个维度：

数组修改（iso.20.9.7.4）	
remove_extent<X>	若 X 是一个数组类型，获得元素类型；否则获得 X
remove_all_extents<X>	若 X 是一个数组类型，获得基类型（在去除所有数组修饰符之后）；否则获得 X

例如：

```
int a[10][20];
Remove_extent<decltype(a)> a10;  // 一个 array[10]
Remove_all_extents<decltype(a)> i;     // 一个 int
```

我们可以创建一个指向任意类型的指针，或查询指针指向的类型：

指针修改（iso.20.9.7.5）	
remove_pointer<X>	若 X 是一个指针类型，获得它指向的类型；否则获得 X
add_pointer<X>	remove_reference<X>::type*

例如：

```
template<typename T>
void f(T x)
{
    Add_pointer<T> p = new Remove_reference<T>{};
    T* p = new T{};        // 若 T 是一个引用，则不能正确工作
    // ...
}
```

当在系统底层处理内存时，我们有时必须考虑对齐问题（见 6.2.9 节）：

对齐（iso.20.9.7.6）	
aligned_storage<n,a>	得到一个大小至少为 n 的 POD 类型，按 a 的因子对齐
aligned_storage<n>	aligned_storage<n,def>，其中 def 是满足 sizeof(T)<=n 的任意对象类型 T 的所需最大对齐
aligned_union<n,X...>	大小至少为 n 的 POD 类型，能保存一个成员类型为 X 的 union

C++ 标准提及 aligned_storage 可能实现如下：

```
template<std::size_t N, std::size_t A>
struct aligned_storage {
    using type = struct { alignas(A) unsigned char data[N]; };     // N 个对齐到 A 的 char（见 6.2.9 节）
};
```

最后一组类型函数用于类型选择、计算公共类型，等等，可以说是最有用的一类：

其他转换（iso.20.9.7.6）	
enable_if<b,X>	若 b==true 得到 X；否则将不会有成员 ::type，从而在大多数情况下导致代入失败（见 23.5.3.2 节）
enable_if<b>	enable_if<b,void>
conditional<b,T,F>	若 b==true 得到 X；否则得到 F
common_type<X>	参数包 X 中所有类型的公共类型；如果两个类型可以用作 ?: 表达式的真和假类型，则它们是共同的
underlying_type<X>	得到 X 的底层类型（见 8.4 节）；X 必须是一个枚举
result_of<FX>	得到 F(X) 的结果类型；FX 必须是一个类型 F(X)，其中 F 用实参列表 X 调用

enable_if 和 conditional 的示例见 28.3.1.1 节和 28.4 节。

对于施用于多个类型的操作（如两个相关但不同的类型的加法操作），查询公共类型（结果类型）通常是很有用的。类型函数 common_type 可以查询这种公共类型。一个类型（显然）是它自己的公共类型：

```
template<typename ...T>
struct common_type;

template<typename T>
struct common_type<T> {
    using type = T;
};
```

两个类型的公共类型就是 ?: 的规则（见 11.1.3 节）所能给我们的结果：

```
template<typename T, typename U>
struct common_type<T, U> {
    using type = decltype(true ? declval<T>() : declval<U>());
};
```

类型函数 decltype<T>() 返回类型为 T 的变量（不求值）的类型。

N 个类型的公共类型可以通过递归地应用 N==1 和 N==2 的规则来得到：

```
template<typename T, typename U, typename... V>
struct common_type<T, U, V...> {
    using type = typename common_type<typename common_type<T, U>::type, V...>::type;
};
```

例如：

```
template<typename T, typename U>
using Common_type = typename common_type<T,U>::type;

Common_type<int,double> x1;                     // x1 是一个 a double
Common_type<int,string> x2;                     // 错误：没有公共类型
Common_type<int,short,long,long long> x3;       // x3 是一个 long long
Common_type<Shape*,Circle*> x4;                 // x4 是一个 Shape*
Common_type<void*,double*,Shape*> x5;           // x5 是一个 void*
```

Result_of 用来抽取一个可调用对象的结果类型：

```
int ff(int) { return 2; }                       // 函数

typedef  bool (*PF)(int);                       // 函数指针

struct Fct {                                    // 函数对象
        double operator()(string);
        string operator()(int,int);
};

auto fx = [](char ch) { return tolower(ch); };  // lambda

Result_of<decltype(&ff)()> r1 = 7;          // r1 是一个 int
Result_of<PF(int)> r2 = true;               // r2 是一个 bool
Result_of<Fct(string)> r3 = 9.9;            // r3 是一个 double
Result_of<Fct(int,int)> r4 = "Hero";        // r4 是一个 string
Result_of<decltype(fx)(char)> r5 = 'a';     // r5 是一个 char
```

注意，result_of 能区分 Fct::operator()() 的两个版本。

很奇怪的是，它不能区分非成员函数的不同版本。例如：

```
int f();                                    // 函数
string f(int);
Result_of<decltype(&f)()> r1 = 7;           // 错误：不能进行函数指针的重载解析
```

不幸的是，我们不能做函数指针的重载解析，但为什么这样迂回地使用 Result_of 呢，是否可以这样：

```
Result_of<ff> r1 = 7;                       // 错误：没有实参说明且 ff 是一个函数而不是一个类型
Result_of<ff()> r1 = 7;                     // 错误：result_of 的实参必须是一个类型
Result_of<decltype(f)()> r2 = 7;            // 错误：decltype(f) 是一个函数类型而不是一个函数指针类型
Result_of<decltype(f)*()> r3 = 7;           // 正确：r3 是一个 int
```

自然地，Result_of 通常用于模板中我们不能容易地从程序上下文获取答案的地方。例如：

```
template<typename F, typename A>
auto temp(F f, A a) -> Result_of<F(A)>
{
      // ...
}

void f4()
{
      temp(ff,1);
      temp(fx,'a');
      temp(Fct(),"Ulysses");
}
```

注意，在调用中函数 ff 被转换为一个函数指针，这样 result_of 对函数指针的依赖就不会像初看时那么奇怪了。

declval() (iso.20.2.4)	
declval<T>()	返回 T 的右值：typename add_r value_reference<T>::type；永远也不要使用 declval 的返回值

在标准库中，类型函数 declval() 有点不寻常，因为它实际上是一个函数（不需要用户去封

装它）。我们不应使用它的返回值。declval<X> 的用途是作为一个类型，用在需要 X 类型变量的类型的地方。例如：

```
template<typename T, size_t N>
void array<T,N> swap(array& y) noexcept(noexcept(swap(declval<T&>(), declval<T&>())))
{
      for (int i=0; i<a.size(); ++i)
            swap((*this)[i],a[i]);
}
```

请参阅 common_type 的定义。

35.5 其他工具

本节介绍的工具数量少，但重要性并不低，它们只是不能归入大类而已。

35.5.1 move() 和 forward()

在 <utility> 中，标准库提供了一些最有用的小函数：

其他转换（iso.20.9.7.6）	
x2=forward(x)	x2 是一个右值；x 不能是左值；不抛出异常
x2=move(x)	x2 是一个右值；不抛出异常
x2=move_if_noexcept(x)	若 x 可移动，x2=move(x)；否则 x2=x；不抛出异常

move() 进行简单的右值转换：

```
template<typename T>
Remove_reference<T>&& move(T&& t) noexcept
{
      return static_cast<Remove_reference<T>&&>(t);
}
```

我的观点，move() 应该命名为 rvalue() 才对，因为它并没有移动任何东西，而是从实参生成一个右值，从而所指向的对象可以移动。

我们用 move() 告知编译器：此对象在上下文中不再被使用，因此其值可被移动，留下一个空对象。最简单的例子是 swap() 的实现（见 35.5.2）。

forward() 从右值生成一个右值：

```
template<typename T>
T&& forward(Remove_reference<T>& t) noexcept
{
      return static_cast<T&&>(t);
}

template<typename T>
T&& forward(Remove_reference<T>&& t) noexcept;
{
      static_assert(!Is_lvalue_reference<T>,"forward of lvalue");
      return static_cast<T&&>(t);
}
```

这对 forward() 函数总是会一起提供，两者间的选择是通过重载解析实现的。在本例中，任何左值都会由第一个版本处理，而任何右值都会转向第二个版本。例如：

```
int i = 7;
forward(i);          // 调用第一个版本
forward(7);          // 调用第二个版本
```

断言语句是为了防止聪明过头的程序员用一个显式模板实参和一个左值调用第二个版本。

forward() 的典型用法是将一个实参从一个函数“完美转发”到另一个函数（见 23.5.2 节和 28.6.3 节）。标准库 make_shared<T>(x)（见 34.3.2 节）是一个很好的例子。

当希望用一个移动操作“窃取”一个对象的表示形式时，使用 move()；当希望转发一个对象时，使用 forward()。因此，forward(x) 总是安全的，而 move(x) 标记 x 将被销毁，因此要小心使用。调用 move(x) 之后 x 唯一安全的用法就是析构或是赋值的目的。显然，一个特定类型可能提供更多的保证，理想情况下类的不变式保持不变。但是，除非你确切知道这类保证，否则不要依赖它们。

35.5.2 swap()

在 <utility> 中，标准库提供了一个通用的 swap() 和一个针对内置数组的特例化版本：

其他转换（iso.20.2.2）	
swap(x,y)	交换 x 和 y 的值；x 和 y 按非 const 引用的方式传递；若 x 和 y 的拷贝操作不抛出异常，则 swap() 也不抛出异常
swap(a1n,a2n)	a1n 和 a2n 按数组引用的方式传递：T(&)[N]；若 *a1n 和 *a2n 的拷贝操作不抛出异常，则 swap() 也不抛出异常

下面给出 swap() 的一个相对明显的实现：

```
template<typename T>
void swap(T& a, T& b) noexcept(Is_nothrow_move_constructible<T>()
                               && Is_nothrow_move_assignable<T>())
{
      T tmp {move(a)};
      a = move(b);
      b = move(tmp);
}
```

这意味着 swap() 不能用来交换右值：

```
vector<int> v1 {1,2,3,4};
swap(v,vecor<int>{});          // 错误：第二个实参是一个右值
v.clear();                     // 更清晰（不那么晦涩）
```

35.5.3 关系运算符

在 <utility> 中，标准库提供了任意类型的关系运算符，它们定义在子命名空间 rel_ops 中：

std::rel_ops 的关系运算符（iso.20.2.1）	
x!=y	!(x==y)
x>y	y<x
x<=y	!(y<x)
x>=y	!(x<y)

程序员需确保运算 x==y 和 x<y 能正常工作。

例如：

```
struct Val {
	double d;
	bool operator==(Val v) const { return v.d==d; }
};

void my_algo(vector<Val>& vv)
{
	using namespace std::rel_ops;

	for (int i=0; i<ww.size(); ++i)
		if (0>ww[i]) ww[i]=abs(ww[i]);  // 正确：使用来自 rel_ops 的 >
}
```

使用 rel_ops 又不污染命名空间是很困难的。特别是：

```
namespace Mine {
	struct Val {
		double d;
		bool operator==(Val v) const { return v.d==d; }
	};

	using namespace std::rel_ops;
}
```

这样，来自 rel_ops 的通用模板就会因实参依赖查找（见 14.2.4 节）暴露出来，并应用于可能并不适合的类型。一种更安全的方法是在局部作用域中放置 using 指令。

35.5.4　比较和哈希 type_info

在 <typeindex> 中，标准库提供了比较和哈希 type_index 的组件。一个 type_index 是从一个 type_info（见 22.5 节）创建的，专门用于这种比较和哈希：

type_index 操作（iso.20.13）	
type_index ti {tinf};	ti 表示 type_info tinf；不抛出异常
ti==ti2	ti 和 ti2 表示相同的 type_info：*ti.tip==*ti2.tip ）；不抛出异常
ti!=ti2	!(ti==ti2)；不抛出异常
ti<ti2	ti.tip->before(ti2.tip)；不抛出异常
ti<=ti2	!ti2.tip->before(ti.tip)；不抛出异常
ti>ti2	ti2.tip->before(ti.tip)；不抛出异常
ti>=ti2	!ti.tip->before(ti2.tip)；不抛出异常
n=ti.hash_code()	n=ti.tip->hash_code()
p=name()	p= ti.tip->name()
hash<type_index>	hash 的特例化版本（见 31.4.3.4 节）

例如：

```
unordered_map<type_index,type_info*> types;
// ...
types[type_index{something}] = &typeid(something);
```

35.6 建议

[1] 用 <chrono> 组件，如 steady_clock、duration 和 time_point进行计时；35.2 节。
[2] 优先使用 <clock> 组件而不是 <ctime> 组件；35.2 节。
[3] 用 duration_cast 获得已知单位的时间段；35.2.1 节。
[4] 用 system_clock::now() 获得当前时间；35.2.3 节。
[5] 可以在编译时查询类型的属性；35.4.1 节。
[6] 仅当 obj 的值不再使用时使用 move(obj)；35.5.1 节。
[7] 用 forward() 进行转发；35.5.1 节。

字　符　串

优先选择标准而非另类。

——斯特伦克与怀特

- 引言
- 字符分类
  分类函数；字符萃取
- 字符串
  string 与 C 风格字符串；构造函数；基本操作；字符串 I/O；数值转换；类 STL 操作；find 系列函数；子串
- 建议

36.1 引言

在 <cctype> 中，标准库提供了字符分类操作（见 36.2 节），在 <string> 中提供了字符串相关操作（见 36.3 节），在 <regex> 中提供了正则表达式匹配组件（见 37 章），在 <cstring> 中提供了 C 风格字符串支持（见 43.4 节）。不同字符集的处理、编码和区域习惯（locale）将在第 39 章介绍。

19.3 节中介绍了一个简化的 string 实现。

36.2 字符分类

标准库提供了一些分类函数，帮助用户操纵字符串（及其他字符序列），还提供了一些指出字符类型属性的萃取，帮助实现字符串上的操作。

36.2.1 分类函数

在 <cctype> 中，标准库提供了从基本运行字符集中分类字符的函数：

字符分类	
isspace(c)	c 是空白符（空格 ' '、水平制表符 '\t'、换行 '\n'、垂直制表符 '\v'、换页 '\f'、回车 '\r'）吗？
isalpha(c)	c 是一个字母（'a'..'z'、'A'..'Z'）吗？注意：不包括下划线 '_'
isdigit(c)	c 是一个十进制数字（'0'..'9'）吗？
isxdigit(c)	c 是一个十六进制数字（十进制数字或 'a'..'f' 或 'A'..'F'）吗？
isupper(c)	c 是一个大写字母吗？
islower(c)	c 是一个小写字母吗？
isalnum(c)	isalpha(c) 或 isdigit(c)？
iscntrl(c)	c 是一个控制字符（ASCII 0..31 和 127）吗？
ispunct(c)	c 不是字母、数字、空白符或可见的控制字符吗？

（续）

字符分类	
isprint(c)	c 是可打印的（ASCII ' '..'~'）吗？
isgraph(c)	isalpha(c) 或 isdigit(c) 或 ispunct(c)？注意：不包括空格

此外，标准库提供了两种去除大小写区别的有用函数：

大小写	
toupper(c)	c 或 c 的大写形式
tolower(c)	C 或 C 的小写形式

<cwctype> 中提供了用于宽字符的类似函数。

字符分类函数是 "C" 区域设置敏感的（见 39.5.1 节和 39.5.2 节）。<locale> 提供了用于其他区域设置的类似函数（见 39.5.1 节）。

这些字符分类函数很有用，原因之一是字符分类其实比看起来要麻烦得多。例如，一个初学者可能会这样编写代码：

```
if ('a'<ch && ch<'z') //一个小写字母
```

下面的写法更简洁，而且可能更高效：

```
if (islower(ch))      // 一个小写字母
```

更重要的是，在编码空间中，字母并不保证是连续编码的，所以第一段代码可能会出错。而且，标准字符分类可以非常容易地转换为另一种区域设置（见 39.5.1 节）：

```
if (islower,danish)  // 丹麦语小写字母
                     //(假定“danish”是丹麦区域设置的名字)
```

注意，丹麦语小写字母比英语多 3 个，因此第一段代码显式测试 'a' 和 'z' 显然是错误的。

36.2.2 字符萃取

如 23.2 节所示，字符串模板原则上可以用任何具有恰当的拷贝操作的类型作为其字符类型。但是，若类型没有用户自定义的拷贝操作，性能会有提高，实现也会简化。因此，标准 string 要求其字符类型必须是一个 POD（见 8.2.6 节）。这也令字符串的 I/O 简单且高效。

一个字符类型的属性由其 char_traits 定义。一个 char_traits 是以下模板的特例化版本：

```
template<typename C> struct char_traits { };
```

所有 char_traits 都定义在命名空间 std 中，头文件 <string> 中给出了标准 char_traits。通用 char_traits 本身是没有属性的；只有特定字符类型的特例化 char_traits 才有属性。考虑 char_traits<char>：

```
template<>
struct char_traits<char> {        // char_traits 操作不能抛出异常
      using char_type = char;
      using int_type = int;                 //字符的整数值的类型
      using off_type = streamoff;           //在流中的偏移
      using pos_type = streampos;           //在流中的位置
      using state_type = mbstate_t;         //多字节流状态（39.4.6）
      // ...
};
```

标准库提供了 4 个 char_traits 特例化版本（见 iso.21.2.3）：

```
template<> struct char_traits<char>;
template<> struct char_traits<char16_t>;
template<> struct char_traits<char32_t>;
template<> struct char_traits<wchar_t>;
```

标准 char_traits 的成员都是 static 函数：

char_traits<C> static 成员（见 iso.21.2）	
c=to_char_type(i)	int_type 到 char_type 的转换
i=to_int_type(c)	char_type 到 int_type 的转换
eq_int_type(c,c2)	to_int_type(c)==to_int_type(c2)
eq(c,c2)	c 与 c2 是等同对待的字符？
lt(c,c2)	c 按小于 c2 对待？
i=compare(p,p2,n)	字典序比较 [p:p+n) 和 [p2:p2+n)
assign(c,c2)	将 char_type 的 c2 赋予 c
p2=assign(p,n,c)	将 c 的 n 个拷贝赋予 [p:p+n) 间的元素；p2=p
p3=move(p,p2,n)	将 [p:p+n) 间的元素拷贝到 [p2:p2+n)；两个区间可以重叠；p3=p
p3=copy(p,p2,n)	将 [p:p+n) 间的元素拷贝到 [p2:p2+n)；两个区间不能重叠；p3=p
n=length(p)	n 为 [p:q) 间的字符数，其中 *q 是满足 eq(*q,charT{}) 的第一个元素
p2=find(p,n,c)	p2 指向 [p:p+n) 中 c 第一次出现的位置，或者为 nullptr
i=eof()	i 为表示文件尾的 int_type 值
i=not_eof(i)	若 !eq_int_type(i,eof())，则得到 i；否则 i 可能变成任何不等于 eof() 的值

用 eq() 进行比较通常并不是简单使用 ==。例如，一个大小写不敏感的 char_traits 会将其 eq() 定义为 eq('b','B') 返回 true。

由于 copy() 并不保护重叠的区域，它可能比 move() 更快。

函数 compare() 用 lt() 和 eq() 比较字符。它返回一个 int，0 表示严格匹配，负数表示第一个实参在字典序中排在第二个实参之前，而正数则意味着第一个实参在第二个实参之后。

I/O 相关的函数被用于底层 I/O 的实现（见 38.6 节）。

36.3　字符串

在 <string> 中，标准库提供了通用字符串模板 basic_string：

```
template<typename C,
          typename Tr = char_traits<C>,
          typename A = allocator<C>>
class basic_string {
public:
     using traits_type = Tr;
     using value_type = typename Tr::char_type;
     using allocator_type = A;
     using size_type = typename allocator_traits<A>::size_type;
     using difference_type = typename allocator_traits<A>::difference_type;
     using reference = value_type&;
     using const_reference = const value_type&;
     using pointer = typename allocator_traits<A>::pointer;
     using const_pointer = typename allocator_traits<A>::const_pointer;
```

```
    using iterator = /* 由具体实现定义 */;
    using const_iterator = /* 由具体实现定义 */;
    using reverse_iterator = std::reverse_iterator<iterator>;
    using const_reverse_iterator = std::reverse_iterator<const_iterator>;

    static const size_type npos = −1;   // 表示字符串尾的整数

    // ...
};
```

元素（字符串）是连续存储的，这样底层输入操作可以安全地将 basic_string 的字符序列作为源或目的。

basic_string 提供了强保证（见 13.2 节）：若一个 basic_string 操作抛出了异常，则字符串保持不变。

对一些标准字符类型，标准库已经提供了相应的特例化版本：

```
using string = basic_string<char>;
using u16string = basic_string<char16_t>;
using u32string  = basic_string<char32_t>;
using wstring  = basic_string<wchar_t>;
```

所有这些字符串都提供很多操作。

与容器类似（见第 31 章），basic_string 的设计目的不是为了用作基类，而且它提供了移动语义，因此能高效地以传值方式由函数返回。

36.3.1 string 与 C 风格字符串

我假定读者通过本书中的很多示例已经较为熟悉 string 了，因此本节从一些例子开始，它们对比了 string 的使用和 C 风格字符串的使用（见 43.4 节），后者在主要熟悉 C 和 C 风格 C++ 的程序员中很流行。

考虑通过连接用户标识符和域名来构造一个电子邮件地址：

```
string address(const string& identifier, const string& domain)
{
    return identifier + '@' + domain;
}

void test()
{
    string t = address("bs","somewhere");
    cout << t << '\n';
}
```

这个例子很简单，接下来考虑一个很正确的 C 风格版本。一个 C 风格的字符串就是一个指向以零结尾的字符数组的指针。用户控制内存分配并负责释放：

```
char* address(const char* identifier, const char* domain)
{
    int iden_len = strlen(identifier);
    int dom_len = strlen(domain);
    char* addr = (char*)malloc(iden_len+dom_len+2);        // 记得分配 0 和 '@' 占用的空间
    strcpy(identifier,addr);
    addr[iden_len] = '@';
    strcpy(domain,addr+iden_len+1);
    return addr;
```

```
}

void test2()
{
	char* t = address("bs","somewhere");
	printf("%s\n",t);
	free(t);
}
```

我编写的这段代码正确吗？我希望它是正确的。至少它给出了期望的输出结果。与大多数有经验的C程序员一样，我第一次就写出了正确的C版本（我希望是），但其实编写出正确版本需要注意很多细节。经验（即错误记录）显示，我们并不是总能第一次就写出正确版本。这种简单的编程任务常常会交给相对的新手去做，而他们还尚未掌握所有需要注意的细节技术。实现C风格的address()包含很多麻烦的指针操作，且其使用要求调用者记得释放返回的内存。使用string的address()和C风格的address()，你更希望维护哪种代码呢？

我们有时会听到C风格字符串比string更高效的论调。但是，对大多数用途而言，string版本比等价的C风格版本执行的分配和释放操作更少（因为小字符串优化和移动语义的缘故；见19.3.3节和19.3.1节）。而且，strlen()是一个log(N)时间的操作，而string::size()只是一个简单的读操作。在本例中，这意味着C风格代码会遍历每个输入字符串两次，而string版本只会遍历一次。在这个层面上考虑效率问题有些误入歧途了，但string版本有基本的性能保证。

C风格字符串与string的根本区别是，string是具有常规语义的真正类型，而C风格字符串则是一些有用的函数支撑的一组规范。考虑字符串的赋值和比较：

```
void test3()
{
	string s1 = "Ring";
	if (s1!="Ring") insanity();
	if (s1<"Opera") cout << "check";
	string s2 = address(s1,"Valkyrie");

	char s3[] = "Ring";
	if (strcmp(s3,"Ring")!=0) insanity();
	if (strcmp(s3,"Opera")<0) cout << "check";
	char* s4 = address(s3,"Valkyrie");
	free(s4);
}
```

最后，考虑字符串排序：

```
void test4()
{
	vector<string> vs = {"Grieg", "Williams", "Bach", "Handel" };
	sort(vs.begin(),vs.end());		// 假定我未定义 sort(vs)

	const char* as[] = {"Grieg", "Williams", "Bach", "Handel" };
	qsort(as,sizeof(*as),sizeof(as)/sizeof(*as),(int(*)(const void*,const void*))strcmp);
}
```

C风格字符串排序函数qsort()在43.7节中介绍。再重复一次，sort()不比qsort()慢（而且通常更快），因此从性能角度考虑没有理由选择更底层、更冗长也更不易维护的编程风格。

36.3.2　构造函数

basic_string 提供了各式各样令人眼花缭乱的构造函数：

basic_string<C,Tr,A> 构造函数（iso.21.4.2） x 可以是一个 basic_string、一个 C 风格字符串或一个 initializer_list<char_type>	
basic_string s {a};	s 是一个空字符串，分配器为 a；显式构造函数
basic_string s {};	默认构造函数：basic_string s {A{}};
basic_string s {x,a};	s 从 x 获得字符；分配器为 a
basic_string s {x};	移动和拷贝构造函数：basic_string s {x,A{}};
basic_string s {s2,pos,n,a};	s 获得字符 s2[pos:pos+n)；分配器为 a
basic_string s {s2,pos,n};	basic_string s {s2,pos,n,A{}};
basic_string s {s2,pos};	basic_string s {s2,pos,string::npos,A{}};
basic_string s {p,n,a};	用 [p:p+n) 初始化 s；p 是一个 C 风格字符串；分配器为 a
basic_string s {p,n};	basic_string s {p,n,A{}};
basic_string s {n,c,a};	s 保存字符 c 的 n 个拷贝；分配器为 a
basic_string s {n,c};	basic_string s {n,c,A{}};
basic_string s {b,e,a};	s 从 [b:e) 获得字符；分配器为 a
basic_string s {b,e};	basic_string s {b,e,A{}};
s.~basic_string()	析构函数：释放所有资源
s=x	拷贝：s 从 x 获得字符
s2=move(s)	移动：s2 从 s 获得字符；不抛出异常

最常用也是最简单的：

```
string s0;                          // 空字符串
string s1 {"As simple as that!"};   // 用 C 风格字符串构造
string s2 {s1};                     // 拷贝构造函数
```

析构函数几乎总是被隐式调用。

string 没有只接受元素数目的构造函数：

```
string s3 {7};         // 错误：没有 string(int)
string s4 {'a'};       // 错误：没有 string(char)
string s5 {7,'a'};     // 正确：7 个 'a'
string s6 {0};         // 危险：传递 nullptr
```

s6 的声明展示了习惯使用 C 风格字符串的程序员常犯的一个错误：

```
const char* p = 0;   // 将 p 设置为“无字符串”
```

不幸的是，编译器不能捕获 s6 的定义以及更为糟糕的 const char* 保存 nullptr 的情况：

```
string s6 {0};         // 危险：传递 nullptr
string s7 {p};         // 可能正确，也可能不正确，依赖于 p 的值
string s8 {"OK"};      // 正确：传递指针给 C 风格字符串
```

不要尝试用一个 nullptr 初始化一个 string。最好情况下，你会得到一个糟糕的运行时错误。而最坏情况下，你会得到难以理解的未定义行为。

如果你试图构造一个 string 保存 C++ 实现无法处理的字符数量，构造函数会抛出 std::length_error。例如：

```
string s9 {string::npos,'x'};     // 抛出 length_error
```

值 string::npos 表示一个超出 string 长度的位置，通常用来表示“string 尾”。例如：

```
string ss {"Fleetwood Mac"};
string ss2 {ss,0,9};              // "Fleetwood"
string ss3 {ss,10,string::npos};  // "Mac"
```

注意，子串表示方式是（位置，长度）而不是 [开始，结束）。

不存在 string 类型的字面常量。你可以自定义字面常量类型来解决此问题（见 19.2.6 节），例如 "The Beatles"s 和 "Elgar"s。注意后缀 s。

36.3.3　基本操作

basic_string 提供了比较操作、大小和容量控制操作以及访问操作。

basic_string<C,Tr,A> 比较（iso.21.4.8） s 或 s2 之一可以是 C 风格字符串，但不能都是	
s==s2	s 等于 s2？用 traits_type 比较字符值
s!=s2	!(s==s2)
s<s2	s 在字典序中比 s2 更靠前？
s<=s2	s 在字典序中比 s2 更靠前或两者相等？
s>s2	s 在字典序中比 s2 更靠后？
s>=s2	s 在字典序中比 s2 更靠后或两者相等？

更多比较操作见 36.3.8 节。

basic_string 的大小和容量机制与 vector 相同（见 31.3.3 节）：

basic_string<C,Tr,A> 大小和容量操作（iso.21.4.4）	
n=s.size()	n 为 s 中的字符数
n=s.length()	n=s.size()
n=s.max_size()	n 为 s.size() 的最大可能值
s.resize(n,c)	令 s.size()==n；新增元素的值均为 c
s.resize(n)	s.resize(n,C{})
s.reserve(n)	确保 s 不用分配更多空间即可保存 n 个字符
s.reserve()	无影响：s.reserve(0)
n=s.capacity()	s 无需分配更多空间即可保存 n 个字符
s.shrink_to_fit()	令 s.capacity==s.size()
s.clear()	令 s 变为空
s.empty()	s 为空？
a=s.g et_allocator()	a 为 s 的分配器

若 resize() 或 reserve() 会令 size() 超过 max_size()，则抛出 std::length_error。

一个示例：

```
void fill(istream& in, string& s, int max)
    // 将 s 用作底层输入操作的目标存储（简化版）
{
    s.reserve(max);               // 确保有足够的空间
    in.read(&s[0],max);
    const int n = in.gcount();    // 读入的字符数
```

```
        s.resize(n);
        s.shrink_to_fit();                // 丢弃多余的容量
    }
```

这里我“忘记了”利用读入的字符数，使代码有些乱。

basic_string<C,Tr,A> 访问操作（iso.21.4.5）	
s[i]	下标操作：s[i] 为指向 s 的第 i 个元素的引用；不进行范围检查
s.at(i)	下标操作：s.at(i) 为指向 s 的第 i 个元素的引用；若 s.size()<=i 抛出 range_error
s.front()	S[o]
s.back()	s[s.size()-1]
s.push_back(c)	追加字符 c
s.pop_back()	删除 s 的尾字符：s.erase(s.size()-1)
s+=x	在 s 的末尾追加 x；x 可以是一个字符、一个 string、一个 C 风格字符串或一个 initializer_list<char_type>
s=s1+s2	连接：s=s1; s+=s2; 的优化版本
n2=s.copy(s2,n,pos)	从 s2[pos:n2) 拷贝字符到 s，其中 n2 为 min(n,s.size()-pos)；若 s.size()<pos 抛出 out_of_range
n2=s.copy(s2,n)	s 从 s2 获得所有字符；n=s.copy(s2,n,0)
p=s.c_str()	p 为 s 的 C 风格字符串版本（以零结尾），类型为 const C*
p=s.data()	p=s.c_str()
s.swap(s2)	交换 s 和 s2 的值；不抛出异常
swap(s,s2)	s.swap(s2)

用 at() 进行越界访问会抛出 std::out_of_range。若 +=()、push_back() 或 + 会令 size() 超过 max_size()，则抛出 std::length_error。

不存在 string 到 char* 的隐式类型转换。人们已经在很多地方对此进行了尝试，发现它很容易出错。因此，标准库提供 string 到 const char* 的显式转换函数 c_str()。

一个 string 可以包含值为零的字符（如 '\0'）。对这类 string 的 s.c_str() 或 s.data() 结果执行 strcmp() 这样的函数（这类函数假定处理的是 C 风格字符串）会导致出人意料的结果。

36.3.4 字符串 I/O

我们可以用 << （见 38.4.2 节）输出 basic_string，以及用 >> （见 38.4.1 节）读取输入保存到 basic_string 中：

basic_string<C,Tr,A>I/O 操作（iso.21.4.8.9）	
in>>s	从 in 读取一个空白符分隔的单词存入 s
out<<s	将 s 输出到 cout
getline(in,s,d)	从 in 读取字符存入 s 直至遇到字符 d；d 会从 in 中删除，但不会追加到 s
getline(in,s)	getline(in,s,'\n')，其中 '\n' 会被扩展，以匹配 string 的字符串类型

若输入操作会令 size() 超过 max_size()，则抛出 std::length_error。

getline() 会从输入流中删除结束符（默认为 '\n'），但不将其存入字符串中。这简化了对输入的逐行处理。例如：

```
vector<string> lines;
for (string s; getline(cin,s);)
      lines.push_back(s);
```

string 的 I/O 操作都返回指向输入流的引用，因此可将它们串接起来。例如：

```
string first_name;
string second_name;
cin >> first_name >> second_name;
```

在从输入流读取数据之前，作为目标存储的 string 会被设置为空，在读取过程中会逐步扩展它来保存读入的字符。到达文件尾时读操作也会停止（见 38.3 节）

36.3.5　数值转换

在 <string> 中，标准库提供了一组函数，可从一个 string 或一个 wstring（注意：不是 basic_string<C,Tr,A>）中抽取出数值（字符串内容是该数值的字符串表示）。函数名提示了要求的数值类型：

数值转换（iso.21.5） s 可以是一个 string 或一个 wstring	
x=stoi(s,p,b)	字符串转换为 int；x 是转换得到的整数；从 s[0] 开始读取；若 p!=nullptr，*p 被设置为用来转换的字符数；b 是数值的基数（从 2 到 36，包括 2 和 36）
x=stoi(s,p)	x=stoi(s,p,10)；转换为十进制数
x=stoi(s)	x=stoi(s,nullptr,10)；转换为十进制数；不报告字符数
x=stol(s,p,b)	字符串转换为 long
x=stoul(s,p,b)	字符串转换为 unsigned long
x=stoll(s,p,b)	字符串转换为 long long
x=stoull(s,p,b)	字符串转换为 unsigned long
x=stof(s,p)	字符串转换为 float
x=stod(s,p)	字符串转换为 double
x=stold(s,p)	字符串转换为 long double
s=to_string(x)	s 是 x 的 string 表示；必须是一个整数或一个浮点值
ws=to_wstring(x)	s 是 x 的 wstring 表示；必须是一个整数或一个浮点值

类似 stoi，每个 sto*（字符串转换为）函数都有三个变体。例如：

```
string s = "123.45";
auto x1 = stoi(s);          // x1 = 123
auto x2 = stod(s);          // x2 = 123.45
```

sto* 函数的第二个参数是一个指针，用来指出数值转换过程搜索了字符串中的多少个字符。例如：

```
string ss = "123.4567801234";
size_t dist = 0;                 // 将读取的字符数保存在这里
auto x = stoi(ss,&dist);         // x = 123（一个整数）
++dist;                          // 忽略小数点
auto y = stoll(&ss[dist]);       // x = 4567801234（一个 long long）
```

这种从字符串中解析多个数值的方法并不是我所喜欢的方式，我更倾向于使用 stringstream（见 38.2.2 节）。

在进行转换时，会跳过开始的空白符。例如：

```
string s = "    123.45";
auto x1 = stoi(s);              // x1 = 123
```

基数实参的值必须在范围 [2:36] 内，0123456789abcdefghijklmnopqrstuvwxyz 可作为数字，它们的值由此排列顺序确定。任何其他基数值都将是一个错误，或者是对标准转换函数进行了扩展。例如：

```
string s4 = "149F";
auto x5 = stoi(s4);                  // x5 = 149
auto x6 = stoi(s4,nullptr,10);       // x6 = 149
auto x7 = stoi(s4,nullptr,8);        // x7 = 014
auto x8 = stoi(s4,nullptr,16);       // x8 = 0x149F

string s5 = "1100101010100101";      // 二进制
auto x9 = stoi(s5,nullptr,2);        // x9 = 0xcaa5
```

如果一个转换函数在其字符串实参中未找到能够转换为数值的字符，它会抛出 invalid_argument。如果它发现了一个不能表示为目标类型的数值，会抛出 out_of_range；如果是转换到浮点类型，还会将 errno 设置为 ERANGE（见 40.3 节）。例如：

```
stoi("Hello, World!");                  // 抛出 std::invalid_argument
stoi("12345678901234567890");           // 抛出 std::out_of_range; errno=ERANGE
stof("123456789e1000");                 // 抛出 std::out_of_range; errno=ERANGE
```

sto* 函数的命名提示了转换的目标类型。这意味着它们不适合编写目标类型为模板参数的通用代码。对这类情况，可考虑 to<X>（见 25.2.5.1 节）

36.3.6 类 STL 操作

basic_string 提供了一组有用的迭代器：

basic_string<C,Tr,A> 字符串迭代器（iso.21.4.3） 所有操作都不抛出异常	
p=s.begin()	p 为指向 s 的第一个字符的 iterator
p=s.end()	p 为指向 s 末尾之后位置的 iterator
p=s.cbegin()	p 为指向首字符的 const_iterator
p=s.cend()	p 为指向尾后位置的 const_iterator
p=s.rbegin()	p 指向 s 的逆序序列的起始位置
p=s.rend()	p 指向 s 的逆序序列的末尾位置
p=s.crbegin()	p 为指向 s 的逆序序列的起始位置的 const_iterator
p=s.crend()	p 为指向 s 的逆序序列的末尾位置的 const_iterator

由于 string 的成员类型和函数符合要求，可以获得迭代器，因此 string 可以用于标准库算法（见第 32 章）。例如：

```
void f(string& s)
{
    auto p = find_if(s.begin(),s.end(),islower);
    // ...
}
```

String 直接提供了最常用的字符串操作。希望这些版本对 String 进行了优化，超出对通用算法进行的简单优化。

标准库算法（见第 32 章）之于字符串并不像我们认为的那样有用。通用算法都假定容器中的元素是相互独立的，而字符串通常并不是这样的。

basic_string 提供了复杂的赋值操作 assignment()：

basic_string<C,Tr,A> 赋值（iso.21.4.6.3） 所有操作都返回所操作的字符串	
s.assign(x)	s=x；x 可以是一个 string、一个 C 风格字符串或一个 initializer_list<char_type>
s.assign(move(s2))	移动：s2 是一个 string；不抛出异常
s.assign(s2,pos,n)	s 获得字符 s2[pos:pos+n)
s.assign(p,n)	s 获得 [p:p+n) 间的字符；p 是一个 C 风格字符串
s.assign(n,c)	s 获得字符 c 的 n 个拷贝
s.assign(b,e)	s 从 [b:e) 获得字符

我们可以在一个 basic_string 中进行 insert()、append() 和 erase()：

basic_string<C,Tr,A> 插入和删除（iso.21.4.6.2，iso.21.4.6.4，iso.21.4.6.5） 所有操作都返回所操作的字符串	
s.append(x)	将 x 追加到 s 的末尾；x 可以是一个字符、一个 string、一个 C 风格字符串或一个 initializer_list<char_type>
s.append(b,e)	将 [b:e) 追加到 s 的末尾
s.append(s2,pos,n)	将 s2[pos:pos+n) 追加到 s 的末尾
s.append(p,n)	将 [p:p+n) 间的字符追加到 s 的末尾；p 是一个 C 风格字符串
s.append(n,c)	将字符 c 的 n 个拷贝追加到 s 的末尾
s.insert(pos,x)	将 x 插入 s[pos] 之前；x 可以是一个字符、一个 string、一个 C 风格字符串或一个 initializer_list<char_type>
s.insert(p,c)	将 x 插入迭代器 p 之前
s.insert(p,n,c)	将字符 c 的 n 个拷贝插入迭代器 p 之前
s.insert(p,b,e)	将 [b:e) 插入迭代器 p 之前
s.erase(pos)	删除 s 中从 s[pos] 开始到末尾的所有字符；s.size() 变为 pos
s.erase(pos,n)	删除 s 中从 s[pos] 开始的 n 个字符；s.size() 变为 max(pos,s.size()−n)

例如：

```
void add_middle(string& s, const string& middle)        // 添加中间名
{
    auto p = s.find(' ');
    s.insert(p,' '+middle);
}

void test()
{
    string dmr = "Dennis Ritchie";
    add_middle(dmr,"MacAlistair");
    cout << dmr << '\n';
}
```

类似 vector，string 的 append()（在尾部添加字符）通常比在其他位置进行 insert() 更高效。

接下来，我将用 s[b:e) 表示 s 中的元素序列 [b:e)：

basic_string<C,Tr,A> **替换**（iso.21.4.6.6） 所有操作都返回所操作的字符串	
s.replace(pos,n,s2,pos2,n2)	将 s[pos:pos+n) 替换为 s2[pos2:pos2+n2)
s.replace(pos,n,p,n2)	将 s[pos:pos+n) 替换为 [p:p+n2)；p 是一个 C 风格字符串
s=s.replace(pos,n,s2)	将 s[pos:pos+n) 替换为 s2；s2 是一个 string 或是一个 C 风格字符串
s.replace(pos,n,n2,c)	将 s[pos:pos+n) 替换为字符 c 的 n2 个拷贝
s.replace(b,e,x)	将 [b:e) 替换为 x；x 可以是一个 string、一个 C 风格字符串或一个 initializer_list<char_type>
s.replace(b,e,p,n)	将 [b:e) 替换为 [p:p+n)
s.replace(b,e,n,c)	将 [b:e) 替换为字符 c 的 n 个拷贝
s.replace(b,e,b2,e2)	将 [b:e) 替换为 [b2:e2)

replace() 函数将一个子串替换为另一个子串，并相应调整 string 的大小。例如：

```
void f()
{
    string s = "but I have heard it works even if you don't believe in it";
    s.replace(0,4,"");                      // 删除开始的 "but"
    s.replace(s.find("even"),4,"only");
    s.replace(s.find(" don't"),6,"");       // 用 "" 替换，即删除
    assert(s=="I have heard it works only if you believe in it");
}
```

依赖于“魔数”——例如要替换的字符数——的代码很容易出错。

replace() 函数返回一个指向其处理的字符串对象的引用，因此可将替换操作串联起来：

```
void f2()
{
    string s = "but I have heard it works even if you don't believe in it";
    s.replace(0,4,"").replace(s.find("even"),4,"only").replace(s.find(" don't"),6,"");
    assert(s=="I have heard it works only if you believe in it");
}
```

36.3.7 find 系列函数

标准库提供了各种各样令人眼花缭乱的子串查找操作。照例，find() 从 s.begin() 开始向后搜索，rfind() 从 s.end() 开始向前搜索。find() 函数用 string::npos（“非位置”）来表示“未找到”。

basic_string<C,Tr,A> **查找元素**（iso.21.4.7.2） x 可以是一个字符、一个 string 或一个 C 风格字符串。所有操作都不抛出异常	
pos=s.find(x)	在 s 中查找 x；pos 为匹配的第一个字符的下标或 string::npos
pos=s.find(x,pos2)	pos=s.find(basic_string(s,pos2)
pos=s.find(p,pos2,n)	pos=s.find(basic_string{p,n},pos2)
pos=s.rfind(x,pos2)	在 s[0:pos2) 中查找 x；pos 为最接近 s 末尾的匹配的第一个字符的位置或 string::npos
pos=s.rfind(x)	pos=s.rfind(x,string::npos)
pos=s.rfind(p,pos2,n)	pos=s.rfind(basic_string{p,n},pos2)

例如：

```
void f()
{
    string s {"accdcde"};
```

```
        auto i1 = s.find("cd");        // i1==2 s[2]=='c' && s[3]=='d'
        auto i2 = s.rfind("cd");       // i2==4 s[4]=='c' && s[5]=='d'
}
```

find_*_of() 系列函数与 find() 和 rfind() 的不同之处在于它查找单个字符而非一个字符序列：

basic_string<C,Tr,A> 查找集合中元素（iso.21.4.7.4） x 可以是一个字符、一个 string 或一个 C 风格字符串；p 是一个 C 风格字符串。所有操作都不抛出异常	
pos2=s.find_first_of(x,pos)	在 s[pos:s.size()) 中查找 x 中的字符；pos2 为 s[pos:s.size()) 中第一个来自于 x 中的字符的位置或 string::npos
pos=s.find_first_of(x)	pos=s.find_first_of(x,0)
pos2=s.find_first_of(p,pos,n)	pos2=s.find_first_of(basic_string{p,n},pos)
pos2=s.find_last_of(x,pos)	在 s[0:pos) 中查找 x 中的字符；pos 为最接近 s 末尾的来自于 x 中的字符的位置或 string::npos
pos=s.find_last_of(x)	pos=s.find_last_of(x,0)
pos2=s.find_last_of(p,pos,n)	pos2=s.find_last_of(basic_string{p,n},pos)
pos2=s.find_first_not_of(x,pos)	在 s[pos:s.size()) 中查找非 x 中的字符；pos2 为 s[pos:s.size()) 中第一个不是来自于 x 中的字符的位置或 string::npos
pos=s.find_first_not_of(x)	pos=s.find_first_not_of(x,0)
pos2=s.find_first_not_of(p,pos,n)	pos2=s.find_first_not_of(basic_string{p,n},pos)
pos2=s.find_last_not_of(x,pos)	在 s[0:pos) 中查找非 x 中的字符；pos 为最接近 s 末尾的不是来自于 x 中的字符的位置或 string::npos
pos=s.find_last_not_of(x)	pos=s.find_last_not_of(x,0)
pos2=s.find_last_not_of(p,pos,n)	pos=s.find_last_not_of(basic_string{p,n},pos)

例如：

```
string s {"accdcde"};

auto i1 = s.find("cd");                 // i1==2 s[2=='c' && s[3]=='d'
auto i2 = s.rfind("cd");                // i2==4 s[4]=='c' && s[5]=='d'

auto i3 = s.find_first_of("cd");        // i3==1 s[1]=='c'
auto i4 = s.find_last_of("cd");         // i4==5 s[5]=='d'
auto i5 = s.find_first_not_of("cd");    // i5==0 s[0]!='c' && s[0]!='d'
auto i6 = s.find_last_not_of("cd");     // i6==6 s[6]!='c' && s[6]!='d'
```

36.3.8 子串

basic_string 提供了子串的底层表示：

basic_string<C,Tr,A> 子串（iso.21.4.7.8）	
s2=s.substr(pos,n)	s2=basic_string(&s[pos],m)，其中 m=min(s.size()-pos,n)
s2=s.substr(pos)	s2=s.substr(pos,string::npos)
s2=s.substr()	s2=s.substr(0,string::npos)

注意，substr() 创建一个新字符串：

```
void user()
{
        string s = "Mary had a little lamb";
```

```
        string s2 = s.substr(0,4);        // s2 == "Mary"
        s2 = "Rose";                      // 不会改变 s
    }
```

我们可以比较子串：

basic_string<C,Tr,A> 比较（iso.21.4.7.9）	
n=s.compare(s2)	按字典序比较 s 和 s2；用 char_traits<C>::compare() 进行比较；若 s==s2 则 n=0；若 s<s2 则 n<0；若 s>s2 则 n>0；不抛出异常
n2=s.compare(pos,n,s2)	n2=basic_string{s,pos,n}.compare(s2)
n2=s.compare(pos,n,s2,pos2,n2)	n2=basic_string{s,pos,n}.compare(basic_string{s2,pos2,n2})
n=s.compare(p)	n=s.compare(basic_string{p});；p 是一个 C 风格字符串
n2=s.compare(pos,n,p)	n2=basic_string{s,pos,n}.compare(basic_string{p})；p 是一个 C 风格字符串
n2=s.compare(pos,n,p,n2)	n2=basic_string{s,pos,n}.compare(basic_string{p,n2})；p 是一个 C 风格字符串

例如：

```
void f()
{
    string s = "Mary had a little lamb";
    string s2 = s.substr(0,4);       // s2 == "Mary"
    auto i1 = s.compare(s2);         // i1 是正数
    auto i2 = s.compare(0,4,s2);     // i2==0
}
```

这种显式使用常量表示位置和长度的代码很脆弱、很容易出错。

36.4 建议

[1] 使用字符分类而非手工编写的代码检查字符范围；36.2.1 节。

[2] 如果实现类字符串的抽象，使用 character_traits 实现字符上的操作；36.2.2 节。

[3] 可用 basic_string 创建任意字符类型的字符串；36.3 节。

[4] 将 string 用作变量和成员而非基类；36.3 节。

[5] 优先选择 string 操作而非 C 风格字符串函数；36.3.1 节。

[6] 以传值方式返回 string（依赖移动语义）；36.3.2 节。

[7] 将 string::npos 表示“string 剩余部分”；36.3.2 节。

[8] 不要将 nullptr 传递给接受 C 风格字符串的 string 函数；36.3.2 节。

[9] string 可以按需增长和收缩；36.3.3 节。

[10] 当需要进行范围检查时，使用 at() 而非迭代器或 []；36.3.3 节，36.3.6 节。

[11] 当需要优化速度时，使用迭代器或 [] 而非 at()；36.3.3 节，36.3.6 节。

[12] 如果使用 string，应在程序某些地方捕获 length_error 和 out_of_range；36.3.3 节。

[13] （仅）在必要时，用 c_str() 生成 string 的 C 风格字符串表示；36.3.3 节。

[14] string 输入是类型敏感的且不会溢出；36.3.4 节。

[15] 优先选择 string_stream 或通用的值抽取函数（例如 to<X>）而非直接使用 str* 系列数值转换函数；36.3.5 节。

[16] 使用 find() 操作在 string 中定位元素（而不是自己编写循环）；36.3.7 节。

[17] 直接或间接使用 substr() 读取子串，用 replace() 写入子串；36.3.8 节。

正则表达式

如果代码和注释不一致，
则可能两者都错了。

——诺姆·施赖尔

- 正则表达式
  正则表达式符号表示
- regex
  匹配结果；格式化
- 正则表达式函数
  regex_match()；regex_search()；regex_replace()
- 正则表达式迭代器
  regex_iterator；regex_token_iterator
- regex_traits
- 建议

37.1 正则表达式

在 <regex> 中，标准库提供了对正则表达式的支持：

- regex_match()：匹配正则表达式和（已知长度的）字符串。
- regex_search()：在一个（任意长的）数据流中搜索匹配正则表达式的字符串。
- regex_replace()：在一个（任意长的）数据流中搜索匹配正则表达式的字符串并替换它们。
- regex_iterator：用来遍历匹配结果和子匹配的迭代器。
- regex_token_iterator：用来遍历未匹配部分的迭代器。

regex_search() 的集合是一组匹配集合，通常表示为一个 smatch：

```
void use()
{
    ifstream in("file.txt");      // 输入文件
    if (!in) cerr << "no file\n";

    regex pat {R"(\w{2}\s*\d{5}(-\d{4})?)"};    // 美国邮政编码模式

    int lineno = 0;
    for (string line; getline(in,line);) {
        ++lineno;
        smatch matches;     // 匹配的字符串保存在这里
        if (regex_search(line, matches, pat)) {
            cout << lineno << ": " << matches[0] << '\n';    // 完整匹配结果
            if (1<matches.size() && matches[1].matched)
```

```
                    cout << "\t: " << matches[1] << '\n'; // 子匹配
                }
            }
        }
```

这个函数读取一个文件，从中查找美国邮政编码，例如 TX77845 和 DC 20500-0001。smatch 类型就是保存正则表达式匹配结果的容器。在本例中，matches[0] 保存完整的匹配结果，matches[1] 保存可选的四数字子模式。在本例中我使用了裸字符串字面常量（见 7.3.2.1 节），它特别适合正则表达式，因为正则表达式中会包含大量反斜线。假如我使用普通字符串字面常量，模式定义就必须写成：

```
regex pat {"\\w{2}\\s*\\d{5}(-\\d{4})?"};    // 美国邮政编码模式
```

正则表达式语法和语义的设计目标是令正则表达式能编译为状态机并高效执行 [Cox, 2007]。类型 regex 在运行时完成这种编译。

37.1.1 正则表达式符号表示

regex 库支持多种正则表达式符号表示方式（见 37.2 节）。在此，我首先介绍默认的符号表示——用于 ECMAscript（更常用的名称是 JavaScript）的 ECMA 标准的一种变体。

正则表达式的语法基于特殊含义字符：

正则表达式特殊字符			
.	任意单个字符（“通配符”）	\	下一个字符有特殊含义
[	字符类开始	*	零次或多次重复
]	字符类结束	+	一次或多次重复
{	指定次数重复开始	?	可选（零次或一次）
}	指定次数重复结束	|	二选一（或运算）
(	分组开始	^	行开始；表示否定
)	分组结束	$	行结束

例如，我们可以指定一个模式是以零个或多个 A 开始一行，后接一个或多个 B，最后是一个可选的 C 结束这行：

```
^A*B+C?$
```

下面这些字符串与此模式匹配：

```
AAAAAAAAAAAABBBBBBBBBC
BC
B
```

下面这些字符串与此模式不匹配：

```
AAAAA           // 没有 B
  AAAABC        // 多了前导空格
AABBCC          // 多于一个 C
```

模式的一个组成部分如果被括号所包围，则它构成一个子模式（可从 smatch 中独立抽取出来）。

通过添加后缀，可以指定一个模式是可选的或是重复多次的（默认只出现一次）：

重复	
{n}	严格重复 n 次
{n,}	重复 n 次或更多次
{n,m}	至少重复 n 次，最多 m 次
*	零次或多次，即，{0,}
+	一次或多次，即，{1,}
?	可选的（零次或一次），即，{0,1}

例如下面的正则表达式：

```
A{3}B{2,4}C*
```

下面两个字符串与之匹配：

```
AAABBC
AAABBB
```

下面几个字符串与之不匹配：

```
AABBC          // A 太少
AAABC          // B 太少
AAABBBBBCCC    // B 太多
```

如果在任何重复符号之后放一个后缀 ?，会使模式匹配器变得“懒惰”或者说“不贪心”。即，当查找一个模式时，会查找最短匹配而非最长匹配。而默认情况下，模式匹配器总是查找最长匹配（类似 C++ 的最长匹配法则，*Max Munch rule*；见 10.3 节）。考虑下面的字符串：

```
ababab
```

模式 (ab) * 匹配整个字符串 ababab，而 (ab) *? 只匹配第一个 ab。

下表列出了最常用的字符集：

字符集	
alnum	任意字母数字字符
alpha	任意字母字符
blank	任意空白符，但不能是行分隔符
cntrl	任意控制字符
d	任意十进制数字
digit	任意十进制数字
graph	任意图形字符
lower	任意小写字符
print	任意可打印字符
punct	任意标点
s	任意空白符
space	任意空白符
upper	任意大写字符
w	任意单词字符（字母数字字符再加上下划线）
xdigit	任意十六进制数字

一些字符集还支持简写表示：

字符集简写		
\d	一个十进制数字	[[:digit:]]
\s	一个空白符（空格、制表符等等）	[[:space:]]
\w	一个字母（a-z）或数字（0-9）或下划线（_）	[_[:alnum:]]
\D	除 \d 之外的字符	[^[:digit:]]
\S	除 \s 之外的字符	[^[:space:]]
\W	除 \w 之外的字符	[^[:alnum:]]

此外，支持正则表达式的语言通常还提供如下字符集简写：

非标准（但常见的）字符集简写		
\l	一个小写字符	[[:lower:]]
\u	一个大写字符	[[:upper:]]
\L	除 \l 之外的字符	[^[:lower:]]
\U	除 \u 之外的字符	[^[:upper:]]

为了保证可移植性，应使用完整的字符集名而不是简写。

考虑这样一个例子：编写一个模式，描述 C++ 标识符——以一个下划线或字母开头，后接一个由字母、数字或下划线组成的序列（可以是空序列）。为了展示其中的微妙之处，下面给出一些错误的模式：

```
[:alpha:][:alnum:]*             // 错误：表示字符集应该在外边再加上中括号对
[[:alpha:]][[:alnum:]]*         // 错误：没有接受下划线（'_' 不是字母）
([[:alpha:]]|_)[[:alnum:]]*     // 错误：下划线不属于字母数字
([[:alpha:]]|_)([[:alnum:]]|_)*     // 正确，但太笨拙了
[[:alpha:]_][[:alnum:]_]*           // 正确：在字符集中包含了下划线
[_[:alpha:]][_[:alnum:]]*           // 变换了顺序，也是正确的
[_[:alpha:]]\w*                     // \w 等价于 [_[:alnum:]]
```

最后，下面的函数用最简单的 regex_match() 版本（见 37.3.1 节）来检查一个字符串是否是一个标识符：

```
bool is_identifier(const string& s)
{
    regex pat {"[_[:alpha:]]\\w*"};
    return regex_match(s,pat);
}
```

注意，使用两个反斜线是为了在一个普通字符串字面常量中包含一个普通反斜线字符。而通常情况下，反斜线用来表示下一个字符有特殊含义：

特殊字符（iso.2.14.3，6.2.3.2 节）	
\n	换行
\t	制表符
\\	一个反斜线
\xhh	用两位十六进制数表示的 Unicode 字符
\uhhhh	用四位十六进制数表示的 Unicode 字符

对于反斜线，regex 库还提供了另外两种逻辑上不同的用途，这进一步增加了混淆的可能：

特殊字符（iso.28.5.2，37.2.2 节）	
\b	一个单词的首字符或尾字符（“边界字符”）
\B	非 \b 的字符
\i	模式中第 i 个 sub_match

使用裸字符串字面常量可缓解很多特殊字符问题，例如：

```
bool is_identifier(const string& s)
{
    regex pat {R"([_[:alpha:]]\w*)"};
    return regex_match(s,pat);
}
```

下面是一些模式的例子：

```
Ax*             // A, Ax, Axxxx
Ax+             // Ax, Axxx                 A 不匹配
\d-?\d          // 1-2, 12                  1--2 不匹配
\w{2}-\d{4,5}   // Ab-1234, XX-54321, 22-5432   数字也属于 \w
(\d*:)?(\d+)    // 12:3, 1:23, 123, :123    123: 不匹配
(bs|BS)         // bs, BS                   bS 不匹配
[aeiouy]        // a, o, u                  英语元音字母，x 不匹配
[^aeiouy]       // x, k                     非元音字母，e 不匹配
[a^eiouy]       // a, ^, o, u               元音字母或 ^
```

在一个正则表达式中，被括号限定的部分形成一个 group（子模式），通过 sub_match 来表示。如果你需要用括号但又不想定义一个子模式，则应使用 (? 而不是普通的 (。例如：

```
(\s|:|,)*(\d*)     // 空白符、冒号或逗号，后接一个数
```

假设我们对数之前的字符不感兴趣（可能是分隔符），则可写成：

```
(?\s|:|,)*(\d*)    // 空白符、冒号或逗号，后接一个数
```

这样，正则表达式引擎就不必保存第一个字符：(? 使得只有数字部分才是子模式。

正则表达式分组例子	
\d*\s\w+	无分组（子模式）
(\d*)\s(\w+)	两个分组
(\d*)(\s(\w+))+	两个分组（分组不支持嵌套）
(\s*\w*)+	一个分组，但有一个或多个子模式；只有最后一个子模式保存为一个 sub_match
<(.*?)>(.*?)</\1>	三个分组；\1 表示“与分组 1 一样”

最后一个模式对于 XML 文件的解析很有用。它可以查找标签起始和结束的标记。注意，对标签起始和结束间的子模式，我使用了非贪心匹配（懒惰匹配）.*?。假如我使用普通的匹配策略 .*，下面这个输入就会导致问题：

```
Always look for the <b>bright</b> side of <b>life</b>.
```

如果对第一个子模式采用贪心匹配策略，则会将第一个 < 与最后一个 > 配对。而对第二个子模式采用贪心匹配策略则将第一个 <b> 与最后一个 </b> 配对。两者都是正确的，但结果也许不是程序员所期望的。

我们可以用可选项（见 37.2 节）来改变正则表达式符号表示的细节。例如，如果使用 regex_

constants::grep，则 a?x:y 是一个五个普通字符的序列，因为在 grep 语法中 ? 不表示“可选”的含义。

有关正则表达式更为详尽的介绍，请参阅 [Friedl, 1997]。

37.2 regex

正则表达式就是从字符序列（如 string）构造的一个匹配引擎（matching engine，通常是一个状态机）：

```
template<class C, class traits = regex_traits<C>>
class basic_regex {
public:
      using value_type = C;
      using traits_type = traits;
      using string_type = typename traits::string_type;
      using flag_type = regex_constants::syntax_option_type;
      using locale_type = typename traits::locale_type;
      ~basic_regex();// 非虚函数；basic_regex 不被用作基类
      // ...
};
```

regex_traits 将在 37.5 节中介绍。

类似 string，regex 是使用 char 的特例化版本的别名：

```
using regex = basic_regex<char>;
```

正则表达式模式的含义由 syntax_option_type 常量控制，regex_constants 和 regex 中都有其定义，两个定义是等价的：

	basic_regex<C,Tr> 成员常量（syntax_option_type，iso.28.5.1）
icase	匹配时不区分大小写
nosubs	在匹配结果中不保存子表达式
optimize	优先选择快速匹配而非快速正则表达式对象构造
collate	[a-b] 形式的字符范围是区域敏感的
ECMAScript	正则表达式语法采用 ECMA-262 中 ECMAScript 所使用的语法（有微小改动；iso.28.13）
basic	正则表达式语法为 POSIX 中使用的基本正则表达式
extended	正则表达式语法为 POSIX 中使用的扩展正则表达式
awk	正则表达式语法为 POSIX awk 所使用的语法
grep	正则表达式语法为 POSIX grep 所使用的语法
egrep	正则表达式语法为 POSIX grep -E 所使用的语法

除非你有充分的理由，否则请使用默认设置。“充分”的理由包括让已有的大量非默认表示方式的正则表达式能正确工作。

我们可以从一个 string 或类似的字符序列构造 regex 对象：

	basic_regex<C,Tr> 构造函数（iso.28.8.2）
basic_regex r {};	默认构造函数：构造一个空模式；标志设置为 regex_constants:: ECMAScript
basic_regex r {x,flags};	x 可以是一个 basic_regex、一个 string、一个 C 风格字符串或一个 initializer_list<value_type>，表示方式设置为 flags；显式构造函数
basic_regex r {x};	basic_regex{x,regex_constants::ECMAScript}；显式构造函数

（续）

basic_regex<C,Tr> 构造函数（iso.28.8.2）	
basic_regex r {p,n,flags};	用 [p:p+n) 中的字符构造 r，表示方式由 flags 定义
basic_regex r {p,n};	basic_regex{p,n,regex_constants::ECMAScript}
basic_regex r {b,e ,flags}	用 [b:e) 中的字符构造 r，表示方式由 flags 定义
basic_regex r {b,e};	basic_regex{b,e ,regex_constants::ECMAScript}

我们主要通过搜索、匹配和替换函数（见 37.3 节）来使用 regex，但 regex 自身也提供少量操作：

basic_regex<C,Tr> 操作（iso.28.8）	
r=x	拷贝赋值操作：x 可以是一个 basic_regex、一个 C 风格字符串、一个 basic_string 或一个 initializer_list<value_type>
r=move(r2)	移动赋值操作
r=r.assign(r2)	拷贝或移动
r=r.assign(x,flags)	拷贝或移动；将 r 的标志设置为 flags，x 可以是一个 basic_string、一个 C 风格字符串或一个 initializer_list<value_type>
r=r.assign(x)	r=r.assign(x,regex_constants::ECMAScript)
r=r.assign(p,n,flags)	将 r 的模式设置为 [p:p+n)，标志设置为 flags
r=r.assign(b,e,flags)	将 r 的模式设置为 [b:e)，标志设置为 flags
r=r.assign(b,e)	r=r.assign(b,e,regex_constants::ECMAScript)
n=r.mark_count()	n 为 r 中标记的子表达式的数目
x=r.flags()	x 为 r 的 flags
loc2=r.imbue(loc)	将 r 的区域设置为 loc；loc2 为 r 的旧 locale
loc=r.getloc()	loc 为 r 的 locale
r.swap(r2)	交换 r 和 r2 的值

可以通过调用 getloc() 获得一个 locale 或 regex，以及通过调用 flags() 获知标志是怎样的，但不幸的是，没有（标准的）方法来读取模式。如果需要输出模式，只能在初始化时保留一个副本。例如：

```
regex pat1 {R"(\w+\d*)"};          // 无法输出 pat1 中的模式

string s {R"(\w+\d*)"};
regex pat2 {s};
cout << s << '\n';                 // pat2 中的模式
```

37.2.1 匹配结果

正则表达式匹配的结果被收集在一起，保存在一个 match_results 对象中，它包含一个或多个 sub_match 对象：

```
template<class Bi>
class sub_match : public pair<Bi,Bi> {
public:
      using value_type = typename iterator_traits<Bi>::value_type;
      using difference_type = typename iterator_traits<Bi>::difference_type;
      using iterator = Bi;
      using string_type = basic_string<value_type>;
```

```
        bool matched; // 若 *this 包含一个匹配，则为 true
        // ...
};
```

Bi 必须是一个双向迭代器（见 33.1.2 节）。一个 sub_match 可以看作一对迭代器，指向进行匹配的字符串。

sub_match<Bi> 操作	
sub_match sm {};	默认构造函数：一个空序列；constexpr
n=sm.length()	n 为匹配的字符数
s=sm	sub_match 到 basic_string 的隐式转换，s 是一个包含匹配字符的 basic_string
s=sm.str()	s 是一个包含匹配字符的 basic_string
x=sm.compare(x)	字典序比较：sm.str().compare(x)；x 可以是一个 sub_match、一个 basic_string 或一个 C 风格字符串
x==y	x 等于 y？ x 和 y 可以是一个 sub_match 或一个 basic_string
x!=y	!(x==y)
x<y	在字典序上 x 小于 y？
x>y	y<x
x<=y	!(x>y)
x>=y	!(x<y)
sm.matched	若 sm 包含一个匹配，则结果为 true，否则为 false

例如：

```
regex pat ("<(.*?)>(.*?)</(.*?)>");

string s = "Always look for the <b> bright </b> side of <b> death </b>";

if (regex_search(s1,m,p2))
        if (m[1]==m[3]) cout << "match\n";
```

输出为 match。

一个 match_results 就是一个 sub_match 的容器：

```
template<class Bi, class A = allocator<sub_match<Bi>>
class match_results {
public:
        using value_type = sub_match<Bi>;
        using const_reference = const value_type&;
        using reference = const_reference;
        using const_iterator = /*由实现定义 */;
        using iterator = const_iterator;
        using difference_type = typename iterator_traits<Bi>::difference_type;
        using size_type = typename allocator_traits<A>::size_type;
        using allocator_type = A;
        using char_type = typename iterator_traits<Bi>::value_type;
        using string_type = basic_string<char_type>;

        ˜match_results();      // 不是虚函数

        // ...
};
```

Bi 必须是一个双向迭代器（见 33.1.2 节）。

类似 basic_string 和 basic_ostream，标准库为最常见的 match_results 提供了一些标准别名：

```
using cmatch = match_results<const char*>;                    // C 风格字符串
using wcmatch = match_results<const wchar_t*>;                // C 风格宽字符串
using smatch = match_results<string::const_iterator>;         // string
using wsmatch = match_results<wstring::const_iterator>;       // wstring
```

match_results 提供了访问其匹配字符串、sub_match 和匹配之前 / 之后字符的操作：

	m[0]			
m.prefix()	m[1]	...	m[m.size()]	m.suffix()

match_results 也提供一些常规操作：

regex<C,Tr> 匹配和子匹配操作（iso.28.9，iso.28.10）	
match_results m {};	默认构造函数：使用 allocator_type{}
match_results m {a};	使用分配器 a；显式构造函数
match_results m {m2};	拷贝和移动构造函数
m2=m	拷贝赋值操作
m2=move(m)	移动赋值操作
m.˜match_results()	析构函数：释放所有资源
m.ready()	m 保存了一个完整的匹配结果？
n=m.size()	n-1 为 m 中子表达式的数目；若 m 中没有匹配结果，则 n==0
n=m.max_size()	n 为 m 中 sub_match 的最大可能数目
m.empty()	m.size()==0？
r=m[i]	r 为指向 m 的第 i 个 sub_match 的 const 引用；m[0] 表示完整匹配；若 i>=size()，m[i] 指向一个表示未匹配子表达式的 sub_match
n=m.length(i)	n=m[i].length()；m[i] 的字符数
n=m.length()	n=m.length(0)
pos=m.position(i)	pos=m[i].first；m[i] 的首字符
pos=m.position()	pos=m.position(0)
s=m.str(i)	s=m[i].str()；m[i] 的字符串表示
s=m.str()	s=m.str(0)
sm=m.prefix()	sm 是一个 sub_match，表示输入字符串中在匹配结果之前的与 m 不匹配的字符
sm=m.suffix()	sm 是一个 sub_match，表示输入字符串中在匹配结果之后的与 m 不匹配的字符
p=m.begin()	p 指向 m 的第一个 sub_match
p=m.end()	p 指向 m 的最后一个 sub_match 之后的位置
p=m.cbegin()	p 指向 m 的第一个 sub_match（const 迭代器）
p=m.cend()	p 指向 m 的最后一个 sub_match 之后的位置（const 迭代器）
a=m.get_allocator()	a 为 m 的分配器
m.swap(m2)	交换 m 和 m2 的状态
m==m2	m 和 m2 的 sub_match 值相等吗？
m!=m2	!(m==m2)

我们可以对 regex_match 进行下标操作来访问 sub_match，例如 m[i]。如果一个下标 i 指向一个不存在的 sub_match，则 m[i] 的结果表示一个未匹配的 sub_match。例如：

```
void test()
{
	regex pat ("(AAAA)(BBB)?");
	string s = "AAAA";
	smatch m;
	regex_search(s,m,pat);

	cout << boolalpha;
	cout << m[0].matched << '\n';		// true：我们找到了一个匹配
	cout << m[1].matched << '\n';		// true：存在第一个 sub_match
	cout << m[2].matched << '\n';		// false：不存在第二个 sub_match
	cout << m[3].matched << '\n';		// false：pat 不存在第三个 sub_match
}
```

37.2.2 格式化

在 regex_replace() 中，用 format() 进行格式化：

regex<C,Tr> 格式化（iso.28.10.5） 用 match_flag_type 选项控制格式化	
out=m.format(out,b,e,flags)	拷贝 [b:e) 到 out；用格式字符替换 m 中的子匹配
out=m.format(out,b,e)	out=m.format(out,b,e,regex_constants::format_default)
out=m.format(out,fmt,flags)	out=m.format(out,begin(fmt),end(fmt),flags)；fmt 可以是一个 basic_string 或一个 C 风格字符串
out=m.format(out,fmt)	out=m.format(out,fmt,regex_constants::format_default)
s=m.format(fmt,flags)	s 构造为 fmt 的一个拷贝；用格式字符替换 m 中的子匹配；fmt 可以是一个 basic_string 或一个 C 风格字符串
s=m.format(fmt)	s=m.format(fmt,reg ex_constants::format_default)

格式串中可以包含格式化字符：

格式化替换符号	
$&	匹配部分
$‘	前缀部分
$’	后缀部分
$i	第 i 个子匹配，如 $1
$ii	第 ii 个子匹配，如 $12
$$	不表示匹配，表示普通字符 $

示例请见 37.3.3 节。

format() 进行格式化的细节是由一组选项（标志）控制的：

regex<C,Tr> 格式化选项（regex_constants::match_flag_type；iso.28.5.2）	
format_default	使用 ECMAScript（ECMA-26）规则（见 iso.28.1.3）
format_sed	使用 POSIX sed 符号表示
format_no_copy	只拷贝匹配结果
format_first_only	只有正则表达式第一次出现的匹配才被拷贝

37.3　正则表达式函数

regex 库提供了一些将正则表达式模式应用于数据的函数，其中 regex_search() 用于在字符序列中搜索模式，regex_match() 用于匹配固定长度的字符序列，而 regex_replace() 用于替换模式。

匹配操作的细节由一组选项（标志）控制：

regex<C,Tr> 匹配操作（regex_constants::match_flag_type；iso.28.5.2）	
match_not_bol	字符 ^ 不被认为是“行开始”的含义
match_not_eol	字符 $ 不被认为是“行结束”的含义
match_not_bow	\b 不匹配子序列 [first:first)
match_not_eow	\b 不匹配子序列 [last:last)
match_any	如果存在多于一个匹配，则任何一个都是可接受的
match_not_null	不匹配空序列
match_continuous	只匹配从 first 开始的子序列
match_prev_avail	--first 是一个合法的迭代器位置

37.3.1　regex_match()

为了查找与已知长度的完整序列（例如一行文本）匹配的模式，可使用 regex_match()：

正则表达式匹配（iso.28.11.2）	
匹配由 match_flag_type 选项控制（见 37.3 节）	
regex_match(b,e,m,pat,flags)	输入 [b:e) 匹配 regex 模式 pat？将结果存入 match_results m；使用选项 flags
regex_match(b,e,m,pat)	regex_match(b,e,m,pat,regex_constants::match_default)
regex_match(b,e,pat,flags)	输入 [b:e) 匹配 regex 模式 pat？使用选项 flags
regex_match(b,e,pat)	regex_match(b,e,pat,regex_constants::match_default)
reg ex_match(x,m,pat,flags)	输入 x 匹配 regex 模式 pat？ x 可以是一个 basic_string 或一个 C 风格字符串；将结果存入 match_results m；使用选项 flags
regex_match(x,m,pat)	regex_match(x,m,pat,regex_constants::match_default)
regex_match(x,pat,flags)	输入 x 匹配 regex 模式 pat？ x 可以是一个 basic_string 或一个 C 风格字符串；使用选项 flags
regex_match(x,pat)	regex_match(x,pat,regex_constants::match_default)

例如，考虑一个朴素的程序，它验证一个表格的格式。如果表格格式合乎要求，程序会输出“all is well”到 cout；否则会将错误消息输出到 cerr。一个表格由若干行组成，每行包含四个由制表符分隔的字段，第一行（标题行）除外，第一行可能只有三个字段。例如：

```
Class   Boys   Girls   Total
1a      12     15      27
1b      16     14      30
Total   28     29      57
```

每行每列的数值都已累加，结果放在最后一列和最后一行。

程序首先读取标题行，然后读取每行数值并进行累加，直至到达最后一行“Total”：

```
int main()
{
	ifstream in("table.txt");	// 输入文件
	if (!in) cerr << "no file\n";

	string line;	// 输入缓冲区
	int lineno = 0;

	regex header {R"(^[\w ]+(\t[\w ]+)*$)"};	// 制表符间隔的单词
	regex row {R"(^([\w ]+)(\t\d+)(\t\d+)(\t\d+)$)"};	// 一个标签后接制表符分隔的三个数值

	if (getline(in,line)) {	// 检查并丢弃标题行
		smatch matches;
		if (!regex_match(line,matches,header))
			cerr << "no header\n";
	}

	int boys = 0;	// 数值总计
	int girls = 0;
	while (getline(in,line)) {
		++lineno;
		smatch matches;	// 子匹配保存在这里

		if (!regex_match(line,matches,row))
			cerr << "bad line: " << lineno << '\n';

		int curr_boy = stoi(matches[2]);	// 关于 stoi() 见 36.3.5 节
		int curr_girl = stoi(matches[3]);
		int curr_total = stoi(matches[4]);
		if (curr_boy+curr_girl != curr_total) cerr << "bad row sum \n";

		if (matches[1]=="Total") {	// 最后一行
			if (curr_boy != boys) cerr << "boys do not add up\n";
			if (curr_girl != girls) cerr << "girls do not add up\n";
			cout << "all is well\n";
			return 0;
		}
		boys += curr_boy;
		girls += curr_girl;
	}

	cerr << "didn't find total line\n")
	return 1;
}
```

37.3.2 regex_search()

为了在序列（如一个文件）中查找一个模式，可使用 regex_search()：

正则表达式搜索（iso.28.11.3） 匹配由 match_flag_type 选项控制（见 37.3 节）	
regex_search(b,e,m,pat,flags)	输入 [b:e) 包含匹配 regex 模式 pat 的部分？将结果存入 match_results m；使用选项 flags
regex_search(b,e,m,pat)	regex_match(b,e,m,pat,regex_constants::match_default)
regex_search(b,e,pat,flags)	输入 [b:e) 包含匹配 regex 模式 pat 的部分？使用选项 flags

（续）

正则表达式搜索（iso.28.11.3）	
regex_search(b,e,pat)	regex_search(b,e,pat,regex_constants::match_default)
regex_ search(x,m,pat,flags)	输入 x 包含匹配 regex 模式 pat 的部分？ x 可以是一个 basic_string 或一个 C 风格字符串；将结果存入 match_results m；使用选项 flags
regex_search(x,m,pat)	regex_search(x,m,pat,regex_constants::match_default)
regex_search(x,pat,flags)	输入 x 包含匹配 regex 模式 pat 的部分？ x 可以是一个 basic_string 或一个 C 风格字符串；使用选项 flags
regex_search(x,pat)	regex_search(x,pat,regex_constants::match_default)

例如，我可以像下面这样查找我的名字的一些常见拼写错误：

```
regex pat {"[Ss]tro?u?v?p?stra?o?u?p?b?"};

smatch m;
for (string s; cin>>s; )
        if (regex_search(s,m,pat))
            if (m[0]!="stroustrup" && m[0]!="Stroustrup" )
                cout << "Found: " << m[0] << '\n';
```

给定一些输入，这段代码会输出 Stroustrup 的错误拼写，例如：

```
Found: strupstrup
Found: Strovstrup
Found: stroustrub
Found: Stroustrop
```

注意，即使模式“隐藏”在其他字符中间，regex_search() 也能找到。例如，它能找到 abstrustrubal 中的 strustrub。如果你希望模式匹配整个字符串，应使用 regex_match()（见 37.3.1 节）。

37.3.3 regex_replace()

为了替换序列（例如一个文件）中匹配模式的部分，可使用 regex_replace()：

正则表达式替换（iso.28.11.4） 匹配由 match_flag_type 选项控制（见 37.3 节）	
out=regex_replace(out,b,e,pat,fmt,flags)	在 [b:e) 中搜索 regex 模式 pat，拷贝到 out；若在序列中找到匹配 pat 的部分，按 fmt 指出的格式将其拷贝到 out；flags 控制 pat 如何匹配以及 fmt 如何影响拷贝模式；fmt 可以是一个 basic_string 或一个 C 风格字符串
out=regex_replace(out,b,e,pat,fmt)	out=regex_replace(out,b,e,pat,fmt, regex_constants::match_defaults)
s=regex_replace(x,pat,fmt,flags)	在 x 中搜索 regex 模式 pat，拷贝到 s；若在序列中找到匹配 pat 的部分，按 fmt 指出的格式将其拷贝到 out；flags 控制 pat 如何匹配以及 fmt 如何影响拷贝模式；x 可以是一个 basic_string 或一个 C 风格字符串；fmt 可以是一个 basic_string 或一个 C 风格字符串
s=regex_replace(x,pat,fmt)	s=regex_replace(x,pat,fmt,regex_constants::match_defaults)

格式拷贝是用 regex 的 format() 实现的（见 37.2.2 节），它采用 $ 前缀符号，例如，$& 表示完整匹配，$2 表示第二个子匹配。下面是一个小的测试程序，它接受一个单词和数值对组成的字符串，按每行一对 { 单词，数值 } 的格式输出：

```
void test1()
{
        string input {"x 1 y2 22 zaq 34567"};
        regex pat {"(\w+)\s(\d+)"};        // 单词 空白符 数值
        string format {"{$1,$2}\n"};

        cout << regex_replace(input,pat,format);
}
```

这个测试函数会输出：

```
{x,1}
 {y2,22}
 {zaq,34567}
```

注意行首恼人的空格。默认情况下，regex_replace() 会将未匹配的字符拷贝到其输出目标，因此，与 pat 不匹配的两个空格会被打印出来。

为了去掉这类空白符，我们可以使用 format_no_copy 选项（见 37.2.2 节）：

```
cout << regex_replace(input,pat,format,regex_constants::format_no_copy);
```

现在，输出变为：

```
{x,1}
{y2,22}
{zaq,34567}
```

子匹配不一定按顺序输出：

```
void test2()
{
        string input {"x 1 y 2 z 3"};
        regex pat {"(\w)\s(\d+)"}; // 单词 空白符 数值
        string format {"$2: $1\n"};
```

现在，输出变为：

```
1: x
22: y2
34567: zeq
```

37.4　正则表达式迭代器

regex_search() 函数允许我们在数据流中查找给定模式的第一次出现。如果我们希望查找模式出现的所有位置并对这些匹配执行一些操作，又该如何做呢？如果数据组织为容易识别的行或记录的序列，我们可以遍历这些行或记录，并对它们应用 regex_match()。如果我们希望简单地替换模式的每个匹配，则可使用 regex_replace()。如果我们希望遍历一个字符序列，对模式的每个匹配执行一些操作，则可使用 regex_iterator。

37.4.1　regex_iterator

一个 regex_iterator 实质上是一个双向迭代器。当递增它时，会在序列中搜索模式的下一个匹配：

```
template<class Bi,
            class C = typename iterator_traits<Bi>::value_type,
            class Tr = typename regex_traits<C>::type>
class regex_iterator {
```

```
public:
        using regex_type = basic_regex<C,Tr>;
        using value_type = match_results<Bi>;
        using difference_type = ptrdiff_t;
        using pointer = const value_type*;
        using reference = const value_type&;
        using iterator_category = forward_iterator_tag;
        // ...
}
```

regex_traits 将在 37.5 节中介绍。

regex 库提供了常用的别名：

```
using cregex_iterator = regex_iterator<const char*>;
using wcregex_iterator = regex_iterator<const wchar_t*>;
using sregex_iterator = regex_iterator<string::const_iterator>;
using wsregex_iterator = regex_iterator<wstring::const_iterator>;
```

regex_iterator 支持最低限度的迭代器操作：

regex_iterator<Bi,C,Tr>（iso.28.12.1）	
regex_iterator p {};	p 为序列尾
regex_iterator p {b,e,pat,flags};	遍历 [b:e)，查找匹配 pat 的部分，匹配方式由 flags 控制
regex_iterator p {b,e,pat}	p 初始化为 {b,e,pat,regex_constants::match_default}
regex_iterator p {q};	拷贝构造函数（无移动构造函数）
p=q	拷贝赋值操作（无移动赋值操作）
p==q	p 与 q 指向相同的 sub_match？
p!=q	!(p==q)
c=*p	c 为当前的 sub_match
x=p->m	x=(*p).m
++p	令 p 指向其模式的下一个出现位置
q=p++	q=p，然后 ++p

regex_iterator 适配双向迭代器，因此我们不能直接遍历 istream。

我们以下面的程序为例，它输出一个 string 中所有以空白符分隔的单词：

```
void test()
{
        string input = "aa as; asd ++e^asdf asdfg";
        regex pat {R"(\s+(\w+))"};
        for (sregex_iterator p(input.begin(),input.end(),pat); p!=sregex_iterator{}; ++p)
                cout << (*p)[1] << '\n';
}
```

此程序输出：

```
as
asd
asdfg
```

注意，我们遗漏了第一个单词 aa，因为它没有前导空白符。如果我们将模式简化为 R"((\ew+))"，则得到：

```
aa
as
asd
```

```
e
asdf
asdfg
```

不能通过一个 regex_iterator 写入数据。此外，regex_iterator{} 唯一表示序列尾。

37.4.2　regex_token_iterator

我们可以用 regex_iterator 遍历查找到的 match_results 的 sub_match，regex_token_iterator 是其适配器：

```
template<class Bi,
      class C = typename iterator_traits<Bi>::value_type,
      class Tr = typename regex_traits<C>::type>
class regex_token_iterator {
public:
      using regex_type = basic_regex<C,Tr>;
      using value_type = sub_match<Bi>;
      using difference_type = ptrdiff_t;
      using pointer = const value_type*;
      using reference = const value_type&;
      using iterator_category = forward_iterator_tag;
      // ...
```

regex_traits 将在 37.5 节中介绍。

regex 库提供了常用的别名：

```
using cregex_token_iterator = regex_token_iterator<const char*>;
using wcregex_token_iterator = regex_token_iterator<const wchar_t*>;
using sregex_token_iterator = regex_token_iterator<string::const_iterator>;
using wsregex_token_iterator = regex_token_iterator<wstring::const_iterator>;
```

regex_token_iterator 支持最低限度的迭代器操作：

regex_token_iterator（iso.28.12.2）	
regex_token_iterator p {};	p 为序列尾
regex_token_iterator p {b,e,pat,x,flags};	x 列出了要遍历的 sub_match 的下标，若为 0，表示“完整匹配”，若为 -1，表示“未匹配的不在 sub_match 中的每个字符序列”；x 可以是一个 int、一个 initializer_list<int>、一个 const vector<int>& 或一个 const int (&sub_match)[N]
regex_token_iterator p {b,e,pat,x};	p 初始化为 {b,e,pat,x,regex_constants::match_default}
regex_token_iterator p {b,e,pat};	p 初始化为 {b,e,pat,0,regex_constants::match_default}
regex_iterator p {q};	拷贝构造函数（无移动构造函数）
p.~regex_token_iterator()	析构函数：释放所有资源
p=q	拷贝赋值操作（无移动赋值操作）
p==q	p 与 q 指向相同的 sub_match？
p!=q	!(p==q)
c=*p	c 为当前的 sub_match
x=p->m	x=(*p).m
++p	令 p 指向其模式的下一个出现位置
q=p++	q=p，然后 ++p

实参 x 列出了要遍历的 sub_match。例如（遍历子匹配 1 和 3）：

```
void test1()
{
    string input {"aa::bb cc::dd ee::ff"};
    regex pat {R"((\w+)([[:punct:]]+)(\w+)\s*)"};
    sregex_token_iterator end {};
    for (sregex_token_iterator p{input.begin(),input.end(),pat,{1,3}}; p!=end; ++p)
        cout << *p << '\n';
}
```

此程序将输出

```
aa
bb
cc
dd
ee
ff
```

选项 -1 会反转报告匹配结果的策略，它表示要遍历未匹配，即不在 sub_match 中的每个字符序列。这通常被称为单词 *splitting*（token splitting，即，将字符流切分成单词），因为当你的模式匹配单词分隔符时，选项 -1 就会令你得到单词。例如：

```
void test2()
{
    string s {"1,2 , 3 ,4,5, 6 7"};          // 输入
    regex pat {R"(\s*,\s*)"};                  // 用逗号作为单词分隔符
    copy(sregex_token_iterator{s.begin(),s.end(),pat,−1)},
        sregex_token_iterator{},
        ostream_iterator<string>{cout,"\n"});
}
```

这段程序会输出：

```
1
2
3
4
5
6 7
```

可以改成等价的循环版本：

```
void test3()
{
    sregex_token_iterator end{};
    for (sregex_token_iterator p {s.begin(),s.end(),pat,−1}; p!=end; ++p)
        cout << *p << '\n';
    }
```

37.5　regex_traits

regex_traits 根据 regex 实现者的需要将一个字符类型、一个字符串类型和一个区域设置关联起来：

```
template<class C>
struct regex_traits {
public:
    using char_type = C;
    using string_type = basic_string<char_type>;
    using locale_type = locale;
    using char_class_type = /*由具体实现定义的位掩码类型*/;
    // ...
};
```

标准库提供了两个特例化版本 regex_traits<char> 和 regex_traits<wchar-t>。

	regex_traits<C> 操作（iso.28.7）
regex_traits tr {};	构造默认 regex_traits<C>
n=length(p)	n 为 C 风格字符串中 p 的字符数；n=char_traits<C>::length()；静态函数
c2=tr.translate(c)	c2=c，即空操作
c2=tr.translate_nocase(c)	use_facet<ctype<C>>(getloc()).tolower(c)；见 39.4.5 节
s=tr.transform(b,e)	s 是一个字符串，可用来将 [b:e) 与其他字符串进行比较；见 39.4.1 节
s=tr.transform_primary(b,e)	s 是一个字符串，可用来将 [b:e) 与其他字符串进行比较；忽略大小写；见 39.4.1 节
s=tr.lookup_collatename(b,e)	若有合法的对照元素对应字符序列 [b:e)，则 s 为其字符串名，否则 s 为空字符串
m=tr.lookup_classname(b,e,ign)	对于字符序列 [b:e) 对应的字符类别，m 为其类别掩码的字符串名；若 ign==true 则忽略大小写
m=tr.lookup_classname(b,e)	m=tr.lookup_classname(b,e,false)
tr.isctype(c,m)	c 的字符类别为 m？ m 是一个 class_type
i=tr.value(c,b)	i 为 c 所表示的 b 进制数值；b 必须是 8、10 或 16。
loc2=tr.imbue(loc)	将 tr 的区域设置设定为 loc；loc2 为 tr 的旧区域设置
loc=tr.getloc()	loc 为 tr 的区域设置

在实现模式匹配时，为了进行快速比较，会用 transform() 生成字符串。

字符类别名就是 37.1.1 节中列出的字符类别之一，例如 alpha、a 和 xdigit。

37.6 建议

[1] 将 regex 用于正则表达式的大部分常规用途；37.1 节。

[2] 我们可以调整正则表达式符号表示，来适应不同的标准；37.1.1 节，37.2 节。

[3] 默认正则表达式符号表示为 ECMAScript；37.1.1 节。

[4] 出于可移植性考虑，使用字符类别符号表示来避免非标准的简写；37.1.1 节。

[5] 使用正则表达式要注意节制，它很容易变成一种难读的语言；37.1.1 节。

[6] 优先选择裸字符串字面常量描述模式（最简单的模式除外）；37.1.1 节。

[7] 注意，\i 符号允许你用之前的子模式来描述后面的一个子模式；37.1.1 节。

[8] 用 ? 令模式的匹配采用“懒惰”策略；37.1.1 节，37.2.1 节。

[9] regex 可以使用 ECMAScript、POSIX、awk、grep 和 egrep 符号表示；37.2 节。

[10] 保存模式字符串的一份副本，以备你需要输出它时使用；37.2 节。

[11] 用 regex_search() 在字符流中查找模式，用 regex_match() 查找特定字符串；37.3.2 节，37.3.1 节。

I/O 流

所见即所得。

——布莱恩·柯林汉

- 引言
- I/O 流层次
  文件流；字符串流
- 错误处理
- I/O 操作
  输入操作；输出操作；操纵符；流状态；格式化
- 流迭代器
- 缓冲
  输出流和缓冲区；输入流和缓冲区；缓冲区迭代器
- 建议

38.1 引言

I/O 流库提供了文本和数值的输入输出功能，这种输入输出是带缓冲的，可以是格式化的，也可以是未格式化的。I/O 流工具定义在 <istream>、<ostream> 等头文件中；见 30.2 节。

ostream 将有类型的对象转换为字符流（字节流）：

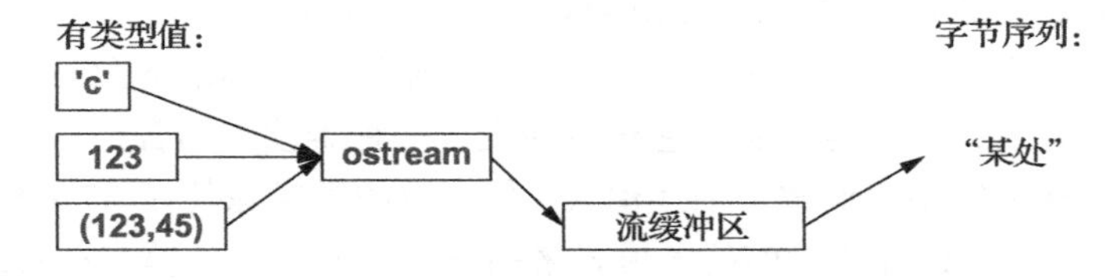

istream 将字符流（字节流）转换为有类型的对象：

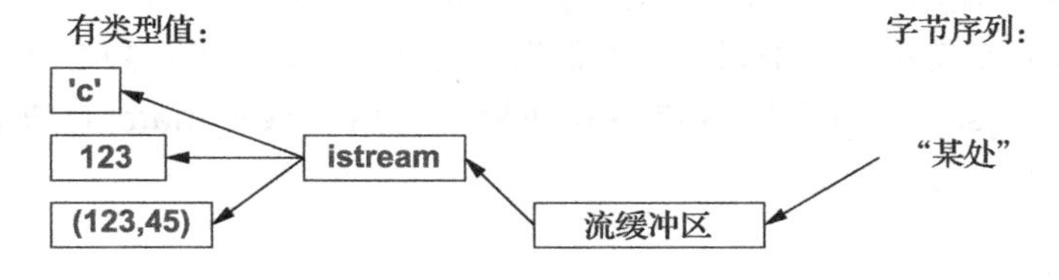

iostream 就是既可作为 istream 使用也可作为 ostream 使用的流。上图中的缓冲区为流缓冲区（streambufs；见 38.6 节），当你定义 iostream 到新型设备、文件或内存的映射时，需要用到缓冲区。istream 和 ostream 上的操作将在 38.4.1 节和 38.4.2 节中进行介绍。

如果只是使用流库，那么不必了解其实现技术的细节。因此在本书中我只介绍理解和使用 iostream 所必需的一般思想。如果你需要实现标准流、提供一种新的流或是提供一种新的区域设置，那么在本章介绍的内容之外，你还需要一份 C++ 标准库的副本、一本很好的系统手册以及实现代码实例。

流式 I/O 系统的关键组件可以图形化表示如下：

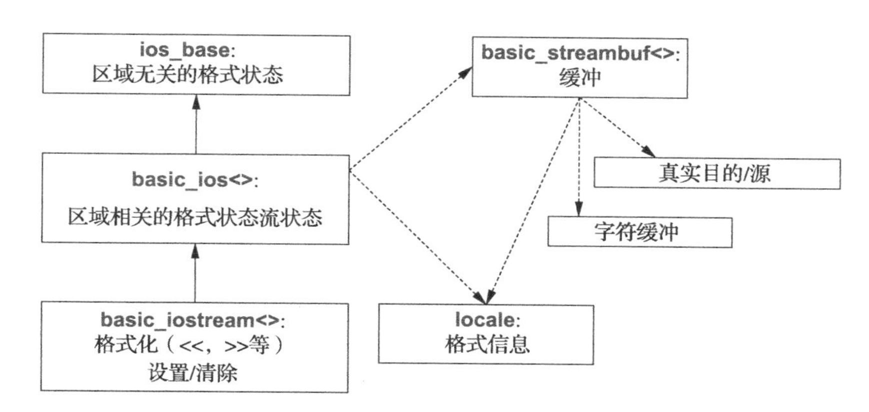

实线表示“派生自”，虚线表示“指向”。带 <> 标记的类是用字符类型参数化并包含 locale 的模板。

I/O 流操作有如下特性：

- 类型安全且类型敏感；
- 可扩展（当某人设计了一个新类型，可以添加相配的 I/O 流运算符而无须修改已有代码）;
- 区域敏感（见第 39 章）;
- 高效（虽然具体 C++ 实现并不总是能实现它们的全部潜力）;
- 能与 C 风格标准输入输出互操作（见 43.3 节）;
- 包含格式化的、非格式化的以及字符级的操作。

basic_iostream 是基于 basic_istream（见 38.6.2 节）和 basic_ostream（见 38.6.1 节）定义的：

```
template<typename C, typename Tr = char_traits<C>>
class basic_iostream :
      public basic_istream<C,Tr>, public basic_ostream<C,Tr> {
public:
      using char_type = C;
      using int_type = typename Tr::int_type;
      using pos_type = typename Tr::pos_type;
      using off_type = typename Tr::off_type;
      using traits_type = Tr;

      explicit basic_iostream(basic_streambuf<C,Tr>* sb);
      virtual ˜basic_iostream();
protected:
      basic_iostream(const basic_iostream& rhs) = delete;
      basic_iostream(basic_iostream&& rhs);

      basic_iostream& operator=(const basic_iostream& rhs) = delete;
      basic_iostream& operator=(basic_iostream&& rhs);
      void swap(basic_iostream& rhs);
};
```

模板参数指定字符类型，萃取则用来操纵字符（见 36.2.2 节）。

注意，I/O 流不提供拷贝操作：复杂流状态的共享或克隆很难实现，使用代价也很高。移动操作是供派生类使用的，因此是 protected 的。移动一个 iostream 而不移动它定义的派生类（如 fstream）的状态会导致错误。

共有 8 种标准流：

标准库 I/O 流	
cout	标准字符输出（通常默认为屏幕）
cin	标准字符输入（通常默认为键盘）
cerr	标准字符错误输出（无缓冲）
clog	标准字符错误输出（有缓冲）
wcin	cin 的 wistream 版本
wcout	cout 的 wostream 版本
wcerr	cerr 的 wostream 版本
wclog	clog 的 wostream 版本

流类型和流对象的前置声明都在 <iosfwd> 中。

38.2 I/O 流层次

一个 istream 可以连接到一个输入设备（如键盘）、一个文件或一个 string。类似地，一个 ostream 可以连接到一个输出设备（如一个文本窗口或一个 HTML 引擎）、一个文件或一个 string。I/O 流特性组织为一个类层次：

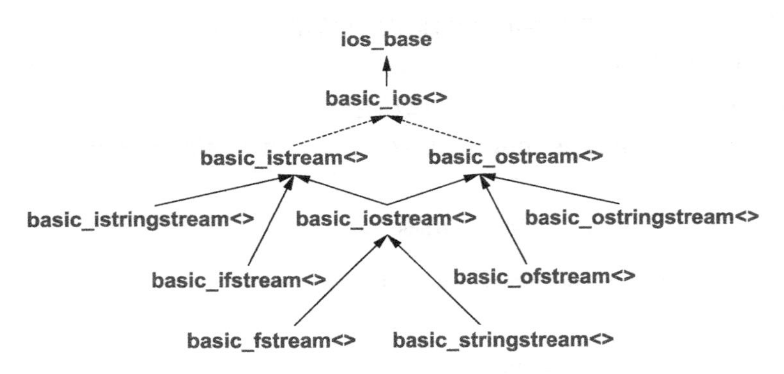

带 <> 后缀的类是用字符类型参数化的版本。虚线表示虚基类（见 21.3.5 节）。

关键的类是 basic_ios，其中定义了大多数实现和很多操作。但是，大多数漫不经心的（和不那么漫不经心的）用户永远也不会看到它：它很大程度上属于流的实现细节。我将在 38.4.4 节中介绍它，它的大多数特性将在介绍其功能时进行介绍（如格式化；见 38.4.5 节）。

38.2.1 文件流

在 <fstream> 中，标准库提供了读写文件的流：

- ifstream 用于从文件读取数据；
- ofstream 用于向文件写入数据；
- fstream 用于读写文件。

文件流遵循共同的模式，因此我只介绍 fstream：

```
template<typename C, typename Tr=char_traits<C>>
class basic_fstream
: public basic_iostream<C,Tr> {
public:
      using char_type = C;
      using int_type = typename Tr::int_type;
      using pos_type = typename Tr::pos_type;        // 表示文件中的位置
      using off_type = typename Tr::off_type;        // 表示文件中的偏移
      using traits_type = Tr;
      // ...
};
```

fstream 的操作非常简单：

basic_fstream<C,Tr>（iso.27.9）	
fstream fs {};	fs 是一个文件流，未与文件关联
fstream fs {s,m};	fs 是一个文件流，关联到名为 s 的文件，打开模式为 m；s 可以是一个 string 或一个 C 风格字符串
fstream fs {fs2};	移动构造函数：fs2 被移动到 fs；fs2 不再与文件关联
fs=move(fs2)	移动赋值操作：fs2 被移动到 fs；fs2 不再与文件关联
fs.swap(fs2)	交换 fs 和 fs2 的状态
p=fs.rdbuf()	p 是一个指针，指向 fs 的文件流缓冲区（basic_filebuf<C,Tr>）
fs.is_open()	fs 已打开？
fs.open(s,m)	以模式 m 打开名为 s 的文件，并令 fs 指向它；若无法打开文件，设置 fs 的 failbit；s 可以是一个 string 或一个 C 风格字符串
fs.close()	关闭 fs 关联的文件（如果存在的话）

此外，文件流覆盖了 basic_ios 的保护虚函数 underflow()、pbackfail()、overflow()、setbuf()、seekoff() 和 seekpos()（见 38.6 节）。

文件流不提供拷贝操作。如果你希望两个名字指向同一个文件流，可使用引用或指针或是小心操纵文件的 streambuf（见 38.6 节）。

如果 fstream 打开失败，流会进入 bad() 状态（见 38.3 节）。

<fstream> 中定义了 6 个文件流别名：

```
using ifstream = basic_ifstream<char>;
using wifstream = basic_ifstream<wchar_t>;
using ofstream = basic_ofstream<char>;
using wofstream = basic_ofstream<wchar_t>;
using fstream = basic_fstream<char>;
using wfstream = basic_fstream<wchar_t>;
```

ios_base 中定义了多种文件打开模式（见 38.4.4 节）：

流模式（iso.27.5.3.1.4）	
ios_base::app	追加（即，添加到文件尾）
ios_base::ate	“尾部”（打开文件并定位到文件尾）
ios_base::binary	二进制模式；要小心系统相关的行为
ios_base::in	读
os_base::out	写
ios_base::trunc	截断文件——长度变为 0

对于每种模式，打开文件的确切效果可能依赖于操作系统。如果操作系统不允许一个请求以某种方式打开一个文件，会导致流进入 bad() 状态（见 38.3 节）。例如：

```
ofstream ofs("target");                // "o" 表示" 输出"，意味着 ios::out
if (!ofs)
      error("couldn't open 'target' for writing");
fstream ifs;                     // "i" 表示" 输入"，意味着 ios::in
ifs.open("source",ios_base::in);
if (!ifs)
      error("couldn't open 'source' for reading");
```

文件定位的相关内容请见 38.6.1 节

38.2.2　字符串流

在 <sstream> 中，标准库提供了读写 string 的流：

- istringstream 用于从 string 读取数据；
- ostringstream 用于向 string 写入数据；
- stringstream 用于读写 string。

字符串流遵循共同的模式，因此我只介绍 stringstream：

```
template<typename C, typename Tr = char_traits<C>, typename A = allocator<C>>
class basic_stringstream
      : public basic_iostream<C,Tr> {
public:
      using char_type = C;
      using int_type = typename Tr::int_type;
      using pos_type = typename Tr::pos_type;      // 表示 string 中的位置
      using off_type = typename Tr::off_type; // 表示 string 中的偏移
      using traits_type = Tr;
      using allocator_type = A;

      // ...
```

stringstream 的操作有：

<table>
<tr><th colspan="2">basic_stringstream<C,Tr,A>（iso.27.8）</th></tr>
<tr><td>stringstream ss {m};</td><td>ss 是一个空字符串流，打开模式为 m</td></tr>
<tr><td>stringstream ss {};</td><td>默认构造函数：stringstream ss {ios_base::out|ios_base::in};</td></tr>
<tr><td>stringstream ss {s,m};</td><td>ss 是一个字符串流，其缓冲区用 string s 以模式 m 进行初始化</td></tr>
<tr><td>stringstream ss {s};</td><td>stringstream ss {s,ios_base::out|ios_base::in};</td></tr>
<tr><td>stringstream ss {ss2};</td><td>移动构造函数：ss2 被移动到 ss；ss2 变为空</td></tr>
<tr><td>ss=move(ss2)</td><td>移动赋值操作：ss2 被移动到 ss；ss2 变为空</td></tr>
<tr><td>p=ss.rdbuf()</td><td>p 指向 ss 的字符串流缓冲区（一个 basic_stringbuf<C,Tr,A>）</td></tr>
<tr><td>s=ss.str()</td><td>s 是一个字符串，保存 ss 中字符的副本：s=ss.rdbuf()->str()</td></tr>
<tr><td>ss.str(s)</td><td>ss 的缓冲区用 string s 进行初始化：s=ss.rdbuf()->str()；若 ss 的模式为 ios::ate（“尾部”），写到 ss 的值添加到来自 s 的字符之后，否则覆盖来自 s 的字符</td></tr>
<tr><td>ss.swap(ss2)</td><td>交换 ss 和 ss2 的状态</td></tr>
</table>

我将在 38.4.4 节中介绍打开模式。istringstream 的默认打开模式为 ios_base::in，ostringstream 的默认打开模式为 ios_base::out。

此外，字符串流覆盖了 basic_ios 的保护虚函数 underflow()、pbackfail()、overflow()、 setbuf()、seekoff() 和 seekpos()（见 38.6 节）。

字符串流不提供拷贝操作。如果你希望两个名字指向同一个字符串流，可使用引用或指针。

<sstream> 中定义了 6 个文件流别名：

```
using istringstream = basic_istringstream<char>;
using wistringstream = basic_istringstream<wchar_t>;
using ostringstream = basic_ostringstream<char>;
using wostringstream = basic_ostringstream<wchar_t>;
using stringstream = basic_stringstream<char>;
using wstringstream = basic_stringstream<wchar_t>;
```

例如：

```
void test()
{
    ostringstream oss {"Label: ",ios::ate};         // 在尾部写
    cout << oss.str() << '\n';  // 输出 "Label: "
    oss<<"val";
    cout << oss.str() << '\n';  // 输出 "Label: val"（"val" 追加在 "Label: " 之后）

    ostringstream oss2 {"Label: "};                 // 在头部写
    cout << oss2.str() << '\n'; // 输出 "Label: "
    oss2<<"val";
    cout << oss2.str() << '\n'; // 输出 "valel: "（"val" 覆盖了 "Label: "）
}
```

只有当需要从一个 istringstream 读取结果时，我才会使用 str()。

我们不可能直接输出一个字符串流，必须借助 str()：

```
void test2()
{
    istringstream iss;
    iss.str("Foobar");          // 填写 iss

    cout << iss << '\n';        // 输出 1
    cout << iss.str() << '\n';  // 正确：输出 "Foobar"
}
```

第一条输出语句会输出 1，这可能有点儿令人吃惊，其原因是 iostream 被转换成了其当前状态以便用于检测：

```
if (iss) {   // iss 的最后一个操作成功了；其状态为 good() 或 eof()
    // ...
}
else {
    // 处理问题
}
```

38.3 错误处理

一个 iostream 在某个时刻会处于四种状态之一，这些状态的定义来自于 <ios> 的 basic_ios 中（见 38.4.4 节）：

流状态（iso.27.5.5.4）	
good()	前一个 iostream 操作成功
eof()	到达输入尾（“文件尾”）
fail()	发生了出乎意料的事情（例如，读取数组却得到一个 'x'）
bad()	发生了出乎意料的严重事情（例如，磁盘读错误）

如果一个流不在good()状态，对它的任何操作都没有效果，即相当于空操作。一个iostream可以作为一个条件来使用：若iostream的状态为good()，则条件为真（成功）。人们编写从流中读取数据的代码时，习惯于以此为基础：

```
for (X x; cin>>x;) {  //读取类型为X的值存入输入缓冲区
    //... 对x执行一些操作 ...
}
// 当>>无法继续从cin获得X时会执行到这里
```

若读取失败，我们或许可以清除流状态，继续读取：

```
int i;
if (cin>>i) {
    //... 使用 i ...
} else if (cin.fail()){  //可能是格式错误
    cin.clear();
    string s;
    if (cin>>s) {     //我们或许能读取一个string来从错误中恢复
        //... 使用 s ...
    }
}
```

我们也可以使用异常来处理错误：

异常控制：basic_ios<C,Tr>（38.4.4节，iso.27.5.5）	
st=ios.exceptions()	st为ios的iostate
ios.exceptions(st)	将ios的iostate设置为st

例如，我们可以令cin在其状态被设置为bad()时（例如，通过cin.setstate(ios_base::badbit)）抛出一个basic_ios::failure：

```
cin.exceptions(cin.exceptions()|ios_base::badbit);
```

例如：

```
struct Io_guard {    //用于iostream异常的RAII类
    iostream& s;
    auto old_e = s.exceptions();
    Io_guard(iostream& ss, ios_base::iostate e) :s{ss} { s.exceptions(s.exceptions()|e); }
    ˜Io_guard() { s.exceptions(old_e); }
};

void use(istream& is)
{
    Io_guard guard(is.ios_base::badbit);
    //... 使用 is ...
}
catch (ios_base::badbit) {
    //... 摆脱困境！ ...
}
```

我倾向于使用异常来处理那些我不奢望能恢复的iostream错误。这通常意味着捕获的都是一些bad()异常。

38.4 I/O操作

I/O操作的复杂性反映了习惯沿革、对I/O性能要求以及人们各种各样的需求。本节介绍的内容基于常规的英语小字符集（ASCII）。处理不同字符集和不同自然语言的方法将在第39 章介绍。

38.4.1 输入操作

输入操作由 istream 提供，除了那些读取数据存入 string 的操作外，其他操作都定义在 <istream> 中。basic_istream 主要作为更专用的输入类（如 istream 和 istringstream）的基类：

```
template<typename C, typename Tr = char_traits<C>>
class basic_istream : virtual public basic_ios<C,Tr> {
public:
        using char_type = C;
        using int_type = typename Tr::int_type;
        using pos_type = typename Tr::pos_type;
        using off_type = typename Tr::off_type;
        using traits_type = Tr;

        explicit basic_istream(basic_streambuf<C,Tr>* sb);
        virtual ~basic_istream(); // 释放所有资源

        class sentry;
        // ...
protected:
        // 有移动操作但无拷贝操作：
        basic_istream(const basic_istream& rhs) = delete;
        basic_istream(basic_istream&& rhs);
        basic_istream& operator=(const basic_istream& rhs) = delete;
        basic_istream& operator=(basic_istream&& rhs);
        // ...
};
```

对 istream 的用户而言，sentry 类属于库的实现细节。它为标准库输入操作和用户自定义输入操作提供了公用代码。那些需要首先执行的代码（“前缀代码”）——例如刷新连接的流的代码——是以 sentry 的构造函数的方式提供的。例如：

```
template<typename C, typename Tr = char_traits<C>>
basic_ostream<C,Tr>& basic_ostream<C,Tr>::operator<<(int i)
{
        sentry s {*this};
        if (!s) {                 // 检查是否一切均已就绪，可以开始输出
                setstate(failbit);
                return *this;
        }

        // ... 输出 int ...
        return *this;
}
```

sentry 是供输入操作的实现者而非其用户使用的。

38.4.1.1 格式化输入

格式化输入功能主要由 << （“输入”、“获取” 或 “提取”）运算符提供：

格式化输入（iso.27.7.2.2，iso.21.4.8.9）	
in>>x	根据 x 的类型从 in 读取数据，存入 x；x 可以是一种算术类型、一个指针、一个 basic_string、一个 valarray、一个 basic_streambuf 或任意一种用户提供了适合的 operator>>() 的类型
getline(in,s)	从 in 读取一行存入 string s 中

istream（以及 ostream）是“了解”内置类型的，因此 x 如果是一个内置类型，cin>>x 意味着 cin.operator>>(x)。如果 x 是一个用户自定义类型，cin>>x 意味着 operator>>(cin,x)（见 18.2.5 节）。即，iostream 输入是类型敏感的、天生类型安全的且可扩展的。新类型的设计者可提供相应的 I/O 操作而无需直接访问 iostream 的实现。

如果将一个函数指针作为 >> 的目标，则该函数会被调用，istream 作为实参传递给它。例如，cin>>pf 会调用 pf(cin)。这是 skipws 这类输入操纵符的基础（见 38.4.5.2 节）。输出流操纵符比输入流操纵符更常用，因此我将在 38.4.3 节中进一步介绍其相关技术。

除非特殊说明，否则一个 istream 操作会返回其 istream 的引用，因此我们可以将输入操作“串接”起来。例如：

```
template<typename T1, typename T2>
void read_pair(T1& x, T2& y)
{
    cin >> c1 >> x >> c2 >> y >> c3;
    if (c1!='{' || c2!=',' || c3!='}') {          // 不可恢复的输入格式错误
        cin.setstate(ios_base::badbit);         // 设置 badbit
        throw runtime_error("bad read of pair");
    }
}
```

默认情况下 >> 会略过空白符。例如：

```
for (int i; cin>>i && 0<i;)
    cout << i << '\n';
```

这段代码读取由空白符分隔的正整数序列并分行输出它们。

我们可以用 noskipws 禁止跳过空白符（见 38.4.5.2 节）。

输入操作都不是 virtual 的。即，一个用户不能期望对一个基类执行 in>>base，就能将 >> 自动解析为恰当派生类上的操作。但是，有一种简单的技术可以实现这种行为，见 38.4.2.1 节。而且，我们还可以扩展这种技术，实现从输入流读取任意类型的对象，见 22.2.4 节。

38.4.1.2　未格式化输入

未格式化输入可用来精细控制数据读取，而且可能对提高性能有帮助。未格式化输入的一个用途是实现格式化输入：

未格式化输入（iso.27.7.2.3）	
x=in.get()	从 in 读取一个字符，返回其整数值；到达文件尾时返回 EOF
in.get(c)	从 in 读取一个字符存入 c
in.get(p,n,t)	从 in 读取最多 n 个字符存入 [p:...)；将 t 当作结束符
in.get(p,n)	in.get(p,n,'\n')
in.getline(p,n,t)	从 in 读取最多 n 个字符存入 [p:...)；将 t 当作结束符；将结束符从 in 中删除
in.getline(p,n)	in.getline(p,n,'\n')
in.read(p,n)	从 in 读取最多 n 个字符存入 [p:...)
x=in.gcount()	x 为 in 上最近一次未格式化输入读取的字符数
in.putback(c)	将 c 退回 in 的流缓冲区
in.unget()	退回一个字符到 in 的流缓冲区，这样，读取的下一个字符将与上一个字符一样
in.ignore(n,d)	从 in 读取字符并丢弃，直至已读取 n 个字符或读取到（并丢弃了）d
in.ignore(n)	in.ignore(n,traits::eof())
in.ignore()	in.ignore(1,traits::eof())
in.swap(in2)	交换 in 和 in2 的值

如果情况允许，应尽量选择格式化输入（见 38.4.1.1 节）而不是这些底层输入函数。

当需要将字符转换为数值时，简单的 get(c) 会很有用。另一个 get() 函数和 getline() 函数读取一个字符序列并存入固定大小的区域 [p:...)。这两个函数一直读取字符，直至达到数量上限或发现结束符（默认为 '\n'）。它们会在保存的字符序列尾（如果有的话）放置一个 0；getline() 将结束符（如果遇到的话）从输入流中删除，而 get() 则不会。例如：

```
void f()    // 底层的、旧式的行读取方式
{
    char word[MAX_WORD][MAX_LINE];          // MAX_WORD 个数组，每个最多 MAX_LINE 个字符
    int i = 0;
    while(cin.getline(word[i++],MAX_LINE,'\n') && i<MAX_WORD)
        /* 什么也不做 */;
    // ...
}
```

对于这些函数，是什么终止了输入并不是那么明显：

- 我们遇到了结束符。
- 我们读取的字符数达到了上限。
- 我们到达了文件尾。
- 遇到了非格式错误。

后两种情况可以通过查看文件状态（见 38.3 节）来处理。通常，这些情况的恰当处理方式有相当大的差异。

read(p,n) 在读取字符存入数组后不会追加写一个 0。显然，格式化输入运算符比未格式化输入更简单也更不容易出错。

下列函数依赖于流缓冲（见 38.6 节）与实际数据源间的交互细节，因此只应在必要时使用，且应非常小心地使用。

未格式化输入（iso.27.7.2.3）	
x=in.peek()	x 为当前输入字符；x 不是从 in 的流缓冲区提取的，下一次字符读取会得到它
n=in.readsome(p,n)	若 rdbuf()->in_avail()==-1，调用 setstate(eofbit)；否则，读取最多 min(n,rdbuf()->in_avail()) 个字符存入 [p:...)；n 为读取的字符数
x=in.sync()	同步缓冲区：in.rdbuf()->pubsync()
pos=in.tellg()	pos 为 in 的读取指针的位置
in.seekg(pos)	将 in 的读取指针设置到位置 pos
in.seekg(off,dir)	将 in 的读取指针在方向 dir 上移动偏移 off

38.4.2　输出操作

输出操作由 ostream 提供（见 38.6.1 节），除了那些输出到 string 的操作外（定义在 <string> 中），其他操作都定义在 <ostream> 中：

```
template<typename C, typename Tr = char_traits<C>>
class basic_ostream : virtual public basic_ios<C,Tr> {
public:
    using char_type = C;
    using int_type = typename Tr::int_type;
    using pos_type = typename Tr::pos_type;
    using off_type = typename Tr::off_type;
    using traits_type = Tr;
```

```
        explicit basic_ostream(basic_streambuf<char_type,Tr>* sb);
        virtual ˜basic_ostream(); // 释放所有资源

        class sentry;   // 见 38.4.1 节
        // ...
protected:
        // 有移动操作但无拷贝操作：
        basic_ostream(const basic_ostream& rhs) = delete;
        basic_ostream(basic_ostream&& rhs);
        basic_ostream& operator=(basic_ostream& rhs) = delete;
        basic_ostream& operator=(const basic_ostream&& rhs);
        // ...
};
```

ostream 提供格式化输出、未格式化输出（字符输出）和简单的 streambuf 操作（见 38.6 节）。

输出操作（iso.27.7.3.6，iso.27.7.3.7，iso.21.4.8.9）	
out<<x	根据 x 的类型将 x 写到 out；x 可以是一种算术类型、一个指针、一个 basic_string、一个 bitset、一个 complex、一个 valarray 或任意一种用户提供了适合的 operator<<() 的类型
out.put(c)	将字符 c 写到 out
out.write(p,n)	将字符 [p:p+n) 写到 out
out.flush()	清空输出目标的字符缓冲区
pos=out.tellp()	pos 为 out 的输出指针的位置
out.seekg(pos)	将 out 的输出指针设置到位置 pos
in.seekg(off,dir)	将 out 的输出指针在方向 dir 上移动偏移 off

除非特殊说明，否则一个 ostream 操作会返回其 ostream 的引用，因此我们可以将输出操作“串接”起来。例如：

```
cout << "The value of x is " << x << '\n';
```

注意，char 类型值以字符形式而非小整数形式输出。例如：

```
void print_val(char ch)
{
        cout << "the value of '" << ch << "' is " << int{ch} << '\n';
}

void test()
{
        print_val('a');
        print_val('A');
}
```

这段代码输出：

```
the value of 'a' is 97
the value of 'A' is 65
```

为用户自定义类型编写 << 运算符通常很简单：

```
template<typename T>
struct Named_val {
        string name;
        T value;
};
```

```
ostream& operator<<(ostream& os, const Named_val& nv)
{
    return os << '{' << nv.name << ':' << nv.value << '}';
}
```

只要 X 定义了 <<，那么这段代码就能适用于任何 Named_val<X>。为了实现完全通用，basic_string<C,Tr> 必须定义有 <<。

38.4.2.1　虚输出函数

ostream 的成员都不是 virtual 的。程序员可添加的输出操作是非成员函数，因此也不可能是 virtual 的。输出操作不能是虚函数的一个原因是：要对"将一个字符放入缓冲区"这样的简单操作实现接近最优的性能。在这些地方运行时性能非常重要，因此必须进行内联，这样虚函数就不可行了。虚函数只被用来实现缓冲溢出和向下溢出的灵活处理（见 38.6 节）。

但是，程序员有时希望输出仅了解其基类的对象。由于不知道确切类型，不能通过为新类型简单定义 << 来实现正确输出，而需要在抽象基类中提供虚输出函数：

```
class My_base {
public:
    // ...
    virtual ostream& put(ostream& s) const = 0;  // 将 *this 写到 s
};

ostream& operator<<(ostream& s, const My_base& r)
{
    return r.put(s); // 使用正确的 put()
}
```

即，put() 是一个虚函数，它保证了在 << 中使用正确的输出操作。

有了这些定义，我们可以编写代码如下：

```
class Sometype : public My_base {
public:
    // ...
    ostream& put(ostream& s) const override;    // 实际输出函数
};

void f(const My_base& r, Sometype& s)  // 使用 << 调用正确的 put()
{
    cout << r << s;
}
```

这种方法将虚函数 put() 集成到 ostream 和 << 提供的框架中。当我们需要提供行为类似虚函数，但运行时选择是基于其第二个实参的操作时，这种技术通常很有用。这种技术类似一种名为双重分发（double dispatch）的技术，双重分发经常被用来基于两种动态类型选择操作（见 22.3.1 节）。我们也可采用类似技术实现 virtual 输入操作（见 22.2.4 节）。

38.4.3　操纵符

如果向 << 传递了一个函数指针作为第二个实参，所指向的函数将会被调用。例如，cout<<pf 意味着 pf(cout)。这种函数被称为操纵符（manipulator）。接受参数的操纵符很有用。例如：

```
cout << setprecision(4) << angle;
```

这条语句以四位数字的精度打印浮点变量 angle。

为了实现这一目的，setprecision 返回一个初始值为 4 的对象并调用 cout.precision(4)。这种操纵符实质上是一个函数对象，是由 << 而非 () 调用的。该函数对象的确切类型是由具体实现定义的，但有可能像下面这样：

```
struct smanip {
    ios_base& (*f)(ios_base&,int);        // 调用的函数
    int i;                                // 使用的值
    smanip(ios_base&(*ff)(ios_base&,int), int ii) :f{ff}, i{ii} { }
};

template<typename C, typename Tr>
basic_ostream<C,Tr>& operator<<(basic_ostream<C,Tr>& os, const smanip& m)
{
    m.f(os,m.i);    // 用 m 保存的值调用 m 的 f
    return os;
}
```

现在我们可以定义 setprecision() 了：

```
inline smanip setprecision(int n)
{
    auto h = [](ios_base& s, int x) -> ios_base& { s.precision(x); return s; };
    return smanip(h,n);        // 创建函数对象
}
```

为了返回一个引用，这段代码显式说明了 lambda 的返回类型。用户是不能拷贝 ios_base 的。

我们现在就可以使用 setprecision() 了：

```
cout << setprecision(4) << angle;
```

程序员可以根据需要定义 smanip 风格的新操纵符，为此你无需修改标准库模板和类的定义。

标准库操纵符将在 38.4.5.2 节中介绍。

38.4.4　流状态

在 <ios> 中，标准库定义了基类 ios_base，它定义了流类的大多数接口：

```
template<typename C, typename Tr = char_traits<C>>
class basic_ios : public ios_base {
public:
    using char_type = C;
    using int_type = typename Tr::int_type;
    using pos_type = typename Tr::pos_type;
    using off_type = Tr::off_type;
    using traits_type = Tr;
    // ...
};
```

类 basic_ios 管理流的状态：

- 流到缓冲区的映射（见 38.6 节）；
- 格式化选项（见 38.4.5.1 节）；
- locale 的使用（见第 39 章）；
- 错误处理（见 38.3 节）；
- 到其他流和 C 风格标准输入输出的连接（见 38.4.4 节）。

它可能是标准库中最复杂的类。

ios_base 保存不依赖于模板实参的信息：

```
class ios_base {
public:
	using fmtflags = /* 由具体实现定义的类型 */;
	using iostate = /* 由具体实现定义的类型 */;
	using openmode = /* 由具体实现定义的类型 */;
	using seekdir = /* 由具体实现定义的类型 */;

	class failure;		// 异常类
	class Init;		// 初始化标准库 iostream
};
```

上面代码中的“由具体实现定义的类型”都是掩码类型（bitmask type）；即，它们支持位逻辑运算，如 & 和 |。具体的例子有 int（见 11.1.2 节）和 bitset（见 34.2.2 节）。

ios_base 控制 iostream 到 stdio（见 43.3 节）的连接（或不能连接）：

基础 ios_base 操作（iso.27.5.3.4）	
ios_base b {};	默认构造函数；保护函数
ios.~ios_base()	析构函数；虚函数
b2=sync_with_stdio(b)	若 b==true，同步 ios 和标准输入输出；否则，共享缓冲区可能损坏；b2 为上一个同步状态；静态函数
b=sync_with_stdio()	b=sync_with_stdio(true)

在程序执行过程中，若在第一个 iostream 操作之前调用了 sync_with_stdio(true)，标准库保证 iostream 和标准输入输出（见 43.3 节）操作共享缓冲区。而在第一个流操作之前调用 sync_with_stdio(false) 则会阻止共享缓冲区，这在某些实现中能显著提高 I/O 性能。

注意，ios_base 既没有拷贝操作也没有移动操作。

ios_base 流状态 iostate 成员常量（iso.27.5.3.1.3）	
badbit	发生了出乎意料的严重事情（例如，磁盘读错误）
failbit	发生了出乎意料的事情（例如，读取数字却得到一个 'x'）
eofbit	到达输入尾（如文件尾）
goodbit	一切顺利

basic_ios 提供了读取这些流状态位的函数（good()、fail() 等）。

ios_base 模式 openmode 成员常量（iso.27.5.3.1.4）	
app	追加（在流尾部插入输出）
ate	尾部（定位到流尾部）
binary	不格式化字符
in	输入流
out	输出流
trunk	在使用之前截断流（将流的大小设置为 0）

ios_base::binary 的确切含义依赖于具体实现。但是，通常的含义是将字符映射为字节。

例如：

```
template<typename T>
char* as_bytes(T& i)
{
    return static_cast<char*>(&i); // 将内存中的数据以字节处理
}

void test()
{
    ifstream ifs("source",ios_base::binary);        // 以二进制方式打开流
    ofstream ofs("target",ios_base::binary);        // 以二进制方式打开流

    vector<int> v;

    for (int i; ifs.read(as_bytes(i),sizeof(i));)   // 从二进制文件读取字节
        v.push_back(i);

    // ... 对 v 进行一些处理 ...

    for (auto i : v)                                // 向二进制文件写入字节：
        ofs.write(as_bytes(i),sizeof(i));
}
```

当你处理的对象“仅是一堆比特”且无明显合理的字符串表示时，使用二进制 I/O。图像和声音 / 视频是典型的例子。

操作 seekg()（见 38.6.2 节）和 seekp()（见 38.6.2 节）要求指明定位方向：

ios_base 方向 seekdir 成员常量（iso.27.5.3.1.5）	
beg	从当前文件头定位
cur	从当前位置定位
end	从当前文件尾反向定位

从 basic_ios 派生的类根据保存在它们的 basic_io 中的信息格式化输出及抽取对象。

basic_io 操作可概括如下：

basic_ios<C,Tr>（iso.27.5.5）	
basic_ios ios {p};	用给定的 p 指向的流缓冲区构造 ios
ios.~basic_ios()	销毁 ios：释放 ios 的所有资源
bool b {ios};	转换为 bool 类型：b 被初始化为 !ios.fail()；显式构造函数
b=!ios	b=ios.fail()
st=ios.rdstate()	st 为 ios 的 iostate
ios.clear(st)	将 ios 的 iostate 设置为 st
ios.clear()	将 ios 的 iostate 设置为良好
ios.setstate(st)	将 st 添加到 ios 的 iostate
ios.good()	ios 的状态为良好（即 goodbit 置位）吗？
ios.eof()	ios 的状态为到达文件尾吗？
ios.fail()	ios 的状态为失败或故障吗？
ios.bad()	ios 的状态为故障吗？
st=ios.exceptions()	st 为 ios 的 iostate 的异常位

（续）

basic_ios<C,Tr>（iso.27.5.5）	
ios.exceptions(st)	将 ios 的 iostate 的异常位设置为 st
p=ios.tie()	p 为指向连接的流的指针或 nullptr
p=ios.tie(os)	将输出流 os 连接到 ios；p 指向之前连接的流或为 nullptr
p=ios.rdbuf()	p 为指向 ios 的流缓冲区的指针
p=ios.rdbuf(p2)	将 ios 的流缓冲区设置为 p2 指向的缓冲区；p 指向之前的流缓冲区
ios3=ios.copyfmt(ios2)	将 ios2 的状态中与格式化相关的部分拷贝到 ios；调用 ios2 的类型为 copyfmt_event 的回调函数；拷贝 ios2.pword 和 ios2.iword 指向的值；ios3 为之前的格式状态
c=ios.fill()	c 为 ios 的填充字符
c2=ios.fill(c)	将 ios 的填充字符设置为 c；c2 为之前的填充字符
loc2=ios.imbue(loc)	将 ios 的区域设置为 loc；loc2 为之前的区域设置
c2=narrow(c,d)	c2 是一个 char 值，是 c 转换为 char_type 的结果；若转换不成功，得到默认值 d；use_facet<ctype<char_type>>(getloc()).narrow(c,d)
c2=widen(c)	c2 是一个 char_type 值，是 c 转换为 char 类型的结果；use_facet<ctype<char_type>>(getloc()).widen(c)
ios.init(p)	将 ios 设置为默认状态，使用 p 指向的流缓冲区；保护函数
ios.set_rdbuf(p)	令 ios 使用 p 指向的流缓冲区；保护函数
ios.move(ios2)	拷贝和移动操作；保护函数
ios.swap(ios2)	交换 ios 和 ios2 的状态；保护函数；不抛出异常

ios（包括 istream 和 ostream）可以转换为 bool，对于连续读取很多值的问题，人们常用的编码方式就需要这种转换能力：

```
for (X x; cin>>x;) {
    // ...
}
```

在这段代码中，cin>>x 的返回值是指向 cin 的 ios 的一个引用。此 ios 隐式转换为一个 bool，表示 cin 的状态。因此，可编写等价代码如下：

```
for (X x; !(cin>>x).fail();) {
    // ...
}
```

tie() 可用来保证已连接流的输出出现在它所连接到的流的输入之前。例如，若将 cout 连接到 cin，我们可以这样编写代码：

```
cout << "Please enter a number: ";
int num;
cin >> num;
```

这段代码没有显式调用 cout.flush()，因此假如 cout 未连接到 cin，用户将不会看到输入提示。

ios_base 操作（iso.27.5.3.5，iso.27.5.3.6）	
i=xalloc()	i 为新 (iword,pword) 对的索引；静态函数
r=iob.iword(i)	r 为指向第 i 个 long 的引用
r=iob.pword(i)	r 为指向第 i 个 void* 的引用
iob.register_callback(fn,i)	为 iword(i) 注册回调函数 fn

人们有时希望添加流的状态。例如，某人可能希望流"了解"一个 complex 应该以极坐标输出还是笛卡尔坐标输出。类 ios_base 提供了一个函数 xalloc() 为这种简单的状态信息分配空间。xalloc() 的返回值指明了一对地址，可被 iword() 和 pword() 所访问。

有时，实现者或用户需要接收流状态变化的通知。函数 register_callback() "注册"一个函数，当"事件"发生时注册的函数会被调用。因此，调用 imbue()、copyfmt() 或 ~ios_base() 会分别调用为 imbue_event、copyfmt_event 和 erase_event 事件"注册"的函数。当状态改变时，注册的函数被调用，执行 register_callback() 时提供的 i 作为参数传递给回调函数。

类型 event 和 event_callback 定义在 ios_base 中：

```
enum event {
      erase_event,
      imbue_event,
      copyfmt_event
};
using event_callback = void (*)(event, ios_base&, int index);
```

38.4.5 格式化

I/O 流格式化是通过对象类型、流状态（见 38.4.4 节）、格式化状态（见 38.4.5.1 节）、区域信息（见第 39 章）及显式操作（如操纵符；见 38.4.5.2 节）的组合来控制的。

38.4.5.1 格式化状态

在 <ios> 中，标准库定义了一组格式化常量，这组常量是类 ios_base 的成员，类型为位掩码类型 fmtflags，其具体定义依赖于 C++ 实现：

ios_base 格式化 fmtflags 常量（iso.27.5.3.1.2）	
boolalpha	使用 true 和 false 的符号化表示
dec	十进制整数
hex	十六进制整数
oct	八进制整数
fixed	浮点格式 dddd.dd
scientific	科学记数法格式 d.ddddEdd
internal	在前缀（如 +）和数值之间打补丁
left	在数值之后打补丁
right	在数值之前打补丁
showbase	输出八进制数加前缀 0，十六进制数加前缀 0x
showpoint	总是显示小数点（如 123.）
showpos	对正数显示 +（如 +123）
skipws	输入时忽略空白符
unitbuf	每次输出操作后都刷新缓冲区
uppercase	数值输出时使用大写，如 1.2E10 和 0X1A2
adjustfield	设置数值在其区域中的位置：left、right 或 internal
basefield	设置整数的基数：dec、oct 或 hex
floatfield	设置浮点格式：scientific 或 fixed

奇怪的是，并不存在 defaultfloat 和 hexfloat 标志。为了实现等价功能，我们可以使用操纵

符 defaultfloat 和 hexfloat（见 38.4.5.2 节），或直接操纵 ios_base：

```
ios.unsetf(ios_base::floatfield);                                    // 使用默认浮点数格式
ios.setf(ios_base::fixed | ios_base::scientific, ios_base::floatfield);    // 使用十六进制浮点数
```

ios_base 提供了读写 iostream 格式状态的操作：

ios_base 格式化 fmtflags 操作（iso.27.5.3.2）	
f=ios.flags()	f 为 ios 的格式标志
f2=ios.flags(f)	将 ios 的格式标志设置为 f；f2 为旧标志值
f2=ios.setf(f)	将 ios 的格式标志设置为 f；f2 为旧标志值
f2=ios.setf(f,m)	f2=ios.setf(f&m)
ios.unsetf(f)	清除 ios 的标志 f
n=ios.precision()	n 为 ios 的精度
n2=ios.precision(n)	将 ios 的精度设置为 n；n2 为旧精度
n=ios.width()	n 为 ios 的宽度
n2=ios.width(n)	将 ios 的宽度设置为 n；n2 为旧宽度

精度是一个整数值，它决定了浮点数显示多少位数字：

- 一般（general）格式（defaultfloat）表示让 C++ 实现自己选择呈现浮点值的格式，以达到在可用空间内最好地表示浮点值的效果。精度指出最多使用多少位数字。
- 科学记数法（scientific）格式（scientific）呈现浮点值的方式是在小数点之前保留一位数字，结合指数表示。精度指出在小数点后最多保留多少位数字。
- 定点（fixed）格式（fixed）将浮点值表示为整数部分接小数点再接小数部分。精度指出在小数点后最多保留多少位数字。示例请见 38.4.5.2 节。

C++ 对浮点值采用四舍五入而不是截断的处理方式。precision() 不影响整数的输出。例如：

```
cout.precision(8);
cout << 1234.56789 << ' ' << 1234.56789 << ' ' << 123456 << '\n';

cout.precision(4);
cout << 1234.56789 << ' ' << 1234.56789 << ' ' << 123456 << '\n';
```

这段代码输出：

```
1234.5679 1234.5679 123456
1235 1235 123456
```

函数 width() 指出下一个标准库 << 操作输出数值、bool、C 风格字符串、字符、指针、string 和 bitset（见 34.2.2 节）最少占用多少个字符位置。例如：

```
cout.width(4);
cout << 12;    // 打印 12，后接两个空格
```

我们可以用函数 fill() 指定“补丁”或“填充”字符。例如：

```
cout.width(4);
cout.fill('#');
cout << "ab";        // 打印 ##ab
```

默认填充字符是空格符，而默认域宽 0，表示“按需分配宽度”。我们可以像下面这样恢复默认域宽：

```
cout.width(0);  // "按需分配宽度"
```

调用 width(n) 会将最小宽度设置为 n。如果输出内容需要占用更多字符位置，则所有内容都会打印出来。例如：

```
cout.width(4);
cout << "abcdef";   //打印 abcdef
```

这段代码不会将输出截断为 abcd。正确但不好看的输出通常比错误但好看的输出有意义得多。

调用 width(n) 只影响下一个 << 输出操作。例如：

```
cout.width(4);
cout.fill('#');
cout << 12 << ':' << 13;   //打印 ##12:13
```

这段代码会输出 ##12:13 而不是 ##12###:##13。

如果通过很多分离的操作显式控制格式化选项令人厌烦，那么可以利用用户自定义操作符（见 38.4.5.3 节）组合它们。

ios_base 也允许程序员设置 iostream 的 locale（见第 39 章）：

ios_base locale 操作（iso.27.5.3.3）	
loc2=ios.imbue(loc)	将 ios 的区域设置为 loc；loc2 为旧区域设置
loc=ios.getloc()	loc 为 ios 的区域设置

38.4.5.2　标准操纵符

标准库提供了对应不同格式状态和状态改变的操纵符。标准操纵符定义在 <ios>、<istream>、<ostream> 和 <iomanip>（接受参数的操纵符）中。

<ios> 中的 I/O 操纵符（iso.27.5.6，iso.27.7.4）	
s<<boolalpha	使用 true 和 false 的符号化表示（输入和输出）
s<<noboolalpha	s.unsetf(ios_base::boolalpha)
s<<showbase	输出八进制数加前缀 0，十六进制数加前缀 0x
s<<noshowbase	s.unsetf(ios_base::showbase)
s<<showpoint	总是显示小数点
s<<noshowpoint	s.unsetf(ios_base::showpoint)
s<<showpos	对正数显示 +
s<<noshowpos	s.unsetf(ios_base::showpos)
s<<uppercase	输出数值时使用大写，如 1.2E10 和 0X1A2
s<<nouppercase	输出数值时使用小写，如 1.2e10 和 0x1a2
s<<unitbuf	每次输出操作后都刷新缓冲区
s<<nounitbuf	不是每次输出操作后都刷新缓冲区
s<<internal	在值内部特定位置打补丁
s<<left	在值之后打补丁
s<<right	在值之前打补丁
s<<dec	整数的基数为 10
s<<hex	整数的基数为 16
s<<oct	整数的基数为 8
s<<fixed	浮点数格式为 dddd.dd
s<<scientific	科学记数法格式 d.ddddEdd
s<<hexfloat	小数部分和指数部分使用十六进制，指数部分以 p 开始，如 A.1BEp-C 和 a.bcdef

（续）

<ios> 中的 I/O 操纵符（iso.27.5.6，iso.27.7.4）	
s<<defaultfloat	使用默认浮点数格式
s>>skipws	忽略空白符
s>>noskipws	s.unsetf(ios_base::skipws)

这些操作都返回指向第一个（流）运算对象 s 的引用。例如：

```
cout << 1234 << ',' << hex << 1234 << ',' << oct << 1234 << '\n';        // 打印 1234,4d2,2322
```

我们可以显式设置浮点数的输出格式：

```
constexpr double d = 123.456;

cout << d << "; "
     << scientific <<  d << "; "
     << hexfloat <<  d << "; "
     << fixed << d << "; "
     << defaultfloat << d << '\n';
```

这段代码输出：

```
123.456; 1.234560e+002; 0x1.edd2f2p+6; 123.456000; 123.456
```

浮点数格式是“有黏性的”；即，对后续浮点操作一直保持有效。

<ostream>I/O 操纵符（iso.27.5.6，iso.27.7.4）	
os<<endl	输出 '\n' 并刷新缓冲区
os<<ends	输出 '\0'
os<<flush	刷新缓冲区

在以下场景 ostream 会被刷新：流被销毁、连接的 istream 需要输入（见 38.4.4 节）、C++ 实现发现刷新流会有性能收益。我们很少需要显式刷新流。类似地，<<endl 可以认为与 <<'\n' 等价，但后者可能快一点儿。而且，我认为

```
cout << "Hello, World!\n";
```

比下面的等价形式更易读易写：

```
cout << "Hello, World!" << endl;
```

如果你确实需要频繁刷新缓冲区，可考虑使用 cerr 和 unitbuf。

<iomanip> 中的 I/O 操纵符（iso.27.5.6，iso.27.7.4）	
s<<resetiosflags(f)	清除标志 f
s<<setiosflags(f)	设置标志 f
s<<setbase(b)	按 b 进制输出整数
s<<setfill(int c)	将填充字符设置为 c
s<<setprecision(n)	设置精度为 n 位数字
s<<setw(n)	设置下一个域宽为 n 个字符
is>>get_money(m,intl)	按 is 的 money_get 设置从 is 读取数据；m 是一个 long double 或一个 basic_string；若 intl==true，使用标准的三字符货币名
is>>get_money(m)	s>>get_money(m,false)

（续）

<iomanip> 中的 I/O 操纵符（iso.27.5.6，iso.27.7.4）	
os<<put_money(m,intl)	按 os 的 money_get 设置将 m 写至 os；此 money_get 确定了对 m 来说什么样的类型是可接受的；若 intl==true，使用标准的三字符货币名
os<<put_money(m)	s<<put_money(m,false)
is>>get_time(tmp,fmt)	按格式 fmt 读取时间存入 *tm，使用 is 的 time_get 设置
os<<put_time(tmp,fmt)	按格式 fmt 将 *tmp 输出到 os，使用 os 的 time_put 设置

区域设置中的时间模块将在 39.4.4 节中介绍，时间格式将在 43.6 节中介绍。

下面是带参操纵符的简单使用示例：

```
cout << '(' << setw(4) << setfill('#') << 12 << ") (" << 12 << ")\n";          // 打印 (##12) (12)
```

istream 操纵符（iso.27.5.6，iso.27.7.4）	
s>>skipws	忽略空白符（在 <ios> 中）
s>>noskipws	s.unsetf(ios_base::skipws)（在 <ios> 中）
is>>ws	吃掉空白符（在 <istream> 中）

默认情况下 >> 会忽略空白符（见 38.4.1 节）。此默认设置可通过 >>skipws 和 >>noskipws 改变。例如：

```
string input {"0 1 2 3 4"};
istringstream iss {input};
string s;
for (char ch; iss>>ch;)
        s += ch;
cout << s;                    // 打印 "01234"

istringstream iss2 {input};
iss>>noskipws;
for (char ch; iss2>>ch;)
        s += ch;
cout << s;                    // 打印 "0 1 2 3 4"
}
```

如果你希望显式处理空白符（例如，逐行处理数据）且还想使用 >>，noskipws 和 >>ws 会很方便。

38.4.5.3　用户自定义操纵符

程序员可以自定义与标准操纵符风格一致的新操纵符。本节将介绍一种新的风格，我认为它对浮点数格式化非常有用。

格式化是由一大批独立的函数控制的（见 38.4.5.1 节），常常令人困惑。例如，precision() 对后续输出操作一直保持有效，width() 则只对下一个数值输出操作有效。我所需要的是一种简单的机制，可以按预定义的模式输出一个浮点数，而不影响流上未来的输出操作。基本思想是定义一个类表示格式，定义另一个类表示特定格式和待格式化的值，然后定义一个运算符 << 根据格式将值输出到一个 ostream。例如：

```
Form gen4 {4};        // 一般格式，精度 4

void f(double d)
```

```
{
    Form sci8;
    sci8.scientific().precision(8);       // 科学记数法格式，精度 8
    cout << d << ' ' << gen4(d) << ' ' << sci8(d) << ' ' << d << '\n';

    Form sci {10,ios_base::scientific}; // 科学记数法格式，精度 10
    cout << d << ' ' << gen4(d) << ' ' << sci(d) << ' ' << d << '\n';
}
```

调用 f(1234.56789) 会输出：

```
1234.57 1235 1.23456789e+003 1234.57
1234.57 1235 1.2345678900e+003 1234.57
```

注意如何使用 Form 而不影响流的状态，从而最后一个输出 d 的操作与第一个输出操作一样使用默认格式。

下面是一个简化的实现：

```
class Form;           // 我们的格式化类型

struct Bound_form {       // 格式与值
    const Form& f;
    double val;
};

class Form {
    friend ostream& operator<<(ostream&, const Bound_form&);

    int prc;    // 精度
    int wdt;    // 宽度 0 表示 ''按需分配宽度''
    int fmt;    // 一般、科学记数法或定点（见 38.4.5.1 节）
    // ...
public:
    explicit Form(int p =6, ios_base::fmtflags f =0, int w =0) : prc{p}, fmt{f}, wdt{w} {}

    Bound_form Form::operator()(double d) const       // 为 *this 和 d 创建一个 Bound_form
    {
        return Bound_form{*this,d};
    }

    Form& scientific() { fmt = ios_base::scientific; return *this; }
    Form& fixed() { fmt = ios_base::fixed; return *this; }
    Form& general() { fmt = 0; return *this; }

    Form& uppercase();
    Form& lowercase();
    Form& precision(int p) { prc = p; return *this; }

    Form& width(int w) { wdt = w; return *this; }        // 应用到所有类型
    Form& fill(char);

    Form& plus(bool b = true);                   // 显式加号
    Form& trailing_zeros(bool b = true);         // 打印尾置 0
    // ...
};
```

Form 的设计思想是保存格式化一个数据项所需的信息。它选择了一些适合大多数用途的默认设置，并提供了多个成员函数来重置格式化的不同方面。运算符 () 用于将值与其输出格式绑定在一起。这样，一个 Bound_form（即，一个 Form 加上一个值）就可以用合适的 << 函数输出到一个给定流：

```
ostream& operator<<(ostream& os, const Bound_form& bf)
{
        ostringstream s;                // 见 38.2.2 节
        s.precision(bf.f.prc);
        s.setf(bf.f.fmt,ios_base::floatfield);
        s << bf.val;                    // 生成字符串保存在 s 中
        return os << s.str();           // 将 s 输出到 os
}
```

编写更复杂的 << 实现留作练习。

注意，这些声明令 << 和 () 的组合变成一个三元运算符：cout<<sci4{d} 将 ostream、格式和值汇集到单一函数中，然后再进行真正的计算。

38.5 流迭代器

在 <iterator> 中，标准库提供了流迭代器，能将输入和输出流作为序列 [输入起始：输入尾）和 [输出起始：输出尾）来处理：

```
template<typename T,
            typename C = char,
            typename Tr = char_traits<C>,
            typename Distance = ptrdiff_t>
class istream_iterator
        :public iterator<input_iterator_tag, T, Distance, const T*, const T&> {
        using char_type = C;
        using traits_type = Tr;
        using istream_type = basic_istream<C,Tr>;
        // ...
};

template<typename T, typename C = char, typename Tr = char_traits<C>>
class ostream_iterator: public iterator<output_iterator_tag, void, void, void, void> {
        using char_type = C;
        using traits_type = Tr;
        using ostream_type = basic_ostream<C,Tr>;
        // ...
};
```

例如：

```
copy(istream_iterator<double>{cin}, istream_iterator<double,char>{},
        ostream_iterator<double>{cout,";\n"});
```

当用两个实参（第二个是 string）构造一个 ostream_iterator 时，该字符串参数会在每个元素值之后输出该字符串作为结束符。因此，如果对此 copy() 调用你键入了 1 2 3，则输出为：

```
1;
2;
3;
```

stream_iterator 提供与其他迭代器适配器一样的操作（见 33.2.2 节）：

流迭代器操作（iso.24.6）	
istream_iterator p {st};	为输入流 st 创建迭代器
istream_iterator p {p2};	拷贝构造函数：p 为 istream_iterator p2 的副本
ostream_iterator p {st};	为输出流 st 创建迭代器
ostream_iterator p {p2};	拷贝构造函数：p 为 ostream_iterator p2 的副本
ostream_iterator p {st,s};	为输出流 st 创建迭代器；使用 C 风格字符串 s 作为输出元素间的分隔
p=p2	p 为 p2 的副本
p2=++p	p 和 p2 指向下一个元素
p2=p++	p2=p,++p
*p=x	在 p 之前插入 x
*p++=x	在 p 之前插入 x，然后递增 p

除构造函数之外，这些操作通常被 copy() 这样的通用算法所使用，而不是直接使用。

38.6 缓冲

从概念上看，输出流将字符放入一个缓冲区。随后某刻，字符被写入（“刷到”）其目的地。这种缓冲区被称为 streambuf，它定义在 <streambuf> 中。不同类型的 streambuf 实现不同类型的缓冲策略。通常，streambuf 将字符保存在一个数组中，直至发生溢出，才被迫将字符写到其真正的目的地。因此，我们可图示 ostream 如下：

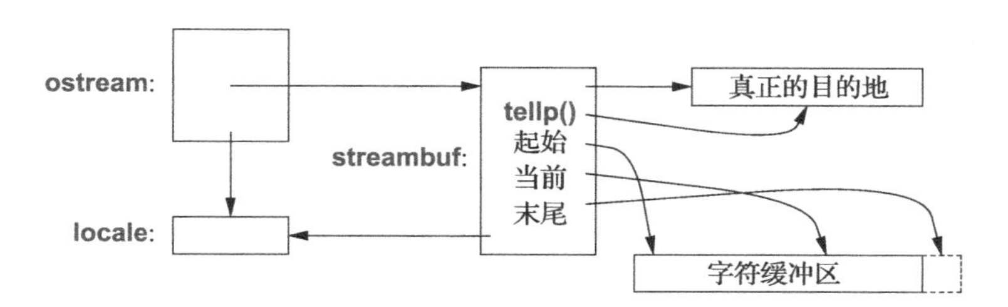

ostream 的模板实参集必须与其 streambuf 的模板实参集相同，这些参数决定了字符缓冲区中的字符的类型。

istream 的图示与之类似，只是字符流向另一个方向。

在无缓冲 I/O 这种简单 I/O 中，streambuf 直接传输每个字符，而不是保留它们直至能高效传输为止。

缓冲机制的关键类是 basic_streambuf：

```
template<typename C, typename Tr = char_traits<C>>
class basic_streambuf {
public:
      using char_type = C;                              // 字符类型
      using int_type = typename Tr::int_type;           // 字符可以转换的整数类型
      using pos_type = typename Tr::pos_type;           // 缓冲位置类型
      using off_type = typename Tr::off_type;           // 缓冲偏移类型
      using traits_type = Tr;
      // ...
      virtual ~basic_streambuf();
};
```

照例，标准库提供了一组（一般认为）最常用的别名：

```
using streambuf = basic_streambuf<char>;
using wstreambuf = basic_streambuf<wchar_t>;
```

basic_streambuf 提供了很多操作。很多 public 操作只是简单地调用一个 protected 虚函数，确保来自派生类的函数对特定种类的缓冲恰当地实现此操作：

public basic_streambuf<C,Tr> 操作（iso.27.6.3）	
sb.~basic_streambuf()	析构函数：释放所有资源；虚函数
loc=sb.getloc()	loc 为 sb 的区域设置
loc2=sb.pubimbue(loc)	sb.imbue(loc)；loc2 为指向之前区域设置的指针
psb=sb.pubsetbuf(s,n)	psb=sb.setbuf(s,n)
pos=sb.pubseekoff(n,w,m)	pos=sb.seekoff(n,w,m)
pos=sb.pubseekoff(n,w)	pos=sb.seekoff(n,w)
pos=sb.pubseekpos(n,m)	pos=sb.seekpos(n,m)
pos=sb.pubseekpos(n)	pos=sb.seekpos(n,ios_base::in|ios_base::out)
sb.pubsync()	sb.sync()

由于 basic_streambuf 设计为一个基类，所以所有构造函数都是 protected 的。

protected basic_streambuf<C,Tr> 操作（iso.27.6.3）	
basic_streambuf sb {};	析构 sb，无字符缓冲区，采用全球区域设置
basic_streambuf sb {sb2};	sb 为 sb2 的副本（共享字符缓冲区）
sb=sb2	sb 为 sb2 的副本（共享字符缓冲区）；sb 的旧资源被释放
sb.swap(sb2)	交换 sb 和 sb2 的状态
sb.imbue(loc)	loc 成为 sb 的区域设置；虚函数
psb=sb.setbuf(s,n)	设置 sb 的缓冲区；psb=&sb；s 是一个 const char*，n 是一个 streamsize；虚函数
pos=sb.seekoff(n,w,m)	定位，偏移为 n，方向为 w，模式为 m；pos 为结果位置，或为 pos_type(off_type(-1)) 表示错误；虚函数
pos=sb.seekoff(n,w)	pos=sb.seekoff(n,w,ios_base::in|ios_base::out)
pos=sb.seekpos(n,m)	定位到位置 n，模式 m；pos 为结果位置，或为 pos_type(off_type(-1)) 表示错误；虚函数
n=sb.sync()	将字符缓冲区与真正的目的或源进行同步；虚函数

虚函数的确切含义由派生类决定。

每个 streambuf 都有一个*存放区*（put area），<< 和其他输出操作会写入到这里（见 38.4.2 节），以及一个*读取区*（get area），>> 和其他输入操作从此读取数据（见 38.4.1 节）。两个区域都由一个头指针、当前位置指针和一个尾后指针描述。

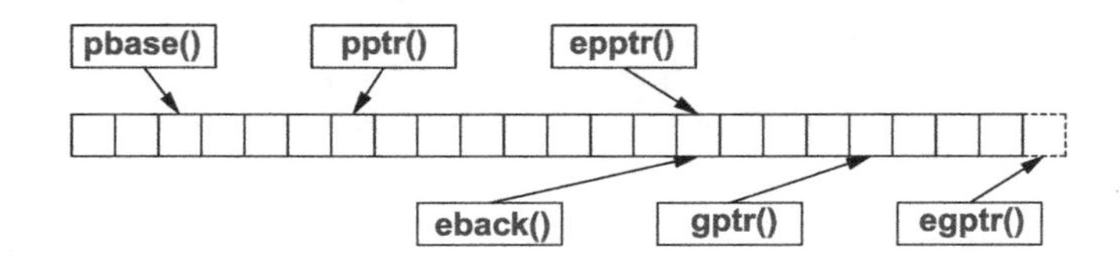

缓冲区溢出由虚函数 overflow()、underflow() 和 uflow() 处理。

定位操作的使用请见 38.6.1 节。

存取接口分为 public 和 protected 两部分：

public 存取 basic_streambuf<C,Tr> 操作（iso.27.6.3）	
n=sb.in_avail()	若读取位置合法，n=sb.egptr()-sb.gptr()；否则返回 sb.showmanyc()
c=sb.snextc()	递增 sb 的读取指针，然后 c=*sb.gptr()
n=sb.sbumpc()	递增 sb 的读取指针
c=sb.sgetc()	如果无字符可供读取，c=sb.underflow()；否则 c=*sb.gptr()
n2=sb.sgetn(p,n)	n2=sb.xsgetn(p,n)；p 是一个 char*
n=sb.sputbackc(c)	将 c 放回读取区并递减 gptr；若放回成功，n=Tr::to_int_type(*sb.gptr())；否则 n=sb.pbackfail(Tr::to_int_type(c))
n=sb.sungetc()	递减读取指针；若成功，n=Tr::to_int_type(*sb.gptr())；否则 n=sb.pbackfail(Tr::to_int_type(c))
n=sb.sputc(c)	如果不能再存入字符，n=sb.overflow(Tr::to_int_type(c))；否则 *sb.sptr()=c; n=Tr::to_int_type(c)
n2=sb.sputn(s,n)	n2=sb.xsputn(s,n)；s 是一个 const char*

protected 接口提供操纵存取指针的简单、高效且通常是内联的函数。此外，它们都是虚函数，可被派生类覆盖。

protected 存取 basic_streambuf<C,Tr> 操作）（续）（iso.27.6.3）	
sb.setg(b,n,end)	读取区为 [b:e)；当前读取指针为 n
pc=sb.eback()	[pc:sb.egptr()) 为读取区
pc=sb.gptr()	pc 为读取指针
pc=sb.egptr()	[sb.eback():pc) 为读取区
sb.gbump(n)	递增 sb 的读取指针
n=sb.showmanyc()	“显示有多少字符”；n 为不调用 sb.underflow() 的前提下可以读取多少字符的估计值，或者 n=-1 表示无字符准备好被读取；虚函数
n=sb.underflow()	读取区中无更多字符；重填读取区；n=Tr::to_int_type(c)，其中 c 为新的当前字符；虚函数
n=sb.uflow()	类似 sb.underflow()，但在读取新的当前字符后递增读取指针；虚函数
n=sb.pbackfail(c)	放回操作失败；若一个覆盖的 pbackfail() 不能放回字符则 n=Tr::eof()；虚函数
n=sb.pbackfail()	n=sb.pbackfail(Tr::eof())
sb.setp(b,e)	存放区为 [b:e)；当前存放指针为 b
pc=sb.pbase()	[pc:sb.epptr()) 为存放区
pc=sb.pptr()	pc 为存放指针
pc=sb.epptr()	[sb.pbase():pc) 为存放区
sb.pbump(n)	递增存放指针
n2=sb.xsgetn(s,n)	s 是一个 const char*；对 [s:s+n) 中每个 p 执行 sb.sgetc(*p)；n2 为读取的字符数；虚函数
n2=sb.xsputn(s,n)	s 是一个 const char*；对 [s:s+n) 中每个 p 执行 sb.sputc(*p)；n2 为写入的字符数；虚函数
n=sb.overflow(c)	重填存放区，然后 n=sb.sputc(c)；虚函数
n=sb.overflow()	n=sb.overflow(Tr::eof())

函数 showmanyc()（“显示有多少字符”）有些奇怪，它允许用户了解机器输入系统当前状态的一些信息。它返回对“近期”可读取多少字符的一个估计，比如说，清空操作系统缓冲区而非读取磁盘的话，可以读取多少字符。在调用 showmanyc() 时，如果它不能承诺可读到哪怕一个字符（在未到达文件尾的情况下），就会返回 -1。这（肯定）是一个相当底层且高

度依赖于具体 C++ 实现的操作。如果没有仔细阅读系统文档并进行一些实验，请不要草率使用 showmanyc()。

38.6.1　输出流和缓冲区

ostream 提供了一些操作，可按照常规格式（见 38.4.2 节）和显式格式化指令（见 38.4.5 节）将各种类型的值转换为字符序列。此外，ostream 还提供了直接处理 streambuf 的操作：

```
template<typename C, typename Tr = char_traits<C>>
class basic_ostream : virtual public basic_ios<C,Tr> {
public:
      // ...
      explicit basic_ostream(basic_streambuf<C,Tr>* b);

      pos_type tellp();                                        // 获取当前位置
      basic_ostream& seekp(pos_type);                          // 设置当前位置
      basic_ostream& seekp(off_type, ios_base::seekdir);       // 设置当前位置

      basic_ostream& flush();                                  // 清空缓冲区（写到真正目的）

      basic_ostream& operator<<(basic_streambuf<C,Tr>* b);     // 输出来自 b 的数据
};
```

basic_ostream 函数覆盖了其 basic_ios 基类中对应的函数。

ostream 的构造函数接受一个 streambuf 参数，它决定了输出的字符如何处理以及最终输出到哪里。例如，ostringstream（见 38.2.2 节）或 ofstream（见 38.2.1 节）的创建都是用一个适合的 streambuf（见 38.6 节）来初始化一个 ostream。

seekp() 函数用来在 ostream 中定位输出位置。后缀 p 表示这是将字符放入（putting）流的位置。只有流关联到定位操作有意义的目的，如文件，这些函数才有效果。pos_type 表示文件中的位置，off_type 表示偏移，ios_base::seekdir 指出方向。

流位置从 0 开始，因此我们可以将一个文件看作一个包含 n 个字符的数组。例如：

```
int f(ofstream& fout)// fout 关联某个文件
{
      fout << "0123456789";
      fout.seekp(8);                       // 距文件头 8 个字符的位置
      fout << '#';                         // 添加 '#' 并移动位置（+1）
      fout.seekp(-4,ios_base::cur);        // 从当前位置向后 4 个字符
      fout << '*';                         // 添加 '*' 并移动位置（+1）
}
```

如果文件初始为空，则最后得到：

```
01234*67#9
```

没有类似的方法可以进行普通 istream 或 ostream 上的随机元素访问。试图定位到文件头之前或文件尾之后通常会令流进入 bad() 状态（见 38.4.4 节）。但是，某些操作系统的操作模式可能有不同的行为（例如，定位操作能改变文件大小）。

flush() 操作允许用户不必等到溢出就能清空缓冲区。

我们可以用 << 将一个 streambuf 直接写入一个 ostream 中。这主要方便了 I/O 机制的实现者。

38.6.2 输入流和缓冲区

istream 提供了一些操作，可将读入的字符转换为各种类型的值（见 38.4.1 节）。此外，istream 还提供了直接处理 streambuf 的操作：

```
template<typename C, typename Tr = char_traits<C>>
class basic_istream : virtual public basic_ios<C,Tr> {
public:
    // ...
    explicit basic_istream(basic_streambuf<C,Tr>* b);
    pos_type tellg();                                   // 获取当前位置
    basic_istream& seekg(pos_type);                     // 设置当前位置
    basic_istream& seekg(off_type, ios_base::seekdir);  // 设置当前位置

    basic_istream& putback(C c);        // 将 c 放回缓冲区
    basic_istream& unget();             // 放回最近读取的字符
    int_type peek();                    // 查看下一个将要读取的字符

    int sync();                         // 清除缓冲区（刷新）

    basic_istream& operator>>(basic_streambuf<C,Tr>* b);    // 读取数据存入 b
    basic_istream& get(basic_streambuf<C,Tr>& b, C t = Tr::newline());
    streamsize readsome(C* p, streamsize n);    // 读取最多 n 个字符
};
```

basic_istream 的函数覆盖了其 basic_ios 基类中对应的函数。

定位函数工作方式类似 ostream 的对应函数（见 38.6.1 节）。后缀 g 表示这是从流中读取（getting）字符的位置。后缀 p 和 g 是必要的，因为我们可以创建一个从 istream 和 ostream 派生的 iostream，这样一个流需要同时追踪读取位置和存放位置。

函数 putback() 允许程序将一个字符“放回”istream 中，从而成为下一个被读取的字符。函数 unget() 放回最近读取的字符。但不幸的是，回退输入流并不总是可行的。例如，试图退回到读取的第一个字符之前的位置会设置 ios_base::failbit 标志。标准库可以保证的是你能退回刚刚成功读取的那个字符。函数 peek() 读取下一个字符，但将它留在 streambuf 中，这样该字符就可以再次被读取。因此，c=peek() 逻辑上等价于 (c=get(),unget(),c)。设置 failbit 标志可能会触发一个异常（见 38.3 节）。

我们可以用 sync() 刷新 istream，但不能保证总是成功。为刷新某些类型的流，我们需要从真正的源重读数据，而这有可能不可行或不可取（例如，对一个关联到网络的流这样做）。因此，如果刷新成功，sync() 会返回 0。若失败，它会设置 ios_base::failbit 标志（见 38.4.4 节）并返回 -1。设置 badbit 可能会触发一个异常（见 38.3 节）。对一个关联到 ostream 的缓冲区执行 sync() 会将缓冲区内容刷新到输出。

直接从 streambuf 读取数据的 >> 和 get() 操作主要供 I/O 特性的实现者所用。

函数 readsome() 是一个底层操作，它允许用户窥探一个流是否有字符可供读取。当我们不想等待输入时（比如说，等待来自键盘的输入），这个操作非常有用。参见 in_avail()（38.6 节）。

38.6.3 缓冲区迭代器

在 <iterator> 中，标准库提供了 istreambuf_iterator 和 ostreambuf_iterator，它们允许用户（大多数是新 iostream 的实现者）遍历流缓冲区中的内容。特别是，这两种迭代器被 locale facet 广泛使用（见第 39 章）。

38.6.3.1 istreambuf_iterator

istreambuf_iterator 从 istream_buffer 读取字符流：

```
template<typename C, typename Tr = char_traits<C>>  // 见 iso.24.6.3
class istreambuf_iterator
    :public iterator<input_iterator_tag, C, typename Tr::off_type, /*unspecified*/, C> {
public:
    using char_type = C;
    using traits_type = Tr;
    using int_type = typename Tr::int_type;
    using streambuf_type = basic_streambuf<C,Tr>;
    using istream_type = basic_istream<C,Tr>;
    // ...
};
```

它并未使用 iterator 基类的 reference 成员，因此并未说明该成员。

如果你将一个 istreambuf_iterator 用作输入迭代器，其效果与其他输入迭代器别无二致：可以用 c=*p++ 从输入读取字符流：

istreambuf_iterator<C,Tr> (iso.24.6.3)	
istreambuf_iterator p {};	p 为流末尾迭代器；不抛出异常；constexpr
istreambuf_iterator p {p2};	拷贝构造函数；不抛出异常
istreambuf_iterator p {is};	p 为 is.rdbuf() 的迭代器；不抛出异常
istreambuf_iterator p {psb};	p 为指向 istreambuf *psb 的迭代器；不抛出异常
istreambuf_iterator p {nullptr};	p 为流末尾迭代器
istreambuf_iterator p {prox};	p 指向由 prox 指定的 istreambuf；不抛出异常
p.~istreambuf_iterator()	析构函数
c=*p	c 为 streambuf 的 sgetc() 返回的字符
p->m	*p 的成员 m，若 *p 是一个类对象的话
p=++p	streambuf 的 sbumpc()
prox=p++	令 prox 指向与 p 相同的位置；然后 ++p
p.equal(p2)	p 和 p2 都指向流末尾，或都不是？
p==p2	p.equal(p2)
p!=p2	!p.equal(p2)

注意，自作聪明地比较两个 istreambuf_iterator 必然失败：你不能依赖于两个迭代器指向相同的字符，因为输入是在一直进行的。

38.6.3.2 ostreambuf_iterator

ostreambuf_iterator 向 ostream_buffer 写入字符流：

```
template<typename C, typename Tr = char_traits<C>>  // 见 iso.24.6.4
class ostreambuf_iterator
    :public iterator<output_iterator_tag, void, void, void, void> {
public:
    using char_type = C;
    using traits_type = Tr;
    using streambuf_type = basic_streambuf<C,Tr>;
    using ostream_type = basic_ostream<C,Tr>;
    // ...
};
```

按大多数标准来衡量，ostreambuf_iterator 的操作有些奇怪，但最终效果是，如果你将一个 ostreambuf_iterator 用作输出流，其整体效果与其他输出流一样：我们可以用 *p++=c 向输出写入字符流。

ostreambuf_iterator<C,Tr>（iso.24.6.4）(续)	
ostreambuf_iterator p {os};	p 为 os.rdbuf() 的迭代器；不抛出异常
ostreambuf_iterator p {psb};	p 为 ostreambuf *psb 的迭代器；不抛出异常
p=c	若 !p.failed()，调用 streambuf 的 sputc(c)
*p	什么也不做
++p	什么也不做
p++	什么也不做
p.failed()	p 的流缓冲区上的 sputc() 操作已达 eof？不抛出异常

38.7　建议

[1] 若用户自定义类型的值存在有意义的文本表示，可为其定义 << 和 >>；38.1 节，38.4.1 节，38.4.2 节。
[2] 用 cout 进行正常输出，用 cerr 输出错误；38.1 节。
[3] 标准库提供了普通字符和宽字符的 iostream，你可以为任意类型的字符定义 iostream；38.1 节。
[4] 标准库为标准 I/O 流、文件和 string 定义了标准 iostream；38.2 节。
[5] 不要尝试拷贝一个文件流；38.2.1 节。
[6] 二进制 I/O 依赖于系统；38.2.1 节。
[7] 在使用文件流之前记得检查它是否已关联到文件；38.2.1 节。
[8] 优先选择 ifstream 和 ofstream 而非通用的 fstream；38.2.1 节。
[9] 用 stringfstream 进行内存中的格式化；38.2.2 节。
[10] 用异常机制捕获稀少的 bad()-I/O 错误；38.3 节。
[11] 用流状态 fail 处理潜在的可恢复 I/O 错误；38.3 节。
[12] 为了定义新的 << 和 >> 你无需修改 istream 或 ostream；38.4.1 节。
[13] 当实现 iostream 原语操作时，使用 sentry；38.4.1 节。
[14] 优先选择格式化输入而非未格式化的、底层的输入；38.4.1 节。
[15] 读取输入存入 string 不会导致溢出；38.4.1 节。
[16] 当使用 get()、getline() 和 read() 时，要小心结束标准；38.4.1 节。
[17] >> 默认忽略空白符；38.4.1 节。
[18] 你可以定义行为类似虚函数的 <<（或 >>），其行为由其第二个运算对象所决定；38.4.2.1 节。
[19] 优先选择操纵符而非状态标志来控制 I/O；38.4.3 节。
[20] 如果你希望混合 C 风格 I/O 和 iostream-I/O，使用 sync_with_stdio(true)；38.4.4 节。
[21] 使用 sync_with_stdio(false) 优化 iostream；38.4.4 节。
[22] 连接流来实现交互式 I/O；38.4.4 节。

[23] 用 imbue() 来令 iostream 反映 locale 的“文化差异”；38.4.4 节。

[24] width() 说明只应用于紧接着的下一个 I/O 操作；38.4.5.1 节。

[25] precision() 说明应用于后续所有浮点输出操作；38.4.5.1 节。

[26] 浮点格式说明（如 scientific）应用于后续所有浮点输出操作；38.4.5.2 节。

[27] 为使用接受参数的标准操纵符，要 #include <iomanip>；38.4.5.2 节。

[28] 你几乎不会需要 flush()；38.4.5.2 节。

[29] 除非可能有审美趣味上的原因，否则不要使用 endl；38.4.5.2 节。

[30] 如果 iostream 格式化变得令人厌烦，编写你自己的操纵符；38.4.5.3 节。

[31] 通过定义一个简单的函数对象，你可以实现三元运算符的效果（和效率）；38.4.5.3 节。

第 39 章
The C++ Programming Language, Fourth Edition

区域设置

入国问禁，入乡随俗。

——谚语

- 处理文化差异
- 类 locale
  命名 locale；比较 string
- 类 facet
  访问 locale 中的 facet；一个简单的用户自定义 facet；locale 和 facet 的使用
- 标准 facet
  string 比较；数值格式化；货币格式化；日期和时间格式化；字符分类；字符编码转换；消息
- 便利接口
  字符分类；字符转换；字符串转换；缓冲区转换
- 建议

39.1 处理文化差异

一个 locale 对象表示一组文化偏好，例如，字符串如何比较、人类可读的数值输出格式以及字符在外存中的表示形式。区域设置（locale）的概念是可扩展的，程序员从而可以向一个 locale 添加新的 facet，表示标准库不直接支持的区域相关的实体，如邮政编码和电话号码。locale 在标准库中的主要用途是控制输出到 ostream 的信息的呈现形式以及格式化从 istream 读取的数据。

本章描述如何使用 locale、如何用 facet 构造 locale 以及 locale 如何影响 I/O 流。

区域设置不只是一个 C++ 概念，大多数操作系统和应用环境都有区域设置的概念。这个概念原则上是系统中所有程序所共享的，而与编写程序的语言无关。因此，我们可以将 C++ 标准库的区域设置概念看作一种标准的、可移植的方法，它令 C++ 程序能访问不同系统中表示形式差异巨大的信息。一个 C++ locale 就是一个系统信息访问接口，这些信息在不同系统上的表示形式是不兼容的。

考虑编写一个会在多个国家使用的程序。编写这种程序的编程风格通常被称为国际化（internationalization，强调程序在多个国家使用）或区域化（localization，强调程序适应区域情况）。程序操纵的很多实体在这些国家中习惯上有不同的表现形式，为处理此问题我们可在编写 I/O 例程时考虑这方面的因素。例如：

```
void print_date(const Date& d)      //用恰当的格式打印
{
    switch(where_am_I) {    //用户自定义风格指示器
    case DK:                //如 7. marts 1999
```

```
        cout << d.day() << ". " << dk_month[d.month()] << " " << d.year();
        break;
    case ISO:           // 如 1999-3-7
        cout << d.year() << " – " << d.month() << " / " << d.day();
        break;
    case US:            // 如 3/7/1999
        cout << d.month() << "/" << d.day() << "/" << d.year();
        break;
    // ...
    }
}
```

这种编程风格可以实现正确输出，但代码丑陋、不易维护。特别是，我们必须在程序中一致地使用这种风格以确保所有输出都正确调整以适应区域习惯。如果我们希望添加一种新的日期输出格式，就必须修改应用代码。更糟的是，日期输出格式只不过是众多文化差异中的一个例子而已。

因此，标准库提供一种可扩展的文化习惯处理方法。iostream 库依赖此框架处理内置和用户自定义类型（见 38.1 节）。例如，考虑用一个简单循环拷贝（日期，双精度）值对，它们可能表示一系列的测量值或一组交易记录：

```
void cpy(istream& is, ostream& os)//拷贝（日期，双精度）流
{
    Date d;
    double volume;

    while (is >> d >> volume)
        os << d << ' '<< volume << '\n';
}
```

当然，一个真实程序读取数据后会进行一些处理再输出，而且理想情况在错误处理方面也更细致。

我们如何才能令此程序按法国习惯（在浮点数中用逗号表示小数点；例如，12,5 表示十二又二分之一）读取一个文件并按美国习惯输出呢？我们可以定义 locale 和 I/O 操作，来让 cpy() 实现这种文化习惯间的转换：

```
void f(istream& fin, ostream& fout, istream& fin2, ostream& fout2)
{
    fin.imbue(locale{"en_US.UTF-8"});           // 美国英语
    fout.imbue(locale{"fr_FR.UTF-8"});          // 法语
    cpy(fin,fout);                              // 读取美国英语，输出法语
    // ...

    fin2.imbue(locale{"fr_FR.UTF-8"});          // 法语
    fout2.imbue(locale{"en_US.UTF-8"});         // 美国英语
    cpy(fin2,fout2);                            // 读取法语，输出美国英语
    // ...
}
```

给定下面的流：

```
Apr 12, 1999    1000.3
Apr 13, 1999    345.45
Apr 14, 1999    9688.321
...
3 juillet 1950  10,3
3 juillet 1951  134,45
```

```
3 juillet 1952    67,9
...
```

此程序会输出：

```
12 avril 1999 1000,3
13 avril 1999 345,45
14 avril 1999 9688,321
...
July 3, 1950 10.3
July 3, 1951 134.45
July 3, 1952 67.9
...
```

本章大部分剩余内容将专注于描述达成这一目标的机制并解释如何使用这些机制。但是，大多数程序员很少会处理 locale 的细节，而且从不会显式操纵 locale。他们最多简单地获取一个标准 locale 并将其赋予流（见 38.4.5.1 节）。

区域化（国际化）的概念很简单，但现实中的限制令 locale 的实现相当复杂：

[1] locale 封装了文化习惯，如日期的表现形式。这些习惯的差异微妙且不成系统，它们本身与程序设计语言无关，因此语言不可能将它们标准化。

[2] locale 的概念必须是可扩展的，因为穷举对不同 C++ 用户很重要的所有文化习惯是不可行的。

[3] 人们对使用 locale 的操作（如 I/O 和排序）有较高的运行时效率要求。

[4] 大多数程序员都希望从“做正确的事”的语言特性受益而又不必确切了解“正确的事”是什么或是如何实现的，locale 对他们必须是不可见的。

[5] locale 必须能处理超出标准之外的文化敏感信息，以供语言特性的设计者使用。

用来构建 locale 以及令其更易使用的机制形成了一种自成一体的小型编程语言。

一个 locale 由若干 facet 构成，每个 facet 控制单一方面，如输出浮点值所用的标点字符（decimal_point()；见 39.4.2 节）以及读取货币值的格式（moneypunct；见 39.4.3 节）。一个 facet 就是一个 locale::facet（见 39.3 节））的派生类的对象。我们可以将一个 locale 看作一个 facet 的容器（见 39.2 节和 39.3.1 节）

39.2　类 locale

类 local 及其相关特性都在 <locale> 中。

locale 成员（iso.22.3.1）	
locale loc{}	loc 成为当前全局区域设置的一个副本；不抛出异常
locale loc {loc2};	拷贝构造函数：loc 保存 loc2 的副本；loc.name()==loc2.name()；不抛出异常
locale loc {s};	loc 初始化为名为 s 的 locale；s 可以是一个 string 或一个 C 风格字符串；loc.name()==s；显式构造函数
locale loc {loc2,s,cat};	loc 成为 loc2 的副本，类别为 cat 的 facet 除外，它拷贝自 locale{s}；s 可以是一个 string 或一个 C 风格字符串；若 loc2 有名字，则 loc 也有名字
locale loc {loc2,pf};	loc 成为 loc2 的副本，facet*pf 除外（若 pf!=nullptr）；loc 没有名字
locale loc {loc2,loc3,cat};	loc 成为 loc2 的副本，类别为 cat 的 facet 除外，它拷贝自 loc3；若 loc2 和 loc3 有名字，则 loc 有相同的名字
loc.~locale()	析构函数；非虚函数；不抛出异常
loc2=loc	赋值操作：loc2 为 loc 的副本；不抛出异常

（续）

locale 成员（iso.22.3.1）	
loc3=loc.combine<F>(loc2)	loc3 成为 loc 的副本，类别为 F 的 facet 除外，它拷贝自 loc2；loc3 没有名字
s=loc.name()	s 为 loc 的 locale 的名字或 "*"
loc==loc2	loc 是与 loc2 一样的 locale 吗？
loc!=loc2	!(loc==loc2)
loc()(s,s2)	用 loc 的 collate<C> facet 比较 s 和 s2（basic_string<C> 类型）
loc2=global(loc)	将全局 locale 设置为 loc；loc2 为旧的全局 locale
loc=classic()	loc 为经典"C"区域设置

如果一个给定名字的 locale 或 facet 所指向的 locale 并不存在，则用此名访问 locale 的操作会抛出一个 runtime_error。

locale 的命名机制有些奇怪。当你用一个 locale 和一个 facet 创建一个新 locale 时，若结果 locale 有名字，则此名是由具体 C++ 实现定义的。通常，这个名字包含贡献了最多 facet 的 locale 的名字。对于无名 locale，name() 返回 "*"。

我们可以将一个 locale 看作一个 map<id,facet*> 的接口，即，它允许我们用一个 locale::id 查找对应的 locale::facet 派生类对象。locale 的实际实现是这一思想的一种高效变体，其内存布局可能像下面这样：

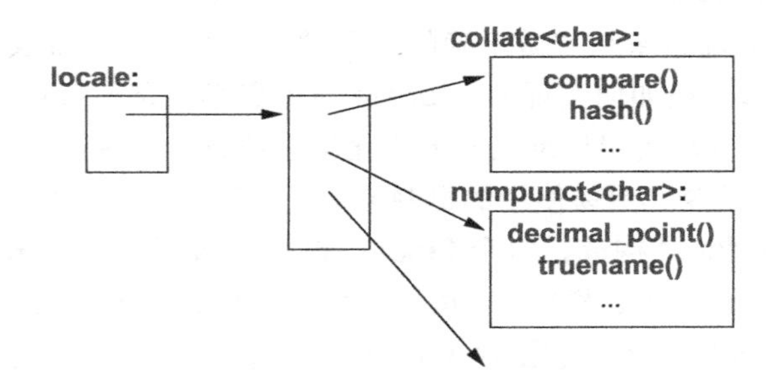

上图中的 collate<char> 和 numpunct<char> 都是标准库 facet（见 39.4 节），所有 facet 都派生自 locale::facet。

locale 可以自由、高效地拷贝。因此，locale 几乎必然实现为一个特例化 map<id,facet*> 的句柄，这构成了实现的主体。locale 中的 facet 必须能快速访问，因此，特例化的 map<id,facet*> 必须进行类似数组的快速访问优化。我们可以用 use_facet<Facet>(loc) 语法访问 locale 中的 facet；见 39.3.1 节。

标准库提供了丰富的 facet。为了帮助程序员按逻辑分组使用 facet，标准 facet 被分为若干类别，如 numeric 和 collate（见 39.4 节）：

facet 类别（iso.22.3.1）	
collate	如 collate；见 39.4.1 节
ctype	如 ctype；见 39.4.5 节
numeric	如 num_put、num_get、numpunct；见 39.4.2 节
monetary	money_put、money_get、moneypunct；见 39.4.3 节
time	如 time_put、time_get；见 39.4.4 节

（续）

facet 类别（iso.22.3.1）	
messages	messages；见 39.4.7 节
all	collate | ctype | monetary | numeric | time | messages
none	

标准库并未提供为新创建的 locale 指定名字字符串的特性。名字字符串或者在程序执行环境中定义，或者由 locale 的构造函数组合相关名字创建。

程序员可以替换来自现有类别的 facet（见 39.4 节和 39.4.2.1 节），但无法定义新类别。“类别”的概念只用于标准库 facet，且不可扩展。因此，一个 facet 不必属于任何类别，很多用户自定义 facet 也确实如此。

如果一个 locale x 没有名字字符串，则 locale::global(x) 是否影响 C 全局区域设置是未定义的。这意味着一个 C++ 程序不可能以可靠且可移植的方式将 C 的区域设置设定为一个并非来自执行环境的区域设置，也不存在标准方法在 C 程序中设定 C++ 全局区域设置（除非调用一个 C++ 函数）。在一个 C/C++ 混合程序中，若使得 C 的全局区域设置与 global() 不同，则很容易出错。

到目前为止，locale 主要隐式用于 I/O 流中。每个 istream 和 ostream 都有其专有的 locale。在创建流时，其 locale 默认为全局 locale（见 39.2.1 节）。我们可以用 imbue() 操作设置流的 locale，还可以用 getloc() 提取流的 locale 的拷贝（见 38.4.5.1 节）。

设置全局 locale 不会影响已存在的 I/O 流；它们仍使用这之前被赋予的 locale。

39.2.1 命名 locale

locale 可从另一个 locale 以及从 facet 创建。最简单的创建 locale 的方法是拷贝一个已有 locale。例如：

```
locale loc1;                                  // 拷贝当前全局 locale
locale loc2 {""};                             // 拷贝“用户优选的 locale”

locale loc3 {"C"};                            // 拷贝“C”locale
locale loc4 {locale::classic()};              // 拷贝“C”locale

locale loc5 {"POSIX"};                        // 拷贝名为“POSIX”的 locale
locale loc6 {"Danish_Denmark.1252"};          // 拷贝名为“Danish_Denmark.1252”的 locale
locale loc7 {"en_US.UTF-8"};                  // 拷贝名为“en_US.UTF-8”的 locale
```

locale{"C"} 的含义由“经典”C locale 标准定义；此区域设置的使用贯穿本书。其他 locale 名是由具体 C++ 实现定义的。

locale{""} 被认为是“用户优选的区域设置”。此 locale 是在程序执行环境中用非语言学的方法设置的。因此，为了查看你当前的“优选区域设置”，应编写代码如下：

```
locale loc("");
cout << loc.name() << '\n';
```

在我的 Windows 笔记本上，我得到了：

```
English_United States.1252
```

在我的 Linux 盒子上，我得到了：

en_US.UTF-8

区域设置的名字并未被 C++ 标准化，而是由很多组织，如 POSIX 和微软，维护着他们自己的（不同的）标准，这些标准库会跨越不同的编程语言。例如：

GNU 区域设置名示例（基于 POSIX）	
ja_JP	日语
da_DK	丹麦语
en_DK	丹麦英语
de_CH	瑞士德语
de_DE	德国德语
en_GB	英国英语
en_US	美国英语
fr_CA	加拿大法语
de_DE	德国德语
de_DE@euro	德国德语，欧元符号为€
de_DE.utf8	使用 UTF-8 的德国德语
de_DE.utf8@euro	使用 UTF-8 的德国德语，欧元符号为€

POSIX 建议的区域设置名字格式包括小写语言名，后接可选的大写国家名以及可选的编码说明符，例如，sv_FI@euro（芬兰瑞典语，包括欧元符号）。

微软区域设置名示例
Arabic_Qatar.1256
Basque_Spain.1252
Chinese_Singapore .936
English_United Kingdom.1252
English_United States.1252
French_Canada.1252
Greek_Greece .1253
Hebrew_Israel.1255
Hindi_India.1252
Russian_Russia.1251

微软的区域设置名以语言名开头，后接国家名和一个可选的编码页号。所谓*编码页*（code page）就是一个命名的（或编号的）字符编码方案。

大多数操作系统都提供了为程序设定默认区域设置的方法，这通常是通过设置诸如 LC_ALL、LC_COLLATE 以及 LANG 这种环境变量来实现的。通常，用户在首次使用系统时会选择适合的区域设置。例如，如果某人配置一个 Linux 系统使用阿根廷西班牙语作为默认设置，就会发现 locale{""} 意味着 locale{"es_AR"}。但是，这些名字并非跨平台标准化的。因此，为了在特定系统上使用命名 locale，程序员必须参考系统文档，并进行一些实验。

避免在程序代码中嵌入 locale 名通常是一个好主意。硬编码文件名或系统常量会限制程序的可移植性，而且希望调整程序适应新环境的程序员常常会被迫去查找并修改这些值。

硬编码 locale 名字符串也会有类似的不良后果。更好的方式是从程序的执行环境中获取 locale（例如，使用 locale{""} 或读取文件）。此外，程序也可以要求用户键入字符串来指定其他的区域设置。例如：

```
void user_set_locale(const string& question)
{
	cout << question;	// 例如，“如果你希望使用不同 locale，请输入其名称”
	string s;
	cin >> s;
	locale::global(locale{s}); // 按用户指定内容设置全局 locale
}
```

对于非专家用户而言，让其在一个候选列表中选择通常是更好的方法。若想编写函数实现这一目的，就必须了解系统在哪里以及如何保存 locale。例如，很多 Linux 系统将其 locale 保存在目录 /usr/share/locale 中。

如果字符串实参并未指向一个已定义的 locale，构造函数会抛出 runtime_error 异常（见 30.4.1.1 节）。例如：

```
void set_loc(locale& loc, const char* name)
try
{
	loc = locale{name};
}
catch (runtime_error&) {
	cerr << "locale
	// ...
}
```

如果一个 locale 有名字字符串，name() 调用会返回此字符串。若没有，name() 会返回 string("*")。名字字符串主要用来引用保存在执行环境中的 locale，此外，名字字符串还可用来帮助调试。例如：

```
void print_locale_names(const locale& my_loc)
{
	cout << "name of current global locale: " << locale().name() << "\n";
	cout << "name of classic C locale: " << locale::classic().name() << "\n";
	cout << "name of “user's preferred locale": " << locale("").name() << "\n";
	cout << "name of my locale: " << my_loc.name() << "\n";
}
```

39.2.1.1 构造新 locale

通过向现有 locale 添加或替换 facet，我们可以创建新的 locale。一个新 locale 通常是一个已有 locale 的简单变体。例如：

```
void f(const locale& loc, const My_money_io* mio)	// My_money_io 定义在 39.4.3.1 节中
{
	locale loc1(locale{"POSIX"},loc,locale::monetary); // 使用来自 loc 的货币 facet
	locale loc2 = locale(locale::classic(), mio);	// classic 加 mio
	// ...
}
```

此处，loc1 是对 POSIX locale 的拷贝的修改，使用了 loc 的货币 facet（见 39.4.3 节）。类似地，loc2 是对 C locale 的拷贝的修改，使用了 My_money_io（见 39.4.3.1 节）。结果 locale 可表示如下：

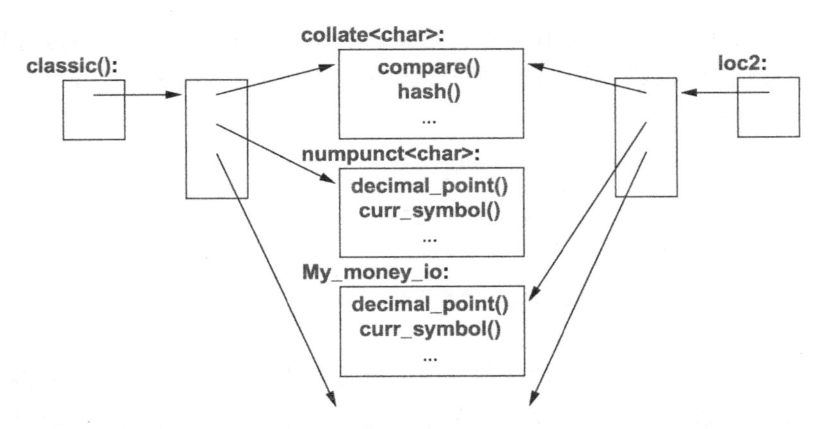

如果 Facet* 实参（本例中为 My_money_io*）为 nullptr，则结果 locale 即为 locale 实参的简单拷贝。

在构造 locale{loc,f} 中，参数 f 必须指定一个特定的 facet 类型。普通 facet* 是不够的。例如：

```
void g(const locale::facet* mio1, const money_put<char>* mio2)
{
      locale loc3 = locale(locale::classic(), mio1);          // 错误：facet 类型未知
      locale loc4 = locale(locale::classic(), mio2);          // 确：facet 类型已知（moneyput<char>）
      // ...
}
```

locale 使用 Facet* 实参的类型在编译时确定 facet 的类型。具体来说，locale 实现利用 facet 的标识类型——facet::id（见 39.3 节）——在 locale 中查找此 facet（见 39.3.1 节）。构造函数

```
template<class Facet> locale(const locale& x, Facet* f);
```

为 locale 提供 facet，这是 C++ 语言为程序员提供的唯一方法。其他 locale 由实现者以命名 locale 的方式提供（见 39.2.1 节）。命名区域设置可以从程序的执行环境提取。了解其实现机制的程序员或许可以添加新的 locale。

locale 构造函数的设计使得每个 facet 的类型或者能通过（Facet 模板参数的）类型推断获得，或者来自于另一个 locale（已知其类型）。指定 category 实参可以间接地指出 facet 的类型，因为 locale 知道分类 facet 的类型。这意味着 locale 类可以（也确实这样做了）追踪 facet 的类型，以便能以最小的代价来操纵它们。

locale 用成员类型 locale::id 来标识 facet 类型（见 39.3 节）。

C++ 不提供修改 locale 的方法，而是通过 locale 操作提供从已有 locale 创建新 locale 的方法。locale 创建后即不可变对运行时效率而言是很重要的，这允许 locale 的使用者调用 facet 的虚函数并缓存返回值。例如，一个 istream 可以不必每次读取数值时都调用 decimal_point()* 以获知哪个字符用来表示小数点，也不必每次读取一个 bool 值时都调用 truename()* 以了解 true 是如何表示的（见 39.4.2 节）。只有对流调用 imbue()（见 38.4.5.1 节）才会导致这些调用返回一个不同值。

39.2.2　比较 string

根据 locale 比较两个 string 可能是 locale 在 I/O 之外最常见的用途了。因此，locale

直接提供了此操作，从而用户不必从 collate facet 构建自己的比较函数（见 39.4.1 节）。此 string 比较函数定义为 locale 的 operator()()。例如：

```
void user(const string s1, const string s2, const locale& my_locale)
{
      if (my_locale(s,s2)) {      // 根据 my_locale, s<s2?
            // ...
      }
}
```

以 () 的形式定义比较函数，使其可直接用作谓词（见 4.5.4 节）。例如：

```
void f(vector<string>& v, const locale& my_locale)
{
      sort(v.begin(),v.end());                  // 用 < 比较元素来进行排序
      // ...
      sort(v.begin(),v.end(),my_locale);   // 根据 my_locale 的规则进行排序
      // ...
}
```

标准库 sort() 默认使用 < 确定实现字符集上数值的排序顺序（见 32.6 节和 31.2.2.1 节）

39.3 类 facet

一个 locale 就是一个 facet 集合。一个 facet 表示一个特定的文化侧面，例如数值输出时如何表示（num_put），如何从输入读取日期（time_get）以及在文件中如何保存字符（codecvt）。39.4 节列出了标准库 facet。

用户可以定义新的 facet，例如确定季节名如何打印的 facet（见 39.3.2 节）。

facet 在程序中表示为 std::locale::facet 派生类的对象。类似其他 locale 特性，facet 也定义在 <locale> 中：

```
class locale::facet {
protected:
      explicit facet(size_t refs = 0);
      virtual ~facet();
      facet(const facet&) = delete;
      void operator=(const facet&) = delete;
};
```

类 facet 设计为无公有函数的基类。其构造函数是 protected 的，以防止创建“普通 facet”对象，其析构函数是 virtual 的，以确保派生类对象正确销毁。

facet 一般通过保存在 locale 中的指针来管理。传递给 facet 构造函数一个参数 0 表示 locale 应在 facet 的最后一个引用释放后删除它。反之，非零参数确保 locale 永远也不会删除 facet。在极少数情况下，facet 的生命期由程序员直接控制而不是通过 locale 间接控制，此时非零参数就很有意义了。

每种 facet 接口都必须有独立的 id：

```
class locale::id {
public:
      id();
      void operator=(const id&) = delete;
      id(const id&) = delete;
};
```

用户使用 id 为每个提供新 facet 接口的类定义一个 id 类型的 static 成员（例如，见 39.4.1

节)。locale 机制用 id 标识 facet（见 39.2 节和 39.3.1 节)。在显而易见的 locale 实现中，id 用作 facet 指针向量的索引，从而实现高效的 map<id,facet*>。

用来定义（派生）facet 的数据定义在派生类中。这意味着定义 facet 的程序员对数据有完全的控制权，而且可以使用任意量的数据来实现 facet 所表示的概念。

facet 是不可变的，因此一个用户自定义 facet 的所有成员函数都应定义为 const。

39.3.1　访问 locale 中的 facet

我们用两个模板函数访问 locale 的 facet：

非成员 locale 函数（iso.22.3.2）	
f=use_facet<F>(loc)	f 是一个引用，指向 loc 中的 F；若 loc 不包含 F，抛出 bad_cast
has_facet<F>(loc)	loc 包含 facet F 吗？不抛出异常

将这两个函数理解为在其 locale 实参中查找其模板参数 F。也可以将 use_facet 理解为一种 locale 到特定 facet 的显式类型转换（cast)，这是可行的，因为对于一个给定的 facet 类型，一个 locale 只能有一个该类型的 facet。例如：

```
void f(const locale& my_locale)
{
	char c = use_facet<numpunct<char>>(my_locale).decimal_point() // 使用 facet
	// ...

	if (has_facet<Encrypt>(my_locale)) {	// my_locale 包含一个埃及 facet?
		const Encrypt& f = use_facet<Encrypt>(my_locale);	// 提取埃及 facet
		const Crypto c = f.get_crypto();	// 使用埃及 facet
		// ...
	}
	// ...
}
```

标准 facet 保证可用于所有 locale（见 39.4 节)，因此我们无须用 has_facet 检查标准 facet。

一种看待 facet::id 机制的方式是一种编译时多态的优化实现。使用 dynamic_cast 可以获得与 use_facet 非常相似的效果。但是，特例化的 use_facet 可以实现得比通用的 dynamic_cast 高效得多。

一个 id 标识了一个接口和一种行为而非一个类。即，如果两个类有完全相同的接口并实现了相同的语义（就 locale 而言)，它们应该被相同的 id 所标识。例如，在一个 locale 中，collate<char> 和 collate_byname<char> 是可互换的，因此它们都被 collate<char>::id 所标识（见 39.4.1 节)。

如果我们定义一个具有新接口的 facet——例如 f() 中的 Encrypt——就必须定义一个对应的 id 来标识它（见 39.3.2 节和 39.4.1 节)。

39.3.2　一个简单的用户自定义 facet

标准库为文化差异的最关键领域提供了标准 facet，例如字符集和数值 I/O。为了在考察 facet 机制时不考虑广泛使用的类型的复杂性及伴随的效率问题，我首先为一个非常简单的用户自定义类型设计一个 facet：

```
enum Season { spring, summer, fall, winter }; // 很简单的用户自定义类型
```

此处勾勒的I/O风格经过细微变化即可用于大多数简单的用户自定义类型：

```
class Season_io : public locale::facet {
public:
	Season_io(int i = 0) : locale::facet{i} { }
	~Season_io() { }		// 为了能销毁 Season_io 对象（见 39.3 节）

	virtual const string& to_str(Season x) const = 0;		// x 的字符串表示
	virtual bool from_str(const string& s, Season& x) const = 0; // 将 s 所表示的 Season 放置于 x 中

	static locale::id id;  // facet 标识对象（见 39.2 节，39.3 节，39.3.1 节）
};

locale::id Season_io::id; // 定义标识对象
```

为简单起见，我们限制此facet只处理char的string。

类Season_io为所有Season_io facet提供了一个通用且抽象的接口。为了定义一个特定locale的Season的I/O呈现方式，我们从Season_io派生一个类，并定义恰当的to_str()和from_str()。

输出一个Season很简单。如果流具有Season_io facet，我们可以用它将季节值转换为字符串。如果不具备，我们可以输出Season的int值：

```
ostream& operator<<(ostream& os, Season x)
{
	locale loc {os.getloc()};		// 提取流的 locale（见 38.4.4 节）

	if (has_facet<Season_io>(loc))
		return os << use_facet<Season_io>(loc).to_str(x); // 字符串表示
	return os << static_cast<int>(x);			// 整数表示
}
```

为了追求最高效率和最大灵活性，标准facet倾向于直接操纵流缓冲区（见39.4.2.2节和39.4.2.3节）。但是，对一个简单的用户自定义类型，如Season，没有必要陷入到streambuf这个抽象层次上。

一如以往，输入比输出稍微复杂些：

```
istream& operator>>(istream& is, Season& x)
{
	const locale& loc {is.getloc()};				// 提取流的 locale（见 38.4.4 节）

	if (has_facet<Season_io>(loc)) {
		const Season_io& f {use_facet<Season_io>(loc)}; // 获取 locale 的 Season_io facet

		string buf;
		if (!(is>>buf && f.from_str(buf,x)))		// 读取字符串表示
			is.setstate(ios_base::failbit);
		return is;
	}

	int i;
	is >> i;						// 读取数值表示
	x = static_cast<Season>(i);
	return is;
}
```

错误处理很简单，遵循了与内置类型一样的风格。即，如果输入字符串不表示所选 locale 中的某个 Season，就将流置于 fail 状态。如果异常被启用，则会导致抛出一个 ios_base::failure 异常（见 38.3 节）。

下面是一个简单的测试程序：

```
int main()
	// 一个简单的测试程序
{
	Season x;
	// 使用默认 locale（无 Season_io facet）意味着整数 I/O：
	cin >> x;
	cout << x << endl;

	locale loc(locale(),new US_season_io{});
	cout.imbue(loc);		// 使用有 Season_io facet 的 locale
	cin.imbue(loc);		// 使用有 Season_io facet 的 locale

	cin >> x;
	cout << x << endl;
}
```

给定输入：

```
2
summer
```

程序会输出：

```
2
summer
```

为了达到这一效果，我们必须从 Season_io 派生一个类 US_season_io，并定义季节的恰当字符串表示：

```
class US_season_io : public Season_io {
	static const string seasons[];
public:
	const string& to_str(Season) const;
	bool from_str(const string&, Season&) const;

	// 注意：无 US_season_io::id
};

const string US_season_io::seasons[] = {
	"spring",
	"summer",
	"fall",
	"winter"
};
```

然后，我们覆盖 Season_io 中负责字符串表示和枚举值之间转换的函数：

```
const string& US_season_io::to_str(Season x) const
{
	if (x<spring || winter<x) {
		static const string ss = "no-such-season";
		return ss;
	}
	return seasons[x];
}
```

```
bool US_season_io::from_str(const string& s, Season& x) const
{
    const string∗ p = find(begin(seasons),end(seasons),s);
    if (p==end)
        return false;

    x = Season(p−begin(seasons));
    return true;
}
```

注意，由于 US_season_io 只是 Season_io 接口的一个实现，我没有为其定义 id。实际上，如果希望 US_season_io 作为一个 Season_io 使用，我们就不能赋予它自己独有的 id。像 has_facet(见 39.3.1 节）这样的 locale 操作，都依赖于“实现相同概念的 facet 被相同的 id 所标识”(见 39.3 节)。

唯一有趣的实现问题是：如果被要求输出一个无效的 Season，我们该怎么办。这自然不该发生，但对某个简单的用户自定义类型找到一个无效值通常并不困难，因此，将此情况纳入考虑是很有实际意义的。对此，我本可以抛出一个异常，但当处理供人类阅读的简单输出时，为越界的值生成一个“越界表示”通常是很有用的。注意，对输入而言，错误处理策略是交给 >> 运算符负责的，而对输出来说，facet 的函数 to_str() 负责实现错误处理策略。这展示了不同的设计选择，在一个“产品级设计”中，facet 函数或者同时为输入和输出实现错误处理，或者仅仅报告错误，由 >> 和 << 来处理。

Season_io 的设计依赖派生类提供 locale 相关的字符串。另一种设计方案是 Season_io 自己从一个 locale 相关的仓库中提取这些字符串（见 39.4.7 节）。只设计单一 Season_io 类，将季节字符串作为构造函数实参的方式留给读者作为练习。

39.3.3 locale 和 facet 的使用

locale 在标准库中的主要用途是用于 I/O 流。但 locale 机制是表示文化敏感信息的一种通用且可扩展的机制。messages facet（见 39.4.7 节）就是一个与 I/O 流完全无关的 facet 的例子。扩展到 iostream 库甚至不基于流的 I/O 特性，可发挥 locale 的优势。而且，用户可以将 locale 作为组织任意文化敏感信息的方便手段。

由于 locale/facet 机制的通用性，用户自定义 facet 是没有限制的。可能的 facet 候选包括日期、时区、电话号码、社会保险号码（个人身份号码）、产品编码、温度、通用的（单位，值）对、邮政编码、衣服尺寸以及 ISBN 号码。

类似其他任何一种强大的机制，facet 必须小心使用。可以用一个 facet 表达并不意味着这就是最好的表示方式。与往常一样，选择一种文化差异的表示方式时需考虑的关键问题是不同决策如何影响编码难度、代码的易读性、程序的可维护性以及 I/O 操作的时空效率。

39.4 标准 facet

在 <locale> 中，标准库提供了以下 facet：

标准 facet（iso.22.3.1.1.1）			
collate	字符串比较	collate<C>	39.4.1 节
numeric	数值格式	numpunct<C> num_get<C,In> num_put<C,Out>	39.4.2 节

（续）

标准 facet（iso.22.3.1.1.1）			
monetary	货币格式	moneypunct<C> moneypunct<C,International> money_get<C,In> money_put<C,Out>	39.4.3 节
time	日期和时间格式	time_put<C,Out> time_put_byname<C,Out> time_get<C,In>	39.4.4 节
ctype	字符分类	ctype<C> codecvt<In,Ex,SS> codecvt_byname<In,Ex,SS>	39.4.5 节
messages	消息提取	messages<C>	39.4.7 节

细节将在参考章节中介绍。

当实例化上表列出的 facet 时，C 必须是一个字符类型（见 36.1 节）。标准库已为 char 和 w_char 定义了这些 facet。此外，ctype<C> 还保证支持 char16_t 和 char32_t。如果用户需要使用标准 I/O 处理其他字符类型 X，就必须依赖具体 C++ 实现特有的 facet 特例化版本或自己提供适合 X 的 facet 版本。例如，为了控制 X 和 char 之间的转换，可能需要 codecvt<X,char,mbstate_t>（见 39.4.6 节）。

International 可能为 true 或 false；true 表示使用三字符（再加上结尾符 0）的“国际”货币符号表示（见 39.4.3.1 节），例如 USD 和 BRL。

移位状态参数 SS 用来表示多字节字符表示中的移位状态（见 39.4.6 节）。在 <cwchar> 中定义了 mbstate_t，表示可能发生在具体 C++ 实现定义的多字节字符编码规则集合中的任何转换状态。对任意字符类型 X，与 mbstate_t 对应的是 char_traits<X>::state_type（见 36.2.2 节）。

In 和 Out 分别是输入迭代器和输出迭代器（见 33.1.2 节和 33.1.4 节）。给定带这些模板参数的 _put 和 _get，就允许程序员提供访问非标准库缓冲区的 facet（见 39.4.2.2 节）。与 iostream 关联的缓冲区是流缓冲区，因此为其提供的迭代器是 ostreambuf_iterator（见 38.6.3 节和 39.4.2.2 节）。从而，函数 failed() 可用于错误处理（见 38.6.3 节）。

每个标准 facet 都有一个 _byname 版本，facet F_byname 派生自 facet F。F_byname 提供了与 F 一样的接口，只是增加了一个构造函数，接受表示 locale 名的字符串参数（如，参考 39.4.1 节）。F_byname(name) 为定义于 locale(name) 中的 F 提供了恰当的语义。例如：

```
sort(v.begin(),v.end(),collate_byname{"da_DK"});   // sort using character comparison from "da_DK"
```

基本设计思路是从程序执行环境中的命名 locale（见 39.2.1 节）提取一个标准 facet 版本。这意味着 _byname 构造函数与不需要询问执行环境的构造函数相比可能慢得多。与在程序中很多位置使用 _byname facet 相比，构造一个 locale 然后访问其 facet 几乎总是要更快。因此，从执行环境读取一个 facet，然后反复使用它在主存中的拷贝，通常是一个好主意。例如：

```
locale dk {"da_DK"};        // 读取丹麦语 locale（包括其 facet）一次，
                             // 然后按需使用它们

void f(vector<string>& v, const locale& loc)
```

```
{
    const collate<char>& col {use_facet<collate<char>>(dk)};
    const ctype<char>& ctyp {use_facet<ctype<char>>(dk)};

    locale dk1 {loc,&col};          //使用丹麦语字符串比较
    locale dk2 {dk1,&ctyp};  //使用丹麦语字符分类和字符串比较

    sort(v.begin(),v.end(),dk2);
    // ...
}
```

本例中的 dk2 区域设置将使用丹麦语风格的字符串但保留默认的数值表示规范。

类别的概念提供了一种操纵 locale 中标准 facet 的更简单的方法。例如，给定 dk 区域设置，我们可以构造一个 locale，按丹麦语规则读取和比较字符串（比英语多三个元音），但保留 C++ 中的数值表示：

```
locale dk_us(locale::classic(),dk,collate|ctype);    //丹麦字母，美国数值
```

接下来逐个介绍标准 facet 时会有更多 facet 使用的例子。特别是，collate 的讨论（见 39.4.1 节）展示了很多 facet 的共同结构特征。

标准 facet 通常相互依赖。例如，num_put 依赖 numpunct。只有在了解了每个 facet 的细节后，你才可能成功地混合使用并匹配 facet 或是为标准 facet 添加新版本。换言之，除了一些简单操作（如对 iostream 使用 imbue() 以及对 sort() 使用 collate），locale 机制并不适合初学者直接使用。区域设置更详细的讨论请见 [Langer, 2000]。

facet 的设计通常很麻烦。一部分原因是 facet 必须反映在标准库设计者控制之外的复杂的文化习惯，另一部分原因是 C++ 标准库特性必须与 C 标准库和不同的平台相关标准所提供的特性保持最大程度的兼容。

另一方面，locale 和 facet 提供的框架是通用且灵活的。facet 可被设计为保存任何数据，其操作可提供基于这些数据的任何需要的动作。如果一个新 facet 的行为并未被文化习惯过分限制，则其设计会很简单、很清晰（见 39.3.2 节）。

39.4.1　string 比较

标准 collate facet 提供了比较字符数组的方法：

```
template<class C>
class collate : public locale::facet {
public:
    using char_type = C;
    using string_type = basic_string<C>;

    explicit collate(size_t = 0);

    int compare(const C* b, const C* e, const C* b2, const C* e2) const
        { return do_compare(b,e,b2,e2); }

    long hash(const C* b, const C* e) const
        { return do_hash(b,e); }
    string_type transform(const C* b, const C* e) const
        { return do_transform(b,e); }

    static locale::id id;  // facet 标识符对象（见 39.2 节、39.3 节和 39.3.1 节）
```

```
protected:
    ~collate(); // 注意：保护的析构函数

    virtual int do_compare(const C* b, const C* e, const C* b2, const C* e2) const;
    virtual string_type do_transform(const C* b, const C* e) const;
    virtual long do_hash(const C* b, const C* e) const;
};
```

这段代码定义了两个接口：

- 为 facet 用户提供的 public 接口。
- 为 facet 派生类实现者提供的 protected 接口。

构造函数参数指出是 locale 还是用户负责删除 facet。默认值（0）表示“由 locale 管理”（见 39.3 节）。

所有标准库 facet 具有共同的结构，因此一个 facet 的重要内容可以概括为如下关键函数：

collate<C> facet（iso.22.4.4.1）
int compare(const C* b, const C* e, const C* b2, const C* e2) const;
long hash(const C* b, const C* e) const;
string_type transform(const C* b, const C* e) const;

为了定义一个 facet，可以使用 collate 作为模式。为了从一个标准模式派生一个新 facet，可以简单地为提供 facet 功能的关键函数定义 do_* 版本。上表列出了函数的完整声明（而非使用方式），这为编写覆盖版本的 do_* 函数提供了足够的信息。具体示例请见 39.4.1.1 节。

函数 hash() 为输入字符串计算一个哈希值。显然，这对构造哈希表是很有用的。

函数 transform() 生成一个字符串，当与另一个 transform() 过的字符串比较时，得到与比较原始字符串相同的结果。即：

```
cf.compare(cf.transform(s),cf.transform(s2)) == cf.compare(s,s2)
```

transform() 的目的是允许优化一个字符串与许多其他字符串比较的代码。当实现字符串集合搜索时，这个函数就很有用了。

函数 compare() 依据为特定 collate 定义的规则执行基本的字符串比较。它返回：

1 若第一个字符串在字典序上比第二个字符串更大

0 若两个字符串相等

-1 若第二个字符串更大

例如：

```
void f(const string& s1, const string& s2, const collate<char>& cmp)
{
    const char* cs1 {s1.data()};    // 因为 compare() 对 char[] 进行操作
    const char* cs2 {s2.data()};

    switch (cmp.compare(cs1,cs1+s1.size(),cs2,cs2+s2.size()) {
    case 0:         // 根据 cmp 比较结果，两个字符串相等
        // ...
        break;
    case -1:        // s1 < s2
        // ...
        break;
    case 1:         // s1 > s2
```

```
            // ...
            break;
        }
    }
```

collate 的成员函数比较的是 C 的序列 [b:e)，而不是 basic_string 或者零结尾的 C 风格字符串。特别是，一个值为 0 的 C 被当作普通字符而非结尾符来处理。

标准库 string 不是 locale 敏感的。即，它依据具体 C++ 实现的字符集的规则来比较字符串（见 6.2.3 节）。而且，标准 string 不提供直接指定比较标准的方法（见第 36 章）。为了进行 locale 敏感的比较，我们可以使用 collate 的 compare()。例如：

```
void f(const string& s1, const string& s2, const string& name)
{
    bool b {s1==s2};                 // 用 C++ 实现的字符集值进行比较

    const char* s1b {s1.data()};             // 获得数据的起始位置
    const char* s1e {s1.data()+s1.size()}    // 获得数据的结束位置
    const char* s2b {s2.data()};
    const char* s2e {s2.data()+s2.size()}
    using Col = collate<char>;

    const Col& global {use_facet<Col>(locale{})};          // 来自当前全局 locale
    int i0 {global.compare(s1b,s1e,s2b,s2e)};

    const Col& my_coll {use_facet<Col>(locale{""})};       // 来自我优选的 locale
    int i1 {my_coll.compare(s1b,s1e,s2b,s2e)};

    const Col& n_coll {use_facet<Col>(locale{name})};      // 来自一个命名 locale
    int i2 {n_coll.compare(s1b,s1e,s2b,s2e)};
}
```

在符号表示上，通过 locale 的 operator()（见 39.2.2 节）间接使用 collate 的 compare() 可能更为方便。例如：

```
void f(const string& s1, const string& s2, const string& name)
{
    int i0 = locale{}(s1,s2);        // 使用当前全局 locale 进行比较
    int i1 = locale{""}(s1,s2);      // 使用我优选的 locale 进行比较
    int i2 = locale{name}(s1,s2);    // 使用命名 locale 进行比较
    // ...
}
```

不难想象 i0、i1 和 i2 不同的情况。考虑下面来自德文字典的单词序列：

```
Dialekt, Diät, dich, dichten, Dichtung
```

根据德文习惯，（只有）名词才大写，但排序是大小写不敏感的。

一个大小写敏感的德文排序会将所有以 D 开头的单词排在以 d 开头的单词之前：

```
Dialekt, Diät, Dichtung, dich, dichten
```

这里的 ä（元音 a 变音）被当作“一种 a”来处理，因此它排在 c 之前。但是，在大多数字符集中，ä 的数值比 c 更大。因此，int('c')<int('ä')，基于数值的简单默认排序会得到：

```
Dialekt, Dichtung, Diät, dich, dichten
```

编写一个比较函数，根据字典进行正确排序，是一个有趣的练习。

39.4.1.1　命名 collate

一个 collate_byname 是由构造函数字符串实参命名的 locale 所对应的 collate 版本：

```
template<class C>
class collate_byname : public collate<C> {     // 注意：无 id，无新函数
public:
      typedef basic_string<C> string_type;

      explicit collate_byname(const char*, size_t r = 0); // 从命名 locale 构造
      explicit collate_byname(const string&, size_t r = 0);
protected:
      ~collate_byname(); // 注意：保护的析构函数

      int do_compare(const C* b, const C* e, const C* b2, const C* e2) const override;
      string_type do_transform(const C* b, const C* e) const override;
      long do_hash(const C* b, const C* e) const override;
};
```

因此，collate_byname 可用来从程序执行环境的命名 locale 中提取 collate（见 39.4 节）。在执行环境中保存 facet 的一个显而易见的方法是将其保存于文件中。另一种不太灵活的方法是用程序代码或 _byname facet 中的数据表示 facet。

39.4.2　数值格式化

数值输出是通过 num_put facet 写入流缓冲区（见 38.6 节）实现的。反过来，数值输入是通过 num_get facet 读取流缓冲区实现的。num_put 和 num_get 使用的格式由一个名为 numpunct 的“数值标点”facet 定义。

39.4.2.1　数值标点

numpunct facet 定义了内置类型的 I/O 格式，如 bool、int 和 double：

numpunct<C> facet（iso.22.4.6.3.1）	
C decimal_point() const;	如 '.'
C thousands_sep() const;	如 ','
string grouping() const;	如 "" 表示“不分组”
string_type truename() const;	如 'true'
string_type falsename() const;	如 'false'

grouping() 返回的字符串的字符应理解为小整数值的序列，其中每个小整数指出一个分组中的数字个数。字符 0 指出最右分组（最低有效位数字），字符 1 指出左边下一个分组，以此类推。因此，"\004\002\003" 描述了一个类似 123-45-6789 形式的数值（假定你用 '-' 作为分隔符）。如必要，分组模式中最后一个数字可以重复使用，因此 "\003" 等价于 "\003\003\003"。分组最常见的用途是令大数更易读。函数 grouping() 和 thousands_sep() 定义了整数和浮点数整数部分的输入 / 输出格式。

我们可以通过派生 numpunct 来定义新的标点风格。例如，我可以定义一个 My_punct facet，在输出整数时用空格作为分组（三个数字一组）的分隔符，在输出浮点值时用欧洲风格的逗号作为“小数点”：

```
class My_punct : public numpunct<char> {
public:
```

```
        explicit My_punct(size_t r = 0) :numpunct<char>(r) { }
protected:
        char do_decimal_point() const override  { return ','; }          //逗号
        char do_thousands_sep() const override { return '_'; }          //下划线
        string do_grouping() const override { return "\003"; }          //三个数字一个分组
};

void f()
{
        cout << "style A: " << 12345678
                << " *** " << 1234567.8
                << " *** " << fixed << 1234567.8 << '\n';
        cout << defaultfloat;                       //重设浮点数格式
        locale loc(locale(),new My_punct);
        cout.imbue(loc);
        cout << "style B: " << 12345678
                << " *** " << 1234567.8
                << " *** " << fixed << 1234567.8 << '\n';
}
```

这段代码会输出：

```
style A: 12345678 *** 1.23457e+06 *** 1234567.800000
style B: 12_345_678 *** 1_234_567,800000 *** 1_234_567,800000
```

注意，imbue() 在流中保存了其实参的一个副本。因此，即使 locale 的原始拷贝已经被销毁，流依然可以依赖于被赋予的 locale。如果一个 iostream 有其自己的 boolalpha 标志集（见 38.4.5.1 节），则 truename() 和 falsename() 返回的字符串分别表示 true 和 false；否则使用 1 和 0。

标准库也提供了 numpunct 的 _byname 版本（见 39.4 节和 39.4.1 节）：

```
template<class C>
class numpunct_byname : public numpunct<C> {
        // ...
};
```

39.4.2.2 数值输出

当写入流缓冲区（见 38.6 节）时，ostream 依赖于 num_put facet：

num_put<C,Out=ostreambuf_iterator<C>> facet（iso.22.4.2.2） 将值 v 放置于流 s 中的位置 b 处
Out put(Out b, ios_base& s, C fill, bool v) const;
Out put(Out b, ios_base& s, C fill, long v) const;
Out put(Out b, ios_base& s, C fill, long long v) const;
Out put(Out b, ios_base& s, C fill, unsigned long v) const;
Out put(Out b, ios_base& s, C fill, unsigned long long v) const;
Out put(Out b, ios_base& s, C fill, double v) const;
Out put(Out b, ios_base& s, C fill, long double v) const;
Out put(Out b, ios_base& s, C fill, const void* v) const;

put() 返回一个迭代器，指向最后一个输出字符之后的位置。

num_put 的默认特例化版本（用来访问字符的迭代器的类型为 ostreambuf_iterator<C> 的那个版本）是标准 locale（见 39.4 节）的一部分。为了在别处使用 num_put，我们必须定

义一个适合的特例化版本。例如，下面是一个非常简单的写入 string 的 num_put：

```
template<class C>
class String_numput : public num_put<C,typename basic_string<C>::iterator> {
public:
	String_numput() :num_put<C,typename basic_string<C>::iterator>{1} { }
};
```

我并不想将 String_numput 放入 locale，因此使用构造函数的实参保持普通的生命周期规则。其预期用法像下面这样：

```
void f(int i, string& s, int pos)  // 格式化 i，存入 s 中 pos 开始的位置
{
	String_numput<char> f;
	f.put(s.begin()+pos,cout,' ',i);  // 格式化 i，存入 s；使用 cout 的格式规则
}
```

ios_base 参数（本例中是 cout）提供了格式状态和 locale 的相关信息。例如：

```
void test(iostream& io)
{
	locale loc = io.getloc();

	wchar_t wc = use_facet<ctype<char>>(loc).widen(c);                  // char 转换为 C
	string s = use_facet<numpunct<char>>(loc).decimal_point();          // 默认值'.'
	string false_name = use_facet<numpunct<char>>(loc).falsename();     // 默认值 "false"
}
```

我们通常通过标准 I/O 流函数来隐式使用 numpunct<char> 这样的标准 facet。因此，大多数程序员不必了解 facet 的细节。但是，通过标准库函数使用这些 facet 很有趣，因为这展示了 I/O 流如何工作以及 facet 如何使用。一如以往，标准库提供了一些实例展示有趣的编程技术。

使用 num_put，ostream 可以实现如下：

```
template<class C, class Tr>
basic_ostream<C,Tr>& basic_ostream<C,Tr>::operator<<(double d)
{
	sentry guard(*this);        // 见 38.4.1 节
	if (!guard) return *this;

	try {
		if (use_facet<num_put<C,Tr>>(getloc()).put(*this,*this,this->fill(),d).failed())
			setstate(badbit);
	}
	catch (...) {
		handle_ioexception(*this);
	}
	return *this;
}
```

这段代码有很多地方值得一提。哨兵被用来确保所有前缀和后缀操作都能执行（见 38.4.1 节）。我们通过调用 ostream 的成员函数 getloc() 来获得其 locale（见 38.4.5.1 节）。我们用 use_facet 从这个 locale 提取 num_put（见 39.3.1 节）。然后，我们调用恰当的 put() 来做真正的工作。我们可以从一个 ostream 构造一个 ostreambuf_iterator（见 38.6.3 节），也可以将一个 ostream 隐式转换为其基类 ios_base（见 38.4.4 节），因此提供 put() 的前两个参数很简单。

调用 put() 会返回其输出迭代器参数。此输出迭代器是从 basic_ostream 获得的，因此是一个 ostreambuf_iterator。这样，我们就可以用 failed()（见 38.6.3 节）测试 I/O 失败，还可以恰当设置流的状态。

我并未使用 has_facet，因为每个 locale 都保证具有标准 facet（见 39.4 节）。如果该保证被违反，会抛出一个 bad_cast 异常（见 39.3.1 节）。

函数 put() 会调用虚函数 do_put()。因此，过程中可能会执行用户自定义代码，operator<<() 必须准备好处理覆盖版本的 do_put() 抛出的异常。而且，某些字符类型可能没有 num_put，因此 use_facet() 可能抛出 bad_cast（见 39.3.1 节）。内置类型如 double 上的 << 的行为是由 C++ 标准定义的。因此，问题不在于 handle_ioexception() 应该做什么，而是它应该如何完成 C++ 标准所规定的操作。如果此 ostream 的异常状态中的 badbit 已置位（见 38.3），则简单重抛出异常。否则，异常处理的方式是设置流状态，继续执行程序。在任何一种情况下，都必须置位流状态中的 badbit（见 38.4.5.1 节）：

```
template<class C, class Tr>
void handle_ioexception(basic_ostream<C,Tr>& s)// 从 catch 子句调用
{
	if (s.exceptions()&ios_base::badbit) {
		try {
			s.setstate(ios_base::badbit);	// 可能抛出 basic_ios::failure
		}
		catch(...) {
			// ... do nothing ...
		}
		throw;	// 重抛出
	}
	s.setstate(ios_base::badbit);
}
```

try 块是必需的，因为 setstate() 可能抛出 basic_ios::failure（见 38.3 节和 38.4.5.1 节）。但是，如果异常状态中的 badbit 已置位，operator<<() 必须重抛出导致 handle_ioexception() 被调用的那个异常（而不是简单抛出 basic_ios::failure）。

针对内置类型如 double 的 << 操作必须实现为直接写入流缓冲区。而当为用户自定义类型编写 << 时，我们通常可以通过将其输出表达为已有类型的输出来避免这种编码复杂性（见 39.3.2 节）。

39.4.2.3　数值输入

当从流缓冲区（见 38.6 节）读取数据时，istream 依赖于 num_get facet：

num_get<In = istreambuf_iterator<C>> facet（iso.22.4.2.1） 读取 [b:e) 存入 v，使用来自 s 的格式化规则，通过设置 r 报告错误
In get(In b, In e, ios_base& s, ios_base::iostate& r, bool& v) const;
In get(In b, In e, ios_base& s, ios_base::iostate& r, long& v) const;
In get(In b, In e, ios_base& s, ios_base::iostate& r, long long& v) const;
In get(In b, In e, ios_base& s, ios_base::iostate& r, unsigned short& v) const;
In get(In b, In e, ios_base& s, ios_base::iostate& r, unsigned int& v) const;
In get(In b, In e, ios_base& s, ios_base::iostate& r, unsigned long& v) const;
In get(In b, In e, ios_base& s, ios_base::iostate& r, unsigned long long& v) const;
In get(In b, In e, ios_base& s, ios_base::iostate& r, float& v) const;

（续）

num_get<In = istreambuf_iterator<C>> facet（iso.22.4.2.1） 读取 [b:e) 存入 v，使用来自 s 的格式化规则，通过设置 r 报告错误
In get(In b, In e, ios_base& s, ios_base::iostate& r, double& v) const;
In get(In b, In e, ios_base& s, ios_base::iostate& r, long double& v) const;
In get(In b, In e, ios_base& s, ios_base::iostate& r, void*& v) const;

基本上，num_get 的组织与 num_put 相似（见 39.4.2.2 节）。由于它进行读取而非写入，因此 get() 需要一对输入迭代器，而且指出读取源的参数必须是一个引用。

num_get 会设置 iostate 变量 r 来反映流状态。如果未能读取要求的类型，r 中的 failbit 被置位；如果到达输入尾，r 中的 eofbit 被置位。输入迭代器会利用 r 确定如何设置流状态。如果未遇到错误，则将读取的值赋予 v；否则 v 保持不变。

哨兵被用来保证流的前缀和后缀操作被执行（见 38.4.1 节），特别是保证仅在流处于良好状态时才进行读取。例如，istream 的实现者可编写代码如下：

```
template<class C, class Tr>
basic_istream<C,Tr>& basic_istream<C,Tr>::operator>>(double& d)
{
    sentry guard(*this);        // 见 38.4.1 节
    if (!guard) return *this;

    iostate state = 0;          // 状态良好
    istreambuf_iterator<C,Tr> eos;
    try {
        double dd;
        use_facet<num_get<C,Tr>>(getloc()).get(*this,eos,*this,state,dd);
        if (state==0 || state==eofbit) d = dd;      // 仅当 get() 成功时设置值
        setstate(state);
    }
    catch (...) {
        handle_ioexception(*this);      // 见 39.4.2.2 节
    }
    return *this;
}
```

我小心地避免修改 >> 的目的，除非读操作已成功。不幸的是，这一点不能保证对所有输入操作都成立。

若发生错误，istream 的异常机制会启用，由 setstate() 抛出异常（见 38.3 节）。

通过定义一个 numpunct，例如 39.4.2.1 节中的 My_punct，我们就可以使用非标准标点读取输入。例如：

```
void f()
{
    cout << "style A: "
    int i1;
    double d1;
    cin >> i1 >> d1;            // 使用标准 ‘‘12345678’’ 格式读取输入

    locale loc(locale::classic(),new My_punct);
    cin.imbue(loc);
    cout << "style B: "
    int i2;
    double d2;
```

```
    cin >> i1 >> d2;            // 使用''12_345_678''格式读取输入
}
```

如果我们希望以很不寻常的格式读取数值，就必须覆盖 do_get()。例如，我们可以定义一个读取 XXI 和 MM 这样的罗马数字的 num_get。

39.4.3　货币格式化

货币金额的格式化在技术上与“普通”数值的格式化（见 39.4.2 节）类似，但货币金额的程序受文化差异的影响更多。例如，在某些场景中，负的金额（亏损、借款），如 -1.25，要表示为括号中的整数：(1.25)。类似地，在某些场景中会使用不同的颜色来方便识别负的金额。

并不存在标准的“货币类型”，C++ 货币 facet 的用法是显式用于数值类型（程序员已知其货币金额表示方式）。例如：

```
struct Money {                      // 保存货币金额的简单类型
    using Value = long long;        // 用于遭受了通货膨胀的货币
    Value amount;
};

// ...

void f(long int i)
{
    cout << "value= " << i << " amount= " << Money{i} << '\n';
}
```

货币 facet 的目标是令编写 Money 的输出运算符的工作变得非常简单，能按照区域习惯打印金额（见 39.4.3.2 节）。输出可能依赖 cout 的 locale 而变化。本例的输出可能是：

```
value= 1234567 amount= $12345.67
value= 1234567 amount= 12345,67 DKK
value= 1234567 amount= CAD 12345,67
value= -1234567 amount= $-12345.67
value= -1234567 amount= -€12345.67
value= -1234567 amount= (CHF12345,67)
```

对货币而言，精确到最小货币单位通常被认为很重要。因此，我采用了常用规范，用整数值表示分（便士、欧尔、费尔、美分等）。moneypunct 的 frac_digits() 函数支持这种规范（见 39.4.3.1 节）。类似地，“小数点”的呈现形式由 decimal_point() 定义。

facet money_base 定义了货币 I/O 格式，money_get 和 money_put 提供了根据这些格式进行货币 I/O 的函数。

一个简单的 Money 类型可用来控制 I/O 格式或保存货币值。在前一种情况中，我们在输出之前将保存货币金额的（其他）类型的值转换为 Money 类型，在读取货币值存入 Money 变量后可将它们转换为其他类型。一直将货币金额保存在 Money 类型中不易出错；这样在输出之前我们不会忘记将值转换为 Money，也不会由于试图以 locale 不敏感的方式读取货币值而出错。但是，如果系统设计中并未考虑这方面因素，引入 Money 类型有可能不可行。在此情况下，对输入输出操作应用 Money 转换就是必要的了。

39.4.3.1　货币标点

控制货币金额表示形式的 facet，即 moneypunct，很自然地类似控制普通数值的 facet

numpunct（见 39.4.2.1 节）：

```
class money_base {
public:
    enum part {                          //部分数值布局
        none, space, symbol, sign, value
    };

    struct pattern {                     //布局说明
        char field[4];
    };
};

template<class C, bool International = false>
class moneypunct : public locale::facet, public money_base {
public:
    using char_type = C;
    using string_type = basic_string<C>;
    // ...
};
```

成员函数 moneypunct 定义了货币输入输出的布局：

moneypunct<C,International>> facet（iso.22.4.6.3）	
C decimal_point() const;	如 '.'
C thousands_sep() const;	如 ','
string grouping() const;	如 "" 表示“不分组”
string_type curr_symbol() const;	如 '$'
string_type positive_sign() const;	如 ""
string_type negative_sign() const;	如 '-'
int frac_digits() const;	'.' 后数字个数如 2
pattern pos_format() const;	symbol、space、sign、none 或 value
pattern neg_format() const;	symbol、space、sign、none 或 value
static const bool intl = International;	使用三字母国际标准缩写

moneypunct 主要供 facet money_put 和 money_get（见 39.4.3.2 节和 39.4.3.3 节）的实现者所用。

标准库也提供了 moneypunct 的 _byname 版本（见 39.4 节和 39.4.1 节）：

```
template<class C, bool Intl = false>
class moneypunct_byname : public moneypunct<C, Intl> {
    // ...
};
```

成员 decimal_point()、thousands_sep() 和 grouping() 与 numpunct 中的对应函数类似。

成员 curr_symbol()、positive_sign() 和 negative_sign() 都返回字符串，分别表示货币符号（如 $、¥、INR、DKK）、加号和减号。如果模板参数 International 为 true，则 intl 也为 true，而“international”表示要使用的货币符号。这种“国际”表示是一个四字符的 C 风格字符串。例如

```
"USD"
"DKK"
"EUR"
```

最后一个（不可见的）字符是结尾零。三字母的货币标识是由ISO-4217标准定义的。当International为false时，使用“本地”货币符号，例如$、£和¥。

pos_format()或neg_format()返回的pattern由四部分构成，定义了序列中数值、货币符号、正负号和空白符的布局。大多数常用格式简单地用这种模式概念表示。例如：

```
+$ 123.45      // { sign, symbol, space, value }, positive_sign() 会返回 "+"
$+123.45       // { symbol, sign, value, none }, positive_sign() 会返回 "+"
$123.45        // { symbol, sign, value, none }, positive_sign() 会返回 ""
$123.45-       // { symbol, value, sign, none }
-123.45 DKK    // { sign, value, space, symbol }
($123.45)      // { sign, symbol, value, none }, negative_sign() 会返回 "()"
(123.45DKK)    // { sign, value, symbol, none }, negative_sign() 会返回 "()"
```

令negative_sign()返回一个包含两个字符()的字符串，即可实现用括号表示一个负数。正负号字符串的第一个字符会放在模式中sign出现的位置，而剩余字符放在模式所有其他部分之后。这一标准库特性最常见的用途是呈现金融界习惯的负金额的括号表示，但也可用于其他用途。例如：

```
-$123.45          // { sign, symbol, value, none }, negative_sign() 会返回 "-"
*$123.45 silly    // { sign, symbol, value, none }, negative_sign() 会返回 "silly"
```

sign、value和symbol在模式中只能出现一次，剩下的一个值可以是space或none。在space出现的位置，在表示形式中的对应位置会出现至少一个空白符，也可能出现多个。在none出现的位置，除非是模式尾，否则在表示形式中会出现零个或多个空白符。

注意，这些严格的规则会禁止一些显然合理的模式：

```
pattern pat = { sign, value, none, none };      // 错误：没有货币符号 symbol
```

函数frac_digits()指出decimal_point()放置在哪里。通常，货币金额表示为最小货币单位（见39.4.3节）。这一单位一般是主要货币单位的百分之一（例如，¢是$的百分之一），因此frac_digits()通常为2。

下面是一个将简单的格式定义为facet的例子：

```
class My_money_io : public moneypunct<char,true> {
public:
      explicit My_money_io(size_t r = 0) :moneypunct<char,true>(r) { }

      char_type do_decimal_point() const { return '.'; }
      char_type do_thousands_sep() const { return ','; }
      string do_grouping() const { return "\003\003\003"; }

      string_type do_curr_symbol() const { return "USD "; }
      string_type do_positive_sign() const { return ""; }
      string_type do_negative_sign() const { return "()"; }

      int do_frac_digits() const { return 2; }     // 小数点后两位数字

      pattern do_pos_format() const { return pat; }
      pattern do_neg_format() const { return pat; }
private:
      static const pattern pat;
};

const pattern My_money_io::pat { sign, symbol, value, none };
```

39.4.3.2　货币输出

facet money_put 根据 moneypunct 指定的格式输出货币金额。具体来说，money_put 提供了 put() 函数，将恰当格式化后的字符表示放入流的缓冲区中：

money_put<C,Out = ostreambuf_iterator<C>> facet（iso.22.4.6.2） 将值 v 放入缓冲区中位置 b 处
Out put(Out b, bool intl, ios_base& s, C fill, long double v) const;
Out put(Out b, bool intl, ios_base& s, C fill, const string_type& v) const

intl 参数指出是使用标准的四字符“国际”货币符号还是“本地”货币符号（见 39.4.3.1 节）。

给定 money_put，我们就可以为 Money 定义一个输出运算符了（见 39.4.3 节）：

```
ostream& operator<<(ostream& s, Money m)
{
	ostream::sentry guard(s);            // 见 38.4.1 节
	if (!guard) return s;

	try {
		const money_put<char>& f = use_facet<money_put<char>>(s.getloc());
		if (m==static_cast<long long>(m)) {  // m 可以表示为一个 long long
			if (f.put(s,true,s,s.fill(),m).failed())
				s.setstate(ios_base::badbit);
		}
		else {
			ostringstream v;
			v << m;            // 转换为字符串表示
			if (f.put(s,true,s,s.fill(),v.str()).failed())
				s.setstate(ios_base::badbit);
		}
	}
	catch (...) {
		handle_ioexception(s);   // 见 39.4.2.2 节
	}
	return s;
}
```

如果一个 long long 的精度不足以精确表示货币值，我将值转换为字符串表示并用接受 string 参数的 put() 输出它。

39.4.3.3　货币输入

facet money_get 根据 moneypunct 指定的格式读取货币金额。具体来说，money_get 提供了 get() 函数，从流的缓冲区中提取恰当格式化的字符表示：

money_get<C,In = istreambuf_iterator<C>> facet（iso.22.4.6.1） 读取 [b:e) 存入 v，使用来自 s 的格式化规则，通过设置 r 报告错误
In get(In b, In e, bool intl, ios_base& s, ios_base::iostate& r, long double& v) const;
In get(In b, In e, bool intl, ios_base& s, ios_base::iostate& r, string_type& v) const;

一对定义良好的 money_get 和 money_put facet 会保证：货币的输出格式在读回时不会产生错误或信息丢失。例如：

```
int main()
{
```

```
    Money m;
    while (cin>>m)
        cout << m << "\n";
}
```

这个简单程序的输出如果提供给自身作为输入的话，也是会被接受的。而且，如果以程序第一次运行的输出作为输入再次运行程序，得到的结果与第一次的结果（也是第二次的输入）是相同的。

一个可行的 Money 输入运算符可能像下面这样：

```
istream& operator>>(istream& s, Money& m)
{
    istream::sentry guard(s);        // 见 _io.sentry_
    if (guard) try {
        ios_base::iostate state = 0;     // good
        istreambuf_iterator<char> eos;
        string str;

        use_facet<money_get<char>>(s.getloc()).get(s,eos,true,state,str);

        if (state==0 || state==ios_base::eofbit) { // 仅当 get() 成功时才保存值
            long long i = stoll(str);            // 见 36.3.5 节
            if (errno==ERANGE) {
                state |= ios_base::failbit;
            }
            else {
                m = i;       // 仅当能成功转换为 long long 时才保存值
            }
            s.setstate(state);
        }
    }
    catch (...) {
        handle_ioexception(s);  // 见 39.4.2.2 节
    }
    return s;
}
```

我使用 get() 读取数据存入一个 string 中，因为如果读取数据存入一个 double 然后再将其转换为一个 long long，可能会导致精度损失。

能用 long double 精确表达的最大值有可能比 long long 能精确表达的最大值小。

39.4.4 日期和时间格式化

日期和时间的格式由 time_get<C,In> 和 time_put<C,Out> 控制。日期和时间使用 tm 表示（见 43.6 节）。

39.4.4.1 time_put

facet time_put 接受一个用 tm 表示的时间点，用 strftime()（见 43.6 节）或等价函数生成其字符序列表示。

time_put<C,Out = ostreambuf_iterator<C>> facet（iso.22.4.5.1）
Out put(Out s, ios_base& f, C fill, const tm* pt, const C* b, const C* e) const;
Out put(Out s, ios_base& f, C fill, const tm* pt, char format, char mod = 0) const;
Out do_put(Out s, ios_base& ib, const tm* pt, char format, char mod) const;

调用 s=put(s,f,fill,pt,b,e) 会将 [b:e) 拷贝到输出流 s。对 [b:e) 中每个带可选修饰符 mod 的 strftime() 格式字符 x，put() 调用 do_put(s,ib,pt,x,mod)。修饰符的可能值为 0（默认值，表示“无”）、E 或 O。覆盖版本的 p=do_put(s,ib,pt,x,mod) 应该格式化 *pt 中的恰当部分，写入 s，并返回一个值指向 s 中最后一个写入字符之后的位置。

标准库也提供了 messages 的 _byname 版本（见 39.4 节和 39.4.1 节）。

```
template<class C, class Out = ostreambuf_iterator<C>>
class time_put_byname : public time_put<C,Out>
{
	// ...
};
```

39.4.4.2 time_get

基本思想是，对 time_put 生成的内容，time_get 可用相同的 strftime() 格式（见 43.6 节）读取。

```
class time_base {
public:
	enum dateorder {
		no_order, // 表示 mdy（月天年）
		dmy,      // 表示 "%d%m%y"
		mdy,      // 表示 "%m%d%y"
		ymd,      // 表示 "%y%m%d"
		ydm       // 表示 "%y%d%m"
	};
};

template<class C, class In = istreambuf_iterator<C>>
class time_get : public locale::facet, public time_base {
public:
	using char_type = C;
	using iter_type = In;
	// ...
}
```

除了依据格式进行读取外，time_get 还提供了读取日期和时间表示中特定部分的操作：

time_get<C,In> facet（iso.22.4.5.1） 读取 [b:e) 存入 *pt
dateorder date_order() const;
In get_time(In b, In e, ios_base& ib, ios_base::iostate& err, tm* pt) const;
In get_date(In b, In e, ios_base& ib, ios_base::iostate& err, tm* pt) const;
In get_weekday(In b, In e, ios_base& ib, ios_base::iostate& err, tm* pt) const;
In get_monthname(In b, In e, ios_base& ib, ios_base::iostate& err, tm* pt) const;
In get_year(In b, In e, ios_base& ib, ios_base::iostate& err, tm* pt) const;
In get(In b, In e, ios_base& ib, ios_base::iostate& err, tm* pt, char format, char mod) const;
In get(In b, In e, ios_base& ib, ios_base::iostate& err, tm* pt, char format) const;
In get(In b, In e, ios_base& ib, ios_base::iostate& err, tm* pt, C* fmtb, C* fmte) const;

函数 get_*() 从 [b:e) 读取日期 / 时间存入 *pt，从 b 获取其 locale，若发生错误设置 err。它返回一个迭代器，指向 [b:e) 中第一个尚未读取的字符的位置。

调用 p=get(b,e,ib,err,pt,format,mod) 按格式字符 format 和修饰符 mod 指出的方式读取日期/时间，格式符合修饰符如 strftime() 所指定。若未指定 mod，则使用 mod==0。

调用 get(b,e,ib,err,pt,fmtb,fmte) 使用字符串 [fmtb:fmte) 所描述的格式。这个重载版本与使用默认修饰符的版本都没有 do_get() 接口，而是通过调用第一个版本的 get() 的 do_get() 实现的。

时间和日期 facet 的一个明显用途是为 Date 类提供一个 locale 敏感的 I/O。考虑 16.3 节中 Date 的一个变体：

```
class Date {
public:
      explicit Date(int d ={}, Month m ={}, int year ={});
      // ...
      string to_string(const locale& = locale()) const;
};

istream& operator>>(istream& is, Date& d);
ostream& operator<<(ostream& os, Date d);
```

使用 stringstream，Date::to_string() 产生一个 locale() 指定的 string：

```
string Date::to_string(const locale& loc) const
{
      ostringstream os;
      os.imbue(loc);
      return os << *this;
}
```

给定 to_string()，输出运算符很普通：

```
ostream& operator<<(ostream& os, Date d)
{
      return os<<to_string(d,os.getloc());
}
```

输入运算符需要专注状态：

```
istream& operator>>(istream& is, Date& d)
{
      if (istream::sentry guard{is}) {
            ios_base::iostate err = goodbit;
            struct tm t;
            use_facet<time_get<char>>(is.getloc()).get_date(is,0,is,err,&t);     // 读取日期存入 t
            if (!err) {
                  Month m = static_cast<Month>(t.tm_mon+1);
                  d = Date(t.tm_day,m,t.tm_year+1900);
            }
            is.setstate(err);
      }
      return is;
}
```

+1900 是必要的，因为用 tm 表示日期的元年是 1900 年（见 43.6 节）。

标准库也提供了 messages 的 _byname 版本（见 39.4 节和 39.4.1 节）。

```
template<class C, class In = istreambuf_iterator<C>>
class time_get_byname : public time_get<C, In> {
      // ...
};
```

39.4.5　字符分类

当从输入读取字符时，通常需要将它们分类以弄清读取的是什么。例如，为了读取一个数字，输入程序需要了解哪些字符是数字。类似地，10.2.2 节展示了如何使用标准字符分类函数分析输入数据。

字符的分类自然依赖于所使用的字符集。因此，标准库提供了一个 facet ctype 来表示 locale 中的字符分类。

字符类别用一个名为 mask 的枚举类型描述：

```
class ctype_base {
public:
      enum mask {          // 实际值由具体实现定义
            space = 1,           // 空白符（"C" locale 中的' '、'\n'、'\t'、...）
            print = 1<<1,        // 可打印字符
            cntrl = 1<<2,        // 控制字符
            upper = 1<<3,        // 大写字母
            lower = 1<<4,        // 小写字母
            alpha = 1<<5,        // 字母
            digit = 1<<6,        // 十进制数字
            punct = 1<<7,        // 标点字符
            xdigit = 1<<8,       // 十六进制数字
            blank = 1 << 9;      // 空格和水平制表符
            alnum=alpha|digit,   // 字母数字字符
            graph=alnum|punct
      };
};
template<class C>
class ctype : public locale::facet, public ctype_base {
public:
      using char_type = C;
      // ...
};
```

此 mask 不依赖特定字符类型，因此将其枚举定义置于一个（非模板）基类中。

显然，mask 反映了传统的 C 和 C++ 字符分类（见 36.2.1 节）。但是，对不同字符集，不同字符值会落在不同分类中。例如，对 ASCII 字符集，整数值 125 表示字符 }，属于标点字符（punct）。但是，在丹麦国家字符集中，125 表示元音 å，在丹麦语 locale 中就必须归类为 alpha。

分类被称为“掩码”的原因是：为高效实现小字符集的字符分类，传统上使用一个表格，每个表项保存表示分类的二进制位。例如：

```
table['P'] == upper|alpha
table['a'] == lower|alpha|xdigit
table['1'] == digit|xdigit
table[' '] == space|blank
```

基于这种实现，若字符 c 属于类别 m，则 table[c]&m 为非零，否则为 0。

ctype facet 定义如下：

ctype<C> facet（iso.22.4.1.1）
bool is(mask m, C c) const;
const C* is(const C* b, const C* e, mask* v) const;

（续）

ctype<C> facet（iso.22.4.1.1）
const C* scan_is(mask m, const C* b, const C* e) const; const C* scan_not(mask m, const C* b, const C* e) const;

C toupper(C c) const;
const C* toupper(C* b, const C* e) const;
C tolower(C c) const;
const C* tolower(C* b, const C* e) const;

C widen(char c) const; const char* widen(const char* b, const char* e, C* b2) const;
char narrow(C c, char def) const; const C* narrow(const C* b, const C* e, char def, char* b2) const;

调用 is(m,c) 检测字符 c 是否属于类别 m。例如：

```
int count_spaces(const string& s, const locale& loc)
{
    const ctype<char>& ct = use_facet<ctype<char>>(loc);
    int i = 0;
    for(auto p = s.begin(); p!=s.end(); ++p)
        if (ct.is(ctype_base::space,*p))        // 是否 ct 所定义的空白符
            ++i;
    return i;
}
```

注意，也可以用 is() 检查一个字符是否属于一些类别中的某类。例如：

```
ct.is(ctype_base::space|ctype_base::punct,c);      // c 属于 ct 所定义的空白符或标点？
```

调用 is(b,e,v) 会确定 [b:e) 中每个字符的类别，并将结果放置在数组 v 中的正确位置。

调用 scan_is(m,b,e) 会返回一个指针，指向 [b:e) 中第一个属于类别 m 的字符。若没有字符属于类别 m，则返回 e。与其他标准 facet 类似，会有成员函数实现为对其虚函数 do_ 的调用。一个简单的实现如下所示：

```
template<class C>
const C* ctype<C>::do_scan_is(mask m, const C* b, const C* e) const
{
    while (b!=e && !is(m,*b))
        ++b;
    return b;
}
```

调用 scan_not(m,b,e) 会返回一个指针，指向 [b:e) 中第一个不属于类别 m 的字符。若所有字符都属于类别 m，则返回 e。

如果所使用的字符集中存在 c 对应的大写字母，则调用 toupper(c) 返回此大写字母，否则返回 c。

调用 toupper(b,e) 将 [b:e) 中的所有字符都转换为大写形式，并返回 e。一个简单的实现如下所示：

```
template<class C>
const C* ctype<C>::to_upper(C* b, const C* e)
{
```

```
        for (; b!=e; ++b)
                *b = toupper(*b);
        return e;
}
```

函数 tolower() 与 toupper() 类似，只是转换为小写。

调用 widen(c) 将字符 c 转换为对应的 C 类型的值。如果 C 的字符集提供多个与 c 对应的字符，C++ 标准指出使用“最简单的合理转换”。例如：

```
wcout << use_facet<ctype<wchar_t>>(wcout.getloc()).widen('e');
```

会输出 wcout 的 locale 中与字符 e 合理对应的字符。

无关字符表示（如 ASCII 和 EBCDIC）间的转换也可以用 widen() 实现。例如，假定存在 ebcdic 区域设置：

```
char EBCDIC_e = use_facet<ctype<char>>(ebcdic).widen('e');
```

调用 widen(b,e,v) 会逐个处理 [b:e) 中的每个字符，将其拓宽版本放置于数组 v 中的对应位置。

调用 narrow(ch,def) 为 C 类型字符 ch 生成对应的 char 值。同样，会使用“最简单的合理转换”。如果不存在对应的 char，则返回 def。

调用 narrow(b,e,def,v) 会逐个处理 [b:e) 中的每个字符，将其窄化版本放置于数组 v 中的对应位置。

一般设计思想是 narrow() 实现从一个大字符集到一个小字符集的转换，而 widen() 则执行相反的操作。对于小字符集中的字符 c 而言，我们期望：

```
c == narrow(widen(c),0)  // 不保证成功
```

假如 c 表示的字符在“小字符集”中只有唯一表示，则此布尔表达式为真。但这并不能得到保证。如果 char 表示的字符并不是大字符集（C）所表示的字符的子集，那么我们就该有心理准备，以一般方式处理字符的代码可能有异常现象和潜在问题。

类似地，对大字符集中的字符 ch 而言，我们期望：

```
widen(narrow(ch,def)) == ch || widen(narrow(ch,def)) == widen(def)      // 不保证成功
```

这个表达通常是成立的，但对于在大字符集中有多个值表示而在小字符集中只有唯一表示的字符，它有可能是不成立的。例如，一个数字如 7，在大字符集中通常有多个不同表示。原因在于一个大字符集通常包含多个常规字符集作为其子集，因此来自小字符集中的字符会重复多次以便转换。

对基本源字符集（见 6.1.2 节）中的每个字符，保证有：

```
widen(narrow(ch_lit,0)) == ch_lit
```

例如：

```
widen(narrow('x',0)) == 'x'
```

函数 narrow() 和 widen() 会尽可能遵循字符分类。例如，若 is(alpha,c) 为真，则只要 alpha 是所用 locale 中的一个合法掩码，则 is(alpha,narrow(c,'a')) 和 is(alpha,widen(c)) 都为真。

将 ctype facet 用于一般情况，而将 narrow() 和 widen() 用于特殊情况的主要原因是，

这样就可以编写适用于任意字符集的I/O和字符串处理代码，即，可以使得这类代码在字符集的角度来看是通用的。这意味着 iostream 的实现严重依赖这些特性。依赖 <iostream> 和 <string>，用户可避免直接使用 ctype facet。

标准库也提供了 ctype 的 _byname 版本（见 39.4 节和 39.4.1 节）：

```
template<class C>
class ctype_byname : public ctype<C> {
      // ...
};
```

39.4.6 字符编码转换

有时，字符在文件中保存的表示形式与用户要求其在内存中的表示形式不吻合。例如，文件中保存的日文字符通常用指示符（“移位”）指出一个给定的字符序列属于四种常用的字符集（汉字、片假名、平假名、罗马字）中的哪种。这种方法有些笨拙，因为每个字节的含义依赖于它的“移位状态”，但却节省空间，因为只有汉字表示需要超过1个字节。在内存中，这些字符用多字节字符集表示，每个字符都有相同的大小，从而更易处理。这种字符（例如，Unicode 字符）通常保存在宽字符类型（wchar_t；见 6.2.3 节）中。为此，facet codecvt 提供了一种在读写字符时将其从一种表示形式转换为另一种表示形式的机制。例如：

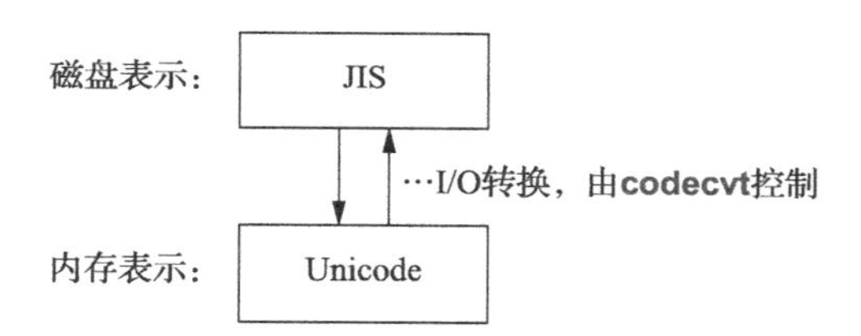

这种编码转换机制足够通用，可提供任意字符表示形式间的转换。它允许我们编写程序使用适合的内部字符表示形式（保存在 char、wchar_t 等类型中），并通过调整 iostream 使用的 locale 来接受各种不同的输入字符流表示形式。替代方法是修改程序本身或是将输入输出文件转换为不同格式。

facet codecvt 提供了转换机制，当字符在流缓冲区和外存间移动时可进行不同字符集间的转换：

```
class codecvt_base {
public:
      enum result {          // 结果指示器
            ok, partial, error, noconv
      };
};

template<class In, class Ex, class SS>
class codecvt : public locale::facet, public codecvt_base {
public:
      using intern_type = In;
      using extern_type = Ex;
      using state_type = SS;
      // ...
};
```

codecvt<In,Ex,SS> facet（iso.22.5） using CI = const In; using CE = const Ex;
result in(SS& st, CE* b, CE* e, CE*& next, In* b2, In* e2, In*& next2) const;
result out(SS& st, CI* b, CI* e, CI*& next, Ex* b2, Ex* e2, Ex*& next2) const;
result unshift(SS& st, Ex* b, Ex* e, Ex*& next) const;
int encoding() const noexcept;
bool always_noconv() const noexcept;
int length(SS& st, CE* b, CE* e, size_t max) const;
int max_length() const noexcept;

facet codecvt 由 basic_filebuf（见 38.2.1 节）使用来读写字符。basic_filebuf 从流的 locale 中获取此 facet（见 38.1 节）。

模板参数 State 是用来保存待转换流的移位状态的类型。通过生成一个特例化版本，State 还可用来辨别不同的转换。后者很有用，因为不同编码（字符集）的字符可能保存在相同类型的对象中。例如：

```
class JISstate { /* .. */ };

p = new codecvt<wchar_t,char,mbstate_t>;        // 标准字符转换为宽字符
q = new codecvt<wchar_t,char,JISstate>;         // JIS 转换为宽字符
```

如果没有不同的 State 实参，facet 将无法了解 char 流采用什么编码。mbstate_t 类型来自 <cwchar> 或 <wchar.h>，可辨别 char 和 wchar_t 间的系统标准转换。

我们可以通过派生来创建新的 codecvt，并通过名字来标识它。例如：

```
class JIScvt : public codecvt<wchar_t,char,mbstate_t> {
    // ...
};
```

调用 in(st,b,e,next,b2,e2,next2) 读取 [b:e) 中的每个字符，尝试进行转换。如果一个字符转换成功，in() 将其转换后的形式写入 [b2:e2) 中的对应位置；如果转换失败，in() 将停止。在返回时，in() 将最后一个读取的字符之后的位置保存在 next（下一个要读取的字符）中，将最后一个写入的字符之后的位置保存在 next2（下一个要写入的字符）中。in() 返回的 result 值指出工作完成了多少：

codecvt_base result（iso.22.4.1.4）	
ok	[b:e) 中的所有字符都成功转换
partial	[b:e) 中的字符并未全部转换
error	某个字符不能转换
noconv	无需转换

注意，一次 partial 转换不一定意味着错误。有可能是为了转换并写入一个多字节字符必须读取更多字符，或者可能是必须清空输出缓冲区来为更多字符腾出空间。

state_type 类型参数 st 指出在 in() 调用开始时刻输入字符序列的状态。这在外部字符表示使用移位状态的情况下是很重要的。注意，st 是一个（非 const）引用参数：在调用结束时，st 保存输入序列的最新移位状态。这允许程序员处理 partial 转换，以及多次调用 in() 来转换一个长序列。

调用 out(st,b,e ,next,b2,e2,next2) 将 [b:e) 中的字符从内部表示转换为外部表示，与 in() 从外部表示转换为内部表示的方式相同。

一个字符流必须以“中性”（无移位）状态开始和结束。通常，这种状态就是 state_type{}。

调用 unshift(st,b,e,next) 查看 st，并按需要放置 [b:e) 中的字符以便将序列变回无移位状态。unshift() 的结果和 next 的使用与 out() 一样。

调用 length(st,b,e,max) 返回 [b:e) 中可转换的字符数。

encoding() 的返回值含义如下：

-1 外部字符集的编码使用状态（例如，使用移位和无移位字符序列）。

0 编码采用可变长度字符（例如，字符表示可能用字节中的一位来指出使用 1 个还是 2 个字节表示此字符）。

n 外部字符表示的每个字符都是 n 个字节。

如果内部和外部字符集间不需要进行转换，则调用 always_noconv() 返回 true，否则返回 false。显然，always_noconv()==true 为最大程度的高效实现——不调用转换函数——提供了可能。

调用 cvt.max_length() 的返回值指出了 cvt.length(ss,p,q,n) 对一组合法参数能返回的最大值。

我能想象的最简单的编码转换是将输入转换为大写，它大概是能提供有用服务的最简单的 codecvt 了：

```
class Cvt_to_upper : public codecvt<char,char,mbstate_t> { // 转换为大写
public:
      explicit Cvt_to_upper(size_t r = 0) : codecvt(r) { }

protected:
      // 读外部表示，写内部表示；
      result do_in(State& s,
                        const char* from, const char* from_end, const char*& from_next,
                        char* to, char* to_end, char*& to_next
                  ) const override;

      // 读内部表示，写外部表示；
      result do_out(State& s,
                        const char* from, const char* from_end, const char*& from_next,
                        char* to, char* to_end, char*& to_next
                  ) const override;
      result do_unshift(State&, E* to, E* to_end, E*& to_next) const override { return ok; }

      int do_encoding() const noexcept override { return 1; }
      bool do_always_noconv() const noexcept override { return false; }

      int do_length(const State&, const E* from, const E* from_end, size_t max) const override;
      int do_max_length() const noexcept override;             // 可能的最大 length()
};

codecvt<char,char,mbstate_t>::result
Cvt_to_upper::do_out(State& s,
                        const char* from, const char* from_end, const char*& from_next,
                        char* to, char* to_end, char*& to_next) const
{
```

```
        return codecvt<char,char,mbstate_t>::do_out(s,from,from_end,from_next,to,to_end,to_next);
}

codecvt<char,char,mbstate_t>::result
Cvt_to_upper::do_in(State& s,
                    const char* from, const char* from_end, const char*& from_next,
                    char* to, char* to_end, char*& to_next) const
{
        // ...
}

int main() // 简单测试
{
        locale ulocale(locale(), new Cvt_to_upper);

        cin.imbue(ulocale);

        for (char ch; cin>>ch; )
                cout << ch;
}
```

标准库也提供了 codecvt 的 _byname 版本（见 39.4 节和 39.4.1 节）：

```
template<class I, class E, class State>
class codecvt_byname : public codecvt<I,E,State> {
        // ...
};
```

39.4.7 消息

大多数终端用户自然更喜欢使用母语同程序交互。但是，我们无法提供一种标准机制来表达 locale 相关的通用交互。取而代之的是，标准库提供了一种简单机制来保存一组 locale 相关的字符串，程序员可用它们组合出简单的消息。本质上，messages 实现了一种简单的只读数据库：

```
class messages_base {
public:
        using catalog = /* 具体实现定义的整数类型 */; // 目录标识符类型
};

template<class C>
class messages : public locale::facet, public messages_base {
public:
        using char_type = C;
        using string_type = basic_string<C>;
        // ...
};
```

messages 接口相当简单：

messages<C> facet（iso.22.4.7.1）
catalog open(const string& s, const locale& loc) const;
string_type get(catalog cat, int set, int id, const basic_string<C>& def) const;
void close(catalog cat) const;

调用 open(s,loc) 为区域设置 loc 打开一个名为 s 的消息“目录”。目录就是一组字符串，组织方式由具体实现确定，通过函数 messages::get() 来访问。如果没有名为 s 的目录可打开，它返回一个负值。目录必须在首次使用 get() 前打开。

调用 close(cat) 关闭 cat 标识的目录，并释放目录关联的所有资源。

调用 get(cat,set,id,"foo") 在目录 cat 中查找由 (set,id) 标识的消息。如果找到，get() 返回该字符串；否则，get() 返回默认字符串（本例中为 string("foo")）。

下面是一个 messages facet 的例子，此实现中一个消息目录就是一个“消息”集合的向量，而一个“消息”就是一个字符串：

```
struct Set {
      vector<string> msgs;
};

struct Cat {
      vector<Set> sets;
};

class My_messages : public messages<char> {
      vector<Cat>& catalogs;
public:
      explicit My_messages(size_t = 0) :catalogs{*new vector<Cat>} { }

      catalog do_open(const string& s, const locale& loc) const;  // 打开 s
      string do_get(catalog cat, int s, int m, const string&) const;  // 获取 cat 中的消息 (s,m)
      void do_close(catalog cat) const
      {
            if (catalogs.size()<=cat)
                  catalogs.erase(catalogs.begin()+cat);
      }

      ~My_messages() { delete &catalogs; }
};
```

messages 的所有成员函数都是 const 的，因此目录数据结构（vector<Set>）保存在 facet 之外。

我们通过指明一个目录、目录中的一个集合以及集合中的一个消息字符串来选择一个消息。我们还要提供一个字符串参数，当在目录中找不到消息时将它用作默认结果：

```
string My_messages::do_get(catalog cat, int set, int id, const string& def) const
{
      if (catalogs.size()<=cat)
            return def;
      Cat& c = catalogs[cat];
      if (c.sets.size()<=set)
            return def;
      Set& s = c.sets[set];
      if (s.msgs.size()<=msg)
            return def;
      return s.msgs[id];
}
```

打开目录的操作包括从磁盘读取一段文本表示存入一个 Cat 结构中。在本例中，我选择了一种容易读取的表示形式。每个集合用 <<< 和 >>> 框定，每条消息就是一行文本：

```
messages<char>::catalog My_messages::do_open(const string& n, const locale& loc) const
{
	string nn = n + locale().name();
	ifstream f(nn.c_str());
	if (!f) return −1;

	catalogs.push_back(Cat{});                 //创建核心目录
	Cat& c = catalogs.back();

	for(string s; f>>s && s=="<<<"; ) {       //读取 Set
		c.sets.push_back(Set{});
		Set& ss = c.sets.back();
		while (getline(f,s) && s != ">>>")     //读取消息
			ss.msgs.push_back(s);
	}
	return catalogs.size()−1;
}
```

下面是一个简单的应用：

```
int main()
	// 一个简单测试
{
	if (!has_facet<My_messages>(locale())) {
		cerr << "no messages facet found in" << locale().name() << '\n';
		exit(1);
	}

	const messages<char>& m = use_facet<My_messages>(locale());
	extern string message_directory;            // 我保存消息的地方

	auto cat = m.open(message_directory,locale());
	if (cat<0) {
		cerr << "no catalog found\n";
		exit(1);
	}

	cout << m.get(cat,0,0,"Missed again!") << endl;
	cout << m.get(cat,1,2,"Missed again!") << endl;
	cout << m.get(cat,1,3,"Missed again!") << endl;
	cout << m.get(cat,3,0,"Missed again!") << endl;
}
```

如果目录为：

```
<<<
hello
goodbye
>>>
<<<
yes
no
maybe
>>>
```

程序会输出：

```
hello
maybe
Missed again!
Missed again!
```

39.4.7.1 使用来自其他 facet 的消息

除了作为一个保存 locale 相关字符串的仓库，用来与用户交互，message 还可用来保存来自其他 facet 的字符串。例如，我们可以编写 Season_io facet（见 39.3.2 节）如下：

```
class Season_io : public locale::facet {
	const messages<char>& m;          // 消息目录
	messages_base::catalog cat;       // 消息目录
public:
	class Missing_messages { };

	Season_io(size_t i = 0)
		: locale::facet(i),
		  m(use_facet<Season_messages>(locale())),
		  cat(m.open(message_directory,locale()))
	{
		if (cat<0)
			throw Missing_messages();
	}

	~Season_io() { }      // 为了可以销毁 Season_io 对象（见 39.3 节）

	const string& to_str(Season x) const;                    // x 的字符串表示

	bool from_str(const string& s, Season& x) const;  // 将 s 对应的 Season 放入 x

	static locale::id id;  // facet 标识符对象（见 39.2 节、39.3 节和 39.3.1 节）
};

locale::id Season_io::id; // 定义标识符对象

string Season_io::to_str(Season x) const
{
	return m->get(cat,0,x,"no-such-season");
}

bool Season_io::from_str(const string& s, Season& x) const
{
	for (int i = Season::spring; i<=Season::winter; i++)
		if (m->get(cat,0,i,"no-such-season") == s) {
			x = Season(i);
			return true;
		}
	return false;
}
```

基于 messages 的解决方案与最初方案（39.3.2 节）的不同之处在于，新 locale 的 Season 字符串集合的实现者需要能将它们添加到一个 messages 目录中。对某些人来说将一个新 locale 添加到执行环境中很容易。但由于 messages 只提供只读接口，添加一个新的季节名字集合可能会超出一个应用程序实现者的能力范围。

标准库也提供了 messages 的 _byname 版本（见 39.4 节和 39.4.1 节）：

```
template<class C>
class messages_byname : public messages<C> {
	// ...
};
```

39.5 便利接口

除了简单地赋予一个 iostream 之外，locale 特性还有一些复杂用法。因此，标准库提供了便利接口（convenience interface）来简化符号表示、减少错误。

39.5.1 字符分类

facet ctype 最常见的用途是询问一个字符是否属于某个给定类别。因此，标准库提供了一组函数来完成这一功能：

locale 敏感的字符分类（iso.22.3.3.1）	
isspace(c,loc)	c 是 loc 中的一个空白符？
isblank(c,loc)	c 是 loc 中的一个空格？
isprint(c,loc)	c 是一个可打印字符？
iscntrl(c,loc)	c 是一个控制字符？
isupper(c,loc)	c 是一个大写字母？
islower(c,loc)	c 是一个小写字母？
isalpha(c,loc)	c 是一个字母？
isdigit(c,loc)	c 是一个十进制数字？
ispunct(c,loc)	c 不是字母、数字、空白符或不可见控制字符？
isxdigit(c,loc)	c 是一个十六进制数字？
isalnum(c,loc)	isalpha(c) 或 isdigit(c)
isgraph(c,loc)	isalpha(c) 或 isdigit(c) 或 ispunct(c)（注意：不包括空白符）

这些函数都是使用 use_facet 简单实现的。例如：

```
template<class C>
inline bool isspace(C c, const locale& loc)
{
    return use_facet<ctype<C>>(loc).is(space,c);
}
```

这些函数的单实参版本（见 36.2.1 节）使用当前的 C 全局区域设置。除了极少数极少数情况下 C 全局区域设置和 C++ 全局区域设置有差异（见 39.2.1 节）这外，我们可以将单参数版本看作双参数版本将 locale() 作为第二个参数。例如：

```
inline int isspace(int i)
{
    return isspace(i,locale());    // 差不多等价
}
```

39.5.2 字符转换

大小写转换可能是 locale 敏感的：

字符转换（iso.22.3.3.2.1）	
c2= toupper(c,loc)	use_facet<ctype<C>>(loc).toupper(c)
c2= tolower(c,loc)	use_facet<ctype<C>>(loc).tolower(c)

39.5.3 字符串转换

字符编码转换可以是 locale 敏感的。类模板 wstring-convert 执行宽字符串和字节字符串之间的转换。它令你可以指定一个编码转换 facet（例如 codecvt）来进行转换，而不会影响任何流或 locale。例如，你可能直接使用一个名为 codecvt_utf8 的编码转换 facet 将一个 UTF-8 多字节序列输出到 cout，而不会影响 cout 的 locale：

```
wstring_convert<codecvt_utf8<wchar_t>> myconv;
string s = myconv.to_bytes(L"Hello\n");
cout << s;
```

wstring_convert 的定义采用比较常规的方式：

```
template<class Codecvt,
         class Wc = wchar_t,
         class Wa = std::allocator<Wc>,      // wide-character allocator
         class Ba = std::allocator<char>     // byte allocator
     >
class wstring_convert {
public:
     using byte_string = basic_string<char, char_traits<char>, Ba>;
     using wide_string = basic_string<Wc, char_traits<Wc>, Wa>;
     using state_type = typename Codecvt::state_type;
     using int_type = typename wide_string::traits_type::int_type;
     // ...
};
```

wstring_convert 构造函数允许我们指定一个字符转换 facet、一个初始转换状态以及出错时使用的值：

wstring_conver t<Codecvt,Wc,Wa,Ba> (iso.22.3.3.2.2)	
wstring_convert cvt {};	wstring_convert cvt {new Codecvt};
wstring_convert cvt {pcvt,state}	cvt 使用转换 facet *pcvt 和转换状态 state
wstring_convert cvt {pcvt};	wstring_convert cvt {pcvt,state_type{}};
wstring_convert cvt {b_err,w_err};	wstring_convert cvt{}；使用 b_err 和 w_err
wstring_convert cvt {b_err};	wstring_convert cvt{}；使用 b_err
cvt.~wstring_convert();	析构函数
ws=cvt.from_bytes(c)	ws 保存 char c 转换为 Wc 的结果
ws=cvt.from_bytes(s)	ws 保存 s 中 char 转换为 Wc 的结果；s 是一个 C 风格字符串或一个 string
ws=cvt.from_bytes(b,e)	ws 保存 [b:e) 中 char 转换为 Wc 的结果
s=cvt.to_bytes(wc)	s 保存 wc 转换为 char 的结果
s=cvt.to_bytes(ws)	s 保存 ws 中 Wc 转换为 char 的结果；ws 是一个 C 风格字符串或一个 basic_string<Wc>
s=cvt.to_bytes(b,e)	s 保存 [b:e) 中 Wc 转换为 char 的结果
n=cvt.converted()	n 为被 cvt 转换的输入元素个数
st=cvt.state()	st 是被 cvt 的状态

如果转换为 wide_string 失败，这些 cvt 上的函数返回构造 cvt 时使用的那个非默认 w_err 的字符串（错误消息）；若构造时未提供此字符串，这些函数会抛出 range_error。

如果转换为 byte_string 失败，这些 cvt 上的函数返回构造 cvt 时使用的那个非默认 b_

err 的字符串（错误消息）；若构造时未提供此字符串，这些函数会抛出 range_error。

一个示例如下：

```
void test()
{
      wstring_convert<codecvt_utf8_utf16<wchar_t>> converter;

      string s8 = u8"This is a UTF-8 string";
      wstring s16 = converter.from_bytes(s8);
      string s88 = converter.to_bytes(s16);

      if (s8!=s88)
            cerr <"Insane!\n";
}
```

39.5.4　缓冲区转换

我们可以用一个编码转换 facet（见 39.4.6 节）直接读写流缓冲区（见 38.6 节）

```
template<class Codecvt,
            class C = wchar_t,
            class Tr = std::char_traits<C>
         >
class wbuffer_convert
      : public std::basic_streambuf<C,Tr> {
public:
      using state_type = typename Codecvt::state_type;
      // ...
};
```

wbuffer_conver t<Codecvt,C,Tr>（iso.22.3.3.2.3）	
wbuffer_convert wb {psb,pcvt,state};	wb 从 streambuf *psb 转换，使用转换器 *pcvt 和初始转换状态 state
wbuffer_convert wb {psb,pcvt};	wbuffer_convert wb {psb,pcvt,state_type{}};
wbuffer_convert wb {psb};	wbuffer_convert wb {psb,new Codecvt{}};
wbuffer_convert wb {};	wbuffer_convert wb {nullptr};
psb=wb.rdbuf()	psb 是 wb 的流缓冲区
psb2=wb.rdbuf(psb)	将 wb 的流缓冲区设置为 *psb；*psb2 是 wb 的旧的流缓冲区
t=wb.state()	t 是 wb 的转换状态

39.6　建议

[1] 做好每个与用户直接交互的重要程序或系统都会在多个不同国家使用的准备；39.1 节。

[2] 不要假定每个人都像你一样使用相同的字符集；39.1 节，39.4.1 节。

[3] 优先使用 locale 为文化敏感的 I/O 编写专门的代码；39.1 节。

[4] 使用 locale 满足外部（非 C++）标准的需求；39.1 节。

[5] 将 locale 视为 facet 的容器；39.2 节。

[6] 避免在程序文本中嵌入 locale 名字字符串；39.2.1 节。

[7] 保持仅在程序中少数地方修改 locale；39.2.1 节。

[8] 尽量少使用全局格式信息；39.2.1 节。

[9] 优先选择 locale 敏感的字符串比较和排序；39.2.2 节，39.4.1 节。

[10] 令 facet 不可变；39.3 节。

[11] 令 locale 处理 facet 的生命周期；39.3 节。

[12] 你可以创建自己的 facet；39.3.2 节。

[13] 当编写 locale 敏感的 I/O 函数时，记得处理来自用户提供的（覆盖）函数的异常；39.4.2.2 节。

[14] 如果需要在数值内使用分隔符，使用 numput；39.4.2.1 节。

[15] 使用简单 Money 类型保存货币值；39.4.3 节。

[16] 使用简单用户自定义类型保存要求 locale 敏感 I/O 的值（而不是将其与内置类型值进行转换）；39.4.3 节。

[17] facet time_put 既可用于 <chrono> 风格的时间，也可用于 <ctime> 风格的时间；39.4.4 节。

[18] 在显式使用 locale 时，优先选择字符分类函数；39.4.5 节，39.5 节。

第 40 章

The C++ Programming Language, Fourth Edition

数值计算

计算的意义在于洞察力，而非数字本身。

——理查德·W·汉明

……但是对于学生而言，
数字通常是培养洞察力最好的途径。

——A·罗尔斯顿

- 引言
- 数值限制
  数值限制宏
- 标准数学函数
- 复数 complex
- 数值数组：valarray
  构造函数和赋值操作；下标操作；运算；切片；slice_array；推广切片
- 推广数值算法
  accumulate()；inner_product()；partial_sum() 和 adjacent_difference()；iota()
- 随机数
  引擎；随机设备；分布；C 风格随机数
- 建议

40.1 引言

数值计算并不是 C++ 的主要设计目标之一。但是，数值计算通常会出现在其他工作之中——如数据库访问、网络传输、仪器控制、图形学、仿真以及金融分析——因此 C++ 也成为构造大型系统中计算部分的有吸引力的工具。而且，数值方法已经取得了很大进展，不再仅仅是浮点数向量上的简单循环了。当复杂数据结构是计算过程中的必要部分时，C++ 的优势就变得很重要了。C++ 因而被广泛用于科学计算、工程计算、金融计算以及其他包含复杂数值计算的任务，这催生了支持这类计算的语言特性和技术。本章介绍标准库中支持数值计算的部分。我不打算讲授数值方法。数值计算本身就是一个吸引人的话题。学习数值计算需要一门好的数值方法课程或者至少有一本好的教材——而不是仅靠一本编程语言手册和导引就能完成的。

除了本章介绍的标准库特性外，第 29 章也提供了一个数值计算编程的延伸范例：实现 N 维矩阵。

40.2 数值限制

为了处理数值相关的有趣事情，我们通常需要了解一些内置数值类型的一般特性的知识。为了让程序员能最充分地利用硬件，这些特性都是依赖于具体 C++ 实现，而不是由语言本身规定的（见 6.2.8 节）。例如，最大的 int 有多大？最小的正 float 是什么？将一个 double 赋予一个 float 时，是舍入还是截断？一个 char 有多少位？

这类问题的答案由 numeric_limits 的特例化版本提供，它定义在 <limits> 中。例如：

```
void f(double d, int i)
{
      char classification[numeric_limits<unsigned char>::max()];

      if (numeric_limits<unsigned char>::digits==numeric_limits<char>::digits ) {
            // char 是无符号的
      }

      if (i<numeric_limits<short>::min() || numeric_limits<short>::max()<i) {
            // i 保存在 short 中必然损失精度
      }

      if (0<d && d<numeric_limits<double>::epsilon()) d = 0;

      if (numeric_limits<Quad>::is_specialized) {
            // Quad 类型的有限制信息
      }
}
```

每个特例化版本提供其实参类型的相关信息。因此，通用 numeric_limit 模板就是一组常量和 constexpr 函数的标志句柄：

```
template<typename T>
class numeric_limits {
public:
      static const bool is_specialized = false; // numeric_limits<T> 的信息可用？
      // ... 乏味的默认值 ...
};
```

真正的信息保存在特例化版本中。所有 C++ 实现都为每种基本数值类型（字符类型、整数类型、浮点类型和 bool）提供了一个 numeric_limits 特例化版本，但不会为任何其他看似合理的候选类型提供，例如 void、枚举或库类型（例如 complex<double>）。

对于 char 这样的整数类型，我们只对很少的一些信息感兴趣。下面是某个 C++ 实现中的 numeric_limits<char>，包含的信息包括 char 有 8 位、是带符号类型：

```
template<>
class numeric_limits<char> {
public:
      static const bool is_specialized = true;  // 是的，有相关信息

      static const int digits = 7;               // 位数（“二进制数字”数），不包括符号

      static const bool is_signed = true;        // 此实现中 char 是带符号类型
      static const bool is_integer = true;       // char 是一种整数类型

      static constexpr char min() noexcept { return -128; }   // 最小值
      static constexpr char max() noexcept { return 127; }    // 最大值

      // 大量声明与 char 无关
};
```

这些函数都是 constexpr 的，因此它们可用作常量表达式且没有运行时开销。

大多数 numeric_limits 成员是用来描述浮点数的。例如，下面的代码描述了 float 的一种可能实现：

```
template<>
class numeric_limits<float> {
public:
      static const bool is_specialized = true;

      static const int radix = 2;            // 指数的基数（在本例中是二进制的）
      static const int digits = 24;          // 尾数中基数数字的数量
      static const int digits10 = 9;         // 尾数中十进制数字的数量

      static const bool is_signed = true;
      static const bool is_integer = false;
      static const bool is_exact = false;

      static constexpr float min() noexcept { return 1.17549435E−38F; } // 最小正数
      static constexpr float max() noexcept { return 3.40282347E+38F; }// 最大正数
      static constexpr float lowest() noexcept { return −3.40282347E+38F; }  // 最小值

      static constexpr float epsilon() noexcept { return 1.19209290E−07F; }
      static constexpr float round_error() noexcept { return 0.5F; }       // 最大舍入误差

      static constexpr float infinity() noexcept { return /* 某个值 */; }
      static constexpr float quiet_NaN() noexcept { return /* 某个值 */; }
      static constexpr float signaling_NaN() noexcept { return /* 某个值 */; }
      static constexpr float denorm_min() noexcept { return min(); }

      static const int min_exponent = −125;
      static const int min_exponent10 = −37;
      static const int max_exponent = +128;
      static const int max_exponent10 = +38;

      static const bool has_infinity = true;
      static const bool has_quiet_NaN = true;
      static const bool has_signaling_NaN = true;
      static const float_denorm_style has_denorm = denorm_absent;
      static const bool has_denorm_loss = false;

      static const bool is_iec559 = true;  // 服从 IEC-559 标准
      static const bool is_bounded = true;
      static const bool is_modulo = false;
      static const bool traps = true;
      static const bool tinyness_before = true;

      static const float_round_style round_style = round_to_nearest;
};
```

注意，min() 返回的是最小的正（positive）归一化数值，而 epsilon 则是满足 1+epsilon-1 大于 0 的最小正浮点数。

当按照内置类型的模式定义一个标量类型时，最好为其提供恰当的 numeric_limits 特例化版本。例如，如果我编写一个四倍精度类型 Quad，用户很可能希望我提供 numeric_limits<Quad>。反之，如果我使用一个非数值类型 Dumb_ptr，我可能希望 numeric_limits<Dumb_ptr<X>> 是主模板，其 is_specialized 设置为 false，表示并无数值限制信息。

对于与浮点数没有太大关系的用户自定义类型，我们可以想象描述其属性的 numeric_limits 特例化版本是什么样的。对此情况，使用通用的类型属性描述技术通常比特例化 numeric_limits 来描述非标准属性要更好一些。

40.2.1 数值限制宏

C++ 从 C 继承了描述整数属性的宏，它们定义在 <climits> 中：

整数限制宏（(_iso.diff.library_，简略的）	
CHAR_BIT	一个 char 有多少位（通常为 8）
CHAR_MIN	最小 char 值（可能为负）
CHAR_MAX	最大 char 值（如 char 是带符号类型，通常为 127；如 char 是无符号类型，通常为 255）
INT_MIN	最小 int 值
LONG_MAX	最大 long 值

标准库也为 signed char、long long 等类型提供了类似的命名宏。

类似地，<cfloat> 和 <float.h> 定义了描述浮点数属性的宏：

浮点数限制宏（(_iso.diff.library_，简略的）	
FLT_MIN	最小正 float 值（如 1.175494351e-38F）
FLT_MAX	最大 float 值（如 3.402823466e+38F）
FLT_DIG	float 精度所能表示的十进制位数（如 6）
FLT_MAX_10_EXP	一个 float 最大的十进制指数（如 38）
DBL_MIN	最小 double 值
DBL_MAX	最大 double 值（如 1.7976931348623158e+308）
DBL_EPSILON	满足 1.0+DBL_EPSILON!=1.0 的最小 double 值

标准库也为 long double 提供了类似的命名宏。

40.3 标准数学函数

在 <cmath> 中我们可以找到通常被称为标准数学函数（Standard Mathematical Function）的组件：

标准数学函数	
abs(x)	绝对值
ceil(x)	>=x 的最小整数
floor(x)	<=x 的最大整数
sqrt(x)	平方根；x 必须是非负的
cos(x)	余弦
sin(x)	正弦
tan(x)	正切
acos(x)	反余弦；结果非负
asin(x)	反正弦；返回最接近 0 的结果
atan(x)	反正切
sinh(x)	双曲正弦

（续）

标准数学函数	
cosh(x)	双曲余弦
tanh(x)	双曲正切
exp(x)	e 的指数
log(x)	以 e 为底的自然对数；x 必须为正
log10(x)	以 10 为底的对数

这些函数都有接受 float、double、long double 和 complex（见 40.4 节）参数的版本。对每个版本，返回类型与参数类型一致。

为报告定义域错误，这些函数会将来自 <cerrno> 的 errno 设置为 EDOM，对值域错误，会将 errno 设置为 ERANGE。例如：

```
void f()
{
    errno = 0; // 清除旧的错误状态
    sqrt(−1);
    if (errno==EDOM) cerr << "sqrt() not defined for negative argument";
    pow(numeric_limits<double>::max(),2);
    if (errno == ERANGE) cerr << "result of pow() too large to represent as a double";
}
```

由于历史原因，少数数学函数在 <cstdlib> 中而不是 <cmath> 中。

更多数学函数（iso.26.8）	
n2=abs(n)	绝对值；n 为 int、long 或 long long；n2 与 n 类型相同
n2=labs(n)	“长绝对值”；n 和 n2 都是 long
n2=llabs(n)	“超长绝对值”；n 和 n2 都是 long long
p=div(n,d)	p=div(n,d)
p=ldiv(n,d)	n 除以 d；p 为 [商，余数]；n 和 d 都是 long
p=lldiv(n,d)	n 除以 d；p 为 [商，余数]；n 和 d 都是 long long

存在 l*() 版本的原因是 C 不支持重载。ldiv() 函数的结果分别是 div_t、ldiv_t 和 lldiv_t struct。这些 struct 都有成员 quot（保存商）和 rem（保存余数），其类型是由具体 C++ 实现定义的。

专用数学函数（special mathematical functions）有独立的 ISO 标准 [C++Math, 2010]。具体 C++ 实现可能将这些函数添加到 <cmath> 中：

专用数学函数（可选的）			
assoc_laguerre()	assoc_legendre()	beta()	comp_ellint_1()
comp_ellint_2()	comp_ellint_3()	cyl_bessel_i()	cyl_bessel_j()
cyl_bessel_k()	cyl_neumann()	ellint_1()	ellint_2()
ellint_3()	expint()	hermite()	laguerre()
legendre()	riemann_z eta()	sph_bessel()	sph_legendre()
sph_neumann()			

如果你不知道这些函数，很可能就不需要它们。

40.4 复数 complex

标准库提供了复数类型 complex<float>、complex<double> 和 complex<long double>。对其他支持常见算术运算的类型 Scalar，complex<Scalar> 通常也能正常工作，但不保证可移植。

```
template<typename Scalar>
class complex {
     // 一个 complex 就是一对标量值，可认为是一个坐标对
     Scalar re, im;
public:
     complex(const Scalar & r = Scalar{}, const Scalar & i = Scalar{}) :re(r), im(i) { }

     Scalar real() const { return re; }          // 实部
     void real(Scalar r) { re=r; }
     Scalar imag() const { return im; }          // 虚部
     void imag(Scalar i) { im = i; }

     template<typename X>
          complex(const complex<X>&);

     complex<T>& operator=(const T&);
     complex& operator=(const complex&);
     template<typename X>
          complex<T>& operator=(const complex<X>&);

     complex<T>& operator+=(const T&);
     template<typename X>
          complex<T>& operator+=(const complex<X>&);

     // 运算符 -=, *=, /= 类似
};
```

标准库 complex 不能避免窄化：

```
complex<float> z1 = 1.33333333333333333;     // 窄化
complex<double> z2 = 1.33333333333333333;// 窄化
z1=z2;                                       // 窄化
```

为避免意外的窄化，应使用 {} 初始化：

```
complex<float> z3 {1.33333333333333333};     // 错误：窄化转换
```

除了 complex 的成员之外，<complex> 还提供了许多有用的操作：

complex 运算符	
z1+z2	加法
z1−z2	减法
z1*z2	乘法
z1/z2	除法
z1==z2	相等判断
z1!=z2	不等判断
norm(z)	abs(z) 的平方
conj(z)	共轭：{z.re,−z.im}
polar(x,y)	给定一个极坐标（rho，theta）创建一个复数

（续）

complex 运算符	
real(z)	实部
imag(z)	虚部
abs(z)	到（0，0）的距离：sqrt(z.re*z.re+z.im*z.im)；也被称为 rho
arg(z)	距正实轴的角度：atan2(z.im/z.re)；也被称为 theta
out<<z	输出复数
in>>z	输入复数

标准数学函数（见 40.3 节）也支持复数。注意，complex 没有提供 < 或 %。更多细节请见 18.3 节。

40.5 数值数组：valarray

很多数值计算依赖于相对简单的一维浮点值向量。特别是，高性能机器体系结构能很好地支持这种向量，依赖这种向量的库也已被广泛使用，对使用这种向量的代码进行大力度优化对很多领域也非常重要。<valarray> 中的 valarray 是一种一维数值数组，它提供了数组类型上的常用数值向量算术运算以及切片和跨距操作：

数值数组类（iso.26.6.1）	
valarray<T>	类型 T 的数值数组
slice	类 BLAS 的切片操作（指出起始位置、长度和跨距）；见 40.5.4 节
slice_array<T>	切片描述的一个子数组；见 40.5.5 节
gslice	推广的切片，描述一个矩阵
gslice_array<T>	推广的切片描述的子矩阵；见 40.5.6 节
mask_array<T>	掩码标识的数组子集；见 40.5.2 节
indirect_array<T>	索引列表标识的数组子集；见 40.5.2 节

valarray 的基本思想是提供类 Fortran 的稠密多维数组处理特性以及优化的机会。这只有在编译器和优化器的积极支持下，以及在 valarray 基本特性基础上的更多库的支持下才能实现。到目前为止，并非所有 C++ 实现都能实现这些。

40.5.1 构造函数和赋值操作

valarray 构造函数允许我们从辅助数值数组类型和单个值初始化 valarray：

valarray<T> 构造函数（iso.26.6.2.2）	
valarray va{};	没有元素的 valarray
valarray va {n};	包含 n 个值为 T{} 的元素的 valarray；显式构造函数
valarray va {t,n};	包含 n 个值为 t 的元素的 valarray
valarray va {p,n};	包含 n 个元素的 valarray，元素值拷贝自 [p:p+n)
valarray va {v2};	移动和拷贝构造函数
valarray va {a};	用来自 a 的元素构造 va；a 可以是一个 slice_array、gslice_array、mask_array 或 indirect_array；元素数与 a 中的元素数相同
valarray va {args};	用 initializer_list {args} 构造；元素数与 {args} 中的元素数相同
va.~valarray()	析构函数

例如：

```
valarray<double> v0;                    // 占位符，我们可以稍后对 v0 赋值
valarray<float> v1(1000);               // 1000 元素，值为 float()==0.0F
valarray<int> v2(−1,2000);              // 2000 个元素，值为 −1
valarray<double> v3(100,9.8064);        // 糟糕的错误：valarray 的大小为浮点数

valarray<double> v4 = v3;               // v4 有 v3.size() 个元素

valarray<int> v5 {−1,2000};             // 两个元素
```

在双参数的构造函数中，元素值在元素个数之前。这与标准容器的习惯不同（见 31.3.2 节）。

传递给拷贝构造函数的 valarray 参数的元素数决定了结果 valarray 的元素数。

大多数程序需要用来自表格或其他输入源的数据初始化 valarray。除了初始化器列表机制，从内置数组拷贝元素的构造函数也对此提供了支持。例如：

```
void f(const int* p, int n)
{
      const double vd[] = {0,1,2,3,4};
      const int vi[] = {0,1,2,3,4};

      valarray<double> v1{vd,4};        // 四个元素：0,1,2,3
      valarray<double> v2{vi,4};        // 类型错误：vi 不是 double 指针
      valarray<double> v3{vd,8};        // 未定义：初始化器列表中元素数过少
      valarray<int> v4{p,n};            // p 最好指向至少 n 个 int
}
```

valarray 及其辅助特性是为高速计算而设计的。这反映在对用户的一些限制上以及给予实现者的一些自由上。基本上，valarray 的实现者可以使用能想到的几乎所有优化技术。valarray 操作被假定没有副作用（当然，对其显式参数的影响除外），valarray 被假定可以自由取别名，且允许引入辅助类型以及去掉临时变量，只要基本语义得以保持即可。valarray 不支持范围检查。valarray 的元素类型必须具有默认的拷贝语义（见 8.2.6 节）。

我们可以在 valarray 与另一个 valarray、一个标量或一个 valarray 子集间进行赋值：

valarray<T> 赋值（iso.26.6.2.3）	
va2=va ·	拷贝赋值：va2.size() 变为与 va.size() 一样
va2=move(va)	移动赋值：va 变为空
va=t	标量赋值：va 的每个元素都变为 t 的一份拷贝
va={args}	从 initializer_list {args} 赋值；va 的元素数变为 {args}.size()
va=a	从 a 赋值；a.size() 必须与 va.size() 相等；a 可以是一个 slice_array、gslice_array、mask_array 或 indirect_array
va@=va2	对 va 的每个元素执行 va[i]@=va2[i]；@ 可以是 *、/、%、+、-、^、&、|、<< 或 >>
va@=t	对 va 的每个元素执行 va[i]@=t；@ 可以是 *、/、%、+、-、^、&、|、<< 或 >>

我们可以将一个 valarray 赋予另一个同样大小的 valarray。正如所料，v1=v2 将 v2 的每个元素拷贝到 v1 中的对应位置。若两个 valarray 大小不同，赋值结果是未定义的。

除了这种常规赋值，我们还可以将一个标量赋予一个 valarray。例如，v=7 将 7 赋予 valarray v 的每个元素。这对某些程序员来说很奇怪，最好将其理解为赋值运算符的一种偶尔很有用的退化形式。例如：

```
valarray<int> v {1,2,3,4,5,6,7,8};
v *= 2;    // v=={2,4,6,10,12,14,16}
v = 7;     // v=={7,7,7,7,7,7,7,7}
```

40.5.2　下标操作

我们可以用下标操作选择 valarray 的一个元素或一个元素子集：

valarray<T> 下标操作（iso.26.6.2.4，iso.26.6.2.5）	
t=va[i]	下标操作：t 为指向 va 的第 i 个元素的引用；无范围检查
a2=va[x]	子集操作：x 可以是一个 slice、gslice、valarray<bool> 或 valarray<size_t>

每个 operator[] 返回来自 valarray 的元素子集。返回类型（表示子集的对象的类型）依赖于实参类型。

对 const 实参，返回结果包含元素的拷贝。对非 const 实参，返回结果包含指向元素的引用。由于 C++ 不直接支持引用的数组（例如，我们不能声明 valarray<int&>），具体实现会用某种方法进行模拟，这是可以高效实现的。下面给出下标操作的详细列表，每种情况都带有示例（基于 iso.26.6.2.5）。每种情况下，下标描述了要返回的值，v1 必须是具有恰当长度和元素类型的 valarray：

- const valarray 的 slice：

```
valarray<T> operator[](slice) const;// 元素拷贝
// ...
const valarray<char> v0 {"abcdefghijklmnop",16};
valarray<char> v1 {v0[slice(2,5,3)]};      // {"cfilo",5}
```

- 非 const valarray 的 slice：

```
slice_array<T> operator[](slice);     // 元素引用
// ...
valarray<char> v0 {"abcdefghijklmnop",16};
valarray<char> v1 {"ABCDE",5};
v0[slice(2,5,3)] = v1;      // v0=={"abAdeBghCjkDmnEp",16}
```

- const valarray 的 gslice：

```
valarray<T> operator[](const gslice&) const; // 元素拷贝
// ...
const valarray<char> v0 {"abcdefghijklmnop",16};
const valarray<size_t> len {2,3};
const valarray<size_t> str {7,2};
valarray<char> v1 {v0[gslice(3,len,str)]};      // v1=={"dfhkmo",6}
```

- 非 const valarray 的 gslice：

```
gslice_array<T> operator[](const gslice&);     // 元素引用
// ...
valarray<char> v0 {"abcdefghijklmnop",16};
valarray<char> v1 {"ABCDE",5};
const valarray<size_t> len {2,3};
const valarray<size_t> str {7,2};
v0[gslice(3,len,str)] = v1;      // v0=={"abcAeBgCijDlEnFp",16}
```

- const valarray 的 valarray<bool>（掩码）：

```
valarray<T> operator[](const valarray<bool>&) const;    // 元素拷贝
// ...
const valarray<char> v0 {"abcdefghijklmnop",16};
const bool vb[] {false, false, true, true, false, true};
valarray<char> v1 {v0[valarray<bool>(vb, 6)]};          // v1=={"cdf",3}
```

- 非 const valarray 的 valarray<bool>（掩码）：

```
mask_array<T> operator[](const valarray<bool>&);       // 元素引用
// ...
valarray<char> v0 {"abcdefghijklmnop", 16};
valarray<char> v1 {"ABC",3};
const bool vb[] {false, false, true, true, false, true};
v0[valarray<bool>(vb,6)] = v1;        // v0=={"abABeCghijklmnop",16}
```

- const valarray 的 valarray<size_t>（索引集合）：

```
valarray<T> operator[](const valarray<size_t>&) const; // 元素引用
// ...
const valarray<char> v0 {"abcdefghijklmnop",16};
const size_t vi[] {7, 5, 2, 3, 8};
valarray<char> v1 {v0[valarray<size_t>(vi,5)]};         // v1=={"hfcdi",5}
```

- 非 const valarray 的 valarray<size_t>（索引集合）：

```
indirect_array<T> operator[](const valarray<size_t>&); // 元素引用
// ...
valarray<char> v0 {"abcdefghijklmnop",16};
valarray<char> v1 {"ABCDE",5};
const size_t vi[] {7, 5, 2, 3, 8};
v0[valarray<size_t>(vi,5)] {v1};      // v0=={"abCDeBgAEjklmnop",16}
```

注意，掩码下标操作（valarray<bool>）生成一个 mask_array，索引集合下标操作（valarray<size_t>）生成一个 indirect_array。

40.5.3 运算

valarray 的目标是支持计算，因此它直接支持很多基本数值运算：

valarray<T> 成员操作（iso.26.6.2.8）	
va.swap(va2)	交换 va 和 va2 的元素；不抛出异常
n=va.size()	n 为 va 的元素数
t=va.sum()	t 为 va 的元素之和，用 += 计算
t=va.min()	t 为 va 的最小元素，用 < 比较
t=va.max()	t 为 va 的最大元素，用 < 比较
va2=va.shift(n)	元素线性左移
va2=va.cshift(n)	元素循环左移
va2=va.apply(f)	应用 f：每个元素 va2[i] 的值为 f(va[i])
va.resize(n,t)	令 va 为 n 个元素的 valarray，元素值为 t
va.resize(n)	va.resize(n,T{})

valarray 不支持范围检查：试图访问空 valarray 的元素的函数的效果是未定义的。

注意，resize() 不保留任何旧值。

valarray<T> 运算（iso.26.6.2.6，iso.26.6.2.7） v 或 v2 可以是标量，但不能都是；用于算术运算，结果是 valarray<T>	
swap(va,va2)	va.swap(va2)
va3=va@va2	对 va 和 va2 的元素执行 @，生成 va3；@ 可以是 +、-、*、/、%、&、|、^、<<、>>、&&、||
vb=v@v2	对 v 和 v2 的元素执行 @，生成一个 valarray<bool>；@ 可以是 ==、!=、<、<=、>、>=
v2=@(v)	对 v 的元素执行 @，生成 v2；@ 可以是 abs、acos、asin、atan、cos、cosh、exp、log、log10
v3=atan2(v,v2)	对 v 和 v2 的元素执行 atan2()
v3=pow(v,v2)	对 v 和 v2 的元素执行 pow()
p=begin(v)	p 为一个随机访问迭代器，指向 v 的第一个元素
p=end(v)	p 为一个随机访问迭代器，指向 v 的尾元素之后的位置

二元运算都定义了针对两个 valarray 的版本和针对一个 valarray 及其标量类型的版本。标量类型被处理为一个具有恰当长度且每个元素都是该标量类型的 valarray。例如：

```
void f(valarray<double>& v, valarray<double>& v2, double d)
{
	valarray<double> v3 = v*v2;	// 对所有 i，v3[i] = v[i]*v2[i]
	valarray<double> v4 = v*d;		// 对所有 i，v4[i] = v[i]*d
	valarray<double> v5 = d*v2;	// 对所有 i，v5[i] = d*v2[i]
	valarray<double> v6 = cos(v);	// 对所有 i，v6[i] = cos(v[i])
}
```

这些向量运算都对其运算对象中的每个元素进行计算，就像例子中的 * 和 cos 那样。自然，只有当标量类型定义了对应运算时才能对向量进行此运算。否则，编译器会在尝试特例化运算符或函数时发出一条错误消息。

当运算结果是一个 valarray 时，其长度与运算对象 valarray 的长度一样。如果两个运算对象的长度不一样，则二元运算的结果是未定义的。

这些 valarray 运算都返回新的 valarray 而不是修改其运算对象。这可能导致较高代价，但若采取积极的优化技术可能可以避免这种高代价。

例如，如果 v 是一个 valarray，可以做 v*=0.2 和 v/=1.3 这样的缩放。即，对向量应用一个标量意味着对向量的每个元素应用此标量。照例，*= 比 * 和 = 的组合更简洁（见 18.3.1 节）也更易于优化。

注意，非赋值运算会构造一个新 valarray。例如：

```
double incr(double d) { return d+1; }

void f(valarray<double>& v)
{
	valarray<double> v2 = v.apply(incr);	// 生成递增的 valarray
	// ...
}
```

此代码不改变 v 的值。但不幸的是，apply() 不接受函数对象（见 3.4.3 节和 11.4 节）为其参数。

逻辑和循环移位函数，shift() 和 cshift()，返回一个元素已恰当移位的新 valarray，而保持旧 valarray 不变。例如，循环移位 v2=v.cshift(n) 生成一个 valarray 其中 v2[i]==v[(i+n)%v.siz e()]。逻辑移位 v3=v.shift(n) 生成一个 valarray，其中当 i+n 是 v 的一个合法索引时 v3[i] 等于 v[i+n]，否则结果是一个默认元素值。这意味着 shift() 和 cshift() 都能做到对给定正数实参向左移，对给定负数实参向右移。例如：

```
void f()
{
	int alpha[] = { 1, 2, 3, 4, 5 ,6, 7, 8 };
	valarray<int> v(alpha,8);               // 1, 2, 3, 4, 5, 6, 7, 8
	valarray<int> v2 = v.shift(2);          // 3, 4, 5, 6, 7, 8, 0, 0
	valarray<int> v3 = v<<2;                // 4, 8, 12, 16, 20, 24, 28, 32
	valarray<int> v4 = v.shift(−2);         // 0, 0, 1, 2, 3, 4, 5, 6
	valarray<int> v5 = v>>2;                // 0, 0, 0, 1, 1, 1, 1, 2
	valarray<int> v6 = v.cshift(2);         // 3, 4, 5, 6, 7, 8, 1, 2
	valarray<int> v7 = v.cshift(−2);        // 7, 8, 1, 2, 3, 4, 5, 6
}
```

对 valarray 而言，>> 和 << 是二进制移位运算符，而不是元素移位运算符或 I/O 运算符。因此，<<= 和 >>= 可用来对整型元素进行移位。例如：

```
void f(valarray<int> vi, valarray<double> vd)
{
	vi <<= 2;        // 对 vi 的所有元素，vi[i]<<=2
	vd <<= 2;        // 错误：浮点值未定义移位操作
}
```

valarray 上的所有运算符和数学函数也都可以应用于 slice_array（见 40.5.5 节）、gslice_array（见 40.5.6 节）、mask_array（见 40.5.2 节）、indirect_array（见 40.5.2 节）以及这些类型的组合。但是，具体 C++ 实现可以选择将一个非 valarray 运算对象转换为一个 valarray 后再进行所要求的运算。

40.5.4 切片

slice 是一种抽象，允许我们像处理一个任意维度的矩阵那样处理一个一维数组（如内置数组、vector 或 valarray）。它是 Fortran 向量和 BLAS 库（基本线性代数函数库，Basic Linear Algebra Subprograms）的关键概念，也是很多数值计算的基础。基本上，一个 slice 就是数组某个局部中间隔为 n 的元素：

```
class std::slice {
	// 起始索引、长度和跨距
public:
	slice();                       // slice{0,0,0}
	slice(size_t start, size_t size, size_t stride);

	size_t start() const;          // 首元素索引
	size_t size() const;           // 元素数
	size_t stride() const;         // 第 n 个元素位于 start()+n*stride()
};
```

跨距（stride）是 slice 中两个元素间的距离（按元素数衡量）。因此，一个 slice 本质上描述了一个非负整数到索引的映射。元素数（size()）不会影响映射（寻址），但能让我们找到序列尾。这种映射可用来在一维数组（如 valarray）中模拟二维数组，而且是一种高效、通用且相当方便的方法。考虑一个 3*4 的矩阵（三行四列元素）：

```
valarray<int> v {
	{00,01,02,03},       // 行 0
	{10,11,12,13},       // 行 1
	{20,21,22,23}        // 行 2
};
```

此矩阵可图示如下：

00	01	02	03
10	11	12	13
20	21	22	23

遵循通常的 C/C++ 规范，此 valarray 在内存中的布局是行元素优先（行主次序，row-major order）且连续存放的：

```
for (int x : v) cout << x << ' ' ;
```

会输出：

```
0 1 2 3 10 11 12 13 20 21 22 23
```

内存布局可图示如下：

行：0 4 8

00	01	02	03	10	11	12	13	20	21	22	23

列：0 1 2 3

第 x 行可用 slice(x*4,4,1) 描述。即，第 x 行的首元素是向量的第 x*4 个元素，行中下一个元素是第 (x*4+1) 个元素，以此类推，每行共有 4 个元素。例如，slice{0,4,1} 描述的是 v 的第一行（行 0）：00、01、02、03，slice{4,4,1} 描述的是第二行（行 1）。

第 y 列可用 slice(y,3,4) 描述。即，第 y 列的首元素是向量的第 y 个元素，列中下一个元素是第 (y+4) 个元素，以此类推，每列共有 3 个元素。例如，slice{0,3,4} 描述的是第一列（列 0）：00、10、20，slice{1,3,4} 描述的是第二列（列 1）。

除了模拟二维数组外，slice 还可描述很多其他序列。它是一种描述简单序列的非常通用的方法。这一概念在 40.5.6 节中会进一步讨论。

我可以将切片理解为一种有些古怪的迭代器：slice 令我们能描述一个 valarray 的索引序列。我们可以基于此构建一个 STL 风格的迭代器：

```
template<typename T>
class Slice_iter {
      valarray<T>* v;
      slice s;
      size_t curr;      // 当前元素索引

      T& ref(size_t i) const { return (*v)[s.start()+i*s.stride()]; }
public:
      Slice_iter(valarray<T>* vv, slice ss, size_t pos =0)
            :v{vv}, s{ss}, curr{0} { }

      Slice_iter end() const { return {this,s,s.size()}; }

      Slice_iter& operator++() { ++curr; return *this; }
      Slice_iter operator++(int) { Slice_iter t = *this; ++curr; return t; }

      T& operator[](size_t i) { return ref(i); }            // C 风格下标
      T& operator()(size_t i) { return ref(i); }            // Fortran 风格下标
      T& operator*() { return ref(curr); }                  // 当前元素

      bool operator==(const Slice_iter& q) const
```

```
	{
		return curr==q.curr && s.stride()==q.s.stride() && s.start()==q.s.start();
	}
	bool operator!=(const Slice_iter& q ) const
	{
		return !(*this==q);
	}

	bool operator<(const Slice_iter& q) const
	{
		return curr<q.curr && s.stride()==q.s.stride() && s.start()==q.s.start();
	}
};
```

由于 slice 保存自身大小，我们甚至可以提供范围检查。在本例中，我已利用 slice::size() 的优点来提供获取 slice 的尾后位置的 end() 操作。

由于 slice 既可描述行也可描述列，因此 Slice_iter 允许我们按行或列遍历 valarray。

40.5.5 slice_array

从一个 valarray 和一个 slice，我们可以创建看起来和用起来很像 valarray 的实体，但实际上是一种引用切片所描述的数组子集的简单方法。

slice_array<T>（iso.26.6.5）	
slice_array sa {sa2};	拷贝构造函数：sa 与 sa2 指向相同的元素
sa2=sa	将 sa[i] 指向的元素赋予 sa2[i] 指向的对应元素
sa=va	将 va[i] 赋予 sa[i] 指向的对应元素
sa=v	将 v 赋予 sa 指向的对应元素
sa@=va	对 sa 指向的每个元素执行 sa[i]@=va[i]；@ 可以是 /、%、+、-、^、&、|、<< 或 >>

用户无法直接创建 slice_array。取而代之，用户对一个 valarray 进行下标操作来为给定切片创建一个 slice_array。一旦 slice_array 初始化完毕，所有指向它的引用都间接指向创建它时使用的 valarray。例如，我们可以像下面这样创建表示数组中间隔元素的对象：

```
void f(valarray<double>& d)
{
	slice_array<double>& v_even = d[slice(0,d.size()/2+d.size()%2,2)];
	slice_array<double>& v_odd = d[slice(1,d.size()/2,2)];

	v_even *= v_odd;	// 将元素对相乘，将结果保存在偶数元素中
	v_odd = 0;		// 将 d 的奇数元素都赋值为 0
}
```

slice_array 可以拷贝。例如：

```
slice_array<double> row(valarray<double>& d, int i)
{
	slice_array<double> v = d[slice(0,2,d.size()/2)];
	// ...
	return d[slice(i%2,i,d.size()/2)];
}
```

40.5.6 推广切片

slice（见 29.2.2 节和 40.5.4 节）可以描述 n 维数组的行或列。但是，有时我们需要抽取

并非行或列的子数组。例如，我们可能希望抽取一个 4*3 矩阵左上角的 3*2 的子矩阵：

00	01	02
10	11	12
20	21	22
30	31	32

不幸的是，这些元素在内存中布局无法用单一 slice 描述：

子数组：	0	1		2	3		4	5				
	00	01	02	10	11	12	20	21	22	30	31	32

gslice 是"推广切片"，包含来自 n 个 slice 的信息：

```
class std::gslice {
      // gslice 不像 slice 那样保存 1 个跨距和 1 个大小，而是保存 n 个跨距和 n 个大小
public:
      gslice();
      gslice(size_t sz, const valarray<size_t>& lengths, const valarray<size_t>& strides);

      size_t start() const;                  // 首元素索引
      valarray<size_t> size() const;         // 每一维元素数
      valarray<size_t> stride() const;       // index[0], index[1], ... 的跨距
};
```

比 slice 多出的值令 gslice 可以定义 n 个整数与数组索引间的映射。例如，我们可以用一对（长度，跨距）描述上述 3*2 子矩阵的布局：

```
size_t gslice_index(const gslice& s, size_t i, size_t j)    // 将 (i,j) 映射为对应的索引
{
      return s.start()+i*s.stride()[0]+j*s.stride()[1];
}
valarray<size_t> lengths {2,3};// 第一维 2 个元素，第二维 3 个元素
valarray<size_t> strides {3,1}; // 第一维索引的跨距为 3，第二维索引的跨距为 1

void f()
{
      gslice s(0,lengths,strides);

      for (int i=0; i<3; ++i)         // 每行
            for (int j=0; j<2; ++j) // 行中每个元素
                  cout << "(" << i << "," << j << ")->" << gslice_index(s,i,j) << "; ";    // 打印映射
}
```

此程序会输出：

```
(0,0)->0; (0,1)->1; (1,0)->3; (1,1)->4; (2,0)->6; (2,1)->7
```

这样，包含两对（长度，跨距）的 gslice 即可描述一个二维数组的子数组，包含三对（长度，跨距）的 gslice 即可描述一个三维数组的子数组，以此类推。使用 gslice 作为 valarray 的索引即可生成一个 gslice_array，包含 gslice 所描述的元素。例如：

```
void f(valarray<float>& v)
{
      gslice m(0,lengths,strides);
      v[m] = 0;                             // 将 0 赋予 v[0],v[1],v[3],v[4],v[6],v[7]
}
```

gslice_array 提供了与 slice_array 相同的成员（见 40.5.5 节）。gslice_array 是将 gslice 用作 valarray 下标得到的结果（见 40.5.2 节）。

40.6 推广数值算法

在 <numeric> 中，标准库提供了一些推广的数值算法，其风格类似 <algorithm> 中的非数值算法（见第 32 章）。这些算法提供了通用版本，对数值序列进行常见运算：

数值算法（iso.26.7） 这些算法接受输入迭代器	
x=accumulate(b,e,i)	x 为 i 与 [b:e) 中元素的和
x=accumulate(b,e,i,f)	使用 f 而不是 + 进行累加
x=inner_product(b,e,b2,i)	x 为 [b:e) 和 [b2:b2+(e-b)) 的内积，即，i 与 [b:e) 中每个 p1 和 [b2:b2+(e-b)) 中对应 p2 的 (*p1)*(*p2) 之和
x=inner_product(b,e,b2,i,f,f2)	用 f 和 f2 代替 + 和 * 计算内积
p=partial_sum(b,e,out)	[out:p) 中第 i 个元素为 [b:b+i) 间元素之和
p=partial_sum(b,e,out,f)	用 f 代替 + 计算部分和
p=adjacent_difference(b,e,out)	[out:p) 中第 i 个元素为 (*b+i)−*(b+i−1)，i>0；若 e−b>0，则 *out 为 *b
p=adjacent_difference(b,e,out,f)	用 f 代替 + 计算邻接差
iota(b,e,v)	将 [b:e) 中每个元素赋值为 ++v；因此序列变为 v+1、v+2、…

这些算法推广了求和这样的常见运算，将它们应用于各种序列并将施用于序列元素的运算作为参数。对每个算法，标准库都在通用版本之外提供了应用最常用运算符的版本。

40.6.1 accumulate()

accumulate() 的简单版本累加序列中的元素，使用的是 + 运算符：

```
template<typename In, typename T>
T accumulate(In first, In last, T init)
{
	for (; first!=last; ++first)	// 对 [first:last) 中的所有元素
		init = init + *first;	// 加
	return init;
}
```

我们可以像下面这样使用 accumulate()：

```
void f(vector<int>& price, list<float>& incr)
{
	int i = accumulate(price.begin(),price.end(),0);	// 累加于 int 中
	double d = 0;
	d = accumulate(incr.begin(),incr.end(),d);	// 累加于 double 中

	int prod = accumulate(price.begin,price.end(),1,[](int a, int b) { return a*b; });
	// ...
}
```

传递来的初值的类型决定了返回类型。

我们可以传递给 accumulate() 一个初始值和一个“组合元素”的操作，因此 accumulate() 并非总是进行加法运算。

从一个数据结构中抽取值的操作是 accumulate() 的最常见的操作。例如：

```
struct Record {
    // ...
    int unit_price;
    int number_of_units;
};
long price(long val, const Record& r)
{
     return val + r.unit_price * r.number_of_units;
}

void f(const vector<Record>& v)
{
    cout << "Total value: " << accumulate(v.begin(),v.end(),0,price) << '\n';
}
```

在某些社区中，类似 accumulate 的操作被称为 reduce、reduction 和 fold。

40.6.2　inner_product()

累加一个序列非常常见，而累加一对序列也并不罕见：

```
template<typename In, typename In2, typename T>
T inner_product(In first, In last, In2 first2, T init)
{
    while (first != last)
        init = init + *first++ * *first2++;
    return init;
}

template<typename In, typename In2, typename T, typename BinOp, typename BinOp2>
T inner_product(In first, In last, In2 first2, T init, BinOp op, BinOp2 op2)
{
    while (first != last)
        init = op(init,op2(*first++,*first2++));
    return init;
}
```

照例，只需传递第二个输入序列的起始位置作为参数。第二个输入序列应该至少与第一个序列一样长。

inner_product() 是 Matrix 与 valarray 相乘的关键操作：

```
valarray<double> operator*(const Matrix& m, valarray<double>& v)
{
    valarray<double> res(m.dim2());

    for (size_t i = 0; i<m.dim2(); i++) {
        auto& ri = m.row(i);
        res[i] = inner_product(ri,ri.end(),&v[0],double(0));
    }
    return res;
}
valarray<double> operator*(valarray<double>& v, const Matrix& m)
{
    valarray<double> res(m.dim1());

    for (size_t i = 0; i<m.dim1(); i++) {
```

```
            auto& ci = m.column(i);
            res[i] = inner_product(ci,ci.end(),&v[0],double(0));
        }
        return res;
    }
```

inner_product 的某些形式也称为“点积”。

40.6.3 partial_sum() 和 adjacent_difference()

算法 partial_sum() 和 adjacent_difference() 是互逆的，它们处理增量变化的概念。

给定一个序列 a，b，c，d，…，adjacent_difference() 会生成 a，b-a，c-b，d-c，…。

考虑一个温度读数向量。我们可以将其转换为温度变化的向量：

```
vector<double> temps;

void f()
{
    adjacent_difference(temps.begin(),temps.end(),temps.begin());
}
```

例如，17，19，20，20，17 转换为 17，2，1，0，-3。

与之相反，partial_sum() 可以计算一组增量变化的最终结果：

```
template<typename In, typename Out, typename BinOp>
Out partial_sum(In first, In last, Out res, BinOp op)
{
    if (first==last) return res;
    *res = *first;
    T val = *first;
    while (++first != last) {
        val = op(val,*first);
        *++res = val;
    }
    return ++res;
}

template<typename In, typename Out>
Out partial_sum(In first, In last, Out res)
{
    return partial_sum(first,last,res,plus);    // 使用 std::plus（见 33.4 节）
}
```

给定一个序列 a、b、c、d，…，partial_sum() 会生成 a、a+b、a+b+c、a+b+c+d，…。例如：

```
void f()
{
    partial_sum(temps.begin(),temps.end(),temps.begin());
}
```

注意 partial_sum() 先递增 res 再赋予它一个新值的方式，这使得 res 可以与输入序列是同一个序列；adjacent_difference() 也有类似特性。因此，

```
partial_sum(v.begin(),v.end(),v.begin());
```

将序列 a，b，c，d 转换为 a，a+b，a+b+c，a+b+c+d，再执行

```
adjacent_difference(v.begin(),v.end(),v.begin());
```

会重现原始值，反之亦然。因此，对本节开始的例子使用 partial_sum()，会将 17，2，1，0，-3 转换为 17，19，20，20，17。

一些人认为温度差只是气象学或科学实验的无聊细节，我注意到分析股票价格或海平面的变化会更多地吸引他们的注意力，而其中涉及的操作完全相同。这两个操作对分析任何变化序列都是很有用的。

40.6.4　iota()

调用 iota(b,e,n) 将 n+i 赋予 [b:e) 的第 i 个元素。例如：

```
vector<int> v(5);
iota(v.begin(),v.end(),50);
vector<int> v2 {50,51,52,53,54}

if (v!=v2)
      error("complain to your library vendor");
```

名字 iota 是希腊字母 ι 的拉丁拼写，曾用于命名 APL 语言中的类似函数。

注意，不要混淆 iota() 和非标准但很常用的 itoa()（int-to-alpha，整数转换为字符串；见 12.2.4 节）。

40.7　随机数

随机数对很多应用都很重要，如仿真、游戏、基于采样的算法、加密以及测试。例如，我们可能希望为一个路由器仿真程序选择 TCP/IP 地址、决定一只怪兽是发起攻击还是挠挠头而已以及生成一组值来测试一个平方根函数。在 <random> 中，标准库定义了生成（伪）随机数的特性。这种随机数是按照数学公式生成的值的序列，而不是无法猜测（“真随机”）的数，后者可以从物理过程中获得，例如放射性衰变或太阳辐射。如果具体实现具备这种真随机设备，会将其表示为一个 random_device（见 40.7.1 节）。

标准库提供了四种随机数相关的实体：

- 均匀随机数发生器（uniform random number generator）是一个返回无符号整数值的函数对象，值域中每个可能值（理想情况下）被返回的概率相等。
- 随机数引擎（random number engine，简称引擎）是一个均匀随机数发生器，可用默认状态创建——E{}，或用一个 seed 确定的状态创建——E{s}。
- 随机数引擎适配器（random number engine adaptor，简称适配器）是一个随机数引擎，它接受某个其他随机数引擎生成的值，并应用算法将这些值转换为另一个具有不同随机特性的值的序列。
- 随机数分布（random number distribution，简称分布）是一个函数对象，其返回值的分布服从一个关联的数学概率密度函数 $p(z)$ 或一个关联的离散概率函数 $P(zi)$。

更多细节请见 iso.26.5.1。

符合用户习惯的更简单的描述是，一个随机数发生器就是一个引擎加一个分布。引擎生成一个均匀分布的值的序列，分布再将这些值转换为要求的形状（分布）。即，如果你从随机数发生器接受了大量数值并绘制它们，就会得到一个描绘它们分布的相当平滑的图形。例如，将 normal_distribution 绑定到 default_random_engine 会提供给我们一个生成正态分布的随机数发生器：

```
auto gen = bind(normal_distribution<double>{15,4.0},default_random_engine{});

for (int i=0; i<500; ++i) cout << gen();
```

标准库函数 bind() 创建一个函数对象，对其第二个实参调用第一个实参（见 33.5.1 节）。

如果使用 ASCII 字符图形（见 5.6.3 节），我会得到：

```
3    **
4    *
5    *****
6    ****
7    ****
8    ******
9    ************
10   ***************************
11   ***************************
12   **************************************
13   **********************************************************
14   ***************************************************
15   *******************************************************
16   ********************************
17   **************************************************
18   *************************************
19   **********************************
20   ***************
21   ************
22   ************
23   *******
24   *****
25   ****
26   *
27   *
```

大多数情况下，大多数程序员只需一个给定范围内简单的均匀分布整数序列或浮点数序列。例如：

```
void test()
{
      Rand_int ri {10,20};        // [10:20] 内均匀分布的 int
      Rand_double rd {0,0.5};  // [0:0.5) 内均匀分布的 double

      for (int i=0; i<100; ++i)
            cout << ri() << ' ';
      for (int i=0; i<100; ++i)
            cout << rd() << ' ';
}
```

不幸的是，Rand_int 和 Rand_double 不是标准类，但很容易构造它们：

```
class Rand_int {
      Rand_int(int lo, int hi) : p{lo,hi} { }          // 保存参数
      int operator()() const { return r(); }
private:
      uniform_int_distribution<>::param_type p;
      auto r = bind(uniform_int_distribution<>{p},default_random_engine{});
};
```

我使用了分布的标准 param_type 别名（见 40.7.3 节）保存参数，从而就可以用 auto 避免命名 bind() 的结果。

只是为了体现变化，我使用不同技术实现 Rand_double：

```
class Rand_double {
public:
	Rand_double(double low, double high)
		:r(bind(uniform_real_distribution<>(low,high),default_random_engine())) { }
	double operator()() { return r(); }
private:
	function<double()> r;
};
```

随机数的一个重要用途是采样算法。在这类算法中，我们需要从一个很大的群体（population）中选择一个特定大小的样本（sample）。下面是一篇历史悠久的著名论文 [Vitter, 1985] 中的算法 R（最简单的算法）：

```
template<typename Iter, typename Size, typename Out, typename Gen>
Out random_sample(Iter first, Iter last, Out result, Size n, Gen&& gen)
{
	using Dist = uniform_int_distribution<Size>;
	using Param = typename Dist::param_type;

	// 填充目标存储，并将 first 向前推进：
	copy(first,n,result);
	advance(first,n);
	// 采样 [first+n:last) 中的剩余值
	// 在 [0:k] 中选取一个随机数，若 r<n，用采样值替换它。
	// 每步迭代 k 会递增，使得每个值的选择概率变小
	// 对随机访问迭代器，k = i-first（假定我们递增 i，但不递增 first）。

	Dist dist;
	for (Size k = n; first!=last; ++first,++k) {
		Size r = dist(gen,Param{0,k});
		if(r < n)
			*(result + r) = *first;
	}
	return result;
}
```

40.7.1　引擎

一个均匀随机数发生器就是一个函数对象，它生成一个接近均匀分布的值序列，值类型为引擎的 result_type：

均匀随机数发生器 G<T>：（iso.26.5.1.3）	
G::result_type	序列元素的类型
x=g()	应用运算符：x 是序列的下一个元素
x=G::min()	x 是 g() 能返回的最小元素
x=G::max()	x 是 g() 能返回的最大元素

一个随机数引擎是一个均匀随机数发生器加上一些额外特性，从而有更广的用途：

随机数引擎 E<T>：（iso.26.5.1.4）	
E e {};	默认构造函数
E e {e2};	拷贝构造函数
E e {s};	e 会进入种子 s 所确定的状态

（续）

随机数引擎 E<T>：(iso.26.5.1.4)	
E e {g};	e 会进入用种子序列 g 调用 generate() 所确定的状态
e.seed()	e 会进入默认状态
e.seed(s)	e 会进入种子 s 所确定的状态
e.seed(g)	e 会进入用种子序列 g 调用 generate() 所确定的状态
e.discard(n)	跳过序列的下 n 个元素
e==e2	e 和 e2 会生成完全相同的序列吗？
e!=e2	!(e==e2)
os<<e	将 e 的表示形式输出到 os
is>>e	从 is 读取引擎的表示形式（之前由 << 输出），存入 e

种子是 $[0:2^{32})$ 范围内的一个值，可用来初始化一个特定的引擎。种子序列 g 是一个函数对象，提供一个函数 g.generate(b,e)，当被调用时会将新生成的种子填入 [b:e) 中（见 iso.26.5.1.2）。

标准随机数引擎（iso.26.5.3）	
default_random_engine	广泛适用性和低代价的引擎的别名
linear_congruential_engine<UI,a,c,m>	$x_{i+1} = (ax_i + c)\ mod\ m$
mersenne_twister_engine<UI,w,n,m,r,a,u,d,s,t,c,l,f>	见 iso.26.5.3.2
subtract_with_carry_engine<UI,w,s,r>	$x_{i+1} = (ax_i)\ mod\ b$，其中 $b = m^r - m^s + 1$，$a = b - (b-1)/m$

标准随机数引擎的参数 UI 必须是一个无符号整数类型。对 linear_congruential_engine<UI,a,c,m>，若模数 m 为 0，则使用值 numeric_limits<result_type>::max()+1。例如，下面的代码输出随机数第一次重复的位置：

```
map<int,int> m;
linear_congruential_engine<unsigned int,17,5,0> linc_eng;
for (int i=0; i<1000000; ++i)
      if (1<++m[linc_eng()]) cout << i << '\n';
```

我很幸运，参数不是很糟糕，并未得到重复的数值。你可以尝试 <unsigned int,16,5,0>，并观察差异。除非你确实需要特殊引擎并确切了解你在做什么，否则选择 default_random_engine。

随机数引擎适配器（random number engine adaptor）接受一个随机数引擎作为其实参，并生成一个具有不同随机特性的新的随机数引擎。

标准随机数引擎适配器（iso.26.5.4）	
discard_block_engine<E,p,r>	E 为引擎；见 iso.26.5.4.2
independent_bits_engine<E,w,UI>	生成类型为 UI 的 w 位的数；见 iso.26.5.4.3
shuffle_order_engine<E,k>	见 iso.26.5.4.4

例如：

```
independent_bits_engine<default_random_engine,4,unsigned int> ibe;
for (int i=0; i<100; ++i)
      cout << '0'+ibe() << ' ';
```

这段代码会生成 100 在 [48:63]（[‘0’：‘0’+2^4+1)）范围内的个数。

标准库为一些常用引擎定义了别名：

```
using minstd_rand0 = linear_congruential_engine<uint_fast32_t, 16807, 0, 2147483647>;
using minstd_rand = linear_congruential_engine<uint_fast32_t, 48271, 0, 2147483647>;
using mt19937 = mersenne_twister_engine<uint_fast32_t, 32,624,397,
                                        31,0x9908b0df,
                                        11,0xffffffff,
                                        7,0x9d2c5680,
                                        15,0xefc60000,
                                        18,1812433253>
using mt19937_64 = mersenne_twister_engine<uint_fast64_t, 64,312,156,
                                        31,0xb5026f5aa96619e9,
                                        29, 0x5555555555555555,
                                        17, 0x71d67fffeda60000,
                                        37, 0xfff7eee000000000,
                                        43, 6364136223846793005>;
using ranlux24_base = subtract_with_carry_engine<uint_fast32_t, 24, 10, 24>;
using ranlux48_base = subtract_with_carry_engine<uint_fast64_t, 48, 5, 12>;
using ranlux24 = discard_block_engine<ranlux24_base, 223, 23>;
using ranlux48 = discard_block_engine<ranlux48_base, 389, 11>;
using knuth_b = shuffle_order_engine<minstd_rand0,256>;
```

40.7.2 随机设备

如果一个实现能提供真正的随机数发生器，则随机数源以一个称为 random_device 的均匀随机数发生器的形式提供：

random_device（iso.26.5.6）	
random_device rd {s};	string s 标识一个随机数源；具体实现定义的；显式构造函数
d=rd.entropy()	d 为一个 double；对一个伪随机数发生器 d==0.0

我们可以将 s 看作一个随机数源的名字，例如一个盖格计数器、一个 Web 服务或一个包含真正随机源的记录的文件 / 设备。对一个有 n 个状态，概率分别为 P_0，…，P_{n-1} 的设备，entropy() 定义为

$$S(P_0,\ldots,P_{n-1}) = -\sum_{i=0}^{i=n-1} P_i \log P_i$$

熵是对生成的数的随机性和不可预测程度的一种估计。与热力学不同，熵越高表明生成的随机数越好，因为这意味着接下来的数更难猜测。这个公式反映了重复抛一个完美的 n 面骰子得到的结果。

random_device 对密码学应用很有用，但如果不对 random_device 的实现做认真研究就信任它，会违反这类应用的基本原则。

40.7.3 分布

一个随机数分布就是一个函数对象，当使用一个随机数发生器实参调用它时，会生成一个 result_type 类型的值的序列：

随机数分布 D：（iso.26.5.1.6）	
D::result_type	D 的元素类型
D::param_type	构造 D 所需的参数集合的类型

（续）

随机数分布 D：(iso.26.5.1.6)	
D d {};	默认构造函数
D d {p};	从 param_type p 构造
d.reset()	重置为默认状态
p=d.param()	p 为 d 的 param_type 类型的参数。
d.param(p)	重置为 param_type p 所确定的状态
x=d(g)	x 是给定的 g 条件下 d 所生成的值
x=d(g,p)	x 是给定的 g 和参数 p 的条件下 d 所生成的值
x=d.min()	x 是 d 能返回的最小值
x=d.max()	x 是 d 能返回的最大值
d==d2	d 和 d2 会生成完全相同的序列吗？
d!=d2	!(d==d2)
os<<d	输出 d 的状态到 os，使之能被 >> 读回
is>>d	从 is 读取一个之前由 << 输出的状态，存入 d

在下表中，模板实参 R 表示数学公式中需要一个实数且 double 为默认类型。I 表示需要一个整数而 int 为默认类型。

均匀分布 (iso.26.5.8.2)			
分布	前提条件	默认	结果
uniform_int_distribution<I>(a,b)	$a \leqslant b$ $P(i\|a, b) = 1/(b-a+1)$	(0, max)	[a:b]
uniform_real_distribution<R>(a,b)	$a \leqslant b$ $p(x\|a, b) = 1/(b-a)$	(0.0, 1.0)	[a:b)

前提条件（precondition）域指出对分布参数的要求。例如：

```
uniform_int_distribution<int> uid1 {1,100};   //正确
uniform_int_distribution<int> uid2 {100,1};   //错误：a>b
```

默认（default）域指出默认参数。例如：

```
uniform_real_distribution<double> urd1 {};        // 使用 a==0.0 和 b==1.0
uniform_real_distribution<double> urd2 {10,20};   // 使用 a==10.0 和 b==20.0
uniform_real_distribution<> urd3 {};              // 使用 double 及 a==0.0 和 b==1
```

结果（result）指出结果范围。例如：

```
uniform_int_distribution<> uid3 {0,5};
default_random_engine e;
for (int i=0; i<20; ++i)
    cout << uid3(e) << ' ';
```

uniform_int_distribution 的范围是封闭的，因此这段代码会输出 6 种可能值：

```
2 0 2 5 4 1 5 5 0 1 1 5 0 0 5 0 3 4 1 4
```

uniform_real_distribution 与其他浮点结果的分布类似，范围是半开的。

伯努利分布反映了不同负载程度下投硬币的结果：

伯努利分布（iso.26.5.8.3）			
分布	前提条件	默认	结果
bernoulli_distribution(p)	0 <= p < 1	(0.5)	{true, false}
	$P(b\|p)=\begin{cases}p & \text{if } b = true\\ 1-p & \text{if } b = false\end{cases}$		
binomial_distribution<I>(t,p)	$0 \leqslant p \leqslant 1$ and $0 \leqslant t$	(1, 0.5)	[0: ∞)
	$P(i\|t,p)=\binom{t}{i}p^i(1-p)^{t-i}$		
geometric_distribution<I>(p)	$0 < p < 1$	(0.5)	[0: ∞)
	$P(i\|p)=p(1-p)^i$		
negative_binomial_distribution<I>(k,p)	$0 < p < 1$ and $0 < k$	(1, 0.5)	[0: ∞)
	$P(i\|k,p)=\binom{k+i-1}{i}p^k(1-p)^i$		

泊松分布表达了在固定范围的时空内事件发生给定次数的概率：

泊松分布（iso.26.5.8.4）			
分布	前提条件	默认	结果
poisson_distribution<I>(m)	$0 < m$	(1.0)	[0: ∞)
	$P(i\|\mu)=\frac{e^{-\mu}\mu^i}{i!}$		
exponential_distribution<R>(lambda)	$1 < lambda$	(1.0)	(0: ∞)
	$p(x\|\lambda)=\lambda e^{-\lambda x}$		
gamma_distribution<R,R>(alpha,beta)	$0 < \alpha$ and $0 < \beta$	(1.0, 1.0)	(0: ∞)
	$p(x\|\alpha,\beta)=\frac{e^{-x/\beta}}{\beta^\alpha\Gamma(\alpha)}x^{\alpha-1}$		
weibull_distribution<R>(a,b)	$0 < al$ and $0 < b$	(1.0, 1.0)	[0: ∞)
	$p(x\|a,b)=\frac{a}{b}\left(\frac{x}{b}\right)^{a-1}\exp\left(-\left(\frac{x}{b}\right)^a\right)$		
extreme_value_distribution<R>(a,b)	$0 < b$	(0.0, 1.0)	R
	$p(x\|a,b)=\frac{1}{b}\exp\left(\frac{a-x}{b}-\exp\left(\frac{a-x}{b}\right)\right)$		

正态分布将实数值映射到实数值。最简单的就是著名的“贝尔曲线”——数值对称地分布在峰值（均值）周围，元素距均值的距离由一个标准偏差参数控制。

正态分布（iso.26.5.8.5）			
分布	前提条件	默认	结果
normal_distribution<R>(m,s)	$0 < s$	(0.0, 1.0)	R
	$p(x\|\mu,\sigma)=\frac{1}{\sigma\sqrt{2\pi}}\exp\left(-\frac{(x-\mu)^2}{2\sigma^2}\right)$		
lognormal_distribution<R>(m,s)	$0 < s$	(0.0, 1.0)	>0
	$p(x\|m,s)=\frac{1}{sx\sqrt{2\pi}}\exp\left(-\frac{(\ln x-m)^2}{2s^2}\right)$		
chi_squared_distribution<R>(n)	$0 < n$	(1)	>0

（续）

分布	前提条件	默认	结果
正态分布（iso.26.5.8.5）			
	$p(x\|n) = \frac{x^{(n/2)-1}e^{-x/2}}{\Gamma(n/2)2^{n/2}}$		
cauchy_distribution<R>(a,b)	$0 < b$	(0.0, 1.0)	R
	$p(x\|a,b) = \left(\pi b\left(1+\left(\frac{x-a}{b}\right)^2\right)\right)^{-1}$		
fisher_f_distribution<R>(m,n)	$0 < m$ and $0 < n$	(1.1)	>=0
	$p(x\|m,n) = \frac{\Gamma((m+n)/2)}{\Gamma(m/2)\Gamma(n/2)}\left(\frac{m}{n}\right)^{m/2} x^{(m/2)-1}\left(1+m\frac{x}{n}\right)^{-(m+n)/2}$		
student_t_distribution<R>(n)	$0 < n$	(1)	R
	$p(x\|n) = \frac{1}{\sqrt{n\pi}}\frac{\Gamma((n+1)/2}{\Gamma}(n/2)\left(1+\frac{x^2}{n}\right)^{(n+1)/2}$		

为了感受一下这些分布，可以观察不同参数下分布的图形表示。这种图形很容易生成，甚至可以很容易地在互联网上找到。

采样分布依据其概率密度函数 P 将整数映射到一个特定范围：

分布	前提条件	默认	结果
采样分布（iso.26.5.8.6）			
discrete_distribution<I>{b,e}	0 <= b[i] $P(i\|p_0,\cdots p_{n-1}) = p_i$ 序列 [b:e) 提供了权重 w_i，使得 $p_i=w_i/S$ 且 $0<S=w_0+\cdots+w_{n-1}$，其中 n = e-b	无	[0:e-b)
discrete_distribution<I>(lst)	discrete_distribution<I>(lst.begin(),lst.end())		
discrete_distribution<I>(n,min,max,f)	discrete_distribution<I>(b,e) 其中 [b:e) 的第 i 个元素计算如下 f(min+i*(max−min)/n +(max−min)/(2*n))		
piecewise_constant_distribution<R>{b,e,b2,e2}	b[i]<b[i+1] $P(x\|x_0,\cdots x_n,\rho_0\cdots\rho_n)$	无	[*b:*(e-1))
piecewise_linear_distribution<R>{b,e ,b2,e2}	b[i]<b[i+1] $P(x\|x_0,\cdots x_n,\rho_0\cdots\rho_n) = \rho_i\frac{b_{i+1}-x}{b_{i+1}-b_i}+\rho_i\frac{x-b_i}{b_{i+1}-b_i}$ $b_i < b_{i+1}$ for all b_i in [b:e) $\rho_i = w_i/S$ where $S = \frac{1}{2}\sum_{i=0}^{n-1}(w_i+w_{i+1})(b_{i+i}-b_i)$ [b:e] 中为范围边界 [b2:e2] 中为权重	无	[*b:*(e-1))

40.7.4 C风格随机数

在 <cstdlib> 和 <stdlib.h> 中，标准库提供了一些简单的特性来生成随机数：

```
#define RAND_MAX implementation_defined /* 最大可能整数 */

int rand();                    // 0 和 RAND_MAX 间的伪随机数
```

```
void srand(unsigned int i);      // 将随机数发生器的种子设置为 i
```

创建一个好的随机数发生器并不容易，而不幸的是并非所有系统都提供了一个好的 rand()。特别是，随机数的低位常常生成得不好，因此 rand()%n 并不是一种生成 0 到 n-1 之间随机数的好的可移植方法。而 int((double(rand())/RAND_MAX)*n) 通常可以给出可接受的结果。但是，对重要的程序，基于 uniform_int_distribution 的生成器（见 40.7.3 节）会给出更可靠的结果。

调用 srand(s) 用种子（seed）s（作为参数提供）开始一个新的随机数序列。为了方便调试，一个给定种子生成固定的序列通常很重要。但是，我们通常希望用一个新种子开始程序的每次运行。实际上，为了让游戏不可预测，从程序运行环境中选取一个种子通常是很有帮助的。对这类程序，从实时时钟提取一些二进制位通常能构造一个好的种子。

40.8 建议

[1] 数值问题常常很微妙。如果你对一个数值问题的数学内核不是 100% 确定，应接受专家建议或者做一些实验，或者两者都做；29.1 节。
[2] 根据用途恰当选择数值类型的变体；40.2 节。
[3] 用 numeric_limits 检查数值类型是否满足其用途的需求；40.2 节。
[4] 为用户自定义数值类型特例化 numeric_limits；40.2 节。
[5] 优先选择 numeric_limits 而不是数值限制宏；40.2.1 节。
[6] 用 std::complex 进行复数运算；40.4 节。
[7] 用 {} 初始化避免窄化；40.4 节。
[8] 当运行时效率比操作和元素类型角度的灵活性更重要时，使用 valarray 实现数值计算；40.5 节。
[9] 用切片而不是循环表达数组一部分的运算；40.5.5 节。
[10] 切片是访问紧凑数据的很有用的通用抽象；40.5.4 节，40.5.6 节。
[11] 在手工编写循环实现从序列计算值之前，首先考虑使用 accumulate()、inner_product()、partial_sum() 和 adjacent_difference()；40.6 节。
[12] 将引擎绑定到分布，来获得所需的随机数发生器；40.7 节。
[13] 要小心谨慎，令你的随机数发生器足够随机；40.7.1 节。
[14] 如果你需要真正的随机数（而不只是一个伪随机序列），使用 random_device；40.7.2 节。
[15] 优先选择产生特定分布的随机数类而不是直接使用 rand()；40.7.4 节。

并　发

保持简单：尽可能地简单，但不要过度简化。

——A·爱因斯坦

- 引言
- 内存模型
  内存位置；指令重排；内存序；数据竞争
- 原子性
  atomic 类型；标志和栅栏
- volatile
- 建议

41.1 引言

并发，即多个任务同时执行，广泛用于提高吞吐率（使用多个处理器完成单个运算）或提高响应能力（当程序的一部分等待响应时允许另一部分继续执行）。

我们在 5.3 节中已经介绍了 C++ 标准对并发的支持，当然只是一种导览的形式，本章和下一章将提供更加细致、更加系统化的介绍。

如果一项活动可能与其他活动并发执行，我们就称之为任务（task）。线程（thread）是执行任务的计算机特性在系统层面的表示。一个标准库 thread（见 42.2 节）可执行一个任务。一个线程可与其他线程共享地址空间。即，在单一地址空间中的所有线程能访问相同的内存位置。而并发系统程序员所面临的重要挑战之一就是，确保多线程并发访问内存的方式是合理的。

标准库对并发的支持包括：

- 内存模型（memory model）：这是对内存并发访问的一组保证（见 41.2 节），主要是确保简单的普通访问能按人们的朴素预期工作；
- 对无锁编程（programming without locks）的支持：这是一些避免数据竞争的细粒度底层机制（见 41.3 节）；
- 一个线程（thread）库：这是一组支持传统线程 – 锁风格的系统级并发编程的组件，如 thread、condition_variable 和 mutex（见 42.2 节）；
- 一个任务（task）支持库：这是一些支持任务级并发编程的特性：future、promise、packaged_task 和 async()（见 42.4 节）。

这些主题是按照从最基础、最底层到最高层的顺序排列的。内存模型是所有编程风格所共用的。为提高程序员开发效率、尽量减少错误，应在尽可能高的层次上编程。例如，应优先选择 future 而不是 mutex 实现信息交换；除非是简单的计数器，否则应优选 mutex 而不是 atomic；诸如此类。尽量将复杂任务留给标准库实现者。

在 C++ 标准库的语境中，一个锁（lock）就是一个 mutex（一个互斥量）以及任何构建于 mutex 之上的抽象，用来提供对资源的互斥访问或同步多个并发任务的进度。

进程（process）即运行于独立地址空间、通过进程间通信机制进行交互的线程 [Tanenbaum, 2007]，并不在本书介绍范围之内。我猜在学习了共享数据管理的相关问题和技术之后，你可能会对我的观点“最好避免显式数据共享”产生共鸣。自然，通信也意味着某种形式的共享，但大多数情况下应用程序员不必直接管理这种共享。

还请注意，只要你不向其他线程传递局部数据的指针，你的局部数据就不存在这里讨论的诸多问题。这也是避免使用全局数据的另一个原因。

本章不是对并发编程的一个全面介绍，甚至不会全面介绍 C++ 标准库并发编程特性。本章讨论：

- 必须处理系统级并发的程序员所面临问题的基本介绍；
- 标准并发特性的一个相当详细的综述；
- 介绍线程 – 锁层次及更高层次上标准库并发特性的基本使用。

本章不讨论：

- 放松内存模型或无锁编程的细节；
- 高级并发编程和设计技术。

并发编程和并行编程是学术界很受关注的主题，已广泛应用超过 40 年，因此有大量专门的文献（例如，基于 C++ 的并发编程可参考 [Wilson, 1996]）。特别是，几乎所有 POSIX 线程的介绍中的例子都可以用本章介绍的标准库特性进行简单改进。

与 C 风格 POSIX 特性以及很多旧式 C++ 线程支撑库不同，标准库线程支持是类型安全的。再没有任何理由去乱用宏或 void** 来实现线程间信息传递了。类似地，我们可以以函数对象（如 lambda）的形式定义任务并将它们传递给线程，而无须进行类型转换或担心类型违规。而且，也没有理由再去发明精致的协议将来自一个线程的错误消息报告给另一个线程——future（见 5.3.5.1 节和 42.4.4 节）已可传递异常。考虑到并发软件通常很复杂，而且运行于不同线程中的代码通常是分别开发的，我认为类型安全和一种标准的（最好是基于异常的）错误处理策略甚至比在单线程软件场景下更为重要。此外，标准库线程支持还大幅度简化了符号表示。

41.2　内存模型

C++ 实现大多以标准库组件的形式提供对并发机制的支持。这些组件依赖于一组称为*内存模型*（memory model）的语言保证。内存模型是计算机设计师和编译器实现者之间关于计算机硬件最佳表示方式的讨论结果。如 ISO C++ 标准库所指出，内存模型描述了编译器实现者与程序员之间的约定，确保大多数程序员不必考虑现代计算机硬件的细节。

为了理解所涉及的问题，请记住一个简单事实：对内存中对象的操作永远不直接处理内存中的对象，而是将对象加载到处理器的寄存器中，在那里修改它，然后再写回内存。更糟的是，对象通常首先从主存加载到缓存中，然后再加载到寄存器。例如，考虑递增一个简单的整数 x：

```
// 将 x 加 1：
    load x into cache element Cx
    load Cx into register Rx
    Rx=Rx+1;
```

```
store Rx back into Cx
store Cx back into x
```

内存可被多个线程共享，而缓存也可（依赖于机器体系结构）被运行于相同或不同“处理单元”（通常被称为处理器（processor）、核心（core）或超线程（hyper-thread）；这是一个系统特性和术语都快速演变的领域）的线程所共享。这导致简单操作（如“将 x 加 1”）都有很大可能崩溃。这里的描述已是经我简化了的，计算机体系结构专家很容易发现这一点。有些人可能注意到我没有提及存储缓冲，我推荐参考 [McKenney, 2012] 的附录 C。

41.2.1 内存位置

考虑两个全局变量 b 和 c：

```
// 线程 1:                    // 线程 2:
    char c = 0;                   char b = 0;
    void f()                      void g()
    {                             {
        c = 1;                        b = 1;
        int x = c;                    int y = b;
    }                             }
```

现在，如大家所期望，x==1 且 y==1。为什么这也值得一提？考虑如果链接器将 b 和 c 分配到相同的内存字且机器存取的最小单位是字（大多数现代硬件都是如此），将会发生什么：

字：| c | | b |

如果没有定义良好的合理内存模型，线程 1 将会读取包含 b 和 c 的字，修改 c，并将该字写回内存。同时，线程 2 可能会对 b 做相同的事情。这样，哪个线程先读取该字，哪个线程后将结果写回内存，将决定内存中的最终结果是什么。我们可能得到 10、01 或 11（但不会是 00）。内存模型可让我们避免这种混乱——我们肯定得到 11。00 不会发生的原因是 b 和 c 的初始化是在所有线程启动之前就（由编译器或链接器）完成的。

C++ 内存模型保证两个更新和访问不同内存位置的线程可以互不影响地执行。这恰是我们的朴素期望。防止我们遇到现代硬件有时很奇怪和微妙的行为是编译器的任务。编译器和硬件如何协作来实现这一目的应由编译器负责。我们编程所用的“机器”实际上是由硬件和非常底层的（由编译器生成的）软件组合提供的。

使用位域（见 8.2.7 节）可访问字的一部分。如果两个线程同时访问两个属于同一个字的位域，则结果难料。假定 b 和 c 就是这两个位域，大多数硬件如果不借助某种形式的（可能代价非常高）锁机制的话，是无法避免上述 b 和 c 示例中展示的问题（竞争条件）的。以加锁和解锁操作的代价，是无法隐式施加于位域之上的，它们常常用于关键的设备驱动程序。因此，C++ 语言将内存位置（memory location）定义为能保证合理行为的内存单元，从而排除了单独的位域。

一个内存位置可以是一个算术类型（见 6.2.1 节）对象、一个指针或一个非零宽度相邻位域的最大序列。例如：

```
struct S {
    char a;              // 位置 #1
    int b:5;             // 位置 #2
    unsigned c:11;
    unsigned :0;         // 注意：0 是“特殊的”(见 8.2.7 节)
```

```
    unsigned d:8;          // 位置 #3
    struct { int ee:8; } e; // 位置 #4
};
```

在本例中，S 包含四个独立的内存位置。如无显式同步，不要试图从不同线程更新位域 b 和 c。

从上面的解释中，你可能已总结出：如果 x 和 y 是相同类型，x=y 会保证 x 最终成为 y 的一份拷贝。这个结论当且仅当没有发生数据竞争（见 41.2.4 节）且 x 和 y 都是内存位置时才成立。但是，如果 x 和 y 是多字节的 struct 类型，它们就不是单一的内存位置，如果遇到了数据竞争，所有行为都是未定义的。因此，如果你需要共享数据，应该确保在恰当的位置正确进行同步（见 41.3 节和 42.3.1 节）。

41.2.2　指令重排

为提高性能，编译器、优化器以及硬件都可能重排指令顺序。考虑下面的代码：

```
// 线程 1:
    int x;
    bool x_init;

    void init()
    {
        x = initialize();  // 在 initialize() 中不会用到 x_init
        x_init = true;
        // ...
    }
```

对这段代码而言，没有什么必需的理由将 x 的赋值放在 x_init 的赋值之前。优化器（或硬件指令调度器）可能决定先执行 x_init = true 来加速程序。

我们可能用 x_init 指出 x 是否已被 initialize() 初始化。但是，我们并没有声明这一点，因此硬件、编译器以及优化器对此都不了解。

向程序中添加另一个线程：

```
// 线程 2:
    extern int x;
    extern bool x_init;

    void f2()
    {
        int y;
        while (!x_init)            // 若需要，等待初始化结束
            this_thread::sleep_for(milliseconds{10});
        y = x;
        // ...
    }
```

现在就出现了一个问题的：线程 2 可能永远也不会等待，从而将一个未初始化的 x 赋予 y。

可以看到，即使线程 1 未将 x_init 和 x 置于“错误顺序”，我们仍可能遇到问题。在线程 2 中，没有对 x_init 的赋值，因此优化器可能决定将 !x_init 的求值提到循环之外，从而线程 2 或者永不睡眠，或者一睡不醒。

41.2.3　内存序

将一个字的值从内存加载到缓存，然后再加载到寄存器，所花费的时间（以处理器的时间

衡量）可能非常长。最好情况可能也要 500 个指令的执行时间来将一个值加载到寄存器，而将一个新值送回它的内存位置又将花费 500 个指令时间。数字 500 是猜测值，它依赖于机器的体系结构，且在不断变化，但在过去十年，此值是持续增长的。当程序针对吞吐率进行了优化，不急于存取特定值时，花费的时间可能更长。一个值可能持续“离开位置”长达数万个指令周期。这是导致现代计算机硬件获得惊人性能的原因之一，但也令不同线程在不同时间、在内存层次不同位置访问数值很可能产生混乱。例如，我对机器体系结构的简化描述中只提到了单一缓存；但很多流行的体系结构都使用三级缓存。为了说明问题，下面给出了一个可能的两级缓存结构示意图，其中每个核心都有独享的二级缓存，一对核心共享一个一级缓存，而所有核心共享主存：

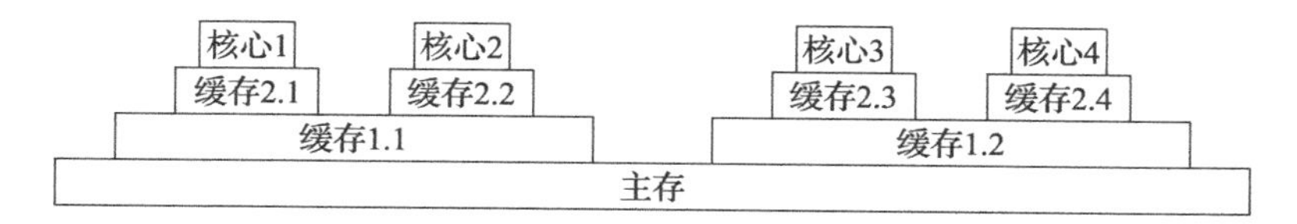

术语*内存序*（memory ordering）用来描述一个线程从内存访问一个值时会看到什么。最简单的内存序称为*顺序一致性*（sequentially consistent）。在一个顺序一致性内存模型中，每个线程看到的是相同的操作执行效果，此顺序就像是所有指令都在单一线程中顺序执行一样。线程仍可重排指令，但对其他线程可以观察变量的每个时间点，时间点前执行的指令集合（因而）和观察到的内存位置的值必须是明确定义的且对所有线程都一致。“观察值”从而强制内存位置的一个一致性视图的操作被称为*原子操作*（atomic operation）（见 41.3 节）。一个简单读或写操作不强加一个顺序。

对给定的一组线程，可能存在很多顺序一致性序。考虑下面的代码：

```
// 线程 1:
    char c = 0;
    extern char b;
    void f1()
    {
        c = 1;
        int x = b;
    }
```

```
// 线程 2:
    char b = 0;
    extern char c;
    void f2()
    {
        b = 1;
        int y = c;
    }
```

假定 c 和 b 的初始化是静态完成的（在任何线程启动之前），那么共有 3 种可能的执行顺序：

```
c = 1;          b = 1;          c = 1;
x = b;          y = c;          b = 1;
b = 1;          c = 1;          x = b;
y = c;          x = b;          y = c;
```

执行结果分别是 01、10 和 11，唯一不可能得到的结果是 00。显然，为了得到一个可预测的结果，你需要对共享变量的访问进行某种形式的同步。

顺序一致性序差不多包括一个程序员能有效推出的所有结果，但在某些机器体系结构上它会强加严重的同步开销，而放松一致性规则就可消除这种开销。例如，两个运行于不同核心的线程决定在写 c 和 b 之前就开始读 x 和 y，或者至少在写操作完成之前就开始读。这可能得到非顺序一致性结果 00。更放松的内存模型是允许出现这种结果的。

41.2.4 数据竞争

从以上这些例子，任何有判断力的人都会得出结论：对于多线程编程我们必须非常小心。但是，如何小心？首先，我们必须避免数据竞争（data race）。如果两个线程同时访问同一个内存位置（如41.2.1节所定义）且至少其中之一是进行写操作时，它们就会产生数据竞争。注意，准确定义“同时”并不简单。如果两个线程存在数据竞争，C++语言就无法给出任何保证了：它们的行为是未定义的。虽然听起来有些偏激，但数据竞争的后果（如41.2.2节所示）可能是很严重的。优化器（或硬件指令调度器）可能基于对内存中值的一些假设重排代码，也可能基于这种假设执行或不执行（显然影响不相关数据的）代码段。

有很多方法可用来避免数据竞争：

- 只使用单线程。但这会丢掉并发的好处（除非你使用多进程或协同例程）。
- 对每个有明显数据竞争倾向的数据项使用锁机制。这会削弱并发在性能上的优势，效率变得几乎与单线程一样，因为我们很容易进入除了一个线程之外所有其他线程都处于等待的状态。更糟的是，大量使用锁还会增加死锁的可能，出现一个线程永远等待另一个线程的情况以及其他锁相关的问题。
- 尝试仔细检查代码，选择性地添加锁来避免数据竞争。这可能是当前最流行的方法，但很容易出错。
- 让检测软件检测所有数据竞争并报告给程序员来修正或自动插入锁。但是，很少有软件能处理产品级规模和复杂度的程序。既能完成这种功能又能保证无死锁的软件还处于实验室阶段。
- 设计代码，令线程通信仅通过放 - 取风格的接口完成，而不会要求两个线程直接操作单一内存位置（见5.3.5.1节和42.4节）。
- 使用更高层的库或工具实现隐式或足够程式化的数据共享或并发，从而令共享可管理。这方面的例子包括库中算法的并行实现、基于指令的工具（如OpenMP）以及事务内存（transactional memory，通常简称为TM）。

我们可以用一种自底向上的方式学习本章剩余内容，以标准库中对最后一种编程风格的变体的支持结束。在此过程中，我们会涉及几乎所有避免数据竞争的工具。

为什么程序员必须忍受这一切复杂性呢？为什么不提供一种简单的具有最小（或没有）数据竞争问题的顺序一致性模型作为替代呢？我可以指出两个原因：

[1] 现实本来就不是这样的。机器体系结构的复杂性是客观存在的，系统程序设计语言如C++必须为程序员提供工具来与这种复杂性共存。也许某一天机器设计师会发布更简单的替代方案，但目前程序员必须处理机器设计师提供的各种令人眼花缭乱的底层特性才能满足终端用户的性能需求。

[2] 我们（C++标准委员会）曾认真考虑过这个问题。我们本想提供一个内存模型，可视为Java和C#提供的模型的改进版本。它可能节省委员会和一些程序员的大量工作。但是这一想法被操作系统和虚拟机的提供商否决了：他们坚称他们所需要的大致就是当时各种C++实现所提供的——也是现在C++标准所提供的。替代方案可能令你的操作系统和虚拟机变慢“两倍或更多”。我猜测C++语言的狂热支持者可能会欢迎以牺牲其他语言为代价简化C++的机会，但这样做既不现实也不职业。

幸运的是，大多数程序员永远不必直接在硬件的最底层编程，也完全无须理解内存模型，将指令重排问题看作有趣的奇事即可：

编写无数据竞争的代码且不去碰内存序（见41.3节）；然后内存模型即可保证代码如我

们的朴素预期那样执行。这甚至优于顺序一致性。

我发现计算机体系结构是一个吸引人的主题（请参考如 [Hennesey, 2011] [McKenney, 2012]），但像所有理智和高效率的程序员一样，我们应尽可能远离底层软件。这应该留给专家，而我们只需尽情享受专家提供给我们的高层抽象即可。

41.3 原子性

所谓无锁编程，就是一组用来编写不显式使用锁的并发程序的技术。程序员转而依靠原语操作（由硬件直接支持）来避免小对象（通常是单一字或双字）的数据竞争（见 41.2.4 节）。不必忍受数据竞争的原语操作通常被称为*原子操作*（atomic operation），可用来实现高层并发机制，如锁、线程和无锁数据结构。

除了简单的原子计数器这一明显例外，无锁编程通常很复杂，最好留给专家使用。为了进行无锁编程，除了理解语言机制，还要详细了解特定的机器体系结构以及专门的实现技术。不要仅仅学习了本书就尝试无锁编程。无锁技术较之于锁机制的主要优势是不会发生典型的锁问题，如死锁和饿死。对每个原子操作，可保证即使有其他线程竞争访问原子对象，当前线程最终（通常很快）能继续前进。而且，无锁技术会比基于锁的替代方法快得多。

标准原子类型和原子操作提供了无锁代码传统表达方式之外的一种可移植的表达方式。它们通常依赖于汇编代码或系统相关的原语。从这个意义上说，标准对原子性的支持符合 C 和 C++ 提高可移植性和系统编程支持力度的传统，是这一悠久传统迈出的新的一步。

同步操作用来确定线程何时看到另一个线程的执行效果；即，确定了哪些操作被认为是在另一些操作之前发生。在同步操作之间，编译器和处理器可自由重排代码顺序，只要语言的语义规则得以保持既可。原则上，并无人监控实现同步，只有性能受到一些影响。一个或多个内存位置上的同步操作包括消费操作、获取操作、释放操作或集后两者为一身（见 iso.1.10）。

- 对一个*获取操作*（acquire operation），其他处理器会在任何后继操作的效果之前看到其效果。
- 对一个*释放操作*（release operation），其他处理器会在其效果之前看到每个前驱操作的效果。
- *消费操作*（consume operation）是一种弱化的获取操作。对一个消费操作，其他处理器会在任何后继操作的效果之前看到其效果，例外是不依赖于消费操作的值的效果可能在消费操作之前被看到。

原子操作可确保内存状态如特定内存序（见 41.2.2 节）所要求的那样。默认情况下，内存序为 memory_order_seq_cst（顺序一致性；见 41.2.2 节）。标准内存序包括（见 iso.29.3）：

```
enum memory_order {
    memory_order_relaxed,
    memory_order_consume,
    memory_order_acquire,
    memory_order_release,
    memory_order_acq_rel,
    memory_order_seq_cst
};
```

这些枚举值表示：

- memory_order_relaxed：无操作定内存序。

- emory_order_release、memory_order_acq_rel 和 memory_order_seq_cst：存储操作对影响的内存位置执行一个释放操作。
- memory_order_consume：读取操作对影响的内存位置执行一个消费操作。
- memory_order_acquire、memory_order_acq_rel 和 memory_order_seq_cst：读取操作对影响的内存位置执行一个获取操作。

作为一个例子，考虑（见 iso.29.3）使用 atomic 读取和存储操作（见 41.3.1 节）来表达放松内存序：

```
// 线程 1:
    r1 = y.load(memory_order_relaxed);
    x.store(r1,memory_order_relaxed);

// 线程 2:
    r2 = x.load(memory_order_relaxed);
    y.store(42,memory_order_relaxed);
```

这段代码可能产生 r2==42 的结果，就好像线程 2 上的时间倒流了一样。即，允许下面这种执行顺序：

```
y.store(42,memory_order_relaxed);
r1 = y.load(memory_order_relaxed);
x.store(r1,memory_order_relaxed);
r2 = x.load(memory_order_relaxed);
```

对此的解释请参考专业文献，如 [Boehm, 2008] 和 [Williams, 2012]。

一种给定的内存序是否有意义完全是由体系结构决定的。显然，放松内存模型并不适合直接用于应用编程。利用放松内存模型甚至比一般无锁编程更具专业性。我将其视为应由操作系统内核、设备驱动程序和虚拟机实现者的一个小规模子集所完成的东西。它在代码自动生成中也很有用（类似 goto）。如果两个线程真的不直接共享数据，在某些机器体系结构上使用放松内存模型会带来显著的性能提升，代价是消息传递原语（如 future 和 promise；见 42.4.4 节）的实现较为复杂。

为了能在采用放松内存模型的架构上实现显著优化，C++ 标准提供了一个属性 [[carries_dependency]]，可跨越函数调用传递内存序依赖性（见 iso.7.6.4）。例如：

```
[[carries_dependency]] struct foo* f(int i)
{
    // 令调用者对结果使用 memory_order_consume:
    return foo_head[i].load(memory_order_consume);
}
```

你还可以将 [[carries_dependency]] 作为函数实参，标准还提供了一个函数 kill_dependency() 来停止这种依赖的传播。

C++ 内存模型的设计者之一 Lawrence Crowl 总结说：

“依赖序可能是最复杂的并发特性。以下场景真正值得使用它：

- 它在你的机器上很重要；
- 你有一个非常高带宽的以读为主的原子数据结构；
- 你愿意花费数个星期测试程序及阅读外部文档。

它确实属于专家领域。”

请接受专家的忠告。

41.3.1 atomic类型

原子类型（atomic type）是atomic模板的特例化版本。原子类型的对象上的操作是原子的（atomic）。即，操作由单一线程执行，不会受到其他线程干扰。

原子类型上的操作非常简单，包括简单对象（通常是一个单一内存位置；见41.2.1节）上的：读取和存储、交换、递增，等等。这些操作必须简单，否则硬件不能直接处理。

我希望通过下表给出原子类型的第一印象和概览（仅此而已）。除非特别说明，否则内存序是memory_order_seq_cst（顺序一致性）。

atomic<T>（iso.29.5） x.val表示原子对象x的值；所有操作都是noexcept的	
atomic x;	x未初始化
atomic x {};	默认构造函数；x.val=T{}；constexpr
atomic x {t};	构造函数；x.val=t；constexpr
x=t	T类型对象赋值；x.val=t
t=x	隐式转换为类型T；t=x.val
x.is_lock_free()	x上的操作是无锁的？
x.store(t)	x.val=t
x.store(t,order)	x.val=t；内存序为order
t=x.load()	t=x.val
t=x.load(order)	t=x.val；内存序为order
t2=x.exchange(t)	交换x和t的值；t2为x的旧值
t2=x.exchange(t,order)	交换x和t的值；内存序为order；t2为x的旧值
b=x.compare_exchange_weak(rt,t)	若b=(x.val==rt)，x.val=t，否则rt=x.val；rt是一个T&
b=x.compare_exchange_weak(rt,t,o1,o2)	b=x.compare_exchange_weak(rt,t)；当b==true时用o1作为内存序；当b==false时用o2作为内存序
b=x.compare_exchange_weak(rt,t,order)	b=x.compare_exchange_weak(rt,t)；用order作为内存序（见iso.29.6.1[21]）
b=x.compare_exchange_strong(rt,t,o1,o2)	类似b=x.compare_exchange_weak(rt,t,o1,o2)
b=x.compare_exchange_strong(rt,t,order)	类似b=x.compare_exchange_weak(rt,t,order)
b=x.compare_exchange_strong(rt,t)	类似b=x.compare_exchange_weak(rt,t)

atomic没有拷贝或移动操作。赋值运算符和构造函数接受包含类型T的值并访问包含值。

默认的atomic（不用显式的{}）是未初始化的，从而可与C标准库兼容。

is_lock_free()操作可用来检测这些操作是否可无锁执行或者是否已用锁实现。在所有主要C++实现中，is_lock_free()对整数和指针类型都是返回true。

atomic特性是为可映射到简单内置类型的类型设计的。若类型T的对象很大，则atomic<T>就可能用锁实现。模板参数T必须是可简单拷贝的（必须没有用户自定义拷贝操作）。

atomic变量的初始化不是原子操作，因此初始化操作可能与来自其他线程的访问操作之间产生数据竞争（见iso.29.6.5）。但是，与初始化操作产生数据竞争的情况很难出现。因此可照例保持非局部对象初始化的简单性并优先选择用常量表达式进行初始化（在程序启动之前你不可能产生数据竞争）。

一个简单的atomic变量对共享计数器（如一个共享数据结构的使用计数）而言非常接

近理想。例如：

```
template<typename T>
class shared_ptr {
public:
	// ...
	~shared_ptr()
	{
		if (--*puc) delete p;
	}
private:
	T* p;				// 指向共享对象的指针
	atomic<int>* puc;	// 指向使用计数的指针
};
```

在本例中，*puc 是一个 atomic（由 shared_ptr 构造函数在某处分配），从而递减操作（--）是原子操作，当 thread 销毁一个 shared_ptr 时会正确报告新值。

比较交换操作的第一个参数（表中的 rt）是一个引用，使得操作在无法更新其目标对象（表中的 x）时可更新 rt 所引用的对象。

compare_exchange_strong() 和 compare_exchange_weak() 的区别在于弱交换版本可能因为“虚假理由”而失败。也就是说，即使 x.val==rt，某些奇怪的机器特性或 x.compare_exchange_weak(rt,t) 的实现方式也可能导致操作失败。允许这种失败令 compare_exchange_weak() 可在 compare_exchange_strong() 可能很困难或代价相对较高的体系结构上实现。

经典比较交换循环可编写如下：

```
atomic<int> val = 0;
// ...
int expected = val.load();		// 读取当前值
do {
	int next = fct(expected);	// 计算新值
} while (!val.compare_exchange_weak(expected,next));	// 将 next 写入 val 或 expected
```

原子操作 val.compare_exchange_weak(expected,next) 读取 val 的当前值并将其与 expected 进行比较；若相等，将 next 写入 val。如果某个其他线程在我们读取 val 之后准备更新之前修改了它，我们就必须重试。当我们重试时，使用的是从 compare_exchange_weak() 得到的 expected 的新值。最终，期望值会被写入。expected 的值表示“val 被本线程所看到的当前值”。因此，由于在每次 compare_exchange_weak() 执行时 expected 已被更新为当前值，我们不会陷入无限循环。

compare_exchange_strong() 这类操作更广为人知的名字是比较交换操作（compare-and-swap，CAS 操作）。所有 CAS 操作（在所有语言中以及在所有机器上）有一个可能很严重的问题——ABA 问题。考虑一个非常简单的无锁单向链表，若 data 的值小于其头结点的 data 值，则在其头部添加一个新结点：

```
extern atomic<Link*> head;			// 链表的共享头指针

Link* nh = new Link(data,nullptr);	// 创建一个节点插入到链表中
Link* h = head.load();				// 读取链表的共享头结点
do {
	if (h->data<data) break;		// 若为真，插入到其他位置
	nh->next = h;					// 下一个元素为旧头结点
} while (!head.compare_exchange_weak(h,nh));	// 将 nh 写入 head 或 h
```

这是一个在有序链表中正确插入 data 的简化版代码。我读取 head，将其用作我的新 Link 的 next，然后将指向我的新 Link 的指针写入 head。重复这一过程，直至在我准备 nh 期间没有其他线程改变 head。

让我们更详细地观察一下这段代码。用 A 表示我读取的 head 值。如果在我执行 compare_exchange_weak() 之前没有其他线程改变 head 的值，则它得到 head 中的 A，并成功将其替换为我准备好的 nh。如果某个其他线程在我读取 A 之后将 head 的值修改为 B，compare_exchange_weak() 调用将失败，我将继续执行循环，在此读取 head。

这看起来是正确的。哪里可能会出错呢？在我读取 A 之后，某个其他线程将 head 的值修改为 B，并回收了 Link。随后，某个线程重用节点 A 并将其重新插入到链表的 head。现在我调用 compare_exchange_weak() 会得到 A 并执行更新。但是，链表已经被修改了：head 值从 A 变为 B 然后又变回 A。这种改变的严重性可能体现在不同方面，在这个简化的例子中，A->data 可能已改变，从而关键的 data 比较会出错。ABA 问题可能非常微妙且难以检测。已有很多方法可以处理 ABA 问题 [Dechev, 2010]。我在这里提出这个问题主要是警告你：无锁编程是很微妙的。

整数 atomic 类型提供了原子算术运算和位运算：

整型 T 的 atomic<T>（iso.29.6.3） x.val 表示原子对象 x 的值；所有操作都是 noexcept 的	
z=x.fetch_add(y)	x.val+=y；z 是 x.val 的旧值
z=x.fetch_add(y,order)	z=x.fetch_add(y)；用 order 作为内存序
z=x.fetch_sub(y)	x.val−=y；z 是 x.val 的旧值
z=x.fetch_sub(y,order)	z=x.fetch_sub(y)；用 order 作为内存序
z=x.fetch_and(y)	x.val&=y；z 是 x.val 的旧值
z=x.fetch_and(y,order)	z=x.fetch_and(y)；用 order 作为内存序
z=x.fetch_or(y)	x.val|=y；z 是 x.val 的旧值
z=x.fetch_or(y,order)	z=x.fetch_or(y)；用 order 作为内存序
z=x.fetch_xor(y)	x.val^=y；z 是 x.val 的旧值
z=x.fetch_xor(y,order)	z=x.fetch_xor(y)；用 order 作为内存序
++x	++x.val；返回 x.val
x++	x.val++；返回旧 x.val
--x	--x.val；返回 x.val
x--	x.val--；返回旧 x.val
x+=y	x.val+=y；返回 x.val
x−=y	x.val-=y；返回 x.val
x&=y	x.val&=y；返回 x.val
x|=y	x.val|=y；返回 x.val
x^=y	x.val^=y；返回 x.val

考虑流行的双重检查锁范型。其基本思想是，如果初始化某个 x 必须借助锁来进行，那么每次访问 x 都可能需要请求此锁来检测初始化是否完成，但你不想承受这种代价，可以仅当变量 x_init 为 false 时才使用锁并进行初始化：

```
X x;                    // 我们需要一个锁帮助初始化 X
mutex lx;               // mutex 用来在初始化期间锁住 x
```

```
atomic<bool> x_init {false};        // 用一个 atomic 最小化锁的使用

void some_code()
{
    if (!x_init) {                  // 若 x 未初始化，继续执行
        lx.lock();
        if (!x_init) {              // 若 x 仍未初始化，继续执行
            // ... 初始化 x ...
            x_init = true;
        }
        lx.unlock();
    }
    // ... 使用 x ...
}
```

假如 x_init 不是 atomic，指令重排机制就有可能将 x 的初始化放在检测 x_init 之前，因为两者显然是无关的（见 41.2.2 节）。而将 x_init 定义为原子变量就能阻止重排。

!x_init 依赖于从 atomic<T> 到 T 的隐式转换。

这段代码可以利用 RAII（见 42.3.1.4 节）进一步简化。

双重检查锁范型在标准库中用 once_flag 和 call_once()（见 42.3.3 节）表示，因此你无需直接编写这种代码。

标准库还支持 atomic 指针：

指针的 atomic<T*>（iso.29.6.4） x.val 表示原子对象 x 的值；所有操作都是 noexcept 的	
z=x.fetch_add(y)	x.val+=y；z 是 x.val 的旧值
z=x.fetch_add(y,order)	z=x.fetch_add(y)；用 order 作为内存序
z=x.fetch_sub(y)	x.val−=y；z 是 x.val 的旧值
z=x.fetch_sub(y,order)	z=x.fetch_sub(y)；用 order 作为内存序
++x	++x.val；返回 x.val
x++	x.val++；返回旧 x.val
--x	--x.val；返回 x.val
x--	x.val--；返回旧 x.val
x+=y	x.val+=y；返回 x.val
x−=y	x.val-=y；返回 x.val

为了与 C 标准库保持兼容，标准库还为 atomic 成员函数类型提供了独立的等价版本：

atomic_* 操作（iso.29.6.5） 所有操作都是 noexcept 的	
atomic_is_lock_free(p)	*p 类型对象是原子的吗？
atomic_init(p,v)	用 v 初始化 *p
atomic_store(p,v)	将 v 存入 *p
x=atomic_load(p)	将 *p 赋予 x
x=atomic_load(p)	加载 *p 存入 x
b=atomic_compare_exchange_weak(p,q,v)	比较交换 *p 和 *q；b=(*q==v)
…还有大约 70 个函数	

41.3.2 标志和栅栏

除了支持原子类型之外，标准库还提供了两种更低层的同步特性：原子标志和栅栏。它们的主要用途是实现最底层的原子特性，如自旋锁和原子类型。这两个特性是仅有的每个C++ 实现都保证支持的无锁机制（虽然所有主流平台也都支持原子类型）。

基本上没有程序员需要使用标志或栅栏。其使用者通常是和硬件设计师紧密合作的人。

41.3.2.1 atomic 标志

atomic_flag 是最简单的原子类型，也是仅有的所有操作在任何 C++ 实现中都保证是原子操作的原子类型。一个 atomic_flag 表示一条单一位信息。如需要，可用 atomic_flag 实现其他原子类型。

atomic_flag 有两个可能值，分别称为 set 和 clear。

atomic_flag（iso.29.7） 所有操作都是 noexcept 的	
atomic_flag fl;	fl 的值未定义
atomic_flag fl {};	默认构造函数；fl 的值为 0
atomic_flag fl {AT OMIC_FLAG_INIT};	将 fl 初始化为 clear
b=fl.test_and_set()	设置 fl，b 为 fl 的旧值
b=fl.test_and_set(order)	设置 fl，b 为 fl 的旧值；用 order 作为内存序
fl.clear()	清除 fl
fl.clear(order)	清除 fl；用 order 作为内存序
b=atomic_flag_test_and_set(flp)	设置 *flp，b 为 *flp 的旧值
b=atomic_flag_test_and_set_explicit(flp,order)	设置 *flp，b 为 *flp 的旧值；用 order 作为内存序
atomic_flag_clear(flp)	清除 *flp
atomic_flag_clear_explicit(flp,order)	清除 *flp；用 order 作为内存序

设置操作的 bool 返回值为 true，清除操作返回 false。

用 {} 初始化 atomic_flag 看起来是合理的。但是，我们无法保证 0 表示清除。据说存在用 1 表示清除的机器。用 ATOMIC_FLAG_INIT 表示清除是初始化 atomic_flag 的唯一可移植且可靠的方法。ATOMIC_FLAG_INIT 是由具体 C++ 实现提供的宏。

可以将 atomic_flag 想象为一种非常简单的自旋锁：

```
class spin_mutex {
      atomic_flag flag = ATOMIC_FLAG_INIT;
public:
      void lock() { while(flag.test_and_set()); }
      void unlock() { flag.clear(); }
};
```

注意，自旋锁容易产生很高的代价。

照例，内存序及其正确使用请见专业文献。

41.3.2.2 栅栏

栅栏（fence），也称为内存屏障（memory barrier），是一种根据某种指定内存序（见41.2.3 节）来限制操作重排的操作，除此之外不做任何其他事情。你可以将其看作一种简单地减慢程序到安全速度的方法，从而令内存层次达到定义良好的合理状态。

栅栏（iso.29.8） 所有操作都是 noexcept 的	
atomic_thread_fence(order)	强制内存序为 order
atomic_signal_fence(order)	强制内存序为 order，用于线程以及运行于线程上的信号处理函数

栅栏与 atomic 组合使用（atomic 用来观察栅栏的效果）。

41.4 volatile

说明符 volatile 用来指出一个对象可被线程控制范围之外的东西修改。例如：

```
volatile const long clock_register; // 由硬件时钟更新
```

volatile 说明符主要是告知编译器不要优化掉明显冗余的读写操作。例如：

```
auto t1 {clock_register};
// ... 未使用 clock_register 的代码 ...
auto t2 {clock_register};
```

如果 clock_register 不是定义为 volatile 的，编译器完全有权利删除一个读操作并假定 t1==t2。

除非是在直接处理硬件的底层代码中，否则不要使用 volatile。

不要假定 volatile 在内存模型中有特殊含义，它确实没有。与某些新语言不同，在 C++ 中 volatile 并非一种同步机制。为了进行同步，应使用 atomic（见 41.3 节）、mutex（见 42.3.1 节）或 condition_variable（见 42.3.4 节）。

41.5 建议

[1] 用并发提高响应能力或吞吐率；41.1 节。

[2] 只要代价可接受，应在尽可能高的抽象层次上编程；41.1 节。

[3] 优先选择 packaged_task 和 future，而不是直接使用 thread 和 mutex；41.1 节。

[4] 除非是实现简单计数器，否则优先选择 mutex 和 condition_variable，而不是直接使用 atomic；41.1 节。

[5] 尽量避免显式共享数据；41.1 节。

[6] 将进程视为线程的替代；41.1 节。

[7] 标准库并发特性是类型安全的；41.1 节。

[8] 内存模型是为了省去程序员从机器体系结构层次思考计算机的麻烦；41.2 节。

[9] 内存模型令内存行为大致如我们的朴素预期；41.2 节。

[10] 不同线程访问一个 struct 的不同位域可能相互干扰；41.2 节。

[11] 避免数据竞争；41.2.4 节。

[12] 原子类型和操作可实现无锁编程；41.3 节。

[13] 无锁编程对避免死锁和确保每个线程持续前进是很重要的；41.3 节。

[14] 将无锁编程留给专家；41.3 节。

[15] 将放松内存模型留给专家；41.3 节。

[16] volatile 告知编译器一个对象的值可以被程序之外的东西改变；见 41.4 节。

[17] C++ 的 volatile 不是一种同步机制；见 41.4 节。

线程和任务

保持冷静，继续前进。

——英语口号

- 引言
- 线程
  身份；构造；析构；join()；detach()；名字空间 this_thread；杀死 thread；thread_local 数据
- 避免数据竞争
  互斥量；多重锁；call_once ()；条件变量
- 基于任务的并发
  future 和 promise；promise；packaged_task；future；shared_future；async()；一个并行 find() 示例
- 建议

42.1 引言

并发，即多个任务同时执行，广泛用于提高吞吐率（使用多个处理器完成单个运算）或提高响应能力（当程序的一部分等待响应时允许另一部分继续执行）。

我们在 5.3 节中已经介绍了 C++ 标准对并发的支持，当然只是一种导览的形式，本章和前一章提供更加细致、更加系统化的介绍。

如果一项活动可能与其他活动并发执行，我们就称之为任务（task)。线程（thread）是执行任务的计算机特性的系统层面表示。一个 thread 可执行一个任务。一个 thread 可能与其他 thread 共享地址空间。即，在单一地址空间中的所有 thread 能访问相同的内存位置。并发系统程序员所面临的重要挑战之一，就是确保多 thread 并发访问内存的方式是合理的。

42.2 线程

thread 是计算的概念在计算机硬件层面的抽象。C++ 标准库 thread 的设计目标是与操作系统线程形成一对一映射。当程序中多个任务需要并发进行时，我们就可以使用 thread。在一个多处理单元（“核心”）的系统上，thread 可以充分利用这些单元。所有 thread 工作于同一个地址空间中。如果你希望硬件能防止数据竞争，则应使用进程。thread 间不共享栈，因此局部变量不会产生数据竞争问题，除非你不小心将一个局部变量的指针传递给其他 thread。我们要特别小心 lambda 中的引用方式的上下文绑定（见 11.4.3 节）。深思熟虑地、小心地共享栈内存空间很有用，也很常见。例如，我们可能将一个局部数组的不同部分传递给一个并行排序函数。

如果一个 thread 不能继续前进（比如，因为它遇到了一个其他 thread 所拥有的 mutex),

我们称它处于阻塞（blocked）或睡眠（asleep）状态。

thread（iso.30.3.1）	
id	thread 标识符类型
native_handle_type	系统线程句柄类型；由具体 C++ 实现定义（iso.30.2.3）
thread t {};	默认构造函数：创建一个（还）没有任务的 thread；不抛出异常
thread t {t2};	移动构造函数；不抛出异常
thread t {f,args};	构造函数；在一个新 thread 上执行 f(args)；显式构造函数
t.~thread();	析构函数；若 t.joinable()，则 terminate()；否则无效果
t=move(t2)	移动赋值：若 t.joinable()，则 terminate()；不抛出异常
t.swap(t2)	交换 t 和 t2 的值；不抛出异常
t.joinable()	某个线程的执行与 t 关联？ t.get_id()!=id{}？；不抛出异常
t.join()	将 t 与当前线程结合；即，阻塞当前 thread 直至 t 完成；若检测到死锁，抛出 system_error（如 t.get_id()==this_thread::get_id()）；若 t.id==id{}，抛出 system_error
t.detach()	确保 t 不再表示任何系统线程；若 t.id!=id{} 抛出 system_error
x=t.get_id()	x 为 t 的 id；不抛出异常
x=t.native_handle()	x 为 t 的本机句柄（类型为 native_handle_type）
n=hardware_concurrency()	n 为硬件处理单元数（0 表示“不知道”）；不抛出异常
swap(t,t2)	t.swap(t2)；不抛出异常

一个 thread 表示一个系统资源，一个*系统线程*（system thread），甚至可能有专用硬件：

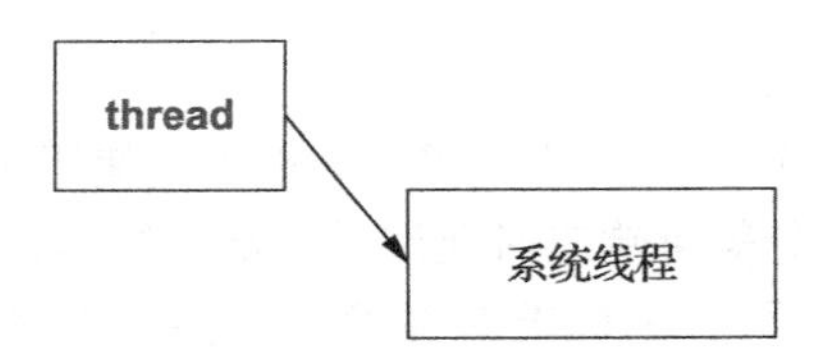

因此，thread 可以移动但不能拷贝。

作为一个源被移动后，thread 就不再表示一个计算线程了。特别是，它不能被 join() 了。

操作 thread::hardware_concurrency() 报告硬件支持多少个任务同时执行。其具体含义依赖于机器体系结构，但通常小于操作系统提供的线程数（例如，通过时间多路复用或时间分片），有时大于处理器数或“核心数”。例如，我的双核小笔记本报告有四个硬件线程（它使用了*超线程*（hyper-threading）技术）。

42.2.1　身份

每个执行线程都有唯一标识符，用 thread::id 类型的值表示。如果一个 thread 不表示一个执行线程，则其 id 为默认的 id{}。一个 thread t 的 id 可以通过调用 t.get_id() 获得。

当前 thread 的 id 可通过 this_thread::get_id() 获得（见 42.2.6 节）。

在下列情况下，一个 thread 的 id 可以是 id{}：

- 它并未被赋予一个任务；
- 它已结束；
- 它已被移动；
- 它已被 detach()。

每个 thread 都有一个 id，但一个系统线程仍可以在没有 id 的情况下运行（即,detach() 之后）。

thread::id 可以拷贝，且 id 可用常用的比较运算符（==、< 等）进行比较、用 << 输出以及用特例化版本 hash<thread::id> 计算哈希值（见 31.4.3.4 节）。例如：

```
void print_id(thread& t)
{
	if (t.get_id()==id{})
		cout << "t not joinable\n";
	else
		cout << "t's id is " << t.get_id() << '\n';
}
```

注意，cout 是一个全局共享对象，因此这些输出语句不保证生成可辨认的字符序列，除非你确认没有两个 thread 同时向 cout 写数据（见 iso.27.4.1 节）。

42.2.2　构造

thread 的构造函数接受一个要执行的任务，以及该任务要求的参数。参数的数量和类型必须与任务所要求的参数列表匹配。例如：

```
void f0();		// 无参数
void f1(int);	// 一个 int 参数

thread t1 {f0};
thread t2 {f0,1};				// 错误：太多参数
thread t3 {f1};				// 错误：太少参数
thread t4 {f1,1};
thread t5 {f1,1,2};			// 错误：太多参数
thread t3 {f1,"I'm being silly"};	// 错误：参数类型错误
```

thread 构造完毕之后，一旦运行时系统能获取它运行所需的资源，它就开始执行任务。你可以认为这个过程是“立即地”。并不存在单独的“启动 thread”操作。

如果你希望构建一组任务，将它们链接在一起（例如，通过消息队列进行通信），你应首先将任务构造为函数对象，然后，在它们就绪之后启动 thread。例如：

```
template<typename T>
class Sync_queue<T> {	// 一个队列，提供 put() 和 get()，无数据竞争（见 42.3.4 节）
	// ...
};

struct Consumer {
	Sync_queue<Message>& head;
	Consumer(Sync_queue<Message>& q) :head(q) {}
	void operator()();	// 从 head 获取消息
};

struct Producer {
	Sync_queue<Message>& tail;
	Consumer(Sync_queue<Message>& q) :tail(q) {}
	void operator()();	// 将消息放到 tail
};

Sync_queue<Message> mq;
Consumer c {mq};			// 创建任务并将它们“串在一起”
Producer p {mq};

thread pro {p};			// 最终：启动线程
```

```
thread con {c};

// ...
```

试图将 thread 的创建与要运行的任务间的连接设置混杂在一起，很容易让程序变得复杂易错。

thread 的构造函数是可变参数模板（见 28.6 节）。这意味着为了传递给 thread 构造函数一个引用，我们必须使用引用包装（见 33.5.1 节）。例如：

```
void my_task(vector<double>& arg);

void test(vector<double>& v)
{
    thread my_thread1 {my_task,v};              // 糟糕：传递了 v 的拷贝
    thread my_thread2 {my_task,ref(v)};         // 正确：以引用方式传递 v
    thread my_thread3 {[&v]{ my_task(v); }};    // 正确：躲开了引用问题
    // ...
}
```

问题在于可变参数模板使用 bind() 或其他等价机制，因此默认情况会对引用进行解引用操作，其结果被拷贝。因此，如果 v 为 {1,2,3} 且 my_task 递增元素，则 my_thread1 不会对 v 产生任何效果。注意，3 个 thread 会产生 v 上的数据竞争；这个例子只是说明正确的调用规范，而非展示好的并发编程风格。

一个默认构造的 thread 主要用作移动操作的目标。例如：

```
vector<thread> worker(1000); // 1000 个默认线程

for (int i=0; i!=worker.size(); ++i) {
    // ... 计算 worker[i] 的参数并创建工作线程 tmp ...
    worker[i] = move(tmp);
}
```

将任务从一个 thread 移动到另一个 thread 并不影响其执行，thread 的移动只是改变 thread 指向的是什么。

42.2.3　析构

显然，thread 的析构函数销毁 thread 对象。为了防止发生系统线程的生命期长于其 thread 的意外情况，thread 析构函数调用 terminate() 结束程序（若 thread 是 joinable() 的，即 get_id()!=id{}）。例如：

```
void heartbeat()
{
    while(true) {
        output(steady_clock::now());
        this_thread::sleep_for(second{1}); // 见 42.2.6 节
    }
}

void run()
{
    thread t {heartbeat};
}   // 由于在 t 的作用域结束时 heartbeat() 仍在运行，因此结束它
```

如果你真的希望一个系统线程在其 thread 的生命期结束后仍然继续运行，请参考 42.2.5 节。

42.2.4　join()

t.join() 告诉当前 thread 在 t 结束之前不要继续前进。例如：

```
void tick(int n)
{
	for (int i=0; i!=n; ++i) {
		this_thread::sleep_for(second{1}); // § 42.2.6
		output("Alive!");
	}
}

int main()
{
	thread timer {tick,10};
	timer.join();
}
```

这段代码会以大约 1 秒的时间间隔连续输出 10 次 Alive!。假如漏掉了 timer.join()，程序会在 tick() 打印出任何内容之前就结束，而 join() 令主程序等待 timer 结束。

如 42.2.3 节所述，试图不调用 detach() 而让一个 thread 在其作用域后（或更一般的，在其析构函数运行后）继续执行，会被认为是一个（对程序而言的）致命错误。但是，我们可能忘记 join() 一个 thread。当我们将一个 thread 看作一个资源，就会发现应该考虑 RAII（见 5.2 节和 13.3 节）。考虑一个简单的测试程序：

```
void run(int i, int n) // 警告：真正糟糕的代码
{
	thread t1 {f};
	thread t2;
	vector<Foo> v;
	// ...
	if (i<n) {
		thread t3 {g};
		// ...
		t2 = move(t3); // 将 t3 移到外层作用域
	}
	v[i] = Foo{};     // 可能抛出异常
	// ...
	t1.join();
	t2.join();
}
```

在这段代码中，我犯了几个严重错误。特别是：

- 我们可能永远也到达不了末尾的两个 join()。在此情况下，t1 的析构函数会结束程序。
- 我们可能在未执行移动操作 t2 = move(t3) 的情况下到达末尾的两个 join()。在此情况下，t2.join() 会结束程序。

对这种使用 thread 的方式，我们需要一个隐式调用 join() 的析构函数。例如：

```
struct guarded_thread : thread {
	using thread::thread;                         // 见 20.3.5.1 节
	~guarded_thread() { if (t.joinable()) t.join(); }
};
```

不幸的是，guarded_thread 不是一个标准库类，但它遵循 RAII 的优良传统，令我们的代码更简洁也更不容易出错。例如：

```
void run2(int i, int n)      // 守卫机制的简单使用
{
      guarded_thread t1 {f};
      guarded_thread t2;
      vector<Foo> v;
      // ...
      if (i<n) {
            thread t3 {g};
            // ...
            t2 = move(t3); // 将 t3 移到外层作用域
      }
      v[i] = Foo{};     // 可能抛出异常
      // ...
}
```

那么为什么 thread 的析构函数不这样简单调用一下 join() 呢？因为使用“永远活跃”的系统线程或自己决定何时结束的系统线程是由来已久的传统。执行 tick() 的 timer(见 42.2.2 节）就是这种线程的例子。还有很多监控数据结构的线程也能提供这样的例子。这种线程（或进程）通常被称为守护进程（daemon)。分离线程的另一种用法是简单地启动一个线程去完成一个任务，然后忘记它，这将“内务管理”交给了运行时系统。

42.2.5 detach()

意外地令 thread 在析构函数执行后仍试图继续运行被认为是一个非常糟糕的错误。如果你真的希望一个系统线程比其 thread（句柄）活跃更久，应使用 detach()。例如：

```
void run2()
{
      thread t {heartbeat};
      t.detach();             // 令 heartbeat 独立运行
}
```

对分离的线程我有一个哲学上的问题。如果让我选择，我会选

- 确切了解哪些线程在运行；
- 能确定线程是否正在如预期继续执行；
- 能检查应该删除自己的线程是否真的这么做了；
- 能了解使用线程返回的结果是否安全；
- 确保一个线程所关联的所有资源都被释放；
- 确保一个线程在其创建时所在作用域已被销毁时，不会试图访问此作用域中的对象。

除非我已经超出了标准库范围（如使用 native_handle() 和“原始”系统特性），否则是不能对分离的线程实现上述目标的。而且，当分离线程无法被直接观测时，我该如何调试系统呢？如果一个分离线程保存了其创建作用域中的对象的指针，又会发生什么呢？这可能导致数据损坏、系统崩溃或安全违规。当然，分离线程显然可以很有用，也可以调试，毕竟人们这样做已有几十年历史了。但人们处理具有自毁能力对象的历史已有数百年，并且相信它们是很有用的。如果让我选择，我不会 detach() 线程。

注意，thread 提供了移动赋值操作和移动构造函数。这令 thread 可以迁移出它创建时所在的作用域，从而常常可作为 detach() 的替代方案。我们可以将 thread 迁移到程序的“主模块”，通过 unique_ptr 或 shared_ptr 访问它们，或者将它们放置于一个容器中（如 vector<thread>），免得失去与它们的联系。例如：

```
vector<thread> my_threads;  // 保存分离线程

void run()
{
    thread t {heartbeat};
    my_threads.push_back(move(t));
    // ...
    my_threads.emplace_back(tick,1000);
}

void monitor()
{
    for (thread& t : my_threads)
        cout << "thread " << t.get_id() << '\n';
}
```

对于更实际的例子，我可以为 my_threads 中的每个 thread 关联一些信息。我甚至可以将 monitor 作为一个任务启动。

如果你必须 detach() 一个 thread，请确保它没有引用其作用域中的变量。例如：

```
void home()    // 不要这样做
{
    int var;
    thread disaster{[&]{ this_thread::sleep_for(second{7.3});++var; }}
    disaster.detach();
}
```

除了注释中的警告和耐人寻味的名字之外，这段代码看起来完全无害。但事实并非如此：disaster() 调用的系统线程会“永远”向 home() 分配给 var 的地址写入数据，从而破坏之后分配到这里的数据。这种错误极难查找，因为显现错误的代码与错误本身的关联度很低，而且重复运行程序会得到不同的结果——很多次运行可能不会表现出错误症状。这种错误被称为海森堡错误（Heisenbugs），这一名称是向测不准原理的发现者致敬。

注意，这个例子的根本问题是违反了广为人知的简单规则“不要将一个局部对象的指针传递出其作用域之外”（见 12.1.4 节）。但是，使用 lambda 很容易（而且几乎是不可见地）创建指向局部变量的指针：[&]。幸运的是，我们必须使用 detach() 才能让一个 thread 离开其作用域；除非有非常好的理由，否则不要这么做，即使需要使用 detach()，也应首先仔细思考 thread 的任务可能做什么，然后再使用。

42.2.6　名字空间 this_thread

对当前 thread 的操作定义在名字空间 this_thread 中：

名字空间 this_thread（iso.30.3.1）	
x=get_id()	x 为当前 thread 的 id；不抛出异常
yield()	给调度器机会运行另一个 thread；不抛出异常
sleep_until(tp)	令当前 thread 进入睡眠状态，直至 time_point tp
sleep_for(d)	令当前 thread 进入睡眠状态，持续 duration d

为了获得当前 thread 的身份，可调用 this_thread::get_id()。例如：

```
void helper(thread& t)
```

```
{
    thread::id me {this_thread::get_id()};
    // ...
    if (t.get_id()!=me) t.join();
    // ...
}
```

类似地，我们可以用 this_thread::sleep_until(tp) 和 this_thread::sleep_for(d) 令当前线程进入睡眠状态。

this_thread::yield() 用来给其他线程运行机会。当前 thread 不会被阻塞，无需任何其他 thread 做任何特殊操作来唤醒它，它最终也会重新运行。因此，yield() 主要用来等待一个 atomic 改变状态以及用于协调多线程。通常，使用 sleep_for(n) 会更好。sleep_for() 的参数能令调度器更好地合理选择运行哪个 thread。可将 yield() 看作一个在很罕见和特殊的情况下用来进行优化的特性。

在所有主要 C++ 实现中 thread 都是可抢占的；即，C++ 实现可以从一个任务切换到另一个任务，以确保所有 thread 都以一个合理的速度前进。但是，出于历史原因和语言技术原因，C++ 标准只是鼓励而非要求可抢占性（见 iso.1.10）。

通常，程序员不应乱用系统时钟。但如果时钟被重置（比如说，由于它偏离了真实时间），wait_until() 就会受到影响，而 wait_for() 则不会。timed_mutex 的 wait_until() 和 wait_for() 也是如此（见 41.3.1.3 节）。[⊖]

42.2.7　杀死 thread

我发现 thread 漏掉了一个重要操作，没有一种简单的标准方法告知一个正在运行的 thread 我对其任务已经失去了兴趣，因此请它停止运行并释放所有资源。例如，如果我启动一个并行 find()（见 42.4.7 节），可能常常需要在找到答案后要求剩余任务停止运行。此操作（在不同语言和系统中被称为*杀死*、*取消*和*终止*）的缺席有各种历史原因和技术原因。

如需要，应用程序员可以编写自己的杀线程操作。例如，很多任务包含一个请求循环。在此情况下，发送一条“请自杀”消息给一个 thread 即可令其释放所有资源并结束。如果没有请求循环，线程可以周期性地检查一个“需要”变量来判断用户是否还需要本线程的结果。

因此，设计并实现一个适用所有系统的通用取消操作可能很困难，但在我所见的应用中，实现一个专用的取消机制还是相对简单的。

42.2.8　thread_local 数据

如其名，一个 thread_local 变量是一个 thread 专有的对象，其他 thread 不能访问，除非其拥有者（不小心）将指向它的指针提供给了其他线程。因此，thread_local 类似局部变量，但局部变量有自己的生命期，访问局限于其作用域内（在某个函数中），而 thread_local 则被一个 thread 的所有函数所共享，且只要 thread “活跃”它就“活跃”。thread_local 对象可以是 extern 的。

在大多数情况下，将对象定义为局部变量（在栈中）比共享它们要好；因而 thread_local 存在与全局变量相同的问题。照例，我们可以用名字空间限制非局部数据的问题。但是，在很多系统中，一个 thread 能使用的栈空间是很有限的，因此对于要求大量非共享数

⊖ 这里的第一个 wait_until() 和 wait_for() 似应为 sleep_until() 和 sleep_for()；第二个 wait_until() 和 wait_for() 似应为 try_lock_until() 和 try_lock_for()。——译者注

据的任务来说 thread_local 存储就很变得重要了。

我们说一个 thread_local 具有线程存储存续时间（thread storage duration，见 iso.3.7.2）。每个 thread 对 thread_local 变量都有自己的拷贝。thread_local 在首次使用前初始化（见 iso.3.2）。如果已构造，会在 thread 退出时销毁。

thread_local 存储的一个重要用途是供 thread 显式缓存互斥访问数据。这会增大程序逻辑的复杂度，但在具有共享缓存的机器上，有时能带来显著的性能提升。而且，这种机制通过数据的大批量传输能简化或降低锁的代价。

一般而言，非局部内存是并发编程的一个难题，因为确定数据是否共享通常不那么简单，因而可能成为数据竞争之源。特别是，static 类成员可能成为一个大问题，因为它们通常对类用户是隐藏的，因此潜在的数据竞争很容易被忽略。考虑设计一个 Map，对每个类型都有默认值：

```
template<typename K, typename V>
class Map {
public:
	Map();
	// ...
	static void set_default(const K&,V&);		// 对所有 Map<K,V> 类型的映射设置默认值
private:
	static pair<const K,V> default_value;
};
```

为什么用户会怀疑两个不同 Map 对象间存在数据竞争呢？显然，用户可能在众多成员中发现 set_default() 有些可疑，但 set_default() 毕竟是一个很容易被忽略的次要特性（见 16.2.12 节）。

static 值（每类一个）曾被广泛使用。包括默认值、使用计数、缓存、空闲链表、常见问题解答以及很多不著名的应用。当用于并发系统时，会有一个经典问题：

```
// 线程 1 中某处：
	Map<string,int>::set_default("Heraclides",1);

// 线程 2 中某处：
	Map<string,int>::set_default("Zeno",1);
```

这段代码存在潜在数据竞争：哪个 thread 先执行 set_default() 呢？

利用 thread_local 可帮助解决此问题：

```
template<typename K, typename V>
class Map {
	// ...
private:
	static thread_local pair<const K,V> default_value;
};
```

现在不再有潜在数据竞争了，但同时也不再有所有用户共享的单一 default_value 了。在本例中，线程 1 永远看不到线程 2 中执行 set_default() 的效果。使用 thread_local 往往会改变原始代码的意图，因此我们只不过是将一个错误变为另一个错误而已。要保持对 static 数据成员的怀疑（因为你永远也不知道你的代码是否某天可能作为一个并发系统的一部分执行），但不要将 thread_local 视为灵丹妙药。

名字空间变量、局部 static 和类 static 成员都可以声明为 thread_local。类似局部 static 变量，thread_local 局部变量的构造受首次切换的保护（见 42.3.3 节）。多个 thread_ local 的构造顺序是未定义的，因此应保证不同 thread_local 的构造与它们的顺序无关，而且尽可能使用编译时或链接时初始化。类似 static 变量，thread_local 默认初始化为零（见 6.3.5.1 节）。

42.3 避免数据竞争

避免数据竞争的最好方法是不共享数据。将感兴趣的数据保存在局部变量中，保存在不与其他线程共享的自由存储中，或是保持在 thread_local 内存中（见 42.2.8 节）。不要将这类数据的指针传递给其他 thread。当另一个 thread 需要处理这类数据时（如并行排序），传递数据特定片段的指针并确保在任务结束之前不触碰此数据片段。

这些简单规则背后的思想是避免并发数据访问，因此程序不需要锁机制且能达到最高效率。在不能应用这些规则的场合，例如有大量数据需要共享的场合，可使用某种形式的锁机制：

- *互斥量*（mutex）：互斥量（互斥变量，mutual exclusion variable）就是一个用来表示某个资源互斥访问权限的对象。为访问资源，先获取互斥量，然后访问数据，最后释放互斥量（见 5.3.4 节和 42.3.1 节）。
- *条件变量*（condition variable）：一个 thread 用条件变量等待另一个 thread 或计时器生成的事件（见 5.3.4.1 节和 42.3.4 节）。

严格来说，条件变量不能防止数据竞争，而是帮我们避免引入可能引起数据竞争的共享数据。

42.3.1 互斥量

mutex 对象用来表示资源的互斥访问。因此，它可用来防止数据竞争以及同步多个 thread 对共享数据的访问。

互斥量类（iso.30.4）	
mutex	一个非递归互斥量；如果尝试获取一个已被获取的 mutex，thread 会阻塞
recursive_mutex	可被单个 thread 重复获取的互斥量
timed_mutex	一个非递归互斥量，提供操作（只）在指定时长内尝试获取互斥量
recursive_timed_mutex	递归限时互斥量
lock_guard<M>	mutex M 的守卫
unique_lock<M>	mutex M 的锁

“普通” mutex 是最简单、最小也最快的互斥量。递归和限时互斥量增加了功能，但也带来了少量额外开销，这一开销对特定机器上的特定应用可能很严重，但也可能并不重要：

在任何时刻，一个互斥量只能被一个 thread 所拥有：

- *获取*（acquire）一个互斥量意味着获得它的排他所有权；获取操作可能阻塞执行它的 thread。
- *释放*（release）一个互斥量意味着放弃排他所有权；释放操作允许另一个 thread 能最终获取互斥量。即，释放操作能令正在等待的 thread 退出阻塞状态。

如果多个 thread 阻塞在同一个 mutex 上，系统调度器会选择其中一个解除阻塞状态，而选择的方式有可能造成某个不幸的 thread 永远也不会解除阻塞进入运行状态。这被称为饿死

（starvation），而一个公平（fair）调度算法可以通过赋予每个 thread 同等的继续前进的机会来避免饿死。例如，一个调度器可能一直选择 thread::id 最大的 thread 作为下一个运行的线程，从而饿死 id 较小的 thread。C++ 标准并不保证公平性，但实际的调度器都是“公平合理的”。即，它们令 thread 永远饿死的可能性极低。例如，调度器可能从阻塞 thread 中随机选取下一个运行的线程。

单独一个互斥量什么也做不了，互斥量是用来表示其他东西的，即，用其所有权表示操纵某个资源的权限，例如一个对象、某个数据或一个 I/O 设备。例如，我们可以定义一个 cout_mutex 来表示从一个 thread 中使用 cout 的权限：

```
mutex cout_mutex; // 表示使用 cout 的权限

template<typename Arg1, typename Arg2, typename Arg3>
void write(Arg1 a1, Arg2 a2 = {}, Arg3 a3 = {})
{
	thread::id name = this_thread::get_id();
	cout_mutex.lock();
	cout << "From thread " << name << " : " << a1 << a2 << a3;
	cout_mutex.unlock();
}
```

如果所有 thread 都使用 write()，我们应该将来自不同 thread 的输出正确地分开。障碍在于每个 thread 都必须按设想使用互斥量，而一个互斥量与其资源之间的对应关系是隐含的。在 cout_mutex 例子中，如果一个 thread 直接使用 cout（绕过 cout_mutex）就会把输出搞乱。C++ 标准保证 cout 变量不会被破坏，但不保证来自不同线程的输出内容不会混杂在一起。

注意，我只在一条语句需要锁时才锁住互斥量。为了尽量降低数据竞争和 thread 被阻塞的机会，我们尝试仅在必要处加锁来最小化锁被线程持有的时间。被锁保护的代码段被称为临界区（critical section）。为了保持代码的高效性以及免受锁相关问题的困扰，我们应尽量减小临界区。

标准库互斥量提供排他所有权语义（exclusive ownership semantics）。即，单一 thread（在某个时刻）拥有对资源的排他访问权。还存在其他类型的互斥量。例如，多读者单写者互斥量就很流行，但标准库（尚未）提供这种互斥量。如果你需要不同类型的互斥量，使用特定系统提供的特性或者自己编写一个。

42.3.1.1　mutex 和 recursive_mutex

类 mutex 提供一组简单的操作

mutex（iso.30.4.1.2.1）	
mutex m {};	默认构造函数：m 不被任何 thread 所拥有；constexpr；不抛出异常
m.~mutex()	析构函数：若 m 还被线程拥有，行为是未定义的
m.lock()	获取 m；线程阻塞直至获取所有权
m.try_lock()	尝试获取 m；返回是否获取成功的结果
m.unlock()	释放 m
native_handle_type	由具体 C++ 实现定义的系统互斥量类型
nh=m.native_handle()	nh 为互斥量 m 的系统句柄

mutex 不能拷贝或移动。可以将 mutex 看作一种资源，而不是资源的句柄。实际上，mutex 通常实现为系统资源的句柄，但由于这种系统资源不能共享、泄漏或移动，因此将它们分开

考虑通常只是徒增复杂性。

mutex 的基本使用非常简单。例如：

```
mutex cout_mutex; // 初始化为“不被任何线程拥有”

void hello()
{
	cout_mutex.lock();
	cout << "Hello, ";
	cout_mutex.unlock();
}
void world()
{
	cout_mutex.lock();
	cout << "World!";
	cout_mutex.unlock();
}

int main()
{
	thread t1 {hello};
	thread t2 {world};

	t1.join();
	t2.join();
}
```

这段代码会输出

```
Hello, World!
```

或

```
World! Hello,
```

我们不会破坏 cout 或得到混杂的输出。

当另一个 thread 正在使用资源，而我们又有其他工作需要做时（不想等待），操作 try_lock() 就很有用了。例如，考虑设计一个任务生成器，它为其他线程生成任务请求，放入一个任务队列：

```
extern mutex wqm;
extern list<Work> wq;

void composer()
{
	list<Work> requests;

	while (true) {
		for (int i=0; i!=10; ++i) {
			Work w;
			// ... 生成工作请求 ...
			requests.push_back(w);
		}
		if (wqm.try_lock()) {
			wq.splice(requests);		// 将请求 splice() 到 list 中（见 31.4.2 节）
			wqm.unlock();
		}
	}
}
```

当某个服务器 thread 正在检查 wq 时，composer() 能继续生成其他任务而不是等待。

当使用锁时，我们必须小心死锁。即，我们不能等待一个永远也不会被释放的锁。最简单的死锁只需一把锁和一个 thread 就能产生。考虑线程安全的输出操作的一个变体：

```
template<typename Arg, typename... Args>
void write(Arg a, Args tail...)
{
	cout_mutex.lock();
	cout << a;
	write(tail...);
	cout_mutex.unlock();
}
```

现在，如果一个 thread 调用 write("Hello,","World!")，它就会在对 tail 进行递归调用时产生死锁。

标准库经常使用直接递归调用和互相递归调用来提供解决方案。recursive_mutex 与普通 mutex 很相似，区别仅在于它允许单一 thread 反复获取。例如：

```
recursive_mutex cout_mutex;		// 改为 recursive_mutex 以避免死锁

template<typename Arg, typename... Args>
void write(Arg a, Args tail...)
{
	cout_mutex.lock();
	cout << a;
	write(tail...);
	cout_mutex.unlock();
}
```

现在递归调用 write() 可被 cout_mutex 正确处理了。

42.3.1.2　mutex 错误

互斥量操作可能失败，此时会抛出一个 system_error。某些可能的错误反映了底层系统的状态：

互斥量状态（iso.30.4.1.2）	
resource_deadlock_would_occur	将发生死锁
resource_unavailable_try_again	某个本机句柄不可用
operation_not_permitted	thread 不被允许执行此操作
device_or_resource_busy	某个本机句柄已加锁
invalid_argument	一个构造函数的本机句柄实参是错误的

例如：

```
mutex mtx;
try {
	mtx.lock();
	mtx.lock();	// 尝试第二次加锁
}
catch (system_error& e) {
	mtx.unlock();
	cout << e.what() << '\n';
	cout << e.code() << '\n';
}
```

会输出

```
device or resource busy
generic: 16
```

本例看起来是使用 lock_guard 和 unique_lock（见 42.3.1.4 节）的有力依据。

42.3.1.3　timed_mutex 和 recursive_timed_mutex

一个简单的 mtx.lock() 是无条件的。如果我们不希望阻塞，可以使用 mtx.try_lock()，但当获取 mtx 失败时，我们常常希望等待一会儿再重试。timed_mutex 和 recursive_timed_mutex 提供了这种功能：

	timed_mutex（iso.30.4.1.3.1）
timed_mutex m {};	默认构造函数；m 不被任何线程拥有；constexpr；不抛出异常
m.~timed_mutex()	析构函数；若 m 还被线程拥有，行为是未定义的
m.lock()	获取 m；线程阻塞直至获取所有权
m.try_lock()	尝试获取 m；返回是否获取成功的结果
m.try_lock_for(d)	尝试获取 m，最多等待 duration d；返回是否获取成功的结果
m.try_lock_until(tp)	尝试获取 m，最多等待到 time_point tp；返回是否获取成功的结果
m.unlock()	释放 m
native_handle_type	由具体 C++ 实现定义的系统互斥量类型
nh=m.native_handle()	nh 为互斥量的系统句柄

recursive_timed_mutex 接口等价于 timed_mutex 接口（就像 recursive_mutex 接口等价于 mutex 接口一样）。

对于 this_thread，我们可以 sleep_until(tp) 到一个 time_point 以及 sleep_for(d) 一个 duration（见 42.2.6 节）。更一般的情况是，我们可以对一个 timed_mutex m 执行 m.try_lock_until(tp) 或 m.try_lock_for(d)。如果 tp 早于当前时间点或 d 小于等于零，则操作等价于一个“普通”try_lock()。

例如，考虑用一个新图像更新输出缓冲区的问题（例如，在视频游戏或可视化应用中）：

```
extern timed_mutex imtx;
extern Image buf;
void next()
{
	while (true) {
		Image next_image;
		// ... 计算 ...

		if (imtx.try_lock(milliseconds{100})) {
			buf = next_image;
			imtx.unlock();
		}
	}
}
```

这里有一个假设：如果图像更新速度不够快（本例中是 100 毫秒），用户宁愿放弃它而继续更新其下一个版本。还有一个假设是：用户很少会注意到在一个图像更新序列中漏掉了一幅图像，因此不需要更复杂的解决方案。

42.3.1.4 lock_guard 和 unique_lock

锁是一种资源，因此我们不能忘记释放它。即，每个 m.lock() 操作必须有一个 m.unlock() 操作与之匹配。关于锁有一些常犯的错误，例如：

```
void use(mutex& mtx, Vector<string>& vs, int i)
{
      mtx.lock();
      if (i<0) return;
      string s = vs[i];
      // ...
      mtx.unlock();
}
```

这段代码中有 mtx.unlock()，但若 i<0 或 i 超出了 vs 的范围，而 vs 具备范围检查功能，则线程的执行永远也不会到达 mtx.unlock()，从而 mtx 将被永远锁住。

标准库提供了两个 RAII 类 lock_guard 和 unique_lock 来解决这种问题。

"普通的"lock_guard 是最简单、最小也最快的锁保护机制。unique_lock 具有更多功能，但也带来了一些额外代价，这样的代价在特定机器上的特定应用中有可能很严重，但也可能并不重要。

lock_guard<M>（iso.30.4.2）	
lock_guard lck {m};	lck 获取 m；显式构造函数
lock_guard lck {m,adopt_lock_t};	lck 保有 m；假定当前 thread 已经获取了 m；不抛出异常
lck.~lock_guard()	析构函数；对保有的互斥量调用 unlock()

例如：

```
void use(mutex& mtx, vector<string>& vs, int i)
{
      lock_guard<mutex> g {mtx};
      if (i<0) return;
      string s = vs[i];
      // ...
}
```

lock_guard 的析构函数会对其实参调用必要的 unlock()。

一如以往，我们持有锁的时间应该尽量短，如果我们只在一小段作用域中需要锁，就不应一直持有锁直到一个很大的作用域结束，lock_guard 不应成为这种做法的借口。显然，检查 i 并不需要锁，因此我们应该在此之后获取锁：

```
void use(mutex& mtx, vector<string>& vs, int i)
{
      if (i<0) return;
      lock_guard<mutex> g {mtx};
      string s = vs[i];
      // ...
}
```

而且，想象我们只在读取 v[i] 时需要锁。这样，我们可以将 lock_guard 应用于一个很小的作用域：

```
void use(mutex& mtx, vector<string>& vs, int i)
{
      if (i<0) return;
```

```
        string s;
        {
            lock_guard<mutex> g {mtx};
            s = vs[i];
        }
        // ...
    }
```

这样复杂的代码有必要吗？如果不考察“隐藏于 ... 内”的代码，我们无法分辨，但我们绝不应该只是因为不愿考虑哪里需要锁而使用 lock_guard。一般而言最小化临界区是很有价值的事情，这至少能迫使我们严谨思考哪里需要锁，为什么需要。

因此，lock_guard（以及 unique_lock）是一种对象资源句柄（“守卫”），你可以对对象加锁来获取所有权，解锁来释放所有权。

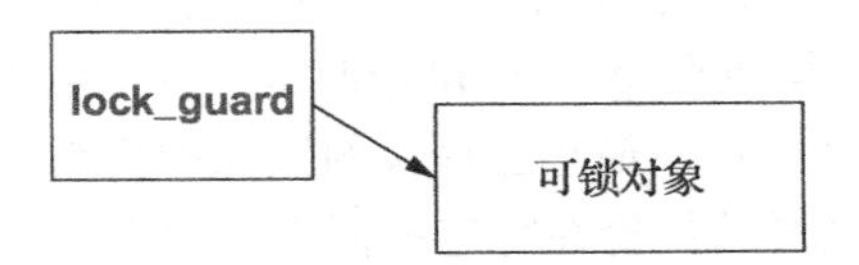

这种对象被称为可锁对象（lockable object）。标准库互斥量对象显然是可锁的，但用户也可以定义自己的可锁对象类型。

lock_guard 是一个非常简单的类，不包含什么有趣的操作。它所做的所有事情就是对 mutex 实现 RAII。为了获得一个提供内含 mutex 上的 RAII 和操作的对象，应使用 unique_lock：

unique_lock<M>（iso.30.4.2） m 是一个可锁对象	
unique_lock lck {};	默认构造函数；lck 不保有一个互斥量；不抛出异常
unique_lock lck {m};	lck 获取 m；不抛出异常
unique_lock lck {m,defer_lock};	lck 保有 m 但不获取它
unique_lock lck {m,try_to_lock_t};	lck 保有 m 并执行 m.try_lock()；若尝试成功 lck 就拥有 m；否则不拥有
unique_lock lck {m,adopt_lock_t};	lck 保有 m；假定当前 thread 已经获取了 m
unique_lock lck {m,tp};	lck 保有 m 并调用 m.try_lock_until(tp)；若尝试成功 lck 就拥有 m；否则不拥有
unique_lock lck {m,d};	lck 保有 m 并调用 m.try_lock_for(d)；若尝试成功 lck 就拥有 m；否则不拥有
unique_lock lck {lck2};	移动构造函数：lck 保有 lck2 原有的（如果有的话）互斥量；lck2 不再保有互斥量
lck.~unique_lock()	析构函数：对保有的（如果有的话）互斥量调用 unlock()
lck2=move(lck)	移动赋值操作：lck 保有 lck2 原有的（如果有的话）互斥量；lck2 不再保有互斥量
lck.lock()	m.lock()
lck.try_lock()	m.try_lock()；返回是否获取成功的结果
lck.try_lock_for(d)	m.try_lock_for(d)；返回是否获取成功的结果
lck.try_lock_until(tp)	m.try_lock_ until(tp)；返回是否获取成功的结果
lck.unlock()	m.unlock()
lck.swap(lck2)	交换 lck 和 lck2 的可锁对象

（续）

unique_lock<M>（iso.30.4.2） m 是一个可锁对象	
pm=lck.release()	lck 不再拥有 *pm；不抛出异常
lck.owns_lock()	lock 拥有一个可锁对象吗？不抛出异常
bool b {lck};	转换为 bool 类型；b==lck.owns_lock()；显式构造函数；不抛出异常
pm=lck.mutex()	*pm 为所拥有的可锁对象（如果有的话）；否则 pm==nullptr；不抛出异常
swap(lck,lck2)	lck.swap(lck2)；不抛出异常

显然，仅当保存的互斥量是一个 timed_mutex 或 recursive_timed_mutex 时，才允许执行限时操作。

例如：

```
mutex mtx;
timed_mutex mtx2;

void use()
{
	unique_lock<defer_lock_t,mutex> lck {mtx};
	unique_lock<defer_lock_t,timed_mutex> lck2 {mtx2};

	lck.try_lock_for(milliseconds{2});          // 错误：互斥量没有成员 try_lock_for()

	lck2.try_lock_for(milliseconds{2});         // 正确
	lck2.try_lock_until(steady_clock::now()+milliseconds{2});
	// ...
}
```

如果你传递给 unique_lock 的构造函数一个 duration 或 time_point 作为第二个参数，构造函数会执行恰当的尝试加锁操作。owns_lock() 操作允许我们检查获取操作是否成功。例如：

```
timed_mutex mtx2;

void use2()
{
	unique_lock<timed_mutex> lck2 {mtx2,milliseconds{2}};
	if (lck2.owns_lock()) {
		// 获取成功：
		// ... 执行一些操作 ...
	}
	else {
		// 超时：
		// ... 做一些其他操作 ...
	}
}
```

42.3.2 多重锁

为执行某个任务获取多个资源的需求非常常见。不幸的是，获取两个锁就可能产生死锁。例如：

```
mutex mtx1;    // 保护一个资源
mutex mtx2;    // 保护另一个资源

void task(mutex& m1, mutex& m2)
```

```
{
	unique_lock<mutex> lck1 {m1};
	unique_lock<mutex> lck2 {m2};
	// ... 使用资源 ...
}
thread t1 {task,ref(mtx1),ref(mtx2)};
thread t2 {task,ref(mtx2),ref(mtx1)};
```

ref() 是引用包装器 std::ref()，来自 <functional>（见 33.5 节）。为了传递引用，我们需要使用可变参数模板（thread 构造函数；见 42.2.2 节）。互斥量不能拷贝或移动，因此必须通过引用（或指针）传递互斥量。

将 mtx1 和 mtx2 改为不暗示顺序的名字，并将源码中 t1 和 t2 的定义分离开，则程序最终发生死锁——t1 拥有 mtx1，t2 拥有 mtx2，然后两者都永远处于尝试获取第二个互斥量的状态——的可能性就不再那么明显了。

锁（iso.30.4.2） locks 是一个或多个可锁对象构成的序列 lck1、lck2、lck3、…	
x=try_lock(locks)	尝试获取 locks 的所有成员；这些锁是按顺序获取的；若所有锁都成功获取，x=-1；否则 x=n，其中 n 为不能获取的锁的数量，且不会保有任何锁
lock(locks)	获取 locks 的所有成员；不会产生死锁

C++ 标准并未指定 try_lock() 算法如何设计，但一个可能的实现如下所示：

```
template <typename M1, typename... Mx>
int try_lock(M1& mtx, Mx& tail...)
{
	if (mtx.try_lock()) {
		int n = try_lock(tail...);
		if (n == −1) return −1;		// 获取了所有锁
		mtx.unlock();			// 回退
		return n+1;
	}
	return 1;				// 不能获取 mtx
}

template <typename M1>
int try_lock(M1& mtx)
{
	return (mtx.try_lock()) ? −1 : 0;
}
```

有了 lock() 操作，前面错误的 task() 就可以修改为正确且更简洁的版本：

```
void task(mutex& m1, mutex& m2)
{
	unique_lock lck1 {m1,defer_lock_t};
	unique_lock lck2 {m1,defer_lock_t};
	lock(lck1,lck2);
	// ... 使用资源 ...
}
```

注意，直接将 lock() 用于多个互斥量，如 lock(m1,m2)，而不是用于 unique_lock，就会将显式释放 m1 和 m2 的责任留给程序员。

42.3.3 call_once()

我们通常希望初始化对象时不会产生数据竞争。为此，类型 once_flag 和函数 call_once() 提供了一种高效且简单的底层工具。

call_once（iso.30.4.2）	
once_flag fl {};	默认构造函数：fl 未使用
call_once(fl,f,args)	若 fl 尚未使用；调用 f(args)

例如：

```
class X {
public:
	X();
	// ...
private:
	// ...
	static once_flag static_flag;
	static Y static_data_for_class_X;
	static void init();
};

X::X()
{
	call_once(static_flag,init());
}
```

可以将 call_once() 理解为这样一种方法，它简单地修改并发前代码，这些代码依赖于已初始化的 static 数据。

我们可以用 call_once() 或非常像 call_once() 的机制来实现局部 static 变量的运行时初始化。考虑下面的代码：

```
Color& default_color()	// 用户代码
{
	static Color def { read_from_environment("background color") };
	return def;
}
```

可能实现为：

```
Color& default_color()	// generated code
{
	static Color def;
	static_flag __def;
	call_once(__def,read_from_environment,"background color");
	return def;
}
```

我使用双下划线前缀（见 6.3.3 节）强调后一个版本是编译器生成的代码。

42.3.4 条件变量

我们用条件变量管理 thread 间的通信。一个 thread 可等待（阻塞）在一个 condition_variable 上，直至发生某个事件，如到达一个特定时刻或者另一个 thread 完成。

condition_variable（iso.30.5） lck 必须是一个 unique_lock<mutex>	
condition_variable cv {};	默认构造函数：若某些系统资源无法获得，抛出 system_error
cv.~condition_variable()	析构函数；thread 不会等待，也不会被通知
cv.notify_one()	解除一个等待 thread（如果有的话）的阻塞状态；不抛出异常
cv.notify_all()	解除所有等待 thread 的阻塞状态；不抛出异常
cv.wait(lck)	lck 必须被调用 thread 所拥有；调用原子操作 lck.unlock() 并阻塞；当收到通知时解除阻塞，或“伪”唤醒；当解除阻塞时调用 lck.lock()
cv.wait(lck,pred)	lck 必须被调用 thread 所拥有； while (!pred()) wait(lock)
x=cv.wait_until(lck,tp)	lck 必须被调用 thread 所拥有；调用原子操作 lck.unlock() 并阻塞；当收到通知或时间已达 tp 时解除阻塞；当解除阻塞时调用 lck.lock()；若超时，x 为 timeout，否则 x=no_timeout
b=cv.wait_until(lck,tp,pred)	while (!pred()) if (wait_until(lck,tp)==cv_status::timeout)；b=pred()
x=cv.wait_for(lck,d)	x=cv.wait_until(lck,steady_clock::now()+d)
b=cv.wait_for(lck,d,pred)	b=cv.wait_until(lck,steady_clock::now()+d,move(pred))
native_handle_type	参考 iso.30.2.3
nh=cv.native_handle()	nh 为 cv 的系统句柄

condition_variable 可能（也可能不）依赖系统资源，因此构造函数可能因该资源缺乏而失败。但是，类似 mutex，condition_variable 也不能拷贝或移动，因此最好将 condition_variable 理解为资源本身，而非资源句柄。

当销毁一个 condition_variable 时，必须通知（即唤醒）所有正在等待的 thread，否则它们就可能永远处于等待状态。

wait_until() 和 wait_for() 返回的状态定义如下：

```
enum class cv_status { no_timeout, timeout };
```

wait 函数用 condition_variable 的 unique_lock 来防止等待 thread 列表上的数据竞争，以避免唤醒通知被漏掉。

“普通” wait(lck) 是一种低层操作，其使用须格外小心，且通常用于某些高层抽象的实现。此操作可能导致“伪”唤醒。即，系统可能决定恢复 wait() 的 thread，即使没有其他 thread 发出通知！显然，允许伪唤醒简化了某些系统中 condition_variable 的实现。我们应保证总是在循环中使用“普通” wait()。例如：

```
while (queue.empty()) wait(queue_lck);
```

使用此循环的另一个原因是某些 thread 可能在调用无条件 wait() 的 thread 运行之前就已“悄悄地”将条件（本例中的 queue.empty()）变为无效了。这种循环大体上就是条件等待的实现方式，因此应优先选择使用这种循环而非无条件 wait()。

thread 可以等待一段时间：

```
void simple_timer(int delay)
{
    condition_variable timer;
    mutex mtx;                              // 保护 timer 的互斥量
    auto t0 = steady_clock::now();
    unique_lock<mutex> lck(mtx);            // 获取 mtx
```

```
        timer.wait_for(lck,milliseconds{delay}); // 释放和获取 mtx
        auto t1 = steady_clock::now();
        cout << duration_cast<milliseconds>(t1-t0).count() << "milliseconds passed\n";
    } // 隐式释放 mtx
```

这段代码大致展示了 this_thread::wait_for() 的实现。mutex 保护 wait_for() 不发生数据竞争。wait_for() 在进入睡眠前释放其 mutex，在其 thread 解除阻塞状态后重新获取 mutex。最后，lck 在其作用域结束时（隐式）释放 mutex。

condition_variable 的另一个简单应用是控制从生产者到消费者的消息流：

```
template<typename T>
class Sync_queue {
public:
        void put(const T& val);
        void put(T&& val);
        void get(T& val);
private:
        mutex mtx;
        condition_variable cond;
        list<T> q;
};
```

其设计思想是 put() 和 get() 不会彼此妨碍。除非队列中有值可读取，否则执行 get() 的 thread 会进入睡眠状态。

```
template<typename T>
void Sync_queue::put(const T& val)
{
        lock_guard<mutex> lck(mtx);
        q.push_back(val);
        cond.notify_one();
}
```

这段代码的工作方式是，生产者 put() 获取队列 mutex，在队列尾添加一个值，调用 notify_one() 唤醒可能处于阻塞状态的消费者，并隐式释放 mutex。我提供了一个右值版本的 put() 以便传输具有移动操作但无拷贝操作的类型的对象，例如 unique_ptr（见 5.2.1 节和 34.3.1 节）和 packaged_task（见 42.4.3 节）

在这段代码中我使用了 notify_one() 而不是 notify_all()，因为我只是添加一个元素且希望保持 put() 简单。若有多个消费者，或者消费者落在生产者之后，则需重新考虑如何选择。

get() 更复杂一些，因为它应该仅在 mutex 阻止访问或队列空时阻塞其 thread：

```
template<typename T>
void Sync_queue::get(T& val)
{
        unique_lock<mutex> lck(mtx);
        cond.wait(lck,[this]{ return !q.empty(); });
        val=q.front();
        q.pop_front();
}
```

get() 的调用者会保持阻塞状态，直至 Sync_queue 变为非空。

我使用了 unique_lock 而不是普通的 lock_guard，因为 lock_guard 已优化得非常简洁，并不提供解锁和重新加锁 mutex 所需的操作。

我通过一个引用参数而不是返回值从 get() 返回结果，以确保如果元素类型的拷贝构造函数能抛出异常的话，不会导致麻烦。这是一种传统技术（例如，STL stack 适配器提供的 pop() 以及容器提供的 front() 都采用了这种技术）。我们可以编写出直接返回结果的 get()，但异常复杂，例如可参考 future<T>::get()（见 42.4.4 节）。

一个简单的生产者 – 消费者例子可以非常简单：

```
Sync_queue<Message> mq;

void producer()
{
	while (true) {
		Message m;
		// ... 填写 m ...
		mq.put(m);
	}
}

void consumer()
{
	while (true) {
		Message m;
		mq.get(m);
		// ... 使用 m ...
	}
}
thread t1 {producer};
thread t2 {consumer};
```

通过使用 condition_variable，消费者不必再操心如何显式处理任务都执行完毕的情况。假如我们只是简单使用一个 mutex 来控制对 Sync_queue 的访问，消费者就不得不反复唤醒，查看队列中的任务，并在发现队列空后决定怎么做。

我用一个 list 保存队列元素，值进出 list 都采用拷贝方式。元素类型的拷贝操作可能抛出异常，但即使它抛出异常，Sync_queue 也会保持不变，put() 或 get() 操作可简单地宣告失败。

Sync_queue 本身不是一个共享数据结构，因此我们并不为它使用一个单独的 mutex；只有 put() 和 get()（分别更新队首和队尾，两者可能是相同的元素）才需要防止数据竞争。

对某些应用，简单的 Sync_queue 有一个致命缺陷：如果生产者停止添加元素，导致消费者永远等待该怎么办？如果消费者有其他事情需要做，因而不能等待很长时间，该怎么办？对此有很多解决方法，一种常用技术是为 get() 增加超时机制，即，指定最长等待时间：

```
void consumer()
{
	while (true) {
		Message m;
		mq.get(m,milliseconds{200});
		// ... 使用 m ...
	}
}
```

为使这段代码正确工作，我们需要为 Sync_queue 添加第二个 get()：

```
template<typename T>
void Sync_queue::get(T& val, steady_clock::duration d)
{
	unique_lock<mutex> lck(mtx);
```

```
        bool not_empty = cond.wait_for(lck,d,[this]{ return !q.empty(); });
        if (not_empty) {
                val=q.front();
                q.pop_front();
        }
        else
                throw system_error{"Sync_queue: get() timeout"};
}
```

当使用超时机制时，我们需要考虑等待之后做什么：是得到了数据还是仅仅超时了？实际上，我们并不关心超时，而只是关心谓词（表达为 lambda）是真还是假，从而 wait_for() 返回什么。我选择通过抛出异常来报告 get() 的超时错误。假如我将超时看作一种常见的“非异常”事件，就会选择返回一个 bool 值了。

我们可以对 put() 做大致相同的修改，当任务队列满时它会等待消费者取走任务，但不会等待很长时间：

```
template<typename T>
void Sync_queue::put(T val, steady_clock::duration d, int n)
{
        unique_lock<mutex> lck(mtx);
        bool not_full = cond.wait_for(lck,d,[this]{ return q.size()<n; });
        if (not_full) {
                q.push_back(val);
                cond.notify_one();
        }
        else {
                cond.notify_all();
                throw system_error{"Sync_queue: put() timeout"};
        }
}
```

对 put() 而言，返回一个 bool 值的替代方案鼓励生产者总是显式处理两种情况，看起来比当前版本的 get() 更有吸引力。但为了避免陷入“处理溢出的最佳方案”的讨论，我再次选择抛出异常来报告失败。

当队列满时，我选择了 notify_all()。选用 notify_all() 还是 notify_one() 依赖于应用程序的行为，并不总是那么显而易见。只通知一个 thread 会将队列的访问串行化，从而可能在有多个潜在消费者时令吞吐率降低。另一方面，通知所有等待 thread 可能同时唤醒多个 thread，产生对互斥量的竞争，并可能导致 thread 被反复唤醒而只是发现队列为空（被其他 thread 删空）。再次回到经典原则：不要相信你的直觉；要进行测试。

42.3.4.1 condition_variable_any

condition_variable 是针对 unique_lock<mutex> 优化的。condition_variable_any 在功能上与 condition_variable 等价，但可操作任何可锁对象

condition_variable_any (iso.30.5.2) lck 可以是具备所需操作的任何可锁对象
…类似 condition_variable…

42.4　基于任务的并发

到目前为止，本章一直关注运行并发任务的机制：关注点是 thread、避免数据竞争和

thread 同步。对很多并发应用，我发现这种对机制的关注会分散我们对实际任务（原目标，指明了并发任务！）的注意力。本节介绍如何指定一种简单的任务：一种根据给定参数完成一项工作、生成一个结果的任务。

为了支持这种基于任务的并发模型，标准库提供了如下特性：

任务支持（iso.30.6.1）	
packaged_task<F>	打包一个类型为 F 的可调用对象，作为任务运行
promise<T>	一个对象，描述了接收类型为 T 的结果的目的
future<T>	一个对象，描述了类型为 T 的结果的源
shared_future<T>	一个 future，可从中多次读取类型为 T 的结果
x=async(policy,f,args)	根据 policy 调用 f(args)
x=async(f,args)	根据默认策略调用： x=async(launch::async|launch::deferred,f,args)

这些特性的描述暴露了很多细节，而这些细节没有必要烦扰应用程序编写者。请牢记任务模型的根本原则：简单性。大多数更复杂的细节支持的都是很少见的用途，例如隐藏更为麻烦的线程和锁机制。

标准库对任务的支持仅仅是如何支持基于任务的并发的一个例子而已。我们常常希望提供大量小任务，让“系统”操心如何将它们映射到硬件资源去执行以及如何避免它们发生数据竞争、伪唤醒、过度等待，等等。

这些特性的重要性在于它们对程序员而言非常简单。在一个串行程序中，我们通常会编写下面这样的代码：

```
res = task(args);     // 给定参数，执行一个任务，得到结果
```

并行版本变为：

```
auto handle = async(task,args);     // 给定参数，执行一个任务
// ... 进行其他操作 ...
res = handle.get()                  // 得到结果
```

有时，我们在考虑替代方案、细节、性能和权衡时会忽视简单性的价值。我们应优先考虑使用最简单的技术，将更复杂的解决方案留到我们确信真正值得使用的地方。

42.4.1　future 和 promise

如 5.3.5 节所述，任务间的通信由一对 future 和 promise 处理。任务将其结果放入一个 promise，需要此结果的任务则从对应的 future 提取结果：

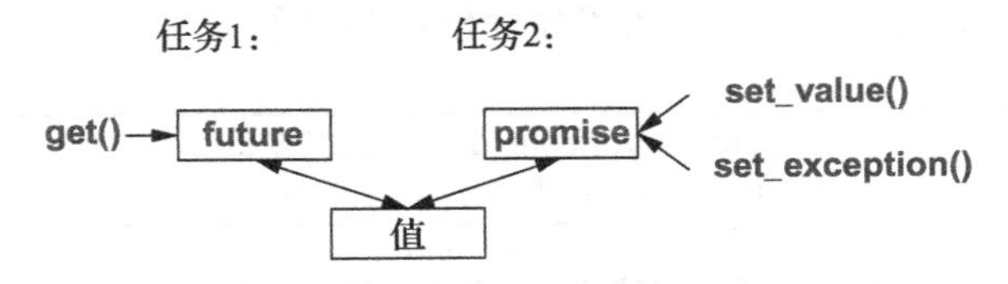

上图中的“值”有一个技术术语——共享状态（shared state，见 iso.30.6.4）。除了返回值或异常，它还包含两个 thread 安全交换数据所需的信息。一个共享状态最低限度应能保存：

- 一个恰当类型的值或一个异常。对于一个“返回 void”的 future，此值什么也不包含。

- 一个就绪位（ready bit），指出是否已准备好一个值或一个异常供 future 提取。
- 一个任务，对一个由 async() 用策略 deferred（见 42.4.6 节）调用的 thread，当对其 future 调用 get() 时，会执行此任务。
- 一个使用计数（use count），使得当且仅当共享状态的最后一个使用者放弃访问时才销毁它。特别是，如果共享状态中保存的值的类型具有析构函数，则当使用计数变为 0 时会调用此析构函数。
- 一些互斥数据（mutual exclusion data），能用来将任何可能处于等待的 thread 解除阻塞状态（例如 condition_variable）。

一个 C++ 实现可为共享状态提供下列操作：

- 构造：可能使用用户提供的分配器。
- 就绪：设置“就绪位”并将任何正在等待的 thread 解除阻塞。
- 释放：递减使用计数，若这是最后一个使用者，销毁共享状态。
- 丢弃：若已不可能由 promise 将一个值或异常放入共享状态（例如，由于 promise 已被销毁），则一个异常 future_error 和错误状态 broken_promise 被存入共享状态中，共享状态被置为就绪。

42.4.2 promise

一个 promise 就是一个共享状态（见 42.4.1 节）的句柄。它是一个任务可用来存放其结果的地方，供其他任务通过 future（见 42.4.4 节）提取。

promise<T>（iso.30.6.5）	
promise pr {};	默认构造函数：pr 有一个尚未就绪的共享状态
promise pr {allocator_arg_t,a};	构造 pr；使用分配器 a 构造一个尚未就绪的共享状态
promise pr {pr2};	移动构造函数：pr 获得 pr2 的状态；pr2 不再含有共享状态；不抛出异常
pr.~promise()	析构函数：丢弃共享状态；将结果置为 broken_promise 异常
pr2=move(pr)	移动赋值：pr2 获得 pr 的状态；pr 不再含有共享状态；不抛出异常
pr.swap(pr2)	交换 pr 和 pr2 的值；不抛出异常
fu=pr.get_future()	fu 是 pr 对应的 future
pr.set_value(x)	任务的结果是值 x
pr.set_value()	为 void future 设置任务结果
pr.set_exception(p)	任务的结果是 p 指向的异常；p 是一个 exception_ptr
pr.set_value_at_thread_exit(x)	任务的结果是值 x；待 thread 退出后再将结果置为就绪
pr.set_exception_at_thread_exit(p)	任务的结果是 p 指向的异常；p 是一个 exception_ptr；待 thread 退出后再将结果置位
swap(pr,pr2)	pr.swap(pr2)；不抛出异常

promise 没有拷贝操作。

如果已经设置了一个值或异常，则函数 set 抛出 future_error。

通过 promise 只能传输单一结果值。这看起来可能有些局限性，但记住值是被移入、移出共享状态的，而不是进行拷贝，因此我们可以以很低的代价传输一组对象。例如：

```
promise<map<string,int>> pr;
map<string,int>> m;
// ... 向 m 中填入一百万个 <string,int> 对 ...
```

```
pr.set_value(m);
```

任务随后即可从对应 future 提取 map，而代价基本为 0。

42.4.3 packaged_task

packaged_task 保存了一个任务和一个 future/ promise 对。

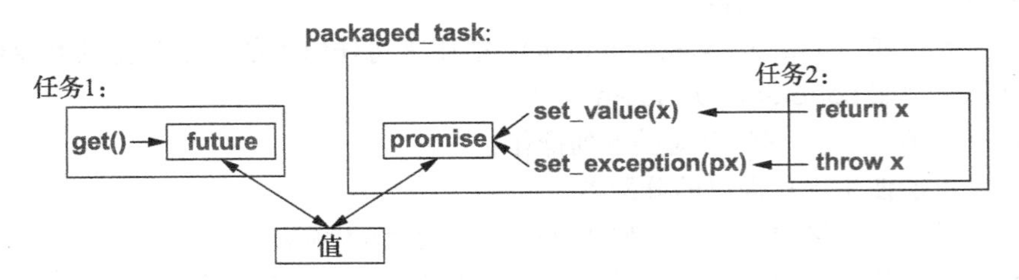

将待执行的任务（一个函数或一个函数对象）传递给 packaged_task。当任务执行到 return x 时，会引发在 packaged_task 的 promise 上调用 set_value(x)。类似地，throw x 会引发一个 set_exception(px)，其中 px 是一个指向 x 的 exception_ptr。基本上，packaged_task 像下面这样执行其任务 f(args)：

```
try {
	pr.set_value(f(args));	// 假定 promise 名为 pr
}
catch(...) {
	pr.set_exception(current_exception());
}
```

packaged_task 提供了一组常规操作：

packaged_task<R(ArgTypes...)>（iso.30.6.9）	
packaged_task pt {};	默认构造函数：pt 未保存任务；不抛出异常
packaged_task pt {f};	构造保存 f 的 pt；f 被移入 pt；使用默认分配器；显式构造函数
packaged_task pt {allocator_arg_t,a,f};	构造保存 f 的 pt；f 被移入 pt；使用分配器 a；显式构造函数
packaged_task pt {pt2};	移动构造函数：pt 获得 pt2 的状态；移动之后 pt2 不再包含任务；不抛出异常
pt=move(pt2)	移动赋值：pt 获得 pt2 的状态；递减 pt 之前共享状态的使用计数；移动之后 pt2 不再包含任务；不抛出异常
pt.~packaged_task();	析构函数：丢弃共享状态
pt.swap(pt2)	交换 pt 和 pt2 的值；不抛出异常
pt.valid()	pt 包含一个共享状态吗？如果它已被赋予过一个任务且未被移出过，则包含共享状态；不抛出异常
fu=pt.get_future()	fu 是 pt 的 promise 对应的 future；若调用两次，抛出 future-error
pt()(args)	执行 f(args)；f() 中的一次 return x 会对 pt 的 promise 执行一次 set_value(x)，f() 中的一次 throw x 会对 pt 的 promise 执行一次 set_exception(x)；px 是一个指向 x 的 exception_ptr
pt.make_ready_at_exit(args)	调用 f(args)；待 thread 退出后再将结果置位为就绪
pt.reset()	重置为初始状态；丢弃旧状态
swap(pt,pt2)	pt.swap(pt2)
uses_allocator<PT,A>	若 PT 使用的分配器类型为 A，则结果为 true_type

packaged_task 可以移动但不能拷贝，但 packaged_task 可以拷贝其任务，并假定任务的副本生成与原任务相同的结果。这很重要，因为任务可能与其 packaged_task 一起移动到一个新 thread 的栈中。

丢弃一个共享状态（如析构函数和移动操作所做的）意味着令其就绪。如果尚未保存值或异常，就会保存一个指向 future_error 的指针（见 42.4.1 节）。

make_ready_at_exit() 的优点是直至 thread_local 变量的析构函数执行完毕，任务的结果才可用。

没有对应 get_future() 的 get_promise() 操作。promise 的使用完全由 packaged_task 处理。

下面是一个非常简单的例子，我们甚至无须任何 thread。首先定义一个简单的任务：

```
int ff(int i)
{
	if (i) return i;
	throw runtime_error("ff(0)");
}
```

现在我们可以将此函数包装进 packaged_task 并调用它们了：

```
packaged_task<int(int)> pt1 {ff};           // 将 ff 保存在 pt1 中
packaged_task<int(int)> pt2 {ff};           // 将 ff 保存在 pt2

pt1(1);                       // 令 pt1 调用 ff(1);
pt2(0);                       // 令 pt2 调用 ff(0);
```

到目前为止，还没发生什么事情。特别是，我们没看到 ff(0) 触发异常。实际上，pt1(1) 对 pt1 关联的 promise 执行一个 set_value(1)，pt1(0) 对 pt2 关联的 promise 执行一个 set_exception(px)；px 是一个指向 runtime_error("ff(0)") 的 exception_ptr。

稍后，我们可以尝试提取结果。get_ future () 操作用来获取 future，其中保存着包装线程执行任务的结果：

```
auto v1 = pt1.get_future();
auto v2 = pt2.get_future();

try {
	cout << v1.get() << '\n';   // 打印
	cout << v2.get() << '\n';   // 抛出异常
}
catch (exception& e) {
	cout << "exception: " << e.what() << '\n';
}
```

程序输出结果为：

```
1
exception: ff(0)
```

我们也可用更简单的版本获得完全一样的效果：

```
try {
	cout << ff(1) << '\n'; // 将打印
	cout << ff(0) << '\n'; // 将抛出
}
catch (exception& e) {
```

```
        cout << "exception: " << e.what() << '\n';
    }
```

关键点在于 packaged_task 版本与普通函数调用版本的工作方式是完全一样的，即便任务函数（本例中的 ff）和 get() 的调用是在不同的 thread 中。因此我们可以集中精力于指明任务，而不是思考 thread 和锁。

我们可以移动 future、packaged_task 或两者都移动。最终，packaged_task 被调用，其任务会将结果保存在 future 中，既不必了解是哪个 thread 执行它，也不必了解哪个 thread 将接收结果。这是一种简单且通用的机制。

考虑处理一系列请求的 thread。它可能是一个 GUI thread、一个拥有特殊硬件访问权限的 thread 或任意用队列序列化资源访问的服务器。我们可以将这种服务实现为一个消息队列（见 42.3.4 节），或传递待执行的任务：

```
using Res = /* 服务器的结果类型 */;
using Args = /* 服务器的结果类型 */;
using PTT = Res(Args);

Sync_queue<packaged_task<PTT>> server;

Res f(Args);                                    // 函数：执行一些操作
struct G {
    Res operator()(Args);                       // 函数对象：执行一些操作
    // ...
};
auto h = [=](Args a) { /* 执行一些操作 */ };    // lambda

packaged_task<PTT> job1(f);
packaged_task<PTT> job2(G{});
packaged_task<PTT> job3(h);

auto f1 = job1.get_future();
auto f2 = job2.get_future();
auto f3 = job3.get_future();

server.put(move(job1));
server.put(move(job2));
server.put(move(job3));

auto r1 = f1.get();
auto r2 = f2.get();
auto r3 = f3.get();
```

服务器 thread 会从 server 队列接受 packaged_task 并以某种恰当的顺序执行它们。通常，任务会从调用上下文携带数据。

任务的编写本质上类似普通函数、函数对象和 lambda，服务器调用任务也很类似普通（回调）函数。对服务器而言，packaged_task 确实比普通函数更易使用，因为已经考虑了异常处理。

42.4.4 future

future 就是共享状态的句柄（见 42.4.1 节），它是任务提取由 promise（见 42.4.2 节）存放的结果的地方。

future<T> (iso.30.6.6)	
future fu {};	默认构造函数：无共享状态；不抛出异常
future fu {fu2};	移动构造函数：fu 获得 fu2 的共享状态（如果有的话）；fu2 不再包含共享状态；不抛出异常
fu.~future()	析构函数：释放共享状态（如果有的话）
fu=move(fu2)	移动赋值：fu 获得 fu2 的共享状态（如果有的话）；fu2 不再包含共享状态；释放 fu 的旧共享状态（如果有的话）
sf=fu.share()	将 fu 的值移入一个 shared_future sf；fu 不再包含共享状态
x=fu.get()	fu 的值被移入 x；如果 fu 中保存的是一个异常，抛出它；fu 不再包含共享状态；不要尝试 get() 两次
fu.get()	对 future<void>：类似 x=fu.get()，但不移动任何值
fu.valid()	fu 有效吗？即，fu 包含一个共享状态吗？不抛出异常
fu.wait()	阻塞，直至有一个值到来
fs=fu.wait_for(d)	阻塞，直至有一个值到来或经过 duration d；fs 确定是一个值准备好（ready）、发生 timeout 还是执行被推迟
fs=fu.wait_until(tp)	阻塞，直至有一个值到来或到达 time_point tp；fs 确定是一个值准备好（ready）、发生 timeout 还是执行被推迟

future 保存一个独一无二的值，它并不提供拷贝操作。

如果 future 保存了一个值，它只能被移出。因此 get() 只能被调用一次。如果你可能需要多次读取一个结果（例如，多个任务都读取结果），应使用 shared_future（见 42.4.5 节）。

如果你尝试调用 get() 两次，结果是未定义的。实际上，对一个非 valid() 的 future，除了首次 get()、valid() 或析构函数，其他任何操作的结果都是未定义的。对于这种情况，C++ 标准“鼓励”抛出一个错误状态为 future_errc::no_state 的 future_error。

如果 future<T> 的值类型 T 为 void 或一个引用，则对 get() 应采用特殊规则：

- future<void>::get() 不返回值：它简单返回到调用者或抛出一个异常。
- future<T&>::get() 返回一个 T&。引用不是对象，因此标准库必定传递的是其他什么东西，例如一个 T*，get() 将其转换（回）一个 T&。

我们可以调用 wait_for() 和 wait_until() 来获得 future 的状态：

enum class future_status	
ready	future 已包含一个值
timeout	操作超时
deferred	future 的任务被推迟执行，直至调用了 get()

future 上的操作可能产生如下错误：

future 错误：future_errc	
broken_promise	promise 在提供值之前就丢弃了状态
future_already_retrieved	对 future 第二次执行 get()
promise_already_satisfied	对 promise 第二次执行 set_value() 或 set_exception()
no_state	操作在 promise 的共享状态创建前就试图访问它（例如 get_future() 或 set_value()）

此外，shared_future<T>::get() 的类型为 T 的值上的操作可能抛出异常（例如，一个不寻常

的移动操作）。

检查 future<T> 表，我发现我漏掉了两个有用的函数：

- wait_for_all(args)：等待，直至 args 中每个 future 都有了一个值。
- wait_for_any(args)：等待，直至 args 中某个 future 有了一个值。

我可以很简单地实现一个 wait_for_all()：

```
template<typename T>
vector<T> wait_for_all(vector<future<T>>& vf)
{
	vector<T> res;
	for (auto& fu : vf)
		res.push_back(fu.get());
	return res;
}
```

这个版本使用起来足够简单，但它有一个缺陷：如果我等待 10 个 future，那么我的 thread 就有阻塞 10 次的风险。理想情况是，我的 thread 最多阻塞和解除阻塞一次。但对于很多应用来说，这个版本的 wait_for_all() 已经足够好了：如果某些任务是长时间运行的，那么额外的等待就不那么严重了。另一方面，如果所有任务运行时间都很短，那么它们很可能在第一次等待后就很快结束了。

wait_for_any() 的实现更复杂一些。首先我们需要一种检查 future 是否就绪的方法。令人惊讶的是，这可以通过 wait_for() 实现。例如：

```
future_status s = fu.wait_for(seconds{0});
```

用 wait_for(seconds{0}) 获取 future 的状态不是那么显而易见的，但 wait_for() 会告诉我们它为什么恢复，并在暂停之前检测是否就绪。wait_for(seconds{0}) 会立即返回，而不是尝试暂停零时长。

有了 wait_for()，我们可以编写下面的代码：

```
template<typename T>
int wait_for_any(vector<future<T>>& vf, steady_clock::duration d)
	// 返回就绪的 future 的索引
	// 如无 future 就绪，等待时长 d 之后再尝试
{
	while(true) {
		for (int i=0; i!=vf.size(); ++i) {
			if (!vf[i].valid()) continue;
			switch (vf[i].wait_for(seconds{0})) {
			case future_status::ready:
				return i;
			case future_status::timeout:
				break;
			case future_status::deferred:
				throw runtime_error("wait_for_all(): deferred future");
			}
		}
		this_thread::sleep_for(d);
	}
}
```

对于我的用途，我将推迟（deferred）的任务（见 42.4.6 节）视为一个错误。

注意 valid() 检测。试图对一个不合法的 future（例如，已经执行了一次 get() 的 future）执

行 wait_for() 会导致难以查找的错误，最好的情况也只能是抛出一个（可能出乎意料的）异常。

类似 wait_for_all() 的实现，这个实现也有一个缺陷：理想情况下，wait_for_any() 的调用者永远不应被无用地唤醒——唤醒后只是发现还没有任务完成，而且应该在某个任务完成后立即被唤醒。这个简单实现只是接近了这一目标。如果使用很大的 d，无用唤醒的可能性变得很低，但有可能不必要地等待很长时间。

函数 wait_for_all() 和 wait_for_any() 是构建并发算法的基石。我在 42.4.7 节中会用到它们。

42.4.5 shared_future

future 的结果值只能被读取一次，因为读取时它就被移动了。因此，如果你希望反复读取结果值，或是可能有多个读者读取结果，就必须拷贝它，然后读取副本。这正是 shared_future 所做的。每个可用的 shared_future 都是通过直接或间接地从具有相同结果类型的 future 中移出值来进行初始化的。

shared_future<T>（iso.30.6.7）	
shared_future sf {};	默认构造函数：无共享状态；不抛出异常
shared_future sf {fu};	构造函数：从 future fu 移动值；fu 不再包含状态；不抛出异常
shared_future sf {sf2};	拷贝和移动构造函数；移动构造函数不抛出异常
sf.~future()	析构函数：释放共享状态（如果有的话）
sf=sf2	拷贝赋值操作
sf=move(sf2)	移动赋值操作：不抛出异常
x=sf.get()	sf 的值被拷贝到 x；如果 sf 中保存的是一个异常，抛出它
sf.get()	对 shared_future<void>：类似 x=sf.get()，但不拷贝任何值
sf.valid()	sf 有共享状态吗？不抛出异常
sf.wait()	阻塞，直至有一个值到来
fs=sf.wait_for(d)	阻塞，直至有一个值到来或等待 duration d；fs 辨别一个值是否准备好（ready）、发生一个 timeout 还是执行被推迟（deferred）
fs=sf.wait_until(tp)	阻塞，直至有一个值到来或等到 time_point tp；fs 辨别一个值是否准备好（ready）、发生一个 timeout 还是执行被推迟（deferred）

显然，shared_future 与 future 非常相似。关键差别是 shared_future 将其值移动到可以被反复读取及共享的位置。类似 future<T>，如果 shared_future<T> 的值类型 T 为 void 或引用，则对其 get() 应用特殊规则：

- shared_future<void>::get() 不返回值：它简单返回到调用者或抛出一个异常。
- shared_future<T&>::get() 返回一个 T&。引用不是对象，因此标准库必定传递的是其他什么东西，例如一个 T*，get() 将其转换（回）一个 T&。
- 若 T 不是引用，shared_future<T>::get() 返回一个 const T&。

除非返回对象是引用，否则它将是 const 的，因此多个 thread 可以不借助同步就能安全访问它。如果返回对象是一个非 const 引用，你需要某种形式的互斥机制来避免访问引用对象时发生数据竞争。

42.4.6 async()

有了 future 和 promise（见 42.4.1 节）以及 packaged_task（见 42.4.3 节），我们就可以

编写简单的任务而不必过于担心 thread 了。借助这些特性，thread 只不过是你给定任务去执行的载体而已。但是，我们仍需考虑使用多少个 thread 以及任务是由当前 thread 运行还是由其他 thread 运行。这种决策可交给线程启动器（thread launcher）完成，这是一个函数，它决定是否创建一个新 thread、回收一个旧 thread 或简单地在当前 thread 上运行任务。

异步任务启动器：async<F,Args>（iso.30.6.8）	
fu=async(policy,f,args)	根据启动策略 policy 执行 f(args)
fu=async(f,args)	fu=async(launch::async|launch::deferred,f,args)

async() 基本上可看作一个复杂启动器的简单接口。调用 async() 返回一个 future<R>，其中 R 的类型与其任务的返回类型相同。例如：

```
double square(int i) { return i*i; }

future<double> fd = async(square,2);
double d = fd.get();
```

如果启动一个 thread 执行 square(2)，我们可能得到一种执行 2*2 的创纪录的缓慢方法。使用 auto 可以简化符号表示：

```
double square(int i) { return i*i; }

auto fd = async(square,2);
auto d = fd.get();
```

一般来说，async() 的调用者可能提供各种信息帮助 async() 的实现决定是否启动一个新 thread，还是简单地在当前 thread 上执行任务。例如，我们容易想象程序员会希望为启动器提供一个任务可能运行多长时间的提示。但是，当前的 C++ 标准只提供了两种策略：

启动策略：launch	
async	就像创建了一个新 thread 执行任务一样
deferred	在对任务的 future 执行 get() 的时刻执行任务

注意“就像”。对于是否启动一个新 thread，启动器有很宽的自由裁定权力。例如，由于默认策略是 async|deferred（async 或 deferred），一次 async(square ,2) 调用决定采用 deferred 策略并不稀奇，从而任务的执行变为由 fd.get() 调用 square(2)。我甚至可以想象优化器会将整个代码片段优化为

```
double d = 4;
```

但是，我们不能期望 async() 的实现会针对这样简单的的例子进行优化。实现者的付出最好花在实际的例子上，即任务会执行大量计算，从而可以合理地考虑是启动一个新 thread 还是一个“回收再利用”的 thread。

“回收再利用的 thread”的意思是来自一大批 thread（线程池）中的一个 thread，async() 可以只创建它一次然后反复使用它执行不同任务。依赖于系统线程的实现，这种机制可以大幅度地降低在 thread 上执行任务的代价。如果一个 thread 被回收，启动器必须小心，不能让一个任务看到运行在此 thread 上的前一个任务的残留状态，也不能让一个任务将指向其栈或 thread_local 数据的指针（见 42.2.8 节）保存在非局部存储中。可以想象这种

数据会用于安全攻击。

async() 的一个简单但实际的用途是创建任务收集用户输入：

```
void user()
{
      auto handle = async([](){ return input_interaction_manager(); });
      // ...
      auto input = handle.get();
      // ...
}
```

这种任务通常要求来自调用者的一些数据。我使用了一个 lambda 来表示任务，以明确我可以传递参数或允许访问局部变量。当使用 lambda 指定任务时，要小心引用方式的局部变量捕获。这可能导致访问相同栈框架的两个 thread 产生数据竞争或糟糕的缓存访问模式。还要小心使用 [this] 捕获对象的成员（见 11.4.3.3 节），这意味着对象成员是被（通过 this）间接访问，而不是拷贝的，从而对象很容易产生数据竞争，除非你确认不会产生。如果有疑问，就采用拷贝方式（传值方式传递参数或捕获局部变量，[=]）。

能选择“延迟”调度策略并按需修改通常是很重要的。例如，我们可能在初始调试时使用 launch::deferred，这样，在消除串行错误之后，才会消除并发相关的错误。而且，我可以经常回到 launch::deferred 状态，以确定一个错误是否真的与并发有关（见 42.4 节）。

随着时间推移，会有更多的启动策略加入 C++ 中，而且有些系统可能提供更好的启动策略。这样，我就可能通过局部改变启动策略而不是重写程序逻辑的微妙细节来提高代码的性能。这再次体现了基于任务的模型的根本——简单性——的效果（见 42.4 节）。

将 launch::deferred 作为默认启动策略会带来一个实际问题。基本上，这与其说是一个默认设置，倒不如说是一个缺乏设计的策略。一个实现可能决定“无并发”是一个好主意，并一直使用 launch::deferred。如果你在实验中发现并发的结果与执行单线程惊人相似，可尝试显式设定启动策略。

42.4.7　一个并行 find() 示例

find() 对序列进行线性搜索。想象序列中有数百万个元素，难以排序，从而 find() 就成为查找元素的恰当算法。它可能很慢，因此我们不是从头到尾依次搜索，而是启动 100 个 find()，每个负责 1% 数据的搜索。

首先，我们将数据表示为一个 Record 的 vector：

```
extern vector<Record> goods;      // 要搜索的数据
```

单个（串行）任务可以简单地使用标准库 find_if() 完成：

```
template<typename Pred>
Record* find_rec(vector<Record>& vr, int first, int last, Pred pr)
{
      vector<Record>::iterator p = std::find_if(vr.begin()+first,vr.begin()+last,pr);
      if (p == vr.begin()+last)
            return nullptr;          // 到达末尾：未找到记录
      return &*p;                    // 找到：返回指向元素的指针
}
```

不幸的是，我们必须决定并行的“粒度”。即，我们需要指定顺序搜索的记录数：

```
const int grain = 50000;          // 线性搜索的记录数
```

选定这样一个数是一种非常原始的选择粒度大小的方法。挑选一个很好的数非常困难，除非对硬件、库实现、数据以及算法有很多的了解，而且必须进行实验。能帮助我们避免粒度选择或能帮助我们选择合适粒度的工具和框架很有用。但是，本节只是简单展示一个基本标准库特性及其最基本的使用技术，对此 grain 已经足够了。

函数 pfind()（“并行查找”）简单进行多次 async() 调用，具体次数由 grain 和 Record 的数量决定。然后，它利用 get() 得到结果：

```
template<typename Pred>
Record* pfind(vector<Record>& vr, Pred pr)
{
	assert(vr.size()%grain==0);

	vector<future<Record*>> res;

	for (int i = 0; i!=vr.size(); i+=grain)
		res.push_back(async(find_rec<Pred>,ref(vr),i,i+grain,pr));

	for (int i = 0; i!=res.size(); ++i)		// 在 futures 中查找结果
		if (auto p = res[i].get())		// 此任务找到匹配结果了吗？
			return p;

	return nullptr;				// 未找到匹配结果
}
```

最终，我们可以发起一次搜索：

```
void find_cheap_red()
{
	assert(goods.size()%grain==0);

	Record* p = pfind(goods,
				[](Record& r) { return r.price<200 && r.color==Color::red; });
	cout << "record "<< *p << '\n';
}
```

并行 find() 的这第一个版本首先创建很多任务，然后按顺序等待它们完成。类似 std::find_if()，它报告与谓词匹配的第一个元素；即，下标最小的匹配元素。这个版本可能很好，但是：

- 我们最终可能等待很多未找到任何东西的任务（可能只有最后一个任务找到匹配元素）。
- 我们可能错过很多或许有用的信息（可能有上千项匹配我们的搜索标准）。

第一个问题可能并不像听起来那么糟糕。假定（有些鲁莽地）启动一个 thread 不会产生什么代价，并假定我们拥有与任务一样多的处理单元。即，我们获得结果所花费的时间可能是检查 50000 个记录而非百万个记录所用的时间。如果我们有 N 个处理单元，将会以 N*50000 个记录一批逐批地获得结果。如果直到 vector 的最后一段也未找到匹配记录，则花费大约 vr.size()/(N*grain) 个单位时间。

我们可以不必按顺序等待每个任务完成，而是尝试按任务完成的顺序查看结果，即使用 wait_for_any()（见 42.4.4 节）。例如：

```
template<typename Pred>
Record* pfind_any(vector<Record>& vr, Pred pr)
{
	vector<future<Record*>> res;

	for (int i = 0; i!=vr.size(); i+=grain)
```

```
            res.push_back(async(find_rec<Pred>,ref(vr),i,i+grain,pr));

    for (int count = res.size(); count; --count) {
        int i = wait_for_any(res,microseconds{10});    // 某个任务完成
        if (auto p = res[i].get())                     // 此任务找到匹配结果了吗?
            return p;
    }

    return nullptr;                                    // 未找到匹配结果
}
```

调用 get() 会使其 future 变为无效，因此我们不能两次查看一个部分结果。

我使用 count 确保所有任务都报告结果后就不会继续查看了。除此之外，pfind_any() 与 pfind() 一样简单。pfind_any() 与 pfind() 相比是否有性能优势依赖于很多因素，但关键的观察结果是，为了从并发获得（可能的）性能提升，必须使用一个稍微不同的算法。类似 find_if()，pfind() 返回第一个匹配结果，而 pfind_any() 返回的则是它找到的第一个匹配结果。一个问题的最佳并行算法通常是其串行解决思想的变体，而不是简单重复串行解决方案。

在此情况下，一个显而易见的问题是“你真的只需要一个匹配结果吗?”使用并发，查找所有匹配结果就变得更有意义了。实现这一目标很容易，我们所要做的只是令每个任务返回一个匹配结果的 vector，而不只是单一匹配结果：

```
template<typename Pred>
vector<Record*> find_all_rec(vector<Record>& vr, int first, int last, Pred pr)
{
    vector<Record*> res;
    for (int i=first; i!=last; ++i)
        if (pr(vr[i]))
            res.push_back(&vr[i]);
    return res;
}
```

此 find_all_rec() 可以说比最初的 find_rec() 更为简单。

现在只需恰当地多次启动 find_all_rec() 并等待结果：

```
template<typename Pred>
vector<Record*> pfind_all(vector<Record>& vr, Pred pr)
{
    vector<future<vector<Record*>>> res;

    for (int i = 0; i!=vr.size(); i+=grain)
        res.push_back(async(find_all_rec<Pred>,ref(vr),i,i+grain,pr));

    vector<vector<Record*>> r2 = wait_for_all(res);

    vector<Record*> r;
    for (auto& x : r2)                    // 合并结果
        for (auto p : x)
            r.push_back(p);
    return r;
}
```

假如只是返回一个 vector<vector<Record*>>，此 pfind_all() 会是目前为止最简单的并行函数。但是，通过将返回的多个 vector 合并为单一向量，pfind_all() 展示了一类常见和流行的并行算法：

[1] 创建一些待运行的任务。

[2] 并行运行这些任务。

[3] 合并结果。

在开发能完全隐藏并发执行细节的框架时，这是一种基本思想，它常被称为 map-reduce [Dean, 2004]。

运行实例可能如下所示：

```
void find_all_cheap_red()
{
        assert(goods.size()%grain==0);

        auto vp = pfind_all(goods,
              [](Record& r) { return r.price<200 && r.color==Color::red; });
        for (auto p : vp)
              cout << "record "<< *p << '\n';
}
```

最终，我们必须考虑为并行化所付出的努力是否值得。为此，我向测试程序中添加了简单的串行版本：

```
void just_find_cheap_red()
{
        auto p = find_if(goods.begin(),goods.end(),
              [](Record& r) { return r.price<200 && r.color==Color::red; });
        if (p!=goods.end())
                    cout << "record "<< *p << '\n';
        else
                    cout << "not found\n";
}

void just_find_all_cheap_red()
{
        auto vp = find_all_rec(goods,0,goods.size(),
              [](Record& r) { return r.price<200 && r.color==Color::red; });
        for (auto p : vp)
              cout << "record "<< *p << '\n';
}
```

对于我使用的简单测试数据和我的（相对）简单的只有四个硬件线程的笔记本电脑而言，我并未发现两个版本有任何一致或显著的性能差异。在本例中，不成熟的 async() 实现创建 thread 的代价主导了并发的效果。如果我希望马上获得显著的并行加速比，可以基于一组预创建的 thread 和一个工作队列，沿着 Sync_queue（见 42.3.4 节）和 packaged_task（见 42.4.3 节）的路线实现自己版本的 async()。注意，这种显著的优化工作无需改变基于任务的并行 pfind() 程序。从应用程序的角度，将标准库 async() 替换为一个优化版本属于实现细节范畴。

42.5 建议

[1] thread 是系统线程的类型安全的接口；42.2 节。

[2] 不要销毁正在运行的 thread；42.2.2 节。

[3] 用 join() 等待 thread 结束；42.2.4 节。

[4] 考虑使用 guarded_thread 为 thread 提供 RAII；42.2.4 节。

[5] 除非不得已，否则不要 detach() 一个 thread；42.2.4 节。
[6] 用 lock_guard 或 unique_lock 管理互斥量；42.3.1.4 节。
[7] 用 lock() 获取多重锁；42.3.2 节。
[8] 用 condition_variable 管理 thread 间通信；42.3.4 节。
[9] 从并发执行任务的角度思考，而非直接从 thread 角度思考；42.4 节。
[10] 重视简洁性；42.4 节。
[11] 用 promise 返回结果，从 future 获取结果；42.4.1 节。
[12] 不要对一个 promise 两次执行 set_value() 或 set_exception()；42.4.2 节。
[13] 用 packaged_task 管理任务抛出的异常以及安排返回值；42.4.3 节。
[14] 用 packaged_task 和 future 表达对外部服务的请求以及等待其应答；42.4.3 节。
[15] 不要从一个 future 两次使用 get()；42.4.4 节。
[16] 用 async() 启动简单任务；见 42.4.6 节。
[17] 选择好的并发粒度很困难：依赖实验和测量做出选择；见 42.4.7 节。
[18] 尽量将并发隐藏在并行算法接口之后；见 42.4.7 节。
[19] 并行算法在语义上可能与解决同一问题的串行解决方案不同（如 pfind_all() 对 find()）；见 42.4.7 节。
[20] 有时，串行解决方案比并行版本简单且快速；见 42.4.7 节。

C 标准库

C 是一种强类型、弱检查的语言。

——丹尼斯·麦卡利斯特·里奇

- 引言
- 文件
- printf() 系列函数
- C 风格字符串
- 内存
- 日期和时间
- 杂项
- 建议

43.1 引言

C 标准库经过很小改动后已被纳入 C++ 标准库中。C 标准库提供了一些多年来已在很多领域被证明很有用的函数，这些函数在相对低层的编程中尤为重要。

还有很多 C 标准库函数本章未能介绍；如需了解这些内容，请参考一本好的 C 语言教材，如“Kernighan 和 Ritchie”[Kernighan，1988] 或 ISO C 标准库 [C，2011]。

43.2 文件

C I/O 系统是基于文件的。一个文件（FILE*）可以指向一个外存文件或一个标准输入输出流：stdin、stdout 及 stderr。标准流都是默认可用的，其他文件则需打开才能使用：

文件打开和关闭	
f=fopen(s,m)	为一个名为 s 的文件打开一个文件流，打开模式为 m，若成功，f 为对应打开文件的 FILE*，否则 f 为 nullptr
x=fclose(f)	关闭文件流 f；若成功返回 0

用 fopen() 打开的文件必须用 fclose() 关闭，否则文件会保持打开状态直至操作系统关闭它。如果你认为这是一个问题（将其视为一种资源泄漏），可使用 fstream（见 38.2.1 节）。

模式（mode）是一个 C 风格字符串，包含一个或多个字符，指明文件如何打开（以及打开后如何使用）：

文件模式	
"r"	读
"w"	写（丢弃原有内容）
"a"	追加（添加在末尾）

（续）

文件模式	
"r+"	读写
"w+"	读写（丢弃原有内容）
"b"	二进制；与其他模式一起使用

在特定系统中，可能有（通常确实有）更多选项。例如，x 有时用来表示“在此打开操作之前文件不能存在”。某些选项可以组合使用，例如，fopen("foo","rb") 尝试打开一个名为 foo 的文件，进行二进制读取。I/O 模式对 stdio 和 iostream（见 38.2.1 节）应该是一致的。

43.3 printf() 系列函数

最流行的 C 标准库函数是输出函数。但是，我倾向于使用 iostream 库，因为它是类型安全且可扩展的。格式化输出函数 printf() 已被广泛使用（包括用于 C++ 程序中），还被其他编程语言广为效仿：

printf()	
n=printf(fmt,args)	根据格式化字符串 fmt 将参数 args 恰当插入，打印到 stdout
n=fprintf(f,fmt,args)	根据格式化字符串 fmt 将参数 args 恰当插入，打印到文件 f
n=sprintf(s,fmt,args)	根据格式化字符串 fmt 将参数 args 恰当插入，打印到 C 风格字符串 s

在每个版本中，n 都得到输出的字符数，或者是一个负数表示输出失败。我们通常会忽略 printf() 的返回值。

printf() 的声明为：

```
int printf(const char* format ...);
```

换句话说，它接受一个 C 风格字符串（通常是一个字符串字面值常量），然后是任意数量、任意类型的实参。这些“额外实参”的含义由格式字符串中的转换说明控制，如 %c（打印为字符）和 %d（打印为十进制整数）。例如：

```
int x = 5;
const char* p = "Pedersen";
printf("the value of x is '%d' and the value of s is '%s'\n",x,s);
```

紧跟 % 的字符控制实参的处理。第一个 % 用于第一个“额外实参”（在本例中是 %d 用于 x），第二个 % 用于第二个“额外实参”（在本例中是 %s 用于 s），以此类推。这个 printf() 调用的输出结果是：

```
the value of x is '5' and the value of s is 'Pedersen'
```

后接一个换行。

一般而言，编译器不能检查一个 % 转换指令与其应用的类型间的对应关系，即使能检查，通常也不会这样做。例如：

```
printf("the value of x is '%s' and the value of s is '%x'\n",x,s);     // 糟糕
```

转换说明非常多（而且还在继续增加），而且灵活度非常大。很多系统都支持超出 C 标准之外的选项。可参考用于 strftime() 格式化的选项集合（见 43.6 节）。下面是选项列表（% 后

的字符）及其说明：

- \-　可选的减号，指定转换的值在域内左对齐；
- \+　可选的加号，指出带符号类型的值总是以 + 或 - 符号开始；
- 0　可选的零，指出用前导零填充数值的输出。如果指定了 - 或精度，则 0 被忽略；
- #　可选的 #，指出即使一个浮点数在小数点后无非零数字，也要打印小数点，尾置的零要打印出来，八进制值要打印一个起始 0，十六进制值要打印一个起始 0x 或 0X；
- *d*　可选的数字字符串，指定域宽度；如果转换值的字符串小于域宽，则在左侧（或右侧，若给出了左对齐指示符的话）填充空格以补足域宽；如果域宽以零开头，则用 0 而不是空格填充；
- . 可选的点，用来将域宽与下一个数字字符串分隔开；
- *d*　可选的数字字符串，指定精度，即 e 和 f 转换方式下小数点后显示的数字位数，或字符串的最大打印字符数；
- *　域宽或精度可用一个 * 而不是数字字符串指定。在此情况下，用一个整型额外实参提供域宽或精度值；
- h　可选的字符 h，指出接下来的 d、i、o、u、x 或 X 对应一个（带符号或无符号的）短整型实参。
- hh 可选的一对字符 hh，指出接下来的 d、i、o、u、x 或 X 实参被当作一个（带符号或无符号的）char 实参；
- l　可选的字符 l，指出接下来的 d、i、o、u、x 或 X 对应一个（带符号或无符号的）长整型实参；
- ll　可选的一对字符 ll，指出接下来的 d、i、o、u、x 或 X 对应一个（带符号或无符号的）长长整型实参；
- L　可选的字符 L，指出接下来的 a、A、e、E、f、F、g 或 G 对应一个长双精度实参；
- j　指出接下来的 d、i、o、u、x 或 X 对应一个 intmax_t 或 uintmax_t 实参；
- z　指出接下来的 d、i、o、u、x 或 X 对应一个 size_t 实参；
- t　指出接下来的 d、i、o、u、x 或 X 对应一个 ptrdiff_t 实参；
- %　指出打印一个 %；不使用任何实参；
- *c*　一个字符，指出要应用的转换类型。转换字符及其含义如下：
    - d　整数实参转换为十进制记数法；
    - i　整数实参转换为十进制记数法；
    - o　整数实参转换为八进制记数法；
    - x　整数实参转换为十六进制记数法；
    - X　整数实参转换为十六进制记数法；
    - f　float 和 double 实参转换为 *[-]ddd.ddd* 风格的十进制记数法。小数点后 *d* 的个数等于为实参指定的精度。如需要，进行四舍五入。如果未指定精度，打印六位数字；如果显式指定了精度为 0 且未指定 #，则不打印小数点；
    - F　类似 %f，但使用大写字母打印 INF、INFINITY 和 NAN；
    - e　float 和 double 实参转换为科学记数法风格的十进制表示，即 *[-]d.ddd*e+*dd* 或 *[-]d.ddd*e-*dd*，其中小数点之前有一位数字，小数点之后的数字位数与实参的精度说明相等。如需要，进行四舍五入。如果未指定精度，打印六位数字；如果显式指定了精度为 0 且未指定 #，则不打印小数点；

E　类似 e，但用大写的 E 表示指数；

g　float 和 double 实参按风格 d、风格 f 或风格 e 打印，选择占用最小空间、表达最大精度的风格；

G　类似 g，但用大写的 E 表示指数；

a　double 实参按十六进制格式 *[-]*0x*h.hhh*p+*d* 或 *[-]*0x*h.hhh*p-*d*；

A　类似 %a，但用 X 和 P 代替 x 和 p；

c　打印字符。忽略空字符；

s　接受一个字符串（字符指针）实参，打印字符串中的字符直至遇到空字符或已打印了精度所指定的字符数；但是，如果精度为 0 或未指定精度，打印空字符前的所有字符；

p　接受一个指针实参。打印的形式依赖于具体 C++ 实现；

u　无符号整数实参转换为十进制记数法；

n　将调用 printf()、fprintf() 或 sprintf() 已打印的字符数写入 int 指针实参指向的 int 对象；

在所有情况下，未指定域宽或较小的域宽都不会导致域截断；只有当指定域宽大于实际宽度时才进行填充。

下面是一个更精巧的例子：

```
char* line_format = "#line %d \"%s\"\n";
int line = 13;
char* file_name = "C++/main.c";

printf("int a;\n");
printf(line_format,line,file_name);
```

它输入如下内容：

```
int a;
#line 13 "C++/main.c"
```

printf() 不进行类型检查，从这个角度讲它是不安全的。例如，下面展示了一种广为人知的方法，能得到不可预测的输出、段错误甚至更糟的结果：

```
char x = 'q';
printf("bad input char: %s",x);        // %s 应该是 %c
```

但 printf() 函数的确以 C 程序员所熟悉的形式提供了极大的灵活性。

以 C++ 的标准，C 并未提供用户自定义类型机制，因此不存在为 complex、vector 或 string 这样的用户自定义类型定义输出格式的方法。strftime() 的格式化输出（见 43.6 节）可能让你认为这可通过定义一组新的格式说明符来实现，但这其实是一种曲解。

C 标准输出 stdout 对应 cout。C 标准输入 stdin 对应 cin。C 标准错误输出 stderr 对应 cerr。C 标准 I/O 和 C++ I/O 流的这种对应关系如此之近，以至于 C 风格 I/O 和 I/O 流可共享缓冲。例如，我们可以混合使用 cout 和 stdout 操作生成单一输出流（在 C 和 C++ 混合代码中并不罕见）。但这种灵活性也带来了额外代价，为了获得最佳性能，不要混合 stdio 和 iostream 操作用于单一流。为了确保这一点，可在第一次 I/O 操作之前调用 ios_base::sync_with_stdio(false)（见 38.4.4 节）。

stdio 库提供了一个 scanf() 函数，这是一个输入操作，风格上模仿了 printf()。例如：

```
int x;
char s[buf_size];
int i = scanf("the value of x is '%d' and the value of s is '%s'\n",&x,s);
```

在本例中，scanf() 尝试读取一个整数存入 x，接着读取一个非空白字符的序列存入 s。一个非格式字符指出在输入中必须包含此字符。例如，输入下面的内容：

```
the value of x is '123' and the value of s is 'string '\n"
```

程序会读取 123 存入 x，接着读取一个字符串并尾随一个 0 存入 s。如果 scanf() 调用成功，则返回值（上例中的 i）表示被成功赋值的实参指针数（在上例中希望是 2）；否则，返回值为 EOF。这种指定输入的方式很容易出错（例如，如果忘记了在字符串之后输入那个空格，将会发生什么）。scanf() 的所有参数都必须是指针，强烈建议不要使用 scanf()。

如果必须使用 stdio，该如何进行输入呢？一个常见的回答是“使用标准库函数 gets()”：

```
// 非常危险的代码：
char s[buf_size];
char* p = gets(s);    // 读取一行存入 s
```

调用 p=gets(s) 读取字符存入 s，直至遇到换行或文件尾，在最后一个字符之后，还会向 s 写入一个 '\0'。如果遇到文件尾或发生一个错误，p 被设置为 nullptr；否则它被设置为 s。千万不要使用 gets(s) 或大致等价的 scanf("%s",s)！多少年来，它们都是病毒编写者的最爱：通过提供一个能令输入缓冲区溢出的输入（本例中的 s），黑客就能破坏程序并可能接管电脑。函数 sprintf() 也存在类似的缓冲区溢出问题。C11 版本的 C 标准库提供了一整套替代的标准库输入函数，它们接受一个额外实参来抵御溢出，例如 gets_s(p,n)。类似 iostream 未格式化输入，这些函数其实是将确定结束条件（见 38.4.1.2 节；如，过多字符、终止符或文件尾）的问题留给了用户。

stdio 库也提供了简单且有用的字符读写函数：

标准输入输出字符函数	
x=g etc(st)	从输入流 st 读取一个字符；x 为字符的整数值，若遇到文件尾或错误，x 为 EOF
x=putc(c,st)	将字符 c 写入输出流 st；x 为写入的字符的整数值，若遇到错误，x 为 EOF
x=g etchar()	x=getc(stdin)
x=putchar(c)	x=putc(c,stdout)
x=ungetc(c,st)	将字符 c 退回输入流 st；x 为 c 的整数值，若遇到错误，x 为 EOF

这些操作都返回一个 int（而不是一个 char，否则就不可能返回 EOF 了）。例如，下面是一个典型的 C 风格输入循环：

```
int ch;     // 注意：不是“char ch;”
while ((ch=getchar())!=EOF) { /* 执行一些操作 */ }
```

不要对一个流连续执行 ungetc()，那样做的结果是未定义且不可移植的。

标准输入输出函数还有很多，如果你需要了解更多，请参考一本好的 C 语言教材（例如“K&R”）。

43.4 C 风格字符串

一个 C 风格字符串就是一个零结尾的 char 数组。定义于 <cstring>（或 <string.h>；注意，不是 <string>）和 <cstdLib> 中的一组函数提供了对这种字符串表示方法的支持。这些函数操作通过 char* 指针（const char* 指针用于只读内存，不使用 unsigned char* 指针）操作 C 风格字符串：

C 风格字符串操作	
x=strlen(s)	统计字符数（不包括结尾 0）
p=strcpy(s,s2)	将 s2 拷贝到 s；[s:s+n) 和 [s2:s2+n) 不能重叠；p=s；结尾 0 也会被拷贝
p=strcat(s,s2)	将 s2 拷贝到 s 的末尾；p=s；结尾 0 也会被拷贝
x=strcmp(s, s2)	字典序比较：若 s<s2，则 x 为负数；若 s==s2，则 x==0；若 s>s2，则 x 为正
p=strncpy(s,s2,n)	strcpy 最多 n 个字符；拷贝结尾 0 可能失败
p=strncat(s,s2,n)	strcat 最多 n 个字符；拷贝结尾 0 可能失败
x=strncmp(s,s2,n)	strcmp 最多 n 个字符
p=strchr(s,c)	p 指向 s 中第一个 c
p=strrchr(s,c)	p 指向 s 中最后一个 c
p=strstr(s,s2)	p 指向 s 中与 s2 相等的第一个子串的起始字符
p=strpbrk(s,s2)	p 指向 s 中也在 s2 出现的第一个字符

注意，在 C++ 中，出于类型安全考虑，strchr() 和 strstr() 都有两个版本（它们不能像对应的 C 版本那样将 const char* 转换为 char*）。参见 36.3.2 节、36.3.3 节和 36.3.7 节。

C 风格数值转换 p 指向 s 中未进行转换的第一个字符； b 为一个基数，在 [2:36) 间，或为 0 表示使用 C 源码风格数值	
x=atof(s)	x 是一个可表示为 s 的 double
x=atoi(s)	x 是一个可表示为 s 的 int
x=atol(s)	x 是一个可表示为 s 的 long
x=atoll(s)	x 是一个可表示为 s 的 long long
x=strtod(s,p)	x 是一个可表示为 s 的 double
x=strtof(s,p)	x 是一个可表示为 s 的 float
x=strtold(s,p)	x 是一个可表示为 s 的 long double
x=strtol(s,p,b)	x 是一个可表示为 s 的 long
x=strtoll(s,p,b)	x 是一个可表示为 s 的 long long
x=strtoul(s,p,b)	x 是一个可表示为 s 的 unsigned long
x=strtoull(s,p,b)	x 是一个可表示为 s 的 unsigned long long

如果转换为浮点数时结果无法放入目标类型，则会将 errno 设置为 ERANGE（见 40.3 节）。参见 36.3.5 节。

43.5　内存

操纵内存的函数通过 void* 指针（const void* 用于只读内存）对“裸内存”（类型未知）进行操作：

C风格内存操作	
q=memcpy(p,p2,n)	从 p2 向 p 拷贝 n 个字节（类似 strcpy）；[p:p+n) 和 [p2:p2+n) 不能重叠；q=p
q=memmove(p,p2,n)	从 p2 向 p 拷贝 n 个字节；q=p
x=memcmp(p,p2,n)	比较 p2 中 n 个字节和 p 中 n 个对应字节：x<0 表示 <，x==0 表示 ==，x>0 表示 >，
q=memchr(p,c,n)	在 [p:p+n) 中查找 c（转换为一个 unsigned char）；q 指向该元素；若未找到 c 则 q=0
q=memset(p,c,n)	将 c（转换为一个 unsigned char）拷贝到 [p:p+n) 中的每个位置；q=p
p=calloc(n,s)	p 指向自由存储上分配的 n*s 个字节，全部初始化为 0；若分配失败，p=nullptr
p=malloc(n)	p 指向自由存储上分配的 n 个未初始化字节；若分配失败，p=nullptr
q=realloc(p,n)	q 指向自由存储上分配的 n 个字节；p 必须是 malloc() 或 calloc() 返回的指针或 nullptr；尽可能重复使用 p 指向的空间，如不能，将 p 指向的区域中的所有字节拷贝到新区域；若不能分配 n 个字节，q=nullptr
free(p)	释放 p 指向的内存；p 必须是 malloc()、calloc() 或 realloc() 返回的指针或 nullptr

注意，malloc() 等函数并不调用构造函数，free() 也不会调用析构函数。不要对具有构造函数和析构函数的类型使用这些函数。而且，memset() 也不应该用于具有构造函数的任何类型。

注意，realloc(p,n) 若发现所需内存量超出了从 p 开始的区域大小，它会重新分配（即拷贝）从 p 开始保存的数据，例如：

```
int max = 1024;
char* p = static_cast<char*>(malloc(max));
char* current_word = nullptr;
bool in_word = false;
int i=0;
while (cin.get(&p[i]) {
	if (isletter(p[i])) {
		if (!in_word)
			current_word = p;
		in_word = true;
	}
	else
		in_word = false;
	if (++i==max)
		p = static_cast<char*>(realloc(p,max*=2));	// 分配双倍空间
	// ...
}
```

我希望你能指出这段代码中的糟糕错误：如果调用了 realloc()，current_word 可能（也可能不，如果未重新分配的话）指向 p 的当前存储区域之外的位置。

大多数情况下使用 vector（见 31.4.1 节）比 realloc() 更好。

mem* 函数可在 <cstring> 中找到，分配函数在 <cstdlib> 中。

43.6 日期和时间

在 <ctime> 中，可以找到一些日期和时间相关的类型和函数：

日期和时间类型	
clock_t	用于保存短时间间隔（可能只有几分钟）的算术类型
time_t	用于保存长时间间隔（可能是几个世纪）的算术类型
tm	一个 struct，用于保存日期和时间（自 1900 年起计算）

struct tm 定义如下：

```
struct tm {
    int tm_sec;     // 分钟内第几秒，[0:61]；60 和 61 表示闰秒
    int tm_min;     // 小时内第几分钟，[0:59]
    int tm_hour;    // 一天内第几个小时，[0:23]
    int tm_mday;    // 月内第几天，[1:31]
    int tm_mon;     // 年内第几个月，[0:11]，0 表示一月（注意：取值范围不是 [1:12]）
    int tm_year;    // 自 1900 年起的第几年；0 表示 1900 年，115 表示 2015 年
    int tm_wday;    // 从星期天记起的天数，[0:6]；0 表示星期天
    int tm_yday;    // 从 1 月 1 日记起的天数，[0:365]；0 表示 1 月 1 日
    int tm_isdst;   // 夏令时的小时值
};
```

函数 clock() 提供了对系统时钟的支持，其返回类型 clock_t 的含义可由其他几个函数解释：

日期和时间函数	
t=clock()	t 为程序开始运行到现在所经历的时钟滴答数；t 是 clock_t 类型
t=time(pt)	t 为当前日历时间；pt 是一个 time_t* 或 nullptr；t 是一个 clock_t；若 pt!=nullptr，则 *pt=t
d=difftime(t2,t1)	d 是一个 double，表示 t2-t1 的秒数
ptm=localtime(pt)	若 pt==nullptr，则 ptm=nullptr；否则 ptm 指向 *pt 对应的 time_t 本地时间
ptm=gmtime(pt)	若 pt==nullptr，则 ptm=nullptr；否则 ptm 指向 *pt 对应的格林威治标准时间（Greenwich Mean Time，GTM）tm
t=mktime(ptm)	*ptm 对应的 time_t 或 time_t(-1)
p=asctime(ptm)	p 是 *ptm 的 C 风格字符串表示
p=ctime(t)	p=asctime(localtime(t))
n=strftime(p,max,fmt,ptm)	将 *ptm 拷贝到 [p:p+n+1)，格式由格式字符串 fmt 控制；超出 [p:p+max) 的字符串被丢弃掉；若发生错误，n=0；p[n]=0

下面是 asctime() 返回结果的例子：

```
"Sun Sep 16 01:03:52 1973\n"
```

下面是一个用 clock() 进行函数计时的例子：

```
int main(int argc, char* argv[])
{
    int n = atoi(argv[1]);

    clock_t t1 = clock();
    if (t1 == clock_t(−1)) {            // clock_t(-1) 表示 "clock() 不能正常工作"
        cerr << "sorry, no clock\n";
        exit(1);
    }

    for (int i = 0; i<n; i++)
        do_something();                 // 对循环计时
    clock_t t2 = clock();
    if (t2 == clock_t(−1)) {
        cerr << "sorry, clock overflow\n";
        exit(2);
    }
    cout << "do_something() " << n << " times took "
        << double(t2−t1)/CLOCKS_PER_SEC << " seconds"
```

```
        << " (measurement granularity: " << CLOCKS_PER_SEC
        << " of a second)\n";
}
```

在除法运算之前进行显式类型转换 double(t2−t1) 是必要的，因为 clock_t 可能是整数。对 clock() 的返回值 t1 和 t2 而言，double(t2−t1)/CLOCKS_PER_SEC 是系统对两次调用间隔秒数的最佳近似。

如对比 <ctime> 和 <chrono> 中提供的特性，请参阅 35.2 节。

如果处理器不支持 clock() 或时间间隔过长难以测量，则 clock() 返回 clock_t(-1)。

函数 strftime() 使用一个 printf() 格式化字符串控制 tm 的输出。例如：

```
void almost_C()
{
    const int max = 80;
    char str[max];
    time_t t = time(nullptr);
    tm* pt = localtime(&t);
    strftime(str,max,"%D, %H:%M (%I:%M%p)\n",pt);
    printf(str);
}
```

输出可能像下面这样：

```
06/28/12, 15:38 (03:38PM)
```

strftime() 的格式控制字符几乎构成了一个小型编程语言：

日期和时间格式化	
%a	星期名缩写
%A	完整星期名
%b	月份名缩写
%B	完整月份名
%c	日期和时间表示
%C	年份除以 100，截取为 [00:99] 间的十进制整数
%d	月内第几天，[01:31] 间的十进制整数
%D	等价于 %m%d%y
%e	月内第几天，[01:31] 间的十进制整数，如果是一位数字，前面补一个空格
%F	等价于 %Y-%m-%d；ISO 8601 日期格式
%g	按周记的年份十进制值的后两位数字，[00:99]
%G	按周记的年份十进制值（如 2012）
%h	等价于 %b
%H	（24 小时制）小时值十进制表示，[00:23]
%I	（12 小时制）小时值十进制表示，[01:12]
%j	年内第几天的十进制值，[001:366]
%m	月份十进制值，[01:12]
%M	分钟十进制值，[00:59]
%n	换行符
%p	十二小时制上午 / 下午的区域表示
%r	十二小时制时间
%R	等价于 %H:%M

（续）

日期和时间格式化	
%S	秒十进制值，[00:60]
%t	水平制表符
%T	等价于 %H:%M:%S；ISO 8601 时间格式
%u	ISO 8601 星期十进制值，[1:7]；星期一为 1
%U	年内第几个星期（第一个星期天为第 1 周的第一天）的十进制表示，[00:53]
%V	ISO 8601 星期值的十进制表示，[01:53]
%w	星期几的十进制表示，[0:6]；星期天为 0
%W	年内第几个星期（第一个星期一为第 1 周的第一天）的十进制表示，[00:53]
%x	日期的恰当区域表示
%X	时间的恰当区域表示
%y	年份十进制表示的后两位数字，[00:99]
%Y	年份十进制表示（如 2012）
%z	与世界标准时间（UTC）的偏移，用 ISO 8601 格式表示，如 -0430（落后 UTC，也就是格林威治时间 4.5 小时）；如不能确定时区则没有任何结果
%Z	时区名区域表示或缩写；如不能确定时区则没有任何结果
%%	字符 %

这里所说的区域设置是程序的全局区域设置。

某些转换说明符可被修饰符 E 或 O 修改，表示可选的与 C++ 实现和区域设置相关的格式化。例如：

日期和时间修饰符例子	
%Ec	可选的日期和时间的区域表示
%EC	可选的区域表示中基准年（时代）的名字
%OH	（24 小时制）小时值，用可选的区域数值符号表示
%Oy	年份值的后两位数字，用可选的区域数值符号表示

put_time facet（见 39.4.4.1 节）用到了 strftime()。

C++ 风格时间特性见 35.2 节。

43.7 杂项

<cstdlib> 中还有如下特性：

<stdlib.h> 中的杂项函数	
abort()	“异常”结束程序
exit(n)	结束程序，返回 n；n==0 表示程序成功结束
system(s)	将字符串作为一条命令执行（依赖于系统）
qsort(b,n,s,cmp)	排序从 b 开始的 n 个元素的数组，元素大小为 s，使用比较函数 cmp
bsearch(k,b,n,s,cmp)	在 b 开始的 n 个元素的有序数组中搜索 k，元素大小为 s，使用比较函数 cmp
d=rand()	d 是 [0:RAND_MAX] 间的一个伪随机数
srand(d)	将 d 作为种子开始一个伪随机数序列

qsort() 和 bsearch() 使用的比较函数（cmp）必须具有如下类型：

```
int (*cmp)(const void* p, const void* q);
```

即，排序函数不了解任何类型信息，只是简单地将其数组实参视为字节序列。排序函数按如下规则返回一个整型值：

- 若认为 *p 小于 *q，则返回负数；
- 若认为 *p 等于 *q，则返回零；
- 若认为 *p 大于 *q，则返回正数。

这与使用传统的 < 的 sort() 不同。

注意，exit() 和 abort() 并不调用析构函数。如果你希望调用已构造对象的析构函数，可抛出一个异常（见 13.5.1 节）。

类似地，<csetjmp> 中的 longjmp() 是一种非局部的 goto，它不断解开调用栈，直至找到与 setjmp() 匹配的结果。它也不调用析构函数。如果从程序同一位置的 throw 语句调用了析构函数，longjmp() 的行为是未定义的。绝不要在 C++ 程序中使用 setjmp()。

更多的 C 标准库函数请参考 [Kernighan,1988] 或其他一些有良好声誉的 C 语言参考书籍。

在 <cstdint> 中，我们可以找到 int_fast16_t 和其他标准整数别名：

整数类型别名 N 可能是 8、16、32 或 64	
int_N_t	N 位整数类型，如 int_8_t
uint_N_t	N 位无符号整数类型，如 uint_16_t
int_leastN_t	至少 N 位的整数类型，如 int_least16_t
uint_leastN_t	至少 N 位的无符号整数类型，如 uint_least32_t
int_fastN_t	至少 N 位的整数类型，如 int_fast32_t
uint_fastN_t	至少 N 位的无符号整数类型，如 int_fast64_t

<cstdint> 中还提供了最大带符号和无符号整数类型的别名。例如：

```
typedef long long intmax_t;             // 最大带符号整数类型
typedef unsigned long long uintmax_t;   // 最大无符号整数类型
```

43.8　建议

[1] 如果担心资源泄漏，使用 fstream 而不是 fopen()/fclose()；43.2 节。

[2] 出于类型安全和扩展性的考虑，优先选择 <iostream> 而不是 <stdlib>；43.3 节。

[3] 绝不要使用 gets() 或 scanf("%s",s)；43.3 节。

[4] 出于资源管理易用性和简单性考虑，使用 <string> 而不是 <cstring>；43.4 节。

[5] 只对裸内存使用 C 内存管理例程，如 memcpy()；43.5 节。

[6] 优先选择 vector 而不是 malloc() 和 realloc()；43.5 节。

[7] C 标准库不了解构造函数和析构函数，对此要小心；43.5 节。

[8] 优先选择 <chrono> 而不是 <ctime> 进行计时；43.6 节。

[9] 考虑到灵活性、易用性和性能，优先选择 sort() 而不是 qsort()；43.7 节。

[10] 不要使用 exit()，应选择抛出异常；43.7 节。

[11] 不要使用 longjmp()，应选择抛出异常；43.7 节。

兼　容　性

你走你的路，我走我的。

——查理斯·纳皮尔

- 引言
- C++11 扩展
  语言特性；标准库组件；废弃特性；应对旧版本 C++ 实现
- C/C++ 兼容性
  C 和 C++ 是兄弟；“静默”差异；不兼容 C++ 的 C 代码；不兼容 C 的 C++ 代码
- 建议

44.1　引言

本章介绍标准 C++（ISO/IEC 14882-2011 定义）与较早版本（如 ISO/IEC 14882-1988）间的差异，以及与标准 C（ISO/IEC 9899-2011 定义）和较早 C 版本（如经典 C）之间的差异。本章的目的是：

- 给出 C++11 新特性的简明列表；
- 介绍会给程序员带来难题的差异；
- 指出解决问题的方法。

大多数兼容性问题都发生在人们尝试将 C 程序升级为 C++ 程序时、尝试将旧版本 C++ 程序移植到新版本 C++ 时（如 C++98 或 C++11），以及尝试用旧版本编译器编译使用新特性的 C++ 程序时。本章的目的不是穷举所有可能的兼容性问题，而是列出最常见的问题并介绍其标准解决方案。

当考察兼容性问题时，要考虑的一个关键问题是程序开发要用到哪些 C++ 实现。为了学习 C++，使用最完整且最有用的实现是很有意义的。而为了交付一个产品，更稳妥的策略可能是令产品能在尽量多的系统上运行。以往，这曾是不使用 C++ 新特性的一个原因（更多的时候只是一个借口）。但是，C++ 实现正在逐渐合流，跨平台移植已不再需要特别小心地考虑兼容性问题了。

44.2　C++11 扩展

这里首先列出 C++11 标准增加的语言特性和标准库组件。接下来将讨论应对旧版本（特别是 C++98）的方法。

44.2.1　语言特性

研究语言特性列表着实让人眼花缭乱。但要记住，语言特性并不是孤立使用的。特别是，大多数 C++11 新特性如果脱离了其他特性构成的框架就毫无意义。下面特性列表的顺序大致就是这些特性在本书中第一次出现的顺序：

[1] 使用{}列表进行一致且通用的初始化（2.2.2节，6.3.5节）；
[2] 从初始化器进行类型推断：auto（2.2.2节，6.3.6.1节）；
[3] 避免窄化转换（2.2.2节，6.3.5节）；
[4] 推广的且有保证的常量表达式：constexpr（2.2.3节，10.4节，12.1.6节）；
[5] 范围for语句（2.2.5节，9.5.1节）；
[6] 空指针关键字：nullptr（2.2.5节，7.2.2节）；
[7] 限域且强类型的枚举：enum class（2.3.3节，8.4.1节）；
[8] 编译时断言：static_assert（2.4.3.3节，24.4节）；
[9] {}列表到std::initializer_list的语言映射（3.2.1.3节，17.3.4节）；
[10] 右值引用（允许移动语义；3.3.2节，7.7.2节）；
[11] 以>>结束的嵌套模板参数（两个>间无空格，3.4.1节）；
[12] l ambda（3.4.3节，11.4节）；
[13] 可变参数模板（3.4.4节，28.6节）；
[14] 类型和模板别名（3.4.5节，6.5节，23.6节）；
[15] Unicode字符（6.2.3.2节，7.3.2.2节）；
[16] long long整数类型（6.2.4节）；
[17] 对齐控制：alignas和alignof（6.2.9节）；
[18] 在声明中将表达式的类型用作类型的能力：decltype（6.3.6.1节）；
[19] 裸字符串字面值常量（7.3.2.1节）；
[20] 推广的POD（8.2.6节）；
[21] 推广的union（8.3.1节）；
[22] 局部类作为模板实参（11.4.2节，25.2.1节）；
[23] 尾置返回类型语法（12.1.4节）；
[24] 属性语法和两种标准属性：[[carries_dependency]]（41.3节）和[[noreturn]]（12.1.7节）；
[25] 阻止异常传播：noexcept说明符（13.5.1.1节）；
[26] 检测表达式中抛出异常的可能性：noexcept运算符（13.5.1.1节）；
[27] C99特性：扩展的整数类型（即可选的长整数类型的规则；6.2.4节）；窄字符串和宽字符串的链接；__func__ __STDC_HOSTED__（12.6.2节）；_Pragma(X)（12.6.3节）；可变参数宏及空宏参数（12.6节）；
[28] inline名字空间（14.4.6节）；
[29] 委托构造函数（17.4.3节）；
[30] 类内成员初始化器（17.4.4节）；
[31] 默认控制：default（17.6节）和delete（17.6.4节）；
[32] 显式转换运算符（18.4.2节）；
[33] 用户自定义字面值常量（19.2.6节）；
[34] template实例化更为显式的控制：extern template（26.2.2节）；
[35] 函数模板的默认模板实参（25.2.5.1节）；
[36] 继承构造函数（20.3.5.1节）；

[37] 覆盖控制：override 和 final（20.3.4 节）；
[38] 更简单、更通用的 SFINAE 规则（23.5.3.2 节）；
[39] 内存模型（41.2 节）；
[40] 线程局部存储：thread_local（42.2.8 节）。

我并未尝试列出 C++98 到 C++11 的每个细小变化。从历史视角对这些特性的讨论请见 1.4 节。

44.2.2 标准库组件

C++11 对标准库的扩充有两种形式：新组件（如正则表达式匹配库）和 C++98 组件的改进（如容器的移动构造函数）。

[1] 容器的 initializer_list 构造函数（3.2.1.3 节，17.3.4 节，31.3.2 节）；
[2] 容器的移动语义（3.3.1 节，17.5.2 节，31.3.2 节）；
[3] 单向链表：forward_list（4.4.5 节，31.4.2 节）；
[4] 哈希容器：unordered_map、unordered_multimap、unordered_set 和 unordered_multiset（4.4.5 节，31.4.3 节）；
[5] 资源管理指针：unique_ptr、shared_ptr 和 weak_ptr（5.2.1 节，34.3 节）；
[6] 并发的支持：thread（5.3.1 节，42.2 节）、互斥量（5.3.4 节，42.3.1 节）、锁（5.3.4 节，42.3.2 节）和条件变量（5.3.4.1 节，42.3.4 节）；
[7] 高层并发支持：packaged_thread、future、promise 和 async()（5.3.5 节，42.4 节）；
[8] tuple（5.4.3 节，28.5 节，34.2.4.2 节）；
[9] 正则表达式：regex（5.5 节，第 37 章）；
[10] 随机数：uniform_int_distribution、normal_distribution、random_engine 等（5.6.3 节，40.7 节）；
[11] 整数类型名，如 int16_t、uint32_t 和 int_fast64_t（6.2.8 节，43.7 节）；
[12] 固定大小连续存储序列容器：array（8.2.4 节，34.2.1 节）；
[13] 拷贝和重抛出异常（30.4.1.2 节）；
[14] 使用错误码报告错误：system_error（30.4.3 节）；
[15] 容器的 emplace() 操作（31.3.6 节）；
[16] 广泛使用 constexpr 函数；
[17] 系统使用 noexcept 函数；
[18] 改进的函数适配器：function 和 bind()（33.5 节）；
[19] string 到数值的转换（36.3.5 节）；
[20] 限域分配器（34.4.4 节）；
[21] 类型萃取，如 is_integral 和 is_base_of（35.4 节）；
[22] 时间工具：duration 和 time_point（35.2 节）；
[23] 编译时有理数算术运算：ratio（35.3 节）；
[24] 放弃进程：quick_exit（15.4.3 节）；
[25] 更多算法，如 move()、copy_if() 和 is_sorted()（第 32 章）；
[26] 垃圾收集 ABI（34.5 节）；
[27] 低层并发支持：atomic（41.3 节）。

标准库相关的更多内容可参考：

- 第 4 章、第 5 章和第四部分；
- 实现技术示例：vector（13.6 节）、string（19.3 节）和 tuple（28.5 节）；
- 逐渐增多的专门的 C++11 标准库文献，如 [Williams, 2012]；
- 一个简单的历史视角的介绍请见 1.4 节。

44.2.3　弃用特性

通过弃用一个特性，C++ 标准委员会表达了希望该特性不再被使用的愿望（iso.D）。但是，如果一个特性被广泛使用，即使它多么无用或危险，委员会也没有权利立即删除它。因此，弃用只是避免使用一个特性的强烈提示，这种特性将来可能消失。对于使用弃用特性的代码，编译器可能发出警告。

- 对带析构函数的类不再生成拷贝构造函数和拷贝赋值操作。
- 不再允许将字符串字面值常量赋予一个 char*（见 7.3.2 节）。
- C++98 异常说明被弃用：

  ```
  void f() throw(X,Y); // C++98 特性，现在被弃用
  ```

  支持异常说明的特性，unexcepted_handler、set_unexpected()、get_unexpected() 和 unexpected() 也被弃用了。作为替代，使用 noexcept（见 13.5.1.1 节）。
- 某些 C++ 标准库函数对象及相关函数被弃用：unary_function、binary_function、pointer_to_unary_function、pointer_to_binary_function、ptr_fun()、mem_fun_t、mem_fun1_t、mem_fun_ref_t、mem_fun_ref1_t、mem_fun()、const_mem_fun_t、const_mem_fun1_t、const_mem_fun_ref_t、const_mem_fun_ref1_t、binder1st、bind1st()、binder2nd 和 bind2nd()。作为替代，使用 function 和 bind()（见 33.5 节）。
- auto_ptr 被弃用。作为替代，使用 unique_ptr（见 5.2.1 节和 34.3.1 节）。

此外，委员会还删除了基本无人使用的 export 特性，因为它过于复杂，主要的 C++ 实现中均未支持。

当引入命名类型转换（见 11.5.2 节）后，C 风格类型转换就应该被弃用了。程序员应认真考虑在自己的程序中避免使用 C 风格类型转换。如需显式类型转换，static_cast、reinterpret_cast、const_cast 或它们的组合能实现 C 风格类型转换的所有功能。我们应该优先选择命名类型转换，因为它们是显式的，在程序中也更为明显可见。

44.2.4　应对旧版本 C++ 实现

从 1983 年开始 C++ 就已成为一种常用的编程语言（见 1.4 节）。从那时开始至今，已经发布了多个 C++ 标准，出现了大量独立开发的 C++ 实现。标准委员会工作的根本目标是确保实现者和用户只需面对单一的 C++ 定义。从 1998 年开始，程序员可以依赖 ISO C++98 标准，而现在我们又有了 ISO C++11 标准。

不幸的是，经常会发生开始学习 C++ 时使用的却是 5 年前的 C++ 实现的情况。一个典型的原因是这些 C++ 实现随处可得而且免费。如果可以选择的话，专业人员不会使用这种古老的 C++ 实现。而且，当前很多品质跟得上时代的 C++ 实现也都可以免费获得。对初学者而言，使用旧版本 C++ 实现会有严重的隐含代价。缺乏一些新的语言特性和库支持使得初学者不得不与新版本中已不存在的问题斗争。使用一个特性匮乏的旧版本实现，特别是如果学习的还是一本古老的教材，会令初学者形成扭曲的编程风格、对 C++ 产生曲解。最适

合初学的 C++ 子集不是低层特性集合（也不是 C 和 C++ 的公共子集；见 1.3 节）。特别是，为了方便学习并对 C++ 编程是什么有一个正确的第一印象，我推荐初学的内容应着重标准库，并大量使用类、模板和异常。

仍有一些场景，C 是优于 C++ 的。如果必须使用 C，应使用 C 和 C++ 的公共子集编写程序。这样，你就能获得一些类型安全的支持、提高可移植性并准备好在条件允许时迁移到 C++。参见 1.3.3 节。

只要条件允许，就应使用遵循标准的 C++ 实现，并尽量减少对具体实现的特有特性和语言标准未定义特性的依赖。设计时应以完整语言标准都可用为前提，只在迫不得已时才使用变通方法。相对于基于“最小公分母”式的 C++ 子集的设计，这种遵循完整标准的设计会带来更好的程序组织和更易维护的代码。此外，只在必要时使用具体实现特有的语言扩展。参见 1.3.2 节。

44.3 C/C++ 兼容性

除少数例外，C++ 可视为 C（这里是指 C11，由 ISO/IEC 9899:2011(E) 定义）的一个超集。两者的大多数差异都源于 C++ 对类型检查的极度强调。编写良好的 C 程序也很容易成为合格的 C++ 程序。编译器能诊断 C++ 和 C 的每处不同。C99 和 C++11 不兼容之处都列在 iso.C 中。在本书（英文原版）写作过程中，C11 还非常新，大多数 C 代码都是遵循经典 C 或 C99 的。

44.3.1 C 和 C++ 是兄弟

经典 C 有两个主要后代：ISO C 和 ISO C++。多年以来，两种语言在以不同的步调沿着不同的方向发展。造成的一个结果就是它们都支持传统 C 风格编程，但支持的方式有着细微不同。所产生的不兼容会使某些人非常苦恼——同时使用 C 和 C++ 的人、使用一种语言编写程序但用到另一种语言编写的库的人以及为 C 和 C++ 编写库与工具的人。

为何会说 C 和 C++ 是兄弟呢？毕竟 C++ 很明显是 C 的后代。但是，请看下面简化后的家谱：

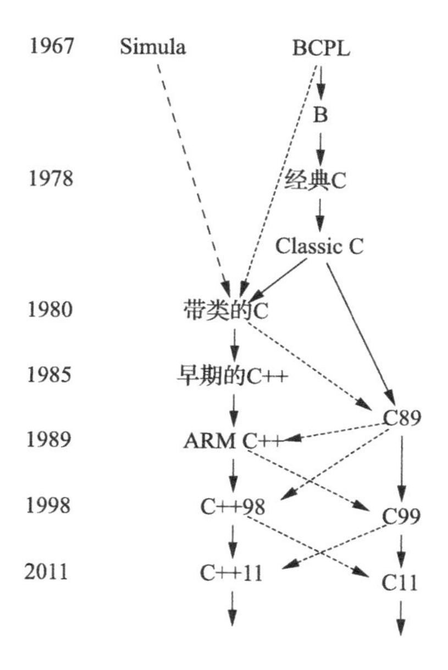

在此图中，实线表示大量特性的继承，短杠虚线表示主要特性的借用，而点虚线表示次要特性的借用。从中可以看出，ISO C 和 ISO C++ 是 K&R C 的两个主要后代，因此它们是兄弟。两者在发展过程中都从经典 C 继承了关键特性，但又都不是 100% 兼容经典 C。“经典 C”一词是我从 Dennis Ritchie 的显示器上贴的便条中挑出来的。它大致相当于 K&R C 加上枚举和 struct 赋值两个特性。

不兼容对程序员来说是噩梦，部分原因是它会造成选择上的组合爆炸。考虑下面简单的维恩图解：

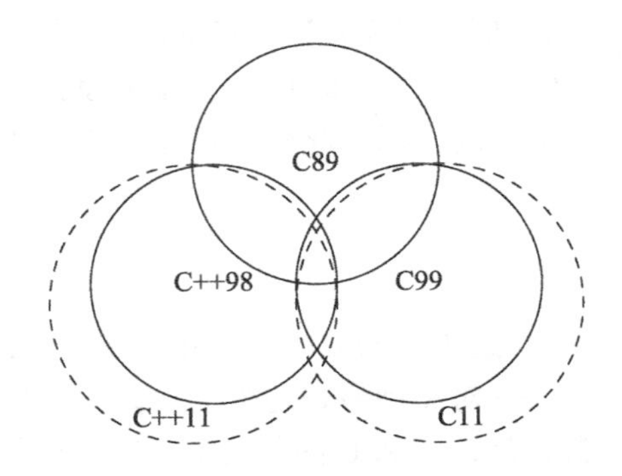

几个区域是不成比例的。C++11 和 C11 都包含大部分 K&R C 特性，C++11 又包含 C11 的大部分特性。但大多数特性都有明确的归属，例如：

C89 独有	调用未声明的函数
C99 独有	可变长度数组（variable-length arrays, VLA）
C++ 独有	模板
C89 和 C99 拥有	Algol 风格函数定义
C89 和 C++ 拥有	将 C99 关键字 restrict 作为标识符
C++ 和 C99 拥有	// 注释
C89、C++ 和 C99 拥有	struct
C++11 独有	移动语义（使用右值引用 &&）
C11 独有	泛型表达式使用 _Generic 关键字
C++11 和 C11 拥有	原子操作

注意，C 和 C++ 的差别并不一定是 C++ 在演化过程中对 C 特性做出改变的结果。有很多不兼容的例子是将在 C++ 中已存在很久的特性引入 C 时产生的。例如，T* 到 void* 的赋值以及全局 const 的连接 [Stroustrup,2002]。有时一个特性都已经成为 ISO C++ 标准的一部分，才被引入 C 并产生不兼容，例如 inline 的含义。

44.3.2 “静默”差异

除了少数例外，同时符合 C++ 和 C 标准的程序在两种语言中具有相同的含义。幸运的是，这些例外（通常被称为静默差异，silent difference）很不常用：

- 在 C 中，字符常量和枚举值的大小等于 sizeof(int)。在 C++ 中，sizeof('a') 等于 sizeof(char)。
- 在 C 中，一个枚举值是一个 int，而 C++ 实现可以选择枚举值占用多大空间最合适

（见 8.4.2 节）。

- 在 C++ 中，一个 struct 的名字进入其声明所在的定义域；在 C 中则不是这样。因此，定义于内层作用域中的 C++ struct 名字在外层作用域中是可以被隐藏的。例如：

```
int x[99];
void f()
{
	struct x { int a; };
	sizeof(x);		/*在 C 中获得数组大小，在 C++ 中获得 struct 大小 */
	sizeof(struct x);	/* struct 大小 */
}
```

44.3.3 不兼容 C++ 的 C 代码

引发大多数实际问题的 C/C++ 不兼容之处并不微妙，大多数很容易被编译器所捕获。本节给出一些不兼容 C++ 的 C 代码示例，以现代 C 的标准衡量，其中大多数都是风格糟糕甚至应该被淘汰的。不兼容特性的完整列表请见 iso.C。

- 在 C 中，大多数函数都可以不声明即调用。例如：

```
int main()	// 不兼容 C++；也是风格糟糕的 C 代码
{
	double sq2 = sqrt(2);				/* 调用未声明的函数 */
	printf("the square root of 2 is %g\n",sq2);	/* 调用未声明的函数 */
}
```

  完整一致地使用函数声明（函数原型）通常是推荐的 C 代码编写风格。当此合理建议被遵循时，特别是当 C 编译器提供了选项来强制这一点时，C 代码就会符合 C++ 规则。当调用未声明的函数时，就必须对函数和 C 的规则非常了解，而且知道是否犯了错或引入了可移植性的问题。例如，上面这个 main() 函数就包含至少两个不符合 C 规则的错误。

- 在 C 中，如果声明一个函数时未指定参数类型，则可以用任意数目、任意类型的实参调用它。

```
void f();	/* 未说明参数类型 */

void g()
{
	f(2);		/*不兼容 C++；也是风格糟糕的 C 代码*/
}
```

  这种用法在 ISO C 中已被淘汰了。

- 在 C 中，函数定义允许在参数列表后（可选地）说明参数类型的语法：

```
void f(a,p,c) char *p; char c; { /* ... */ }		/*不兼容 C++ 的 C 代码 */
```

  这样的定义必须改写为：

```
void f(int a, char* p, char c) { /* ... */ }
```

- 在 C 中，可以在返回类型和参数类型的声明中定义 struct。例如：

```
struct S { int x,y; } f();		/*不兼容 C++ 的 C 代码*/
void g(struct S { int x,y; } y);	/*不兼容 C++ 的 C 代码*/
```

  使用 C++ 的类型定义规则，上面这种声明方式就没有用处了，也不再允许了。

- 在 C 中，可以将整数赋予枚举类型变量：

```
enum Direction { up, down };
enum Direction d = 1;            /* 错误：将 int 赋予 Direction；在 C 中是正确的*/
```

- C++ 提供了比 C 多得多的关键字。如果在一个 C 程序中使用了 C++ 关键字作为标识符，则必须改名才能成为合法的 C++ 程序：

非 C 关键字的 C++ 关键字					
alignas	alignof	and	and_eq	asm	bitand
bitor	bool	catch	char16_t	char32_t	class
compl	const_cast	constexpr	decltype	delete	dynamic_cast
explicit	false	friend	inline	mutable	namespace
new	noexcept	not	not_eq	nullptr	operator
or_eq	private	protected	public	reinterpret_cast	static_assert
static_cast	template	this	thread_local	throw	true
try	typeid	typename	using	virtual	wchar_t
xor	xor_eq				

此外，单词 export 是保留的，未来可能作为关键字。C99 采纳了关键字 inline。

- 在 C 中，一些 C++ 关键字是定义在标准头文件中的宏：

and	and_eq	bitand	bitor	bool	compl	false	not	not_eq
or	or_eq	true	wchar_t	xor	xor_eq			

这意味着在 C 中可以使用 #ifdef 对它们进行检测、重定义等。

- 在 C 中，无需使用说明符 extern 即可在单一编译单元中多次声明一个全局数据对象。只要其中最多一个声明提供了初始化器，此对象就被认为只定义了一次。例如：

```
int i;
int i; /* 整型变量“i”的另一个声明而已；不兼容 C++    */
```

在 C++ 中，一个实体只能定义一次；见 15.2.3 节。

- 在 C 中，一个 void* 可用作赋值操作的右侧运算对象或任意指针类型对象的初始化值；在 C++ 中则不行（见 7.2.1 节）。例如：

```
void f(int n)
{
    int* p = malloc(n*sizeof(int)); /* 不兼容 C++；在 C++，用“new”分配空间    */
}
```

这可能是最棘手的一个不兼容问题。注意，void* 到其他指针类型的隐式转换通常并非无害：

```
char ch;
void* pv = &ch;
int* pi = pv;          // 不兼容 C++
*pi = 666;             // 覆盖了 ch 及接近 ch 的其他字节
```

如果同时使用两种语言，应将 malloc() 的返回结果显式转换为正确类型。如果只是用 C++，则不要使用 malloc()。

- 在 C 中，字符串字面值常量的类型是“char 数组”，但在 C++ 中则是“const char 数组”，于是：

```
char* p = "a string literal is not mutable";   在 C++ 中是错误的；在 C 中是正确的
p[7] = 'd';
```

- C 允许控制流转向一个标号语句（switch 或 goto；见 9.6 节）来绕过初始化；在 C++ 中则不行。例如：

```
goto foo;           // C 中正确；C++ 中错误
// ...
{
    int x = 1;
foo:
    if (x!=1) abort();
    /* ... */
}
```

- 在 C 中，全局 const 默认具有外部链接；在 C++ 中则不是，必须进行初始化，除非显式声明了 extern（见 7.5 节）。例如：

```
const int ci;           // 在 C 中是正确的；在 C++ 中产生一个 const 未初始化错误
```

- 在 C 中，嵌套结构的名字与外层结构的名字位于相同的作用域。例如：

```
struct S {
    struct T { /* ... */ } t;
    // ...
};

struct T x;            // C 中是正确的；表示“S::T x;”在 C++ 中是错误的
```

- 在 C++ 中，类名位于其声明所在的作用域，因此不能与同一作用域中其他类型的声明同名。例如：

```
struct X { /* ... */ };
typedef int X;              // C 中正确；C++ 中错误
```

- 在 C 中，数组初始化器的元素数目可以超过数组大小。例如：

```
char v[5] = "Oscar";        // C 中正确，结尾 0 未使用；C++ 中错误
printf("%s",v);             // 很可能导致一场灾难
```

44.3.3.1 “经典 C”问题

假如需要升级经典 C 程序（“K&R C”）或 C89 程序，还会出现其他一些问题：

- C89 没有 // 注释（虽然大多数 C89 编译器增加了对这种注释的支持）：

```
int x;      // 不是 C89 程序
```

- 在 C89 中，类型说明符默认为 int（被称为“隐式 int”）。例如：

```
const a = 7;     /* 在 C89 中，认为类型是 int；在 C++ 或 C99 中不是这样 */

f()    /* f() 的返回类型默认为 int；C++ 或 C99 中不是 */
{
    /* .. */
}
```

44.3.3.2 未被 C++ 采纳的 C 特性

经慎重考虑，一些 C99 新特性（与 C89 相比）未被 C++ 采纳：

[1] 可变长度数组（VLA）；可改用 vector 或某种形式的动态数组；

[2] 指定初始化器；可改用构造函数。

C11 特性还太新，除了那些来自于 C++ 的特性，如内存模型和原子操作（见 41.3 节）外，其他特性尚未被 C++ 标准考虑是否接纳。

44.3.4 不兼容 C 的 C++ 代码

本节列出 C++ 提供但 C 不提供的特性（或引入 C++ 多年后才被 C 采纳的特性，因此在旧版本 C 编译器中可能缺失）。这些特性按用途进行了排序。但是，还存在其他很多分类方式，而且大多数特性都有多个用途，因此不要太看重本节中给出的分类。

- 主要用来提高符号表示便利性的特性：
  - [1] // 注释（见 2.2.1 节和 9.7 节）；已加入 C99；
  - [2] 对受限字符集的支持（见 iso.2.4）；已部分加入 C99；
  - [3] 对扩展字符集的支持（见 6.2.3 节）；已加入 C99；
  - [4] static 存储中变量的非常量初始化器（见 15.4.1 节）；
  - [5] 常量表达式中的 const（见 2.2.3 节和 10.4.2 节）；
  - [6] 声明视为语句（见 9.3 节）；已加入 C99；
  - [7] for 语句初始化器中的声明（见 9.5 节）；已加入 C99；
  - [8] 条件中的声明（见 9.4.3 节）；
  - [9] 结构名无须加 struct 前缀（见 8.2.2 节）；
  - [10] 匿名 union（见 8.3.2 节）；已加入 C11。
- 主要用来增强类型系统的特性：
  - [1] 函数参数类型检查（见 12.1 节）；已部分加入 C（见 44.3.3 节）；
  - [2] 类型安全的链接（见 15.2 节和 15.2.3 节）；
  - [3] 用 new 和 delete 进行自由存储管理（见 11.2 节）；
  - [4] const（见 7.5 节）；已部分加入 C；
  - [5] 布尔类型 bool（见 6.2.2 节）；已部分加入 C99；
  - [6] 命名类型转换（见 11.5.2 节）。
- 用于用户自定义类型的特性：
  - [1] 类（见第 16 章）；
  - [2] 成员函数（见 16.2.1 节）和成员类（见 16.2.13 节）；
  - [3] 构造函数和析构函数（见 16.2.5 节和第 17 章）；
  - [4] 派生类（见第 20、21 章）；
  - [5] virtual 函数和抽象类（见 20.3.2 节和 20.4 节）；
  - [6] 公有 / 保护 / 私有访问控制（见 16.2.3 节和 20.5 节）；
  - [7] friend（见 19.4 节）；
  - [8] 成员指针（见 20.6 节）；
  - [9] static 成员（见 16.2.12 节）；
  - [10] mutable 成员（见 16.2.9.3 节）；
  - [11] 运算符重载（见第 18 章）；
  - [12] 引用（见 7.7 节）。

- 主要用于程序组织的特性（除了类之外）：
  [1] 模板（见第23章）；
  [2] 内联函数（见12.1.3节）；已加入C99；
  [3] 默认实参（见12.2.5节）；
  [4] 函数重载（见12.3节）；
  [5] 名字空间（见14.3.1节）；
  [6] 显式作用域限定符（运算符::；见6.3.4节）；
  [7] 异常（见2.4.3.1节和第13章）；
  [8] 运行时类型识别（见第22章）；
  [9] 推广的常量表达式（constexpr；见2.2.3节、10.4节和12.1.6节）。

44.2节中列出的C++特性C都不支持。

C++增加的关键字（见44.3.3节）可用于识别大多数C++专有特性。但是，某些特性，如函数重载和常量表达式中的const，通过关键字是无法识别的。

在C++中，函数链接是类型安全的，而C对于函数链接不要求类型安全。这意味着在某些（大多数？）实现中，C++函数必须声明为extern "C"，才能既使用C++编译又服从C调用规范（见15.2.5节）。例如：

```
double sin(double);                    //不能与C代码链接在一起
extern "C" double cos(double);         //可与C代码链接
```

我们可以用__cplusplus宏判断程序是被C编译器处理还是被C++编译器处理（见15.2.5节）

除了前面列出的特性，C++库（见30.1.1节和30.2节）的大部分也是C++专用的。C标准库在<tgmath.h>中提供了泛型的宏，在<complex.h>中提供了对_Complex数的支持，它与<complex>很接近。

C还提供了<stdbool.h>，提供_Bool类型和别名bool，与C++的bool很接近。

44.4 建议

[1] 在使用新特性编写产品级代码前，应先尝试编写小规模程序来测试它是否符合标准以及你所使用的C++实现是否满足性能要求；44.1节。
[2] 学习C++时应使用你能获得的最新的、最完整的标准C++实现；44.2.4节。
[3] C和C++的公共子集不是学习C++的最佳起点；1.2.3节，44.2.4节。
[4] 优先选择标准特性而不是非标准特性；36.1节，44.2.4节。
[5] 避免使用throw说明这样的弃用特性；44.2.3节，13.5.1.3节。
[6] 避免使用C风格类型转换；44.2.3节，11.5节。
[7] “隐式int”已被弃用，因此应显式说明每个函数、变量、const等的类型；44.3.3节。
[8] 在将C程序转换为C++程序时，首先确保一致使用函数声明（原型）和标准头文件；44.3.3节。
[9] 在将C程序转换为C++程序时，需将与C++关键字同名的变量改名；44.3.3节。
[10] 出于可移植性和类型安全的考虑，如果必须使用C，应该用C和C++的公共子集编写代码；44.2.4节。

[11] 在将 C 程序转换为 C++ 程序时，应将 malloc() 的返回结果转换为正确类型或改用 new；44.3.3 节。

[12] 当从 malloc() 和 free() 转换为 new 和 delete 时，考虑使用 vector、push_back() 和 reserve() 而不是 realloc()；3.4.2 节，43.5 节。

[13] 在将 C 程序转换为 C++ 程序时，记住 C++ 中没有从 int 到枚举类型的隐式类型转换；如需要，应使用显式类型转换；44.3.3 节，8.4 节。

[14] 名字空间 std 中定义的特性都是定义于一个文件名无后缀的头文件中（如 std::cout 声明于 <iostream> 中）；30.2 节。

[15] 包含 <string> 以便使用 std::string（<string.h> 中都是 C 风格字符串函数）；15.2.4 节。

[16] 每个标准 C 头文件 <X.h> 都将名字置于全局名字空间中，对应的 C++ 头文件 <cX> 将名字置于名字空间 std 中；15.2.2 节。

[17] 声明 C 函数时使用 extern "C"；15.2.2 节。

推荐阅读

深入理解计算机系统（原书第3版）

作者：兰德尔 E. 布莱恩特 大卫 R. 奥哈拉伦

译者：龚奕利 贺莲

中文版：978-7-111-54493-7，139.00元

计算机系统概论（第2版）

作者：Yale N. Patt Sanjay J. Patel

译者：梁阿磊 蒋兴昌 林凌

中文版：7-111-21556-1，49.00元

数字设计和计算机体系结构（第2版）

作者：David Harris Sarah Harris

译者：陈俊颖

英文版：978-7-111-44810-5，129.00元

中文版：2016年4月出版

计算机系统：核心概念及软硬件实现（原书第4版）

作者：J. Stanley Warford

译者：龚奕利

书号：978-7-111-50783-3

定价：79.00元

推荐阅读

计算机组成与设计：硬件/软件接口（第5版）

作者：David A. Patterson John L. Hennessy

译者：王党辉 等

中文版：978-7-111-50482-5，99.00元

英文版：978-7-111-45316-1，139.00元

计算机体系结构：量化研究方法（英文版·第5版）

作者：John L. Hennessy David A. Patterson

译者：梁阿磊 蒋兴昌 林凌

英文版：978-7-111-36458-0，138.00元

计算机组成与嵌入式系统（原书第6版）

作者：Carl Hamacher 等

译者：王国华 等

中文版：978-7-111-43865-6，79.00元

英文版：978-7-111-37721-4，69.00元

计算机组成：结构化方法（原书第6版）

作者：Andrew S. Tanenbaum Todd Austin

译者：刘卫东 宋佳兴

中文版：978-7-111-45380-2，99.00元